新型职业农民培育工程规划教材

新型农业经营主体素质提升读本

马书烈　廖德平　主编

中国农业科学技术出版社

图书在版编目（CIP）数据

新型农业经营主体素质提升读本／马书烈，廖德平主编 . —北京：
中国农业科学技术出版社，2015. 10
新型职业农民培育工程规划教材
ISBN 978 - 7 - 5116 - 2292 - 1

Ⅰ. ①新… Ⅱ. ①马…②廖… Ⅲ. ①农业经营 - 技术培训 - 教材
Ⅳ. ①F306

中国版本图书馆 CIP 数据核字（2015）第 238154 号

责任编辑	徐　毅
责任校对	贾海霞　马广洋

出 版 者	中国农业科学技术出版社
	北京市中关村南大街 12 号　邮编：100081
电　　话	（010）82106631（编辑室）　（010）82109702（发行部）
	（010）82109709（读者服务部）
传　　真	（010）82106631
网　　址	http：//www. castp. cn
经 销 者	各地新华书店
印 刷 者	北京富泰印刷有限责任公司
开　　本	787 mm×1 092 mm　　1/16
印　　张	22
字　　数	500 千字
版　　次	2015 年 10 月第 1 版　2015 年 10 月第 1 次印刷
定　　价	60. 00 元

《新型农业经营主体素质提升读本》
编　委　会

主　任　卢天伦

成　员　杨兴云　张　毅　张　燕　杨　静　邓启国

主　编　马书烈　廖德平

副主编　周启康　吴　昊　郑满江　刘云龙　罗成利
　　　　邓　蓉　熊　伟　胡华群　曹文龙　余　波
　　　　张运国

编　者　李　梅　李晓丽　唐志生　王万平　袁　林
　　　　寇　伟　杨　飞　沈成琴　张杰友　刘　浩
　　　　张鹏博　付友刚　张朝仙　吴崇文　蔡　兰
　　　　韦海英　王中法　张吉友　赵子刚　熊治忠
　　　　莫邦兰

序

　　随着城镇化的迅速发展，农户兼业化、村庄空心化、人口老龄化趋势日益明显，"关键农时缺人手、现代农业缺人才、农业生产缺人力"问题非常突出。中央站在推进"四化同步"，深化农村改革，进一步解放和发展农村生产力的全局高度，提出大力培育新型职业农民，是加快和推动我国农村发展，农业增效，农民增收重大战略决策。2014年农业部、财政部启动新型职业农民培育工程，主动适应经济发展新常态，按照稳粮增收转方式、提质增效调结构的总要求，坚持立足产业、政府主导、多方参与、注重实效的原则，强化项目实施管理，创新培育模式、提升培育质量，加快建立"三位一体、三类协同、三级贯通"的新型职业农民培育制度体系。

　　大力培育一批具有较强市场意识，有文化、懂技术、会经营、能创业的新型职业农民，不仅能确保国家粮食安全和重要农产品有效供给，确保国人的饭碗牢牢端在自己手里，同时有利于通过发展专业大户、家庭农场、农民合作社组织，努力构建新型农业经营体系，确保农业发展"后继有人"和农产品质量安全，推进现代农业可持续发展。

　　我们组织编写的这套《新型职业农民培育工程规划教材》书籍，其作者均是活跃在农业生产一线的技术骨干、农业科研院所的专家和农业大专院校的教师，真心期待这套丛书中的科学管理方法和先进实用技术得到最大范围的推广和应用，为新型职业农民的素质提升起到积极地促进作用。

2015 年 9 月

前　言

　　为贯彻落实国家、省、市加快培育新型职业农民政策和实施意见，以适应息烽县农民的技术需求和新型职业农民培育工作需要，我们结合 2014 年与华南农业大学合作编制的《新型职业农民培训教材》一套 4 本的有关内容，组织多名县级农业专家和技术人员，对照《息烽县加快推进都市现代农业发展的实施意见》，征求了多方意见并加以修订和完善，进一步充实了内容、改进了版式，编成了这部新教材《新型农业经营主体素质提升读本【种植养殖　农业机械　农村能源　益民政策　产业经营】》。本教材不仅凝聚了 2014 年新型职业农民培育工作的探索和经验，而且在收集整理的内容上也做到了及时更新，融入了县委、县人民政府出台的新政策，适合新型职业农民培育的具体工作实践。

　　本教材的编写是在充分学习农业部科技教育司组编出版的《2014—2015 新型职业农民培育读本》基础上，参编人员收集整理了"种植技术、养殖技术、农业机械化技术、农村能源技术、强农惠农富农政策、农村土地流转、农产品质量安全、农业产业化经营、农业信息技术应用"等多方面的资料，还收集了部分种植、养殖、农业机械行业的小单方，经过反复凝练编写而成的。

　　本教材既可用于新型职业农民的职业技能培训，也可作为农业技术人员的参考资料。由于我们的编写经验不足，有待进一步改进和充实，衷心希望读者朋友批评和指正。

作者

2015 年 8 月

目　　录

农业技术篇

农业技术篇

第一章　种植业技术类

第一节　蔬菜栽培技术

一、大白菜无公害栽培技术

（一）品种选择

春秋王、高抗王、青岛 83 – 1。

（二）播种

（1）播种方式。直播。

（2）播种期。6 月上旬至下旬。

（3）播种量。每亩（1 亩≈667 平方米。全书同）150 克（3 两）。

（4）种子处理。播种前晒种 1~2 天，用温汤（50~55℃）浸种 10~15 分钟。

（三）土壤选择与整地

（1）土壤选择。选用土层深厚，土壤肥沃，疏松，保水保肥，3 年未种过十字花科蔬菜的土壤。

（2）整地施肥作畦。深翻 27~30 厘米，晒土 10~15 天。采用高畦窄厢（带沟 1.3 米）栽培，沟宽 30 厘米，厢高 15~20 厘米，亩施腐熟有机肥 2 500~3 000 千克，复合肥 30~40 千克。

（四）苗期管理

（1）灌水。播种后必须保证土壤有足够多的水分，促进种子如期整齐出苗。

（2）间苗、定苗。间苗、定苗要及时进行，防止幼苗拥挤，保证优良苗健壮生长。间苗一般分 3 次进行：①第一次在拉十字时进行，留半数无病壮苗。②第二次在 3~4 片真叶时进行，留 3 株无病壮苗。③第三次在 5~6 片真叶时进行，留一株长势好的壮苗。

（五）田间管理

（1）定苗后追 1 次腐熟清粪水。

（2）莲座期追 1 次较前一次浓的肥水。

（3）结球初期、中期各追腐熟的浓人粪尿 1 次。

（4）莲座期到结球期用 0.5% 的磷酸二氢钾进行叶面喷施 2~3 次。

（六）采收

包心紧实，叶球成熟时及时采收。上市标准：包心紧实，无黄叶，无病，无虫蛀，根削平。

（七）主要病虫害

虫害：黄条跳甲、小菜蛾、菜青虫、菜螟、蚜虫、斜纹夜蛾、蛞蝓。

病害：霜霉病、黑斑病、软腐病、白斑病。

（八）防治方法

防治以霜霉病、黑斑病、小菜蛾防治为主，兼治其他病虫。

（1）农业防治。清洁田园；与非十字花科蔬菜实行2~3年轮作；培育健壮植株，增强抗性。

（2）物理防治。黄板诱蚜。制作（30×40）厘米黄板，每亩（1亩≈666.67平方米，下同）30~40块，插放行间或株间，高出植株顶部，7~10天重涂1次机油；利用小菜蛾、斜纹夜蛾性诱剂诱杀成虫。银灰色地膜避蚜。

（3）生物防治。合理使用农药，保护食蚜蝇、捕食螨、寄生蜂、颗粒体病毒等天敌。

使用生物源杀虫剂：苏云金杆菌剂、苦参碱、印楝素、鱼藤铜等。使用植物源杀菌剂：农用链霉素、丰宁等。

（4）药剂防治（表1-1）。

表1-1 主要病虫害药剂防治一览

主要防治对象	农药名称	使用方法	安全间隔期（天）	每季最多使用次数
蚜虫 跳甲	48%乐斯本乳油	1 000倍喷雾	7	4
	20%灭扫利乳油	2 000~3 000倍喷雾	7	3
	5%来福灵乳油	2 000~4 000倍喷雾	3	3
	50%辛硫磷乳油	1 000~2 000倍喷雾	6	2
小菜蛾	5%抑太保乳油	2 500倍喷雾	5	2
	5%上卡死克可分散液剂	1 500倍喷雾	5	2
	5%锐劲特浓悬乳剂	1 500~2 500倍喷雾	7	
	10%除尽悬乳剂	1 500~3 000倍喷雾	1	1
斜纹夜蛾	5%抑太保乳油	2 500倍喷雾	5	2
	48%乐斯本乳油 10%除尽悬浮剂	1 000~1 500倍喷雾	7	4
		1 500~3 000倍喷雾	3	1
蛞蝓	6%密达可粒剂	每亩0.4~0.5千克傍晚撒施厢面，沟间每亩250克，每平方米1.5克傍晚撒施菜根附近		
黄蚂蚁	50%辛硫磷	1 000~2 000倍灌根或粗水淋苑	10	1
	80%敌敌畏乳油+40%乐果乳油	1 000~2 000倍灌根或粗水淋苑	7	1
霜霉病	25%瑞毒霉可湿性粉剂	800倍喷雾	1	3
	69%安克锰锌可湿性粉剂	500~600倍喷雾		
	64%杀毒矾可湿性粉剂	400~500倍喷雾	3	3
	72%克露可湿性粉剂	750倍喷雾	7	2

（续表）

主要防治对象	农药名称	使用方法	安全间隔期（天）	每季最多使用次数
黑斑病	50%代森铵水剂 70%代森锰锌可湿性粉剂 50%扑海因可湿性粉剂	1 000 倍喷雾 500~600 倍喷雾 1 500 倍喷雾	15 7	3 2
软腐病	72%农用链霉素可溶性粉剂，新植霉素 丰宁	3 000~4 000 倍喷雾 3 000 倍粗水淋莞 50~100 克拌种 150 克或 200 倍粗水淋莞	3	3

二、大葱无公害栽培技术

（一）产地环境条件

（1）产地环境条件。符合 NY 5010—2002 要求。

（2）土壤条件。地势平坦、排灌方便、土壤耕层深厚、土壤结构适宜、理化性状良好，以粉沙壤土、壤土及轻黏土为宜，土壤肥力较高。

（二）栽培措施

（1）品种选择。选用抗病、耐寒、耐旱、耐热、优质丰产、抗逆性强、适应性广、葱白长而紧实、不分蘖的商品性好的品种，如长宝、长悦、春光等日本进口品种。

（2）播种期。一年四季均可。

（3）育苗。

①用种量：每亩用罐装优质种子 120 克。

②播种方法：

第一，育苗移栽。

第二，苗床选择和整地：苗床选用土壤疏松、有机质丰富、地势平坦、排灌方便且前茬不是葱蒜类的地块。播种前用敌克松等进行苗床消毒。对选用种子，经浸种消毒，将种子撒播苗床，覆细土 1 厘米，播后加盖地膜，以培育壮苗壮秧。

第三，种子处理：播种前用 50~55℃的温开水浸泡 15 分钟，在浸种的过程中要不断搅拌，达到消毒、杀菌的目的。捞出后用清水洗干净，放在 20℃的温度下催芽，待苗床准备好后即可播种。

a. 冬春季苗床管理 大葱冬季育苗需用小拱棚，苗期 120 天左右，春季气温升高，秧苗进入快速生长时期，一是进行 1~2 次间苗，苗距 3 厘米左右。二是结合浇水分追施速效氮肥或复合肥，每次每亩施 10 千克，苗床要勤除杂草，促秧苗快速生长，培育健壮幼苗。

b. 夏秋季苗床管理 大葱夏季育苗需有遮阳措施，苗期 60 天左右。春、夏、秋季育苗处于高温多雨季节，管理的关键是做好三防：一防病虫害；二防草害，播种后出苗前，结合人工拔草 2~3 次，彻底消灭杂草；三防水渍，苗床要做到旱能浇、涝能排，切不可苗床积水。

③整地：深翻 40 厘米晒土，撒深腐熟圈肥，耙细耙平，采用深沟高垄栽培，行距 80 厘米，沟深 30 厘米左右，挖好边沟、中沟和腰沟，便于排灌，减少病虫害。

（4）田间管理。

①移栽：待幼苗长至 60 厘米、茎粗 0.3 ~ 0.5 厘米时，即可移栽。按每米栽 35 ~ 40 棵的株距把葱苗排入沟内并确保葱苗的十字叶方向一致，人工扶直葱苗，从两边培土，使葱苗从移栽时就直立地生长在沟中。移栽后如遇干旱季节要立即灌水，确保成活。移栽时要将秧苗分级，大、小苗不能混栽。行距 80 厘米，株距 3 ~ 4 厘米。葱苗移栽大田后 120 天左右即可收获上市。

②及时培土灌水：在移栽后的整个管理过程中，进行 3 ~ 4 次培土，并适时灌水。采取前期少灌、中期适量、后期勤灌的原则。第一次浅培土，第二次培土以厢面平齐，第三、第四次培土加高，每次培土不淹没心叶为准。每次的培土高度以不埋苗心为宜。

（三）施肥

（1）施肥原则。根据大葱需肥规律、土壤养分状况和肥料效应，按照有机与无机相结合、基肥与追肥相结合的原则，实行平衡施肥。

（2）基肥。移栽前要施足底肥，每亩施腐熟厩肥 2 500 ~ 4 000 千克、西洋复合肥 50 千克，底肥总量的 1/3 普遍撒施，2/3 集中沟施。

（3）追肥。结合中耕松土，起垄，每亩浇 2 500 千克厩肥或圈粪水，正值秧苗旺长阶段，应勤中耕除草，以利蓄水保墒，并酌施叶肥，每亩施腐熟厩肥 500 ~ 1 000 千克、尿素 10 千克左右，破除板结促进根系生长，结合浇水追施复合肥，亩追施 30 千克，视秧苗生长情况及时培土，促进葱白形成。第二、第三、第四次追肥不施用复合肥，只用尿素和清粪水、沼液等可溶性好的肥料。

（4）不应使用工业废弃物、城市垃圾和污泥。不应使用未经发酵腐熟、未达到无害化指标的人畜粪尿等有机肥料。

（5）选用的肥料应达到国家有关产品质量标准，满足无公害大葱对肥料的要求。

（四）病虫害防治

（1）大葱病虫害相对较少，防治原则以防为主、综合防治，优先采用农业防治、物理防治、生物防治，配合科学合理地使用化学防治，达到生产安全、优质的无公害的目的。不应使用国家明令禁止的高毒、高残留、高生物富集性、高三致（致畸、致癌、致突变）农药及其混配农药。

（2）农业防治。①因地制宜选用抗（耐）病优良品种。②合理布局，实行轮作倒茬，加强中耕除草，清洁田园，降低病虫源数量。③培育无病虫害壮苗。

（3）物理防治。可采用银灰膜避蚜或黄板（柱）诱杀蚜虫。

（4）生物防治。保护天敌，创造有利于天敌生存的环境条件，选择对天敌杀伤力低的农药；释放天敌，如捕食螨、寄生蜂等。

（5）药剂防治。

①地下害虫：主要有蛴螬、蝼蛄、葱蛆，可用辛硫磷、氟氯氢菊酯灌根。

②地上害虫：主要有葱蓟马、潜叶蝇、蚜虫。可用氟氯氢菊酯、氯氰菊酯乳油、阿克泰、敌杀死乳油、辛硫磷、吡虫啉、乐果交替使用，对水喷雾。收获上市 12 天前停

止用药。

③病害：大葱病害主要有锈病、紫斑病、霜霉病、灰霉病、黑斑病等。

紫斑病用阿米西达、世高、爱苗等，灰霉病用速克灵、扑海因、爱苗、农利灵，霜霉病、疫病用金雷、杀毒矾、甲霜铜，锈病用粉锈宁。交替使用农药，每隔5～7天喷雾1次，连续2～3次。

附：长宝大葱是目前息烽县引进的品质最优的大葱品种，耐热性、耐寒性极强，高温季节同样生育旺盛，栽培管理容易，夏秋至秋冬收获的优良品种。比其他品种根系更发达，长势旺盛，抗锈病、霜霉病，在冬季低温，叶片退色、黄化现象不易发生，葱苗移栽大田后120天左右即可收获上市，田间搁置期较长（产品成熟后如遇市场价格不好等因素，可在田间延期25天左右采收）。叶鞘部紧实，有光泽，葱白长40厘米，且整齐度好，叶片销短、浓绿，不易折叶。长宝大葱产品在成都、重庆等地很受欢迎。

三、番茄栽培技术要点

（一）品种

选抗病性强耐贮藏运输的品种：如钢石系列。

（二）播种

（1）播种方式。育苗移栽，早熟栽培采用温床育苗，延晚栽培冷床育苗。

（2）床土配制。选用经过日晒未种过茄果类蔬菜园土2份，充分腐熟农家肥1份，按每立方米加普通过磷酸钙1千克＋1千克硫酸钾的比例，均匀混合铺在苗床上。

（3）播种期。早熟栽培，1月下旬至2月上旬，延晚栽培，4月下旬至5月上旬。

（4）播种量。15克/亩。

（5）种子消毒。①温汤浸种，用50～55℃的水浸种10～15分钟，不停搅拌，然后放在消水中浸种8～12小时，捞起后用纱布包好，在28～30℃的条件下催芽，每日用温水消洗种子，有50%的种子露白后即可播种；②药剂消毒，用种重量0.3%～0.4%的50%的多菌灵可湿性粉剂或50%福美双可湿性粉剂拌种。

（6）播种方法。播种前1天浇足底水，水下渗后，用50%多菌灵可湿性粉剂每平方米8～10克拌床土，1/3垫，2/3盖。播种后湿床育苗床面上覆盖地膜。延晚栽培的冷床采用覆盖地膜加稻草，麦秆或遮阳网保湿遮阴、防雨。

（三）苗期管理

温床出苗达30%时揭除地膜。延晚栽培冷床，30%的幼苗出土及时揭除地膜并逐渐揭除覆盖物。及时间苗，当幼苗2～3片真叶时进行假植，培育壮苗。注意温、水、肥、光的管理，苗期病虫害防治，中后期加强炼苗。

（四）定植

（1）土壤选择。选择通风向阳肥沃，上一季未种植茄果类蔬菜地块。

（2）整地施肥作畦。深翻晒土，采用高畦窄厢栽培，1.3米开厢（带沟），畦高20～25厘米，沟宽30～33厘米。每亩施3 000～4 000千克腐熟有机肥加复合肥30～40千克沟施，早熟栽培地膜加小拱棚。

（3）定植时期。早熟品种栽培 3 月下旬至 4 月中旬；延晚栽培 5 月下旬至 6 月上旬。

（4）栽培密度。早熟品种：株行距（45×45）厘米，每亩 2 800 株。

（五）田间管理

（1）肥水管理。定植后及浇定根水，成活后追施提苗肥，以清粪水为主。待第一穗果后及时追肥，根据土壤肥力，生育期长短和生长善适时追肥，结果盛期用 0.5% 磷酸二氢钾根外追施，每隔 7~10 天 1 次，共 2~3 次。

（2）整枝摘叶。及时搭架捆蔓，采用单杆整枝，摘除病残黄叶（整枝打叶宜在晴天中午进行），晚熟品种 5 台果留 2~3 片时摘心，早熟种 3 台果留 2~3 片时摘心。

（3）保花保果。在不宜坐果的季节，使用防落素番茄灵等植物生长调节剂处理花穗，在生产中禁止使用 2,4-D 保花保果。

（4）疏花疏果。大果型品种每穗留 3~4 台果，中果型品种留 4~6 台果。

（六）采收

根据市场需要在不同的成熟期采收。上市标准，新鲜不软、成熟适中，圆整光滑，不带果柄，无硬斑灼，不开裂、个头均匀。

（七）主要病虫害

（1）苗期主要病虫害。立枯病、猝倒病、灰霉、蚜虫、斑潜蝇。

（2）田间主要病虫害。晚疫病、早疫、青枯、病毒、脐腐、小地老虎、蚜虫、斑潜蝇、茶黄螨、棉铃虫。

（八）防治方法

苗期以防治猝倒病为主兼治其他病虫；大田以防治晚疫病为主；培育壮苗，降低田间湿度，加强监测，及时喷药。

（1）农业防治。与非茄科类菜实行 3 年以上轮作，选用抗病、耐病、抗蚜品种，高畦培育壮苗，高厢窄畦丰产栽培。施用酵素堆肥或腐熟有机肥作底肥，合理追肥，结果中后期增施磷钾肥。适时整枝打杈，清除下部老叶和沟间、厢间杂草，加强田间通风，降低田间湿度。

（2）物理防治。黄板诱蚜飞虱，黄色粘虫板（30 厘米×40 厘米）板上涂一层废机没，每亩 30~40 块，板底高出植株顶部，插入田间；银灰色地膜覆盖避蚜；温汤浸种；棉铃性诱剂诱杀成虫。

（3）生物防治。合理使用农药，积极保护天敌。

四、番茄几种主要病害的防治技术

番茄生长过程中主要的病害有叶霉病、灰霉病、晚疫病、枯萎病。

（一）叶霉病

（1）发病症状。主要为害叶片，初生轮廓不明显的浅黄色褪绿斑，病斑背面灰白色，其上密生边缘灰白色，中部灰黄色至褐色绒状霉，严重的病叶由下向上卷曲，并枯死，病菌也可以侵染茎、花和果实。

（2）发病条件。番茄生长中后期易发病，棚室内湿度大，通风不良易发病，在湿度 20~25℃，空气湿度 90% 以上发病重。

（3）防治方法。①选用抗病品种；②实行 2~3 年轮作；③育苗地与番茄生产地适当隔离，防止苗期感染；④加强通风排湿，减少夜间结露；⑤药剂防治：发病初期用 75% 百菌清粉剂 600 倍液或 70% 代森锰锌可湿性粉剂 500 倍液喷药防治，交替用药 7 天 1 次，连续用药 3~4 次。

（二）灰霉病

（1）发病症状。为害茎、叶和果实，果实发病有两种。一种是先侵染柱头，然后发展到果尖部分；二是侵染花瓣，然后发展到果蒂部。果皮初呈灰白色，逐渐向外发展，潮湿时病部长出绒状灰绿至灰褐色霉层。果实失水后僵化。叶片发病多从叶尖侵染，病斑呈楔形发展，病斑黄褐色，中部有轮纹，病叶下垂干枯，茎发病，往往是叶柄病斑发展而引起，形成椭圆形褐色斑，潮湿时病斑上产生褐色霉状物，严重时病部以上枯死，后期病部形成黑色片状菌核。

（2）发病条件。发病适温 20~23℃，相对湿度 90% 为发病高峰，日光温室在第一穗果开花期遇低温高湿易发病。第一、第二穗开花结果期浇水多，通风透光不良，棚室内湿度高均加重发病。

（3）防治方法。①床土消毒；②第一穗果开花结果期晴天上午保温，使棚室升温至 28℃ 以后缓慢放风，下午温度降至 18℃ 关风口，日落前再适当放风排湿，阴天也要通风换气；③浇水不宜过早，浇水前一天打药，浇后加大放风量；④开花前彻底清理病叶，开花后及时摘除病果，携带到棚外掩埋；⑤药剂防治：第一穗果开花前进行，用 45% 百菌清烟剂熏烟，亩用量 300~400 克，或 5% 百菌清粉尘剂亩用 1 千克，傍晚闭棚喷粉。

（三）晚疫病

（1）发病症状。为害幼苗和成株，叶片产生黑褐色水浸状病斑，然后茎部扩展，使幼苗萎蔫。成株叶片发病，多从叶尖、叶缘开始。

（2）发病条件。昼温 24℃ 以下，叶温 10℃ 以上，空气湿度 75% 以上。

（3）防治方法。①发现病株及时清除病叶、病果或拔除处理；②药剂防治：75% 百菌清 600 倍液或 72.2% 普力克 800 倍液喷雾防治。

（四）枯萎病

（1）发病症状。这是一种维管束病害，结果以后发病，然后为害根、茎、叶，开始茎一侧叶片变黄，最后全株枯黄。

（2）发病条件。温室内番茄茬口次数增加，土壤中病菌积累多，发病重。昼夜温差小，夜间温度高发病重。定植时苗龄过大，大水漫灌造成伤根的发病重。

（3）防治方法。①选用无病土育苗；②实行轮作、倒茬；③结果后期增加通风量，降低土壤湿度；④药剂防治：在定植时或定植后和预期病害常发期前，将青枯立克按 600 倍液稀释，进行灌根，每 7 天用药 1 次，用药次数视病情而定。

五、蜜本南瓜栽培技术

（一）品种选择

选择抗病、优质、高产、耐贮运、商品性好、适合市场需求的品种。如金韩蜜本南瓜、白沙蜜本南瓜等。

（二）播种

（1）播种期。4月中下旬至5月上旬。

（2）用种量。每亩用种量75～100克。

（3）种子处理。用50～55℃的热水消毒15分钟，在25℃左右的温水下浸种6小时后取出，滤干在30℃左右地方的催芽。36小时左右可能出芽。

（4）播种。种子露白90%以上适时播种。

（5）播种方法。①采用温床营养钵育苗、温床上实行小拱棚+地膜覆盖。②营养土配制：用未种过瓜类蔬菜的原土作营养土，每2份营养加1份腐熟农家肥，每一立方土加1千克磷酸二氢钾+5千克普钙+1千克复合肥。③苗床消毒：营养土装入营养杯的2/3处为宜，整齐摆放在苗床上，浇足底水后，用50%的多菌灵可湿性粉剂800倍液喷雾消毒。

（三）定植

（1）定植时间。苗龄15天左右，株高8～10厘米，茎粗0.3厘米左右，两叶一心时定植。定植应在傍晚或阴天进行，雨天不宜定植。

（2）定植密度。株距50～55厘米，每亩栽450～550株。

（3）定植方法。定植前2天可用53%金雷多米尔分散剂500倍液等喷雾保护瓜苗。每穴定植1株，植时将瓜苗从育苗盘中取出，连同营养土植于定植穴，扶正、培土、稍压实于穴中，深度以子叶略高于地面为佳。

（四）田间管理

（1）保苗补苗。南瓜缺苗对产量影响很大，发现缺苗的要及时补栽或补播，以保证全苗。

（2）中耕除草。从定植到伸蔓前中耕松土一次，倒蔓时第二次中耕除草，并进行培土，将蔓向一侧延伸，使根际培成一个小土垄，以后随着瓜蔓的伸展进行1～2次中耕除草，瓜蔓封垄后停止中耕除草。

（3）肥水管理。

①水分：缓苗后选晴天上午浇一次缓苗水，然后蹲苗；倒蔓后结束蹲苗，浇一次透水，以后5～10天浇1次水；伸蔓期应少浇水，促进发根，利于壮秧；结瓜盛期加强浇水。蜜本南瓜不耐涝，多雨季节应及时排除积水。

②追肥：a. 发棵肥：在缓苗后，追一次发棵肥，一般采用1:3～1:4的淡粪水或0.4%～0.5%三元复合肥（N－P－K=15－15－15）。b. 膨果肥：在植株进入生长中期坐稳1～2个幼瓜时进行，一般每次每亩追施1:2的粪水500千克，或尿素5千克，三元复合肥（N－P－K=15－15－15）15千克，每10天1次，连2～3次。

（4）植株调整。

①整枝：幼苗长到6片叶左右时，进行摘心（短尖），促进侧蔓抽生，然后除保留2~3条强壮的侧蔓外，其余全部摘除，利用侧蔓结果。

②压蔓：当蔓长7~9节时，引蔓压蔓一次，最好于雨过天晴后，将蔓引向空行，用湿软土块在节位处把瓜蔓压在地面，使瓜顶端半节露出土面，以后每隔3节压蔓1次，共压2~3次，使其分布均匀，避免植株之间互相拥挤和遮阴，促使蔓节长出不定根，增加根系吸收面，并固定植株。

③留瓜：每株第一个瓜开花前摘除；每蔓只选留1个发育正常的瓜，每株留瓜2~3个。

（五）及时采收

南瓜开花后40天左右就达到生理成熟，其主要特征是果皮蜡粉增厚，皮色由绿转黄或橙色，果皮变硬，指甲刻入不易破裂时即可采收，采收时选择晴天露水干后进行，采收时在果柄基部平展，避免伤害果皮，以利贮藏。

（六）病虫害防治

（1）主要病害。猝倒病、立枯病、疫病、白粉病、霜霉病、病毒病等。

（2）主要虫害有。蚜虫、美洲斑潜蝇、蓟马、黄守瓜、地老虎、根结线虫等。

（3）药剂防治。使用药剂防治应符合GB 4285和GB/T 8321（所有部分）的要求。严格控制农药使用浓度及安全间隔期（表1-2）。

表1-2 主要病虫害防治用药

主要防治对象	农药名称	稀释倍数	使用方法	最多使用次数	安全间隔期（天）
猝倒病 立枯病	70%甲基托布津可湿性粉剂	800~1 000倍	喷淋	3	7
	75%百菌清可湿性粉剂	500倍	土壤消毒	1	10
	20%地菌灵可湿性粉剂	400~600倍	灌根	2	10
白粉病	10%世高水分散粒剂	1 200倍	喷雾	3	7
	15%三唑酮粉剂	1 500倍	喷雾	2	7
	50%翠贝干悬浮剂	3 000倍	喷雾	3	7
疫病 霜霉病	72.2%普力克水剂	600~800倍	喷雾	2	7
	58%雷多米尔锰锌	500~600倍	喷雾	2	7
	64%杀毒矾可湿性粉剂	600~800倍	喷雾	3	5
	72%克露可湿性粉剂	600~800倍	喷雾	3	5
病毒病	1.5%植病灵乳剂+植物动力2003	1 000倍+800倍	喷雾	3	7
	20%病毒A粉剂+83增抗剂	500倍+100倍	喷雾	3	7
	72%病毒必克+云大120	600倍+800倍	喷雾	3	7
蚜虫 蓟马	10%蚜虱净可湿性粉剂	1 500~2 000倍	喷雾	2	7
	5%吡虫啉水剂	1 000~1 500倍	喷雾	2	7
	20%好安威乳油	800~1 000倍	喷雾	2	5

（续表）

主要防治对象	农药名称	稀释倍数	使用方法	最多使用次数	安全间隔期（天）
黄守瓜	40%氰戊菊酯水剂	8 000 倍	喷雾	3	5
	90%敌百虫乳剂	1 500～2 000 倍	灌根	3	7
	52.25%农地乐乳油	1 150～2 000 倍	喷雾	3	7
地老虎根结线虫病	10%地虫克粉粒剂	2～2.5 千克/亩	穴施	1	10～15
	10%福气多粉粒剂	1.5～2 千克/亩	穴施	1	10～15
	1.5%菌线威	3 500～7 000 倍	灌根	2	10～15
美洲斑潜蝇	75%倍潜克可湿性粉剂	4 000～6 000 倍	喷雾	2	5
	1.8%绿维虫青乳油	2 000～3 000 倍	喷雾	1	7
	1%农哈哈乳油	1 500～2 000 倍	喷雾	1	7

六、辣椒栽培技术

（一）播种及苗期管理

（1）选地与整地。辣椒对土壤的要求不很严格；最理想的是选择前作是水稻田或未有种植过茄科作物的田块，避免连作发生的茄科病害，同时，最好具备土壤肥沃疏松的半砂壤土，排灌水方便，大雨天不涝，保水保肥力强的田块种植最理想。整地起畦：应在定植前 5～7 天把地深耕晒白，把土耕耘细碎后起高畦，可用 150cm 宽度起畦。

（2）品种选择。选择株型紧凑直立，分枝较多，适应性强，果实为羊角型，长尖椒，果型美观的优良新品种。

（3）营养土配制。在 1～2 月将有机肥（草粪）抬到田间，按照一层有机肥，撒一层普钙进行堆制，然后盖上薄膜，让其充分腐熟备用，营养泥的堆制，按照 500 千克土，加入细粪渣 350 千克，普钙 2.5 千克，复合肥 1 千克，清粪水 150～250 千克，充分混匀后堆制，盖上薄膜，让其发酵 20 天以上备用。

（4）培育壮苗。

①浸种催芽：播前可将种子进行浸种催芽，但为了播种时便于操作，提倡只浸种而不进行催芽，浸种采用温汤浸种法。即将种子放入盆内，再缓缓倒入 50～55℃温水，边倒边搅拌，水量为种子量的 5～6 倍，持续 50～55℃的水温 15 分钟后将水温降到 30℃时停止搅拌（之后可用 10%的高锰酸钾水溶液浸泡 15 分钟，再捞出冲洗干净），继续浸泡 6～8 小时后，清净甩干，便可播种。

②播种育苗：辣椒多采用营养杯或营养苗床育苗。营养杯育苗，虽较费工、成本稍高，但能育出壮苗，成苗率高，定植后缓苗快，有利于早熟丰产；苗床撒播育苗，虽然简单易行、成本低，但风险较大，难于培育壮健苗，且定植后缓苗慢，成活率低等缺点。播种前先将苗床或营养杯准备好，淋透水，之后即把种子播于营养杯中或苗床内，采用营养杯育苗的，每杯播种 3～4 粒，将来每杯定苗 1～2 株；用苗床育苗每平方米可播种子 15 克左右，一般每亩用种子量 75～100 克；播种后随即覆盖土、然后盖上黑遮

光纱或稻草，再均匀地淋水。创造黑暗条件有利于幼苗根芽生长。

③苗期管理：播种后不干不浇水（播种后至出苗前一般不用浇水），一般10～15天出苗，当有50%以上的种子出苗后，立即揭去地膜，应及时放风排湿，防止苗旺长，由于早春自然光较弱，苗棚内光照普遍不足，应于晴朗的中午前后揭膜，增加光照强度，抑制苗徒长。当苗出齐后，到现一片真叶时，可再撒盖一层湿润细药土，以达到保温、保湿、苗壮的目的，随时加强苗期管理，厢面露白要及时浇水，注意通风透光控苗炼苗；苗床湿度过大容易导致幼苗期的猝倒病发生，注意防治幼苗的猝倒病，可用600倍75%百菌清可湿性粉剂、或64%杀毒矾可湿性粉剂500倍喷洒。同时，防治病虫和除草，虫主要防蚜虫和蝼蛄（俗称"鼻涕虫"）。另外，移栽前15天，应控制肥水，加大放风量，进行炼苗、蹲苗，防止出现高脚苗、旺长苗。定植前5～7天采取全天揭膜，进行适应性锻炼。

（二）移栽大田及管理

（1）施足基肥，精细整地。辣椒不宜连作，低洼地不宜种植。施足底肥，重施磷钾肥，每亩应施优质土粪1 500～2 500千克、硫酸钾15～20千克、尿素10～15千克，或过磷酸钙50千克，硫酸钾20～25千克、尿素20～30千克。把土耕耘细碎后起高畦，将翻犁的田块拉绳开厢，按1.3米开厢，厢面宽80～90厘米，沟宽40～50厘米。沟深20厘米，做到厢面平整，土地细碎。最好采用地膜覆盖栽培，有利于保水、保肥、保温、防杂草，减少病虫害促进植株和根系的健康生长发育，达到早熟、丰产等目的。

（2）定植与栽植密度。定植前，应做好施基肥和整地作畦。当苗长到6～8片真叶时即可移栽大田，移栽前喷1次防病防虫药，要浇透水，这样可以做到带土、带肥、带药移栽。春植采用单株植。每个厢面栽2行（线椒行距65厘米、株距33～36厘米、密度2 800～3 080株/亩；朝天椒行距65厘米、株距45～50厘米、密度：2 050～2 280株/亩），每亩窝施30千克硫酸钾复合肥作底肥，一定要用土盖到看不见复合肥后再栽苗，栽苗深度以子叶平地面为宜，起出的苗应随起、随栽、随浇定苗水，栽好后淋清水粪，以利定根存活。

（3）栽后管理。苗移栽当天，立即打一次农药（敌杀死），防土蚕咬食秧苗，苗活7～10天，每亩用尿素7.5千克对清粪水进行提苗。结合培土上厢，在始花期每亩用30～40千克硫酸钾复合肥加上5千克硫酸钾上1次肥。及时清除杂草，随着植株不断向上生长，土壤经雨水冲刷流失，容易使植株倒伏和露根，因此应多次进行除草和培土。

（4）及时整枝。晴天及时摘除第一个分叉以下着生的所有侧芽，有利于通风透光，减少养分消耗，促进植株生长和开花结果。朝天椒的整枝方式为摘心打顶，因朝天椒的产量主要集中在侧枝上，占80%～90%，主茎上的约占10%。打顶迟影响侧枝生长，所以缓苗后5～7天内，8片叶左右打顶结束，从而限制主茎生长，促发侧枝，提高产量。

（三）病虫害防治

疫病：可用58%瑞毒霉锰锌600倍，1：1：200的波尔多液或1 500倍扑海因溶液喷洒。

青枯病：应以防为主，发病时要及时拔除病株，穴部施适量石灰杀菌，可用1 000倍敌克松或72%农用链霉素4 000倍溶液灌根。

炭疽病：可用1∶1∶200的波尔多液或75%的百菌清1 000倍溶液喷洒。

软（根）腐病：可用72%农用链霉素4 000倍或1∶1∶200波尔多液喷洒；根腐病：可用50%多菌灵可湿性粉剂600倍或40%硫黄胶悬剂600倍溶液喷洒。

病毒病：用植病灵、克毒宝等药剂防治。

蚜虫：可用1 200倍万灵水剂或800倍乐斯本液或10%吡虫啉1 000～2 000倍喷洒。

蓟马：可用800倍七星宝、溶液喷洒。

螨类：可用三氯杀螨醇1 000倍或石硫合剂等杀螨农药防治。

（四）采收

在正常情况下，开花授粉后约20～30天，此时果实已达到充分膨大，果皮色具有光泽，已达到采收青果的成熟标准，应及时采收。如果采收不及时果实消耗大量养分，影响以后植株生长和结果。分青、红椒采摘，第一次采收青椒，只采门椒（即第一分枝所结辣椒）。以后按商品的要求采收。

七、青椒主要病虫害及无公害综合防治技术

（一）主要病虫害发生种类

（1）主要病害有。病毒病、疫病、炭疽病、疮痂病、细菌性叶斑病、根腐病及生理性病害。

（2）主要虫害有。茶黄螨、蚜虫、白粉虱、烟青虫、斑潜蝇等。

（二）无公害综合防治技术

坚持"以防为主，综合防治"的原则，优先采用农业、物理、生物防治，配合科学合理的化学防治。

（1）轮作和土壤消毒。青椒连作加重各种病害的发生，有条件的可与非茄科蔬菜轮作2～3年。保护地栽培可在夏季高温时深翻土壤30厘米以上，然后覆盖地膜，持续晒10～15天。苗床可用50%多菌灵拌土，每立方米床土用药50～80克，土壤消毒每亩可用50%多菌灵或75%甲基托布津1千克，拌细土撒匀后翻地。也可用福尔马林200倍液喷湿地表面盖膜一周，放风两周后播种或定植。

（2）培育无病壮苗。

①种子处理：用55℃温水浸种10～15分钟，注意要不停搅拌，当水温降到30℃时停止搅拌，再浸种4小时，可预防真菌病害，用10%磷酸三钠溶液常温下浸种20分钟，捞出后清水洗净浸种催芽可预防病毒病，用50%多菌灵500倍液浸种2小时，也可用50%多菌灵可湿性粉剂或50%福美双可湿性粉剂用种子量的0.4%拌种，或25%甲双灵可湿性粉剂用种子量的0.3%拌种，预防真菌性病害。

②春夏或夏秋育苗覆盖防虫网，防蚜虫、白粉虱危害，可预防病毒病。

③适时播种，培育壮苗，控制苗床温湿度，白天温度不超过30℃，夜间不低于

15℃，注意苗床通风降湿，及时分苗，发现病株，立即拔除，带出苗床深埋，并处理病穴。

（3）实行科学的田间管理。

①保护地内采用高畦栽培，并覆盖地膜，应用微滴灌或膜下暗灌技术。保护地设施采用无滴膜，加强棚室内温湿度调控，适时通风，适当控制浇水，避免阴雨天浇水，浇水后及时排湿，尽量防止叶面结露，以控制病害发生。

②及时整枝、抹杈，及时摘除病叶、病花、病果，摘除下部失去功能的老叶，改善通风透光条件，拉秧后及时清除病残体，并注意农事操作卫生，防止染病。

③设施内晴天上午适当晚放风，使棚室温度迅速提高，当温度升到30℃时，再开始放风，当温度降到20℃时，关闭通风口，延缓温度下降；夜间最低温度保持在12～15℃，以防灰霉病发生。

（4）生物防治。

①保护地内可设置黄板诱杀白粉虱、蚜虫、斑潜蝇等对黄色有趋性的害虫；也可释放丽蚜小蜂控制白粉虱。

②使用2%菌克毒克（宁南霉素）200～250倍液在发病初期防治病毒病；使用1%农抗武夷菌素150～200倍液在发病初期防治灰霉病。

③使用0.9%虫螨克4 000倍液防治斑潜蝇、菜青虫等，或用10%浏阳霉素乳油1 000～1 500倍液、5%卡死克乳油1 000～1 500倍液防治茶黄螨及叶螨。

④使用72%农用链霉素3 000～4 000倍液或25%青枯灵可湿性粉剂500倍液防治细菌性病害。

（5）化学防治。因青椒属于持续采收蔬菜作物，化学防治必须严格按照安全间隔期、浓度、施药方法用药。要避开采摘时间施药，应先采摘、后施药。采收前7天严禁使用化学杀虫剂，应首选生物制剂或天敌控制。要尽量交替使用不同类型的农药防治病虫害。

①疫病防治：定植后可喷80%代森锰锌可湿性粉剂600倍液加以保护，15天1次。发病初期可喷洒40%疫霉灵可湿性粉剂250倍液或58%甲霜灵锰锌可湿性粉剂500倍液、72%杜邦可露可湿性粉剂800倍液、60%安克锰锌可湿性粉剂1 500倍液、58%雷多米尔可湿性粉剂800倍液等，间隔7～10天1次，连续2～3次。棚室还可用45%百菌清烟剂，每公顷每次用药3～4千克。

②炭疽病防治：发病初期可喷洒70%甲基托布津可湿性粉剂600～800倍液或80%代森锰锌可湿性粉剂500倍液或50%炭疽福美可湿性粉剂400倍液或1：1：200倍的波尔多液。每7～10天1次，连喷2～3次。

③灰霉病防治：移栽前用50%速克灵可湿性粉剂1 500～2 000倍液或50%扑海因可湿性粉剂1 500倍液喷洒幼苗。发病初期可选用50%速克灵可湿性粉剂1 500～2 000倍液或50%扑海因可湿性粉剂1 500倍液、60%防霉宝600倍液、50%甲基托布津可湿性粉剂1 000倍液、28%灰霉克可湿性粉剂500～600倍液、65%甲霉灵可湿性粉剂800倍液等喷雾防治。

④病毒病防治：可用1.5%植病灵1 000倍液、20%病毒A可湿性粉剂500倍液、

5% 菌毒清水剂 200 ~ 300 倍液或高锰酸钾 1 000 倍液与爱多收 5 000 倍液混合喷雾防治。

⑤蚜虫、白粉虱防治：可用 2.5% 溴氰菊酯乳油 2 500 倍液、10% 大功臣可湿性粉剂 1 000 倍液或灭杀毙 4 000 倍液喷雾防治。

⑥斑潜蝇防治：可用 73% 克螨特乳油 2 000 ~ 2 500 倍液、12.5% 必林 3 000 倍液或 48% 乐斯本乳油 600 ~ 800 倍液喷雾防治。

八、辣椒种植田间管理技术

辣椒田间管理的好坏与否，直接关系辣椒的产量和质量，结合多年的实践经验，辣椒的田间管理应从以下几方面来进行。

（一）整枝、中耕除草、培土

随着辣椒苗的生长发育，枝芽（包脚芽）也伴随生长、尤其是杂交辣椒的枝芽生长最旺盛。当辣椒植株分权以后，权以下的枝芽应及早全部去掉，以减少对辣椒树的营养消耗，增强透光通气能力。去芽时应选择晴天进行，雨天进行导致伤口难以愈合，容易感病；强化辣椒地的中耕除草，确保田间无杂草，促进辣椒根系生长。结合中耕除草认真做好培土。

（二）追肥

辣椒追肥要根据各个不同生长阶段的特点进行，一般分 4 次进行追肥，即第一次结合中耕除草、清粪水轻施；第二次施肥是开始现蕾至开花期，要视生长情况来确定施肥量，既要施适量肥料满足分枝，又要防止施肥过量而造成徒长，引起落花；第三次施肥，当第一个辣椒坐稳果后，肥料用量可加大一些；第四次施肥，时间在"立秋"前后。另外，辣椒除基肥和追肥外，还可以用磷酸二氢钾施叶面肥（根外追肥）。根外追肥一般进行 2 ~ 3 次，最好是在盛果期喷施，间隔 7 ~ 10 天喷 1 次，应选在晴天傍晚或阴天喷施，这样肥料蒸发作用小，易被植物吸收。

（三）水分管理

一般五月中下旬雨季来临，气温也随之升，要适时做好水分管理，田间水分过多造成根系窒息死亡或诱发病，田间水分不足影响辣椒的生产发育。加强田间沟路清理，为辣椒生长营造良好的环境，田间沟路做到排灌自如。

（四）病虫害防治

辣椒常见的病害有立枯病、炭疽病、猝倒病、疮痂病、病毒病等 20 多种病害。防治方法：一是搞好农业防治：选用前一年没有种植过茄科作物的土壤，开好排水沟，降低地下水位，减小（轻）土壤中的湿度，施用腐熟的人畜粪。二是药剂防治：可用 1∶1∶100 ~ 200 倍的波尔多液、多菌灵、退菌特、百菌清、甲基托布津、农用链霉素等药剂进行喷施，隔 7 ~ 10 天喷第 2 次。

辣椒常见的虫害主要有地老虎（地蚕）、蚜虫、烟青虫（钻心虫）和斜纹夜蛾等。防治方法：当辣椒苗移栽后，及时做好诱杀地老虎等地下害虫。杀虫的药剂有：比虫麟、攻蚜、虫螨克、来瘟死等，喷施时严格按照各农药的使用说明进行配对。喷药时间最好是晴天早上或傍晚（18∶00 以后）。

（五）适时采收

辣椒属无限花序作物，在适宜的温光和充足的肥水条件下，能不断开花结果，适时（红带紫色）采摘有利提高辣椒产量。采收过迟不利植株将养分往树上部转送，影响上一层果实的膨大，但也不能采收过嫩，过嫩的话，因果实的果肉太薄，色泽不光亮，影响果实的商品性，产量降低。青椒采摘的标准是：果实表面的皱折减少，果皮色泽转深，光洁发亮。红椒也不宜过熟，辣椒颜色变成红带紫色就可采摘，过熟水分丧失较多，品质和产量也相应降低，不耐贮运。采摘时间应在早、晚进行，中午因水分蒸发较多，果柄易脱落。

九、结球甘蓝栽培技术

（一）类型

结球甘蓝的种类很多，一般分类主要是根据叶球的形状，分为 3 个基本生态类型。

尖头形：俗称鸡心或牛心甘蓝。叶球顶部尖，近似心脏形，植株较小，叶片长卵型，中柱较长，多为早熟和早中熟品种，定植到叶球成熟需 60～80 天，产量较低，多作春甘蓝栽培效。

圆球形：叶球圆球形，植株中等，开张度较小，外叶较少，叶球紧实，多为早熟和早中熟品种，从定植到收获需 60～80 天，产量较低。

平头型：叶球扁圆形，植株较大，叶片开张，中柱短缩，品质好，多为中晚熟或晚熟品种，从定植到收获需 90～120 天，产量较高，多作夏秋或冬甘蓝栽培。

（二）栽培技术

（1）播种时期。春甘蓝栽培，从播种到采收历时 8 个月，低温占主要时段，植株很容易受低温的影响，在未完成结球之前，已通过阶段性发育，发生先期抽薹现象，造成生产上的严重损失。为了争取春甘蓝的早熟、丰产，防止"未熟抽薹"现象的发生，可采取以下措施。

①选用冬性较强的优良品种：不同类型和品种在冬季低温的影响下，通过阶段性发育的快慢有所不同，牛心类型的冬性强于平头、圆球类型，在同一类型中，冬性较强的品种，通过低温春化的时间要求相对较长、温度要求也相对较低。

②适时播种，控制苗期施肥：早熟春甘蓝适宜的播种期应于 10 月中下旬以后，在幼苗期适当控肥、控水，防止植株生长过快。

③加强田间管理：前期注意适当蹲苗，不要使幼苗生长过旺，当气温回升到 10～15℃以上时，肥水齐攻，确保春甘蓝早熟、丰产。

夏秋甘蓝的栽培可根据前茬、后茬作物的安排和市场需求适时播种。从 4 月上旬至 6 月上旬均可播种，采收期为 7 月下旬至 10 月中旬。在春季播种时不宜过早，否则，也易发生先期抽薹现象，造成损失。

（2）种子处理。在播种前一般对种子进行 2～3 天晾晒，每天 2～3 个小时，晒后放在阴凉处散热，可以提高种子活力；用 50℃温水浸种 20～30 分钟，取出经冷水降温并晾干后播种，或用 45% 代森铵水剂 200 倍液浸种 15 分钟，取出冲洗后播种，或用农用链霉素 1 000 倍液、金霉素 1 000 倍液浸种 2 小时，也可在 60℃的条件下处理干种子 6 小时后播种，或用种子量的 0.3%~0.4% 的瑞毒霉、百菌清、福美双或代森锰锌、1%~1.5% 的农抗 751 或 0.2% 的 DT 米可湿性粉剂进行拌种，可有效杀灭种子表面所带的病原菌。

（3）土壤选择。结球甘蓝的栽培最好与豆科、禾本科作物、葱蒜类蔬菜进行轮作，忌选择前茬种过萝卜、苤蓝、白菜等十字花科蔬菜的地块，主要是它们生长发育所需的营养成分和病虫害相类似，如果连作会导致病虫害的严重发生，同时，由于土壤养分的不平衡，还会导致植株的生长不良。甘蓝对土壤的适应性较强，为确保产量，栽培上应选择土层深厚，富含有机质的沙壤土、壤土为宜。

（4）播种育苗。结球甘蓝多采用育苗移栽，苗期便于集中管理，定植时可选择纯度较高质量较好的幼苗，同时，因占地面积小，还可充分提高土地利用率。

春甘蓝的育苗一般对土壤的肥力要求不高，为便于管理，只要选择排灌方便的地块即可；夏秋甘蓝与冬甘蓝在育苗期间温度高，雨水多，苗床要选择土壤肥沃、排水良好、通风凉爽的地段。

播种前对育苗地进行深翻晾晒，每亩施入 2 500~3 000 千克腐熟农家肥、40 千克复合肥作基肥（春甘蓝的育苗肥料可适当少一些），充分混匀、耙细、整平。苗床作高畦，畦宽 1.0~1.6 米，沟宽 20~25 厘米，畦不宜过宽，不然田间管理不便，如浇水、间苗、除草等。播种前浇透底水，待水渗下以后进行撒播，为了播种均匀，可以将种子掺上 2~3 倍的细土均匀撒于畦面，播种不宜过密，一般每平方米播种量为 2~3 克，每亩用种量为 50 克左右。播种后均匀覆盖过筛细土 0.5~1 厘米，盖土宜浅不宜深，便于种子出苗，夏秋季节育苗要盖草保湿，气温过高时，还应覆盖遮阳网，以降低温度。

（5）苗期管理。苗期管理总的原则是，把幼苗的生长控制在感受低温春化的生理苗龄之下（6 片真叶、叶宽 5 厘米、茎粗 0.6 厘米以下）。

种子一般 2~3 天出苗，前期应注意随时浇水，要求畦面始终保持湿润，保证出苗整齐。出苗后间苗 2~3 次，以利通风透光，培育壮苗。间苗最好在晴天中午进行，易于鉴别病苗。第一次间苗在幼苗"拉十字"时进行，主要疏去弱苗，避免幼苗过密徒长成高脚苗，当长出 3~4 片真叶时进行第二次间苗，间掉小苗、弱苗、病苗、畸形苗、受伤苗、杂苗和杂草等，保留符合该品种性状的健康壮苗，在间苗时同时进行中耕除草。

春甘蓝苗期对肥水的要求不严，齐苗后在幼苗生长过快的情况下，还应适当控制浇水，保持畦面见干见湿即可。当长出 3~4 片真叶时，如果幼苗生长还是较快，可对幼苗进行假植。春、夏、秋季节育苗时，出苗后揭去覆盖物，前期应注意随时浇水，要求畦面始终保持湿润，保证出苗整齐，如在早春播种，气温较低，可以适当减少浇水，畦面控制在见干湿为宜。间苗后要结合浇水，每亩用尿素 5~10 千克或 15% 的腐熟人粪尿液 500~1 000 千克及时进行追肥，苗期一般进行 2~3 次追肥，应做到薄施勤施，促进幼苗健壮生长。

（6）定植。定植前，土壤要深翻整平，亩施入腐熟农家肥 3 000~3 500 千克、复合肥 20~40 千克作基肥（春甘蓝栽培肥料可适当少一些）。采用深沟高畦栽培，防止因高温多雨，引发的病虫害和涝害，沟宽 25 厘米左右，畦高 15～20 厘米，宽 1.2～2.0 米，栽 3～5 行。

春甘蓝的定植应选择生长中等的幼苗，淘汰大苗，主要是防止植株过大，在冬季通过阶段性发育，发生先期抽薹现象。在 12 月中下旬至翌年 1 月中旬定植，但不同的气候条件，定植的时间亦有所不同，一般要求在生长临界低温 5℃前 5～7 天进行，定植后植株来得及发生新根，以利抗冻。如果定植过早，植株生长过快，容易发生先期抽薹；定植过晚，幼苗根系尚未恢复生长，寒冷来临，可能发生受冻缺苗现象。

夏秋甘蓝和冬甘蓝一般在苗龄 25 天左右，植株真叶达到 5～8 片以上，选择生长好、茎粗壮、叶面积较大的壮苗进行定植为宜。

定植适宜在晴天下午或阴雨天进行，移栽前给苗床浇一次透水，以便于起苗，起苗最好带土移栽，避免伤根，缩短缓苗期。定植完后，随即浇足定根水，以利恢复生长。栽培的株行距因品种或类型不同而有差别，一般早熟品种，植株较小，株行距以 35 厘米×40 厘米为宜，每亩定植 4 500 株左右；中熟品种，株行距控制在 40 厘米×40 厘米即可，每亩定植 4 000 株左右；晚熟品种如平头类型，植株较大，株行距以 40 厘米×45 厘米为宜，每亩定植 3 500 株左右。

（7）田间管理。春甘蓝对的田间管理比较特殊，既要防止先期抽薹，又要争取早产、高产，所以，肥水的控制十分关键。幼苗在定植时浇足定根水外，2～3 天后再浇 1 次水即可，促使植株发生新根，以利抗冻，冬季温度低植株生长缓慢，要严格控制追肥，使幼苗处于越冬状态。3 月上旬，气温回暖后，杂草生长很快，应及时进行中耕除草，疏松表土，要求是早除、浅除，一般中耕深度 1～2 厘米为宜，并轻施提苗肥 1 次，每亩用尿素 5～10 千克、复合肥 10～15 千克对水或用 10%～20% 粪水淋施。3 月下旬，气温升高，植株生长变块，重施追肥 1 次，每亩用尿素 15～20 千克、复合肥 20～40 千克进行穴施，施后应立即浇水，促进植株吸收。在此阶段要保障水分的充足供应，保持土壤湿润。4 月中下旬正值春甘蓝生长的适宜季节，植株生长迅速，应再结合中耕除草，进行重施追肥，每亩用尿素 20 千克左右、复合肥 40 千克左右进行穴施，同时还应注意培土，以免甘蓝的根部外露，促进根系吸收。春甘蓝的整个生育期较长，但后期气温适宜从莲座期开始到采收生长时间较短，一般追肥 3 次即可，以后两次为主。

夏秋甘蓝和冬甘蓝在定植后应增加浇水次数，经常保持土壤湿润，有利植株恢复生长，此期可结合浇水追肥一次，每亩用尿素 10 千克、复合肥 30 千克对水用 30%～50% 粪水淋施，以后根据天气情况，适时浇水。进入莲座期，结合中耕除草，重施追肥 1 次，每亩用尿素 15～20 千克、复合肥 20～30 千克进行穴施，施后应立即浇水培土，促进植株吸收。进入包心期，此时要肥水齐攻，每亩用尿素 20 千克、复合肥 40 千克进行穴施。如遇雨季，应注意排水，防止因积水加重病害流行，如遇干旱应及时灌水，防止叶球松散、结球过小或茎部叶片脱落。

甘蓝的叶球生长完成临界时，应根据紧实度，适当控制浇水，以防叶球开裂。

（8）及时采收。结球甘蓝采收不及时，容易造成叶球开裂，引起腐烂，影响其商品性和产量。因此，在叶球具有一定大小和适当的紧实度时，应根据市场行情，随时采收上市，以免造成不必要的损失。采收后，去除老叶、黄叶和残叶，然后进行分级包装。

（三）主要病虫害及防治

甘蓝的病虫害较多，在防治上应坚持以防为主、多种防治方法相结合的原则，采用化学防治，应选用高效、低毒、低残留的药剂。

（1）主要病害及防治。

甘蓝黑腐病：细菌性病害，由黑腐病菌侵染所引起。幼苗发病时，子叶呈水渍状，逐渐枯死。成株发病多从叶缘开始，形成"V"字形的黄褐色病斑，边缘有黄色晕环，叶脉坏死变黑，呈黑色网状，病叶变黄干枯，病菌可从病叶维管束扩展到叶柄，也可经伤口侵入叶柄，引起叶柄及茎腐烂，影响甘蓝包心，产量明显下降。

甘蓝软腐病：欧氏杆菌引起的细菌病害，在田间发病多从包心期或结球期开始。最初植株外围叶片在烈日下表现萎蔫，但早晚可恢复，随着病情的发展，这些外叶不再恢复，平贴地面，露出心部或叶球，发病严重的植株结球小，病叶基部和根茎处心髓组织完全腐烂，流出灰褐色黏稠物，散发恶臭味，病株轻碰即倒折溃烂。

细菌性病害的防治方法：甘蓝黑腐病、软腐病，在播种前用50℃温水浸种，或用45%代森铵水剂200倍液浸种15分钟，或用农用链霉素1 000倍液、金霉素1 000倍液浸种2小时，也可在60℃下处理干种子6小时后播种。在病害发生初期可用24%的农用链霉素可溶性粉剂700～1 000倍液（60～85.7克/亩），或20%噻菌铜（龙克菌）悬浮液500倍液（120毫升/亩），或47%春雷·王铜可湿性粉剂（加瑞农）500倍液（120克/亩）；或77%氢氧化铜可湿性粉剂500～600倍液（100～120克/亩），每隔6～7天喷1次，连续喷2～3次。

病毒病：引起甘蓝病毒病的毒源至少有5种，但主要是芜菁花叶病毒和黄瓜花叶病毒两种。苗期发病，引起心叶叶脉透明失绿，进而心叶出现深浅不一的花叶或叶片皱缩。有时叶片着生不整齐的坏死环纹，在成株期病株表现为不同程度的矮化，外叶有时黄化或着生环形坏死斑、黑点、黑线，有时这些点、线会出现在叶球内部的叶片上。幼苗期发病受害严重，植株往往不能包心。

防治方法：主要靠蚜虫传播，其次是通过机械和接触传播，施肥不足，管理差，植株生长不良，抗病力弱，发病较重。因此，切断传播途径是防治的关键问题。在发病初期用0.5%氨基寡糖素（OS—施特灵）水剂500～800倍液（75～120毫升/亩），或25%吗胍·硫酸锌悬浮剂（病毒灵）160～320倍液（187.5～375毫升/亩），或病毒A500～700倍液，或1.5%植病灵乳油1 000倍液或5%病毒必克800倍液等交替喷雾防治。

霜霉病：霜霉菌引起的真菌性病害，在苗期发病，初期在幼茎或子叶上出现白色霜状霉，幼叶或幼苗随后枯死；成株期叶片受害后，初期出现淡绿色，逐渐变为黄色至黄褐色，或黑色至紫褐色，中央略带黄褐色稍凹陷不规则病斑，湿度大时叶背甚至叶面产生白色霜状霉层。

防治方法：用72.2克/升霜霉威水剂（普力克）550～850倍液（71～109毫升/亩），或80%三乙膦酸铝（敏佳、蓝博）可湿性粉剂250～350倍液（171～240克/亩），或72%代森锰锌·霜脲氰（克露）可湿性粉剂400～500倍液（120～150克/亩），或甲霜灵可湿性粉剂800～1 000倍液（60～75克/亩），或甲霜灵．锰锌可湿性粉剂500～700倍液（85～120克/亩），于发病初期每隔5～7天喷1次，连续喷2～3次。

（2）主要虫害及防治。

菜青虫：菜青虫是甘蓝重要害虫，以幼虫在叶背或心叶为害，1～2龄幼虫啃食叶肉，在叶片上留下一层薄而透明的表皮，3龄以上幼虫将叶子咬出孔洞，或将叶片边缘吃成缺刻，严重时将全部叶片吃光，仅留下叶脉和叶柄，并排出粪便，污染菜心，严重影响甘蓝的产量和质量。由于它的取食为害，造成伤口易被软腐病、黑腐病等病原菌侵入，引起病害流行。该虫一年发生4～6代，世代重叠，为害持续时间长，给防治带来一定困难。

防治方法：在虫害初期，选用1.8%阿维菌素乳油4 000倍液（15毫升/亩）、或5%氟虫腈悬浮剂（锐劲特）1 500倍液（40毫升/亩），或5.7%氟氯氰菊酯乳油1 000～2 000倍液（30～60毫升/亩），或抑食肼可湿性粉剂1 000倍液（60克/亩）等交替喷雾防治。采收结束后，要及时清除田间残株老叶，减少繁殖场所和消灭部分虫蛹。

小菜蛾：又名菜蛾，小青虫，一年发生5～6代，以蛹在田间越冬。成虫昼伏夜出，具有很强的趋光性。以幼虫取食为害，幼龄幼虫取食叶肉后，留下的表皮呈透明状小斑点。叶片被成熟幼虫取食后呈小孔洞和缺刻，严重时菜叶被吃成网状，常集中食害心叶，影响包心。

防治方法：用1.8%阿维菌素乳油4 000倍液（15毫升/亩），或5.7%氟氯氰菊酯乳油1 000～2 000倍液（30～60毫升/亩），或2.5%多杀霉素悬浮剂1 000倍液（960毫升/亩），或5%氟虫腈悬浮剂（锐劲特）1 500倍液（40毫升/亩），或2.5%灭幼脲悬浮剂1 000倍液（60毫升/亩）等交替喷雾防治。

斜纹夜蛾：俗名莲纹夜蛾，是一种暴食性害虫，一年发生5～6代，成虫昼伏夜出，对酸甜的发酵物质有趋性，有趋光性。稍遇惊扰，四处爬散或吐丝飘移。以幼虫取食叶片，大发生时，幼虫有成群迁移为害的习性。

甘蓝夜蛾：俗名甘蓝夜盗虫，夜盗虫等。一年发生4代，以蛹在土中7～10厘米处越冬，成虫昼伏夜出，有趋光性、趋化性。幼虫食叶为害，严重时仅留叶柄，呈扫帚状，并钻入叶球，排出粪便引起腐烂。幼虫受惊动有吐丝下垂和转移为害的习性。

防治方法：用90%敌百虫可溶性粉剂800～1 000倍液（60～75克/亩），或40%辛硫磷乳油800～1 200倍液（50～75毫升/亩），或2.5%灭幼脲悬浮剂1 000倍液（60毫升/亩）等交替喷雾防治，或用波长330～400hm紫外光，进行诱杀。

斑潜蝇：20世纪90年代初转入我国的多食性害虫，一年发生7～8代，以各种虫态在温室内越冬。成虫有趋黄性，雌成虫飞翔刺伤叶片，将卵产入其中，幼虫蛀食叶时形成曲折隧道，影响光合作用，降低产量。

防治方法：栽培地冬季应深翻，破坏蛹的越冬环境，清洁菜地，用黏虫板诱杀成虫。药剂防治在斑潜蝇幼虫发生初期进行，可选用药剂有1.8%阿维菌素乳油4 000倍液（15毫升/亩），或40%绿菜宝500～1 000倍液（45～90克/亩）叶面喷雾，或每亩使用50%DDVP乳油于傍晚进行熏蒸。

蚜虫：成蚜和若蚜群集叶背吸食寄主汁液，大量分泌蜜露污染甘蓝，诱发煤污病。

受害叶片黄化、卷缩、菜株矮小，发育不良，严重时整个外叶塌地枯萎。此外，菜蚜还能传播多种病毒病造成严重损失。

防治方法：蚜虫一般聚集于植株的嫩头、嫩叶、幼茎和叶背处。因此，要重点对准受害作物中上部的幼嫩部位施药。可选用10%吡虫啉可湿性粉剂（大功臣、蚜虱净）15 000倍液（40g/亩），或20%甲氰菊酯乳油（灭扫利）2 000倍液（30毫升/亩），或50%抗蚜威可湿性粉剂（辟蚜雾）1 500倍液（40g/亩），或2.5%高效氯氰菊酯水乳剂2 500～3 000倍液（20～24毫升/亩）等交替喷雾防治，或用银灰膜避蚜或黄板诱蚜等。

十、儿菜无公害生产栽培技术

（一）产地环境的选择

选择排灌良好、土层深厚、保水保肥力强的壤土、中壤土、轻壤土，并要3年未种过十字花科植物。其生长适温为10～25℃，种子发芽适宜温度为20～25℃。芽块膨大最适宜的均温为8～13℃，在0℃以下肉质茎易受伤害，后期20～25℃儿菜易抽薹开花。儿菜对日照要求不高，但对日照时数有一定要求。

（二）品种选择

选择产量高，耐病毒病，不易抽薹，不易空心，形状整齐的品种进行无公害生产。

（三）整地开厢

栽培地宜深耕并晒土熟化耙碎，利于根系生长和养分的转化。一般作宽1.2米的厢面、高15厘米左右的畦，沟宽30厘米。一般每亩施腐熟人畜粪1 000～1 500千克，尿素10千克，过磷酸钙20～30千克，钾肥10～20千克，深耕熟化开厢。基肥中着重磷钾肥，可以使植物干物质积累多，瘤状茎增重，形状好且空心少，提高产量和品质，降低病害的发生。

（四）适时播种

一般8月中旬至9月中旬播种，播种过早温度过高易发生病毒病，过晚个体偏小产量低。利用海拔差及遮阳网措施可稍提前或延后播种。直播播期可延后约10天。

（五）培育壮苗

选择3年未种过十字花科作物的土作苗床。床土要求每平方米施用腐熟的土杂肥4.5～6.0千克，过磷酸钙22.5～30千克，钾肥15～20千克，石灰每平方床土用30～40千克或托布津或多菌灵、敌克松3克对水施足底水，另加腐熟人畜粪水3～4千克，将肥料与土壤充分混匀。苗床按1.5米开厢，沟宽25～30厘米，沟深12～16厘米。选阴天或晴天下午播种，每平方米苗床播种子0.6～0.75克。播后用玉米秆、稻草或遮阳网覆盖。3天左右子叶出后及时揭去覆盖物，在幼苗具1片、3片真叶时分别间苗1次，去掉弱苗、劣苗、病苗和杂草，第一次匀苗后保持苗距3厘米，第二次保持7厘米左右。第二次间苗后，施1次稀薄的腐熟人粪尿，在干旱时施肥可以水带肥结合抗旱，多次低浓度进行。

（六）定植

苗龄过小，定植后返苗慢，对病害抵抗力减弱；苗龄过大移栽时根系损伤大，移栽后返苗慢。一般苗龄 25～40 天，以 5～6 片真叶定植为宜。定植前苗床要洒水，以便带土移栽不伤根，提高成活率。起苗后，如果主根过长，可去掉末端，保留 7～10 厘米。定植一般株行距为 50 厘米×60 厘米，密度为 2 000～2 500 株/亩。应在土壤干湿适度时选择阴天或晴天下午进行，定植后务必浇足定根水。

（七）田间管理

（1）中耕除草。一般在第 2 次追肥时植株封行前进行中耕除草。

（2）追施。儿菜的追肥原则是前期轻、中期重、后期轻并看苗追肥。第一次在定植成活后，每亩施稀人畜粪或稀沼液 1 000 千克加 2 千克尿素；第二次在定植后 35 天左右重施开盘肥，每亩用人畜粪或沼液 2 000 千克加 3 千克尿素，过磷酸钙 20 千克和氯化钾 20 千克，促进茎叶生长；第三次在定植后 55～65 天，儿菜迅速膨大的初期，每亩用人粪或沼液 2 500 千克加 5 千克尿素，以后视植株情况，可在定植 90 天左右再追施人畜粪或沼液 2 000 千克/亩，以提高产量和品质。

（3）病虫防治。为害儿菜的病虫害有：病毒病、软腐病、霜霉病、蚜虫、菜螟、跳甲等。其中，以蚜虫为害传染的病毒病影响最为严重，防治措施是：以防为主，综合防治。除用银灰色地膜覆盖防蚜虫、不施未腐熟的带菌肥料外，高畦深沟栽培，作好田间清洁，适当增磷、钾肥。化学防治，见表 1－3。

（八）采收上市

儿菜从播种到采收约需 150 天，当块芽突起，超过主茎顶端，完全"冒顶"时收获为适宜期。采收时折叶分级装箱上市。

表 1－3　儿菜主要病虫害常用药剂防治

主要防治对象	农药名称	剂型	常用药量克（毫升）/次 666.67 平方米	浓度或用量	施药方法	安全间隔期（天）	每季最多使用次数（次）
菜螟	除尽	10%悬浮剂	30～40 毫升	1 500～3 000 倍	喷雾	3	1
	锐劲特	5%悬浮剂	20～30 毫升	2 000～3 000 倍	喷雾	7	3
	菜喜	2.5%悬浮剂	40 毫升	1 000～1 500 倍	喷雾	1	3
蚜虫	吡虫啉	10%可湿性粉剂	40 克	1500 倍	喷雾	15	3
软腐病病毒病	农用链霉素	72%可湿性粉剂	15 克	4 000～5 000 倍	喷雾	3	3
	植病灵	1.5%乳剂	30 毫升	500～700 倍	喷雾	7	3
霜霉病	甲霜灵锰锌	58%可湿性粉剂	120 克	500 倍	喷雾	1	2
	杀毒矾	64%可湿性粉剂	120 克	500 倍	喷雾	3	3

十一、辣椒缺氮磷症的识别及防治措施

缺氮：植株瘦小，叶小且薄，叶片黄化，黄化从叶脉间扩展到全叶，从下部叶向上部叶扩展。开花节位上升，出现靠近顶端开花现象。严重时出现落花落果现象。主要由于前茬作物施的有机肥和氮肥过少，施用作物秸秆和未腐熟的有机肥太多时容易发生。防治措施施用堆肥或充分腐熟的有机肥，使用新鲜的有机物作基肥要注意增施氮肥。采

用配方施肥技术。土壤板结时可多施一些微生物肥。少量多次的补施氮肥，叶面喷用 300～500 倍的尿素，外加 100 倍的白糖和食醋，可以缓解缺氮的症状。

缺磷：苗期缺磷，植株瘦小，发育缓慢；叶色深绿，由下向上开始落叶，叶尖变黑枯死，生长发育停滞。成株缺磷时，植株矮小，叶背多带紫红色，茎细，直立，分枝少，延迟结果和成熟。酸性土壤磷容易被铁和镁固定而失去活性，从而发生缺磷。另外，地势低洼、排水不良、地温低、偏施氮肥，都可能引发缺磷。防治措施将过磷酸钙与 10 倍的有机肥混合使用，可以大大减少磷被土壤固定的机会。育苗期及定植期要注意施足磷肥。发生缺磷时，除在根部追施过磷酸钙外，叶面喷施 0.3% 磷酸二氢钾溶液或 0.5% 过磷酸钙浸提液，可以迅速解除症状。

十二、防止蔬菜感染病毒病

辣椒、西红柿、茄子、大白菜等蔬菜极容易感染病毒病，使植株畸形，越长越小，并逐渐死亡。传统的防治方法是发现病株必须即刻铲除，并撒熟石灰消毒病穴，同时，喷药消灭传播病毒的蚜虫、白粉虱、茶黄螨等害虫。下面介绍一种能杜绝病毒病发生的新技术接种植物病毒疫苗，提高蔬菜的免疫力和抗病毒能力。

具体做法是：在播种时，用 1 000 倍高锰酸钾水溶液浸泡种子 20 分钟后，捞出沥干水分，用清水清洗 2～3 次后再播种。幼苗移栽成活后，用病毒克星 1 000 倍液或 1.5% 植病灵 1 000 倍液爱多收混合喷雾，均匀喷湿所有的叶片，以叶片开始滴水为宜。另外，在西红柿、辣椒、茄子的开花结果期和大白菜的包心结球期，是病毒病发生的高峰期，在防治蚜虫的同时用病毒克星 1 000 倍液或 1.5% 植病灵 1 000 倍液喷雾，每隔 7～10 天喷 1 次。

十三、蔬菜发生药害后的症状及补救措施

（一）药害症状

（1）斑点。斑点主要发生在蔬菜叶片上，有时也发生在茎秆或果实表皮上，常见的有褐斑、黄斑、网斑等。

（2）黄化。黄化主要发生在蔬菜的茎叶部位，以叶片居多。引起黄化的主要原因是农药破坏了叶片内的叶绿素，轻者叶片发黄，重者全株发黄。

（3）畸形。由药害引起的畸形可发生在蔬菜茎、叶、果实和根部，常见的如卷叶、丛生、肿根、果实畸形等。

（4）枯萎。药害引起的枯萎往往是整株都有症状，一般是由除草剂施用不当造成的。药害引起的枯萎没有发病中心，且发生过程较迟缓，先黄化后死苗，输导组织无褐变。

（5）生长停滞。由药害造成的植株生长缓慢症状与由生理病害造成的发僵症状或缺素症相比，前者往往伴有斑点或其他药害症状，而中毒发僵常表现为根系生长差，缺素症则表现为叶色发黄或暗绿。

（二）补救措施

（1）喷水冲洗。若是叶片和植株因喷洒药液而引起药害，可在早期药液尚未完全

渗透或被吸收时，迅速用大量清水喷洒叶片，反复冲洗 3 ~ 4 次，尽量把植株表面的药液冲刷掉，并配合中耕松土，促进根系发育，使植株迅速恢复正常生长。

（2）追施速效肥料。产生药害后，要及时浇水并追施尿素等速效肥料。此外，还要叶面喷施 1% ~ 2% 的尿素液或 0.3% 的磷酸二氢钾溶液，以促使植株生长，提高自身抵抗药害的能力。

（3）使用解毒剂或植物生长调节剂。根据引发药害的农药性质，采用与其性质相反的药物中和。如喷施硫酸铜过量后可喷施 0.5% 的生石灰水，也可用丰收一号生长调理剂等进行叶面喷施，来缓解药害。

（4）灌水洗田。对于土壤施药过量的田块，应及早灌水洗田，使大量药物随水排出田外，以减轻药害。

（5）摘除受害处。及时摘除蔬菜受害的果实、枝条、叶片，防止植株体内的药剂继续传导和渗透。

十四、蔬菜分类施肥技术要点

（1）果菜类食用部分都是生殖器官。一般果菜类蔬菜，幼苗期需氮肥量较多，但过多施用氮肥易引起徒长，反而推迟开花结果，导致落花落果；生殖生长期需磷肥量剧增，需氮肥量略减，此时要增施磷、钾肥，控制氮肥用量。

（2）根菜类食用部分是肉质根。根菜类蔬菜生长前期要多施氮肥，促使形成肥大的绿叶；生长中后期（肉质根生长期）要多施钾肥，适当控制氮肥用量，促使叶的同化物质运输到根中，以便形成较大的肉质根。如果在根菜类蔬菜生长后期氮肥施用过多而钾肥施用不足，易使地上部分徒长，肉质根细小，产量下降，品质变劣。

（3）棚室蔬菜棚室蔬菜宜多施用有机肥。因为，棚室蔬菜比露地蔬菜单位面积施肥量大得多，且无雨水淋失，致使剩余的肥料大部分残留在土壤中，使土壤溶液养分浓度过高，妨碍根系吸收养分。所以，在栽培棚室蔬菜时应充分考虑前茬肥料的后效，多施有机肥，适当少施化肥，避免因盐类积聚而使后茬蔬菜受害。

十五、多施硼肥果菜香

近年来，虽然氮、磷、钾施肥水平逐年增长，但是，农民对微量元素肥特别是硼肥的重视程度还很不够。施用硼肥对于提高蔬菜、水果的产量和品质十分重要。

植物缺硼的一般症状为生长点坏死；维管束受损、根系发育不良；作物顶端枝生长反常；叶子畸形；作物生长阶段落花落果；作物授粉授精和果实形成欠佳；果实畸形和种子的败育、生育期推迟；作物产量受损和品质欠佳。

确定作物需硼的最好方式是通过土壤测试或组织分析。当硼缺乏时，可以通过向一年生作物的苗床或在多年生植物的叶罩正确地施用固体或液体含硼酸盐物质来补救。也能用含硼溶液喷洒多年生或一年生作物。根据国内多年硼肥施用试验发现，对于硼肥敏感作物，施用硼肥增产可达 20% 左右，对其他作物，施用硼肥增产也可达 10% 左右。

硼肥可以基施，每亩用 0.5 ~ 1 千克硼肥，拌细干土 10 ~ 15 千克，在播种前开沟条施或穴施于土中，不要使硼肥接触种子。也可以叶面喷施，使用 0.2% 硼砂水溶液或使用 0.1% Sol – ubor、硼酸水溶液，每亩用水 50～80 千克于甜菜苗期、繁茂期、块根期各喷 1 次；果树花蕾期、开花期各喷 1 次；蔬菜以叶喷为主，苗期、花期或结球期各喷 1 次。

十六、如何用生石灰防治蔬菜病虫害

（1）土壤消毒。每亩保护地施生石灰 100 千克、碎草 500～1 000 千克，深翻入土，做垄后灌足水、铺地膜，密闭棚膜 15～20 天，使土温上升到 45℃灭菌和杀灭线虫。

（2）穴施灭菌。在浇水前或降雨前拔除田间病株，在病穴内撒施生石灰 250 克灭菌，可以防治番茄青枯病和溃疡病，茄子青枯病，韭菜白绢病，甜瓜疫病，西葫芦、马铃薯、芹菜、胡萝卜等细菌性软腐病，以及白菜根肿病和软腐病等。

（3）防治害虫。翻耕土地后每亩撒施生石灰 25～40 千克，并晒土 5～7 天，可以灭除为害蔬菜的跳甲。晴天在蔬菜株行间线状撒施生石灰，每亩施 5～7.5 千克，可以防治蛞蝓。

（4）调节土壤酸碱度。每亩施生石灰 100～150 千克，耕翻入土，调节土壤酸碱度，可以防治瓜类蔬菜白绢病、茄果类蔬菜青枯病、十字花科蔬菜根肿病及番茄病毒病、胡萝卜细菌性软腐病、甜瓜枯萎病、豌豆立枯病等病害。

十七、有效去除蔬菜农药残留的方法

农药残留有两种形式，一种是附着在蔬菜、水果的表面；另外一种是植物在生长过程中，农药直接进入蔬菜、水果的根茎叶中。以下几种方法能有效去除蔬菜农药残留。

浸泡水洗法：水洗是清除蔬菜水果上其他污物和去除残留农药的基础方法，主要用于叶类蔬菜，如菠菜、金针菜、韭菜、生菜、小白菜等。一般先用水冲洗掉表面污物，然后用清水浸泡，但浸泡时间不宜超过 10 分钟，以免表面残留农药渗入蔬菜内。果蔬清洗剂可增加农药的溶出，所以，浸泡时可加入少量果蔬清洗剂。浸泡后要用流水冲洗 2～3 遍。污染蔬菜的农药品种主要为有机磷类杀虫剂。有机磷杀虫剂难溶于水，此种方法仅能除去部分污染的农药。

碱水浸泡法：有机磷杀虫剂在碱性环境下分解迅速，所以此方法是有效去除农药污染的措施，可用于各类蔬菜瓜果。方法是先将表面污物冲洗干净，浸泡到碱水中（一般 500 毫升水中加入碱面 5～10 克）5～15 分钟，然后用清水冲洗 3～5 遍。

去皮法：蔬菜瓜果表面农药量相对较多，所以削去皮是一种较好地去除残留农药的方法。可用于苹果、梨、猕猴桃、黄瓜、胡萝卜、冬瓜、南瓜、西葫芦、茄子、萝卜等。处理时要防止去过皮的蔬菜瓜果混放，再次污染。

储存法：农药在环境中随着时间延长能够缓慢地分解为对人体无害的物质。所以对易于保存的瓜果蔬菜可通过一定时间的存放，减少农药残留量，适用于苹果、猕猴桃、冬瓜等不易腐烂的种类，一般存放 15 天以上。同时建议不要立即食用新采摘的未削皮的水果。

加热法：氨基甲酸酯类杀虫剂随着温度升高，分解加快。所以，对一些其他方法难以处理的蔬菜瓜果可通过加热去除部分农药。常用于芹菜、菠菜、小白菜、圆白菜、青椒、菜花、豆角等。先用清水将表面污物洗净，放入沸水中 2~5 分钟捞出。

十八、瓜类蔬菜枯萎病综防

枯萎病是对瓜类蔬菜危害最重的土传病害，全国各地均有发生。黄瓜、西瓜、冬瓜发病最重，甜瓜次之，南瓜很少发病。

（一）发病症状

病菌在土壤、病株残体、种子及未腐熟的带菌粪肥中越冬。苗期发病，幼苗出土后子叶萎蔫，真叶褪绿黄枯，茎基部变褐缢缩，猝倒死亡。成株期发病，病株生长不良，植株矮化，叶小色暗绿，并由下而上逐渐褪绿黄枯，以后全株或局部瓜蔓白天萎蔫，早晚恢复，56 天后逐渐枯萎死亡。剖视病蔓，维管束变褐，有时根部也表现溃疡病状，潮湿时病蔓表面可出现白色或粉红色霉。

（二）发病因素

地势低洼、排水不良、土壤偏酸、冷湿，土质黏重、土层瘠薄的地块发病重；耕作粗放、整地不平的地块发病重；平畦栽培比高垄栽培发病重；浇水过多发病重；连作地块发病重，轮作地块发病轻；一些优质抗病品种对枯萎病有明显的抵御作用。

（三）防治措施

（1）选用抗病品种。选择优质抗病品种，黄瓜可选用津研系列、津杂系列等；西瓜可选择多利、京欣 1 号、京抗 1 号、京抗 2 号、京抗 3 号等；冬瓜选用广州青皮冬瓜。

（2）种子消毒。为防种子带菌，可用 70% 甲基硫菌灵可湿性粉剂 500 倍液浸种 40 分钟。也可用 52℃温水浸种 10 分钟，然后催芽播种。

（3）苗床消毒。可用 50% 多菌灵，每平方米面积用药 30 克拌干土 1.5 千克撒于床面，也可用无病新土育苗。

（4）嫁接防病。黄瓜用黑籽南瓜作砧木进行嫁接防病，西瓜除用黑籽南瓜作砧木外，还可采用葫芦嫁接。

（5）合理轮作。一般应与非瓜类作物实行 3 年以上轮作。

（6）加强栽培管理。选择地势高燥的地块作瓜田。深翻土壤、平整地块、筑成高畦。控制浇水，严防大水漫灌。氮磷钾肥合理配合，农家肥要充分腐熟。

（7）药剂灌根。发病初期可用绿亨 1 号 3 000~4 000 倍液、70% 恶霉灵可湿性粉剂 1 500 倍液、10% 世高水分散剂 3 000 倍液灌根，每株灌 200~300 毫升。要拔除病株并重点控制病穴邻近的植株。

第二节　果树栽培技术

一、核桃种植各阶段工作指南

（一）核桃文化及营养价值

核桃又名胡桃，属于胡桃科落叶乔木干果，在国际市场上它与扁桃、腰果、榛子一起，并列为世界四大干果。核桃仁营养价值极高，味道鲜美，除可直接食用外，还常用作各种糕点的重要馅料，为我国传统食品加工原料。据分析，核桃仁含油量平均为65.08%~68.88%，最高达76.3%，比大豆、油菜籽、花生和芝麻的含油率都高。它的蛋白质含量一般为15%左右，最高可达29.7%，高于鸡蛋（14.8%）、鸭蛋（13%）的蛋白质含量，为豆腐的2.1倍，鲜牛奶的5倍。此外，核桃仁还含有丰富的维生素及钙、铁、磷和锌等多种营养元素。核桃的药用价值很高，古代医学认为核桃性温、味甘、无毒，有健胃、补血、润肺、养神等功效。

（二）部分地区核桃产业发展现状

漾濞县位于云南省大理白族自治州中部点苍山西部，核桃种植面积12万亩，通过每年举办"中国漾濞核桃节"，进行宣传展示核桃产业的发展，是当地农民的主要经济收入。赫章县树立可持续发展和"小核桃，大产业"的理念，核桃种植面积已达11万亩，常年产量已突破500万千克，产值上亿元。2007年赫章县被国家林业局选定为"全国核桃林业标准化示范区"，选送的核桃产品荣获"奥运推荐果品"，2008年中国果品流通协会授予赫章县"中国核桃之乡"称号。

（三）息烽县发展核桃产业的优势

息烽县是贵州北线旅游（贵阳—遵义—重庆）第一站，交通方便，电力充足，通信先进，旅游资源丰富，极具开发潜力。县委政府高度重视，出台了产业发展优惠政策，设置了7个工作小组，其职责有以下几方面。

科技研发组：主要负责联系省、市专家对核桃种植品种进行相关技术攻关、项目知识产权保护。由县林业绿化局牵头，县财政局、县农业局、县国资公司协助。

基地建设组：主要负责现有核桃资源调查、建档标准化管理、核桃基地的规划和建设、种植农户的发动和登记、土地落实、督促检查、种子质量等。由县林业绿化局牵头、县农业局、青山苗族乡等协助。

种苗繁育组：主要负责种子的采集、有性和无性种苗、种子的扩繁、嫁接和种植技术指导。由青山苗族乡负责，县科持局、县林业绿化局协助。

项目规划组：主要负责项目可研报告的撰写、申报及评审工作。由县科技局县林业绿化局牵头，县发展改革局、县农业局、县农办配合，形成可研报告，经专家论证后，分别向对口的省、市相关部门申报，争取项目资金。

资金筹措组：主要负责资金的筹措和使用管理。由县财政局牵头，县林业绿化局、县农办、县农业局、县水利局、县发展改革局、县科技局等相关单位协助筹集。

招商引资组：主要负责核桃深加工招商引资工作，由县招商引资局负责。

产品营销组：主要负责产品包装设计、商标注册、市场营销、策划。由县国资公司牵头，县旅游局、县工商局、县质监局、县乡企局协助。

（四）核桃种植对环境条件的要求

（1）温度。核桃是喜温物种。常年平均气温为15℃，无霜期150天以上。

（2）光照。核桃是喜光树种。全年日照量不少于2 000小时。

（3）水分。年平均降水量为1 100毫米左右。

（4）地形及土壤。核桃适宜于坡度平缓、土层深厚而湿润、背风向阳的栽培环境条件。核桃喜肥，适当增加土壤有机质有利于提高产量。

（五）核桃种植技术

1. 实生苗培育

（1）苗圃地选择。选择背风向阳，光照充足，土层厚度50厘米以上，土壤疏松、肥沃，水源充足，排灌方便的沙壤土地块作为苗圃地。育苗一季后，需种植水稻、玉米或育杉木苗等，二季后才能再次选做核桃苗圃地。

（2）播种方法。

①春季播种：

播种时间　2月春分节令播种。

种子采集　采集成熟的铁核桃果，脱去青皮，阴干至含水量7%～9%。

种子贮藏　将阴干的铁核桃果用麻袋盛装，放于通风干燥的室内贮藏。

整地　种子播种前15～20天，每亩均匀撒施发酵（腐熟）过的农家肥1 000千克，普钙200千克，然后深耕20厘米，将肥料均匀埋入土中，充分曝晒土壤。

土壤消毒　用0.5%高锰酸钾与辛硫磷等非禁用农药按使用说明喷撒床面。

作床　作20厘米高，1.2米宽的高床。

催芽　播种前将种子在流水中浸泡7天，没有流水条件每天换水一次，7天后将种子捞出，在日光下暴晒1～2天，70%种子的种尖缝合线出现裂口即可播种。

播种　以（15×30）厘米的株行距，进行播种，如果春季育苗，干果播种时种子平放，缝合线垂直于地面。覆土厚4～6厘米即种子横径的1.5～2倍，播种后保持土壤湿润。

②秋季播种：

整地　作床、土壤消毒、播种同春季播种。

播种时间　一般在10月中旬至11月下旬土壤结冻前。

种子采集　采集充分成熟的铁核桃果，秋季播种，随采随播，不需贮藏与催芽。翌年2～3月，种子发芽出土。

（3）管理。

①除草：根据墒面杂草情况，随时人工拔出，尤其加强夏季除草。

②施肥：培育实生苗一般不需施肥，如苗木长势弱，用腐熟的人畜粪水、沼液等进行追肥。主要进行除草管理，于夏初和夏季中旬除草2次。

（4）出圃。11月至翌年2月，苗高30～50厘米，地径2厘米以上，出圃造林或作为嫁接苗砧木。出圃前3天，要浇透水，起苗要避免损伤苗木根系，苗根不能风吹日晒，用湿草席包裹，每捆50株，放于背风阴凉处。

2. 嫁接

（1）接穗采集。

①选择传统优良品种：细香核桃或大泡核桃。

②选择10～50年生的壮龄树为采穗母树：在树冠中上部的向阳面，选发育充实、无病虫害、直径为1～1.5厘米的发育枝、徒长枝、强结果枝，从枝条中下部髓心小、

芽子饱满的部位截取接穗。

③枝接的接穗采集时间：从核桃落叶后直到芽萌动前都可进行，但最好在春季芽萌动之前1个月内采接穗。

④接穗贮运：

保湿　将接穗蘸入95～100℃的蜡封液中，迅速取出，冷却（蜡封液按蜂蜡1份，石蜡4份配制）。

运输　将接穗装入木箱、纸箱内，放入湿锯末或苔藓做填充，用塑料薄膜密封包好。

贮藏　接穗需贮藏过冬的，在荫凉处挖宽1.2米、深0.8米的贮藏坑，长度按接穗的多少而定，然后将标明品种的成捆接穗放入坑沟内，接穗上盖湿沙或湿土，厚约20厘米，进行低温贮藏。

（2）嫁接时期与方法。

①嫁接时期：以春季（立春前、后15天）嫁接为主。

②嫁接方法：以枝接为主，采用切接、一刀半腹接。

切接　将砧木在距土痕6～8厘米处剪断，断面要平滑，选光滑无疤一侧在皮层内略带木质部垂直切入，切口长度与接穗削面长度一致或接近。在接穗正面削一刀，长3～5厘米，不过髓心，背面削一小切面，然后将大面靠里插入砧木切口，使接穗削面形成层与砧木形成层对齐并露白5毫米左右。如接穗削面宽度与砧木切口宽度一致，两侧形成层都要对齐；如接穗削面宽度大于或小于砧木切口宽度，要使一侧对齐。最后用塑料条包严扎紧接口和接穗。

一刀半腹接　先确定好砧木嫁接部位，嫁接部位以上留出10厘米左右枝头后截断，在嫁接部位向下斜切一刀深入木质部，切口长约4～6厘米；接穗剪取后，在芽侧面平削一刀，形成4～6厘米长的削面，在该削面背部削约2厘米长的削面，靠芽一侧稍厚，另一侧稍薄。然后将接穗平削面向外楔入砧木切口，对齐形成层并露白，用塑料条包严扎紧接口创面。

（3）砧木根系修剪。将损伤或过长的根系剪除。

（4）排苗。选地、整地和作床与培育实生苗相同。嫁接完毕将接好的苗木以15厘米×30厘米的株行距重新移植到苗圃地上，每亩移植10 000株。移植好后盖上地膜，使接穗外露，并用细土封严破口。

（5）嫁接苗的管理。

①灌溉：随时保持垧面潮湿，但水分不宜太重，防止烂根。

②除萌：砧木萌芽时，随时用利刀从芽基部切除萌芽。

③除草：及时清除杂草。垧沟过道可用10%草甘膦250倍液喷雾，喷雾时严禁药液溅到苗木。垧内杂草需人工拔出。

④施肥：视苗木生长势强弱情况，用腐熟的人畜粪水、沼液等进行追肥1～2次。

⑤解绑：苗木愈合后，进入生长旺盛期，要及时解绑，用锋利的刀顺绑缚接口纵划一刀，划断绑扎物即可。

⑥疏叶：疏除脚叶，改善通风透光条件。

（6）起苗和假植。

①起苗：每年11月至翌年1月造林时起苗，在起苗前2~3天浇1次透水，使苗木吸足水分，土壤疏松潮润，利于起苗，挖掘深度要大于30厘米，少伤根。苗主根保留长度15~30厘米，侧根要完整。苗木出土后，对损伤根系进行修剪。

②苗木分级：嫁接苗要求接合牢固，愈合良好，苗杆通直，充分木质化，接口上下的苗茎粗度要相近，无冻害风干、机械损伤以及病虫危害，并按表1-4的规定分级。

表1-4 核桃嫁接苗的质量等级标准

项目	一级	二级
苗高，厘米	>60	30~60
基茎，厘米	>1.2	1.0~1.2
主根保留长度，厘米	>20	15~20
侧根数条	>15	>15

③苗木运输：根据运输要求及苗木大小，嫁接苗按25株或50株打成一捆。单件内挂上标签，注明品种、苗龄、等级、数量及生产单位、生产许可证号等，然后喷水保湿。整批苗木必须"三证一签"齐全。

④苗木假植：起苗后如不能立即外运或栽植时，必须进行假植。假植时解绑打散，用细土埋严根系即可，并覆以遮阴物，干燥时及时喷水。

3. 栽植

（1）选地。选择相对集中、交通方便土地；土壤保水、透气良好的壤土和沙壤土为宜，有机质含量高，有灌溉水源，又能排涝的，无污染的地块。

（2）打坑。每年10~12月，挖长、宽、深为1米×1米×1米的大坑，表土放在坑上方，新土放在坑下方。打坑以株行距5米×6米为规格，每亩种植22株。

（3）施肥与回填。每坑施入50千克农家肥，与表土拌匀，回入坑内，分层踏实，上部回入新土。回土高于坑口10厘米。

（4）选苗。嫁接苗要选择粗壮而直，上下均称，无冻害风干，充分木质化，色泽正常，根系发达，主根较短，嫁接口处愈合良好，无病虫害和机械损伤，有较多侧根和须根的健壮苗。

（5）种植时间。栽植时间冬末、春初为好，在干旱地区，可以在中秋节后选择木质化程度较高的苗木，剪去叶片后栽植。

（6）种植方法。栽植之前，应先剪除伤根、烂根。如遇运输较远，可放在水中浸泡5小时，或用生根粉蘸根处理。栽植时，将苗木放于准备好的坑中央对正（若在坡地可稍靠坑内侧），保持苗木移栽前的方向，将苗木扶直，让根系展开，覆上拌和过肥料或腐殖质的营养土，待根系全部覆土后，将苗木往上轻提，边提边踩，提至苗木土痕距回填面2~3厘米，踩实，再回入细土至回填面，踩实，浇50千克定根水，待水洇下后，再回入细土，做成树盘，盖上一块长宽各1米的地膜，破口处用细土封严，四周用泥土压实。

（7）栽后管理。夏季要追肥 1~2 次，每株施氮 30~50 克、磷 20~30 克、钾 20~30 克；及时薅除杂草；要间作豆类等矮秆作物；及时排除积水预防根腐病，发现病害虫要及时防治；及时抹除萌芽；对劣杂苗木要进行改良。

4. 肥水管理技术

（1）翻耕土壤。未间作的核桃树要每年进行松土除草或核桃采收后秋季进行一次全面翻耕，熟化土壤，提高土壤肥力，消灭土壤中的越冬害虫。无翻耕条件的陡坡地、坎子、河箐边等地方要实施坡地改台地、打保坎、建拦沙坝、扩树盘、施入化肥和农家肥。

（2）树盘覆盖。用杂草、树叶或桔秆全面覆盖核桃树的树盘，每年秋季结合翻耕将覆盖物埋入树盘土壤中，然后盖上 20 厘米覆盖物。

（3）施肥。核桃树为多年生果树，每年的生长和结实需要从土壤中吸收大量的营养元素。特别是幼树，发育的好坏直接影响盛果期的产量，因此，更应保证足够的养分供应。

①施肥量：确定施肥量的主要依据是土壤的肥力水平。核桃生长状况以及不同时期核桃对养分的需求变化等。一般幼树需氮较多，对磷、钾的需求相对较小。进入结果期后，对磷、钾的需求量增加。所以，幼树以施氮肥为主，成年树在施氮肥的同时，注意增施磷、钾肥。具体施肥量可参照表 1-5 中的标准。

表 1-5　核桃树施肥量标准

时期	树龄（年）	每株树平均施肥量（有效成分）（克）			有机肥（千克）
		氮	磷	钾	
幼树期	1~3	50	20	20	5
	4~6	100	40	50	5
结果初期	7~10	200	100	100	10
	11~15	400	200	200	20
盛果期	16~20	600	400	400	30
	21~30	800	600	600	40
	大于 30	1 200	1 000	1 000	大于 50

②基肥：基肥一般为经腐熟的有机肥料，如厩肥、堆肥等。能够在较长时间内持续供给树体生长发育所需要的养分，并能在一定程度上改良土壤性质。基肥的施入时间可在春、秋两季进行，最好在采收后到落叶前施入基肥，此时土壤温度较高，不但有利于伤根愈合和新根形成与生长，而且有利于有机肥料的分解和吸收，对提高树体营养水平，促进翌年花芽分化和生长发育均有明显效果。

③追肥：追肥以速效性无机肥为主，根据树体的需要，在生长期中施入以补充基肥的不足。其主要作用是满足某一生长阶段核桃对养分的大量需求，追肥一般每年进行

2~3次，第一次在核桃开花前或展叶初期进行，以速效氮肥为主。主要作用是促进开花坐果和新梢生长。追肥量应占全年追肥量的50%。第二次在幼果发育期（6月左右），仍以速效氮肥为主，盛果期树也可追施氮、磷、钾复合肥料。此期追肥的主要作用是促进果实发育，减少落果，促进新梢生长和木质化程度的提高，以及花芽分化，追肥量占全年追肥量的30%。第三次在坚果硬核期（7月左右），以氮、磷、钾复合肥为主，主要是供给核桃仁发育所需的养分，保证坚果充实饱满。此期追肥量应占全年追肥量的20%。此外，又条件的地方，可在果实采收后追施速效氮肥，其作用是恢复树势，增加树体养分储备，提高树体抗逆性，为翌年生长结果打好基础。

④施肥方法：第一种方法是辐射状施肥，以树干为中心，距树干1~1.5米处，沿水平根方向，向外挖4~6条辐射施肥沟，沟宽40~50厘米，沟深30~40厘米，沟由里向外逐渐加深，沟长以树冠大小而定，一般为1~2米。肥料均匀施入沟内，埋好即可。基肥要深，追肥可浅一些。每次施肥应错开开沟位置，扩大施肥面。此法对5年以上树常用。第二种施肥方法是环状施肥。沿树冠边缘挖环状沟，沟宽40~50厘米，沟深30~40厘米。此法易挖断水平根，且施肥范围较小，适用于4年生以下幼树。第三种方法是穴状施肥，多用于施追肥。以树干为中心，从树冠半径的1/2处开始，挖成若干个小穴，穴的分布要均匀，将肥料施入穴中埋好即可。以上方法，施肥后应立即灌水，以增加肥效。

⑤灌溉：一般年降水量为600~800毫米，且分布较均匀的地方，基本可以满足核桃生长发育的需要。灌溉的时间、次数、水量，应根据当地的气候条件、土壤水分状况和核桃生长发育情况而定。

萌芽水 3~4月核桃开始萌动，发芽抽枝，此期物候变化快而短，几乎在一个月的时间内完成萌芽、抽枝、展叶和开花等生长发育过程，故要合理灌水。

花后水 5~6月，雌花受精后，果实迅速进入速长期，其生长量约占全年生长量的80%。到6月下旬，雌花也开始分化，这段时间需要大量的养分和水分的供应。如遇干旱应及时灌水。特别在硬核期（花后6周）前，应灌透1次水，确保核仁饱满。

采后水 10月末至11月初（落叶前），可结合秋施基肥灌水。此次灌水有利于土壤保墒，且能促进厩肥分解，增加冬前养分储备。

5. 修剪技术

（1）修剪时间。修剪要避开伤流期，时间在秋季落叶前。

（2）核桃幼树整形修剪。

①定干：高度达到1.5米以上时，需要进行定干（没有达到定干高度不进行修剪，任由幼苗萌发直立生长，形成较为精壮的枝条），在1~1.2米处用短截的方式将主枝剪下，并将定干高度以下的侧芽全部抹去。

②选留主枝：核桃幼树修剪时要保持中心连到干的绝对优势，及时控制竞争枝，适当多留辅养枝，要保持个体主干枝和侧枝之间的重属关系。

a. 选择直立向上的健壮枝条作中心干，并在整形带内选择方向好、角度合适、长势相近的3个壮枝作为第一层主枝，选留的枝干要上下错开，叉空选留，避免互相重叠。

b. 三大主枝水平角 120 度，撬角 55 ~ 65 度，层间距 20 厘米左右，4 ~ 5 年的核桃可以选留第二和第三层主枝。第一层至第二层之间的层间距 1.5 ~ 2.0 米，第三层选留 1 ~ 2 个主枝，第三层距第二层间的层间距 0.8 ~ 1 米。

c. 选留侧枝。侧枝是核桃树结果的重要部位，一定要注意培养，侧枝选留与主枝的生长方向相同。水平夹角 45 ~ 50 度的枝条，避免互相干扰。第一层主枝上各留两个侧枝，第一个侧枝距中心干 80 ~ 100 厘米，第二侧枝距第一侧枝 40 ~ 60 厘米，交错排列，可以充分占据空间，避免侧枝过多，发生拥挤。另外，为了防止侧枝徒长，要对过长的侧枝进行短截。

（3）处理背后枝。采取回缩的手法，将梢剪除，培养背后枝为结果枝，如果背后枝生长旺盛、角度适合，超过原来的枝头，可以将原来的枝头去掉用背后枝取而代之。

（4）结果树整形修剪。核桃树定植后 8 ~ 10 年开始进入结果期，一方面继续培养主枝、侧枝，调整骨干枝的长势，使骨架牢固，长势均衡，树冠圆满；另一方面充分利用辅助枝条早结果、早丰产。

①落头去顶：结果期需要进行落头去顶，将核桃树最上面徒长的枝干去掉，用最上层主枝代替树头。

②选留大枝：大枝的选留要对妨碍主枝侧枝生长枝组进行回缩，过密的可以疏除。在盛果期的修剪过程中，除了要注意各级骨干枝合理配置，保持从属关系外，注意危害枝的处理。对于影响树体生长和发育的病虫枝，枯死枝、变形枝、直立枝、交叉枝等都要进行处理，达到"枝不末、梢不碰，日照树冠梅花影"的修剪效果。

③有害枝的处理：首先对病虫枝、枯死枝进行疏除。这一类的枝一定要拿到果园外边烧掉或隐埋，防止病害传播。对于两个枝条距离比较近，又在一个方向上生长变形枝，应根据枝条数量的多少而决定，周围枝条多，可以剪除，枝量少可更替发展。对于生长直立的枝条，可以使用回缩的手法将其剪去，防止它扰乱树型。对于交叉枝，根据周围枝量大小而定，枝量大可以将两个交叉枝剪除，枝量少，可以缩剪交叉枝的枝头，使交叉枝一上一下、一左一右的发展。

④疏除外围枝：盛果期树冠外围枝常常密集、交叉、重叠，互相影响，内膛光照不足，应适当疏除或回缩。当相邻两棵树头相碰时，可疏剪外围枝，转枝换头。当枝干的末梢下垂时应当及时回缩，抬高角度，扶壮枝头。通过处理可改善内膛光照条件，达到外围不挤、内膛不空的效果。

⑤徒长枝的利用：盛果期树势旺盛，内膛萌发出大量的徒长枝。徒长枝处理不及时，扰乱树型，形成树上长树，影响光照，消耗养分。处理徒长枝要本着适当选留、合理安排、错空结合，不影响骨干枝生长的原则。

6. 采收时期

核桃果实成熟的外观形态特征是：青果皮由绿变黄，部分顶部开裂，青果皮易剥离。此时果实的内部特征是：种仁饱满，幼胚成熟，子叶变硬，风味浓香。这时，是果实采收的最佳时期。

核桃果实的适时采收，是一个非常重要的环节。采收过早，青皮不易剥离。种仁不饱满，出仁率低，加工时出油率也低，而且不耐贮藏。采收过晚，则果实易脱落，同时果实在青皮开裂后停留在树上的时间过长，也会增加受真菌感染的机会，导致坚果品质下降。只有适时采收，才能保证核桃优质高产目标的最后实现。

7. 采收方法

人工采收，就是在果实成熟时，用竹竿或带有弹性的长木杆敲击果实所在的枝条，或直接触落果实，这是目前我国核桃产区普遍采用的方法。其技术要点是，敲打时应该从上至下，从内向外，顺枝进行，以免损伤枝芽，影响翌年产量。机械震动采收，是在采收前 10～20 天，在树上喷布 500～2 000 毫克/升浓度的乙烯利催熟，然后用机械震动树干，使果实震落到地面。优点：青皮容易剥离，果面污染轻；缺点：由于使用乙烯利催熟，往往会造成叶片大量早期脱落，因而会削弱树势。

8. 青皮脱除与坚果漂洗

（1）堆沤脱皮法。果实采收后，将其及时运到室外阴凉处或室内，切记在阳光下暴晒。然后，按 50 厘米左右的厚度堆成堆（堆积过厚易腐烂）。在果堆上加一层 10 厘米左右厚的干草或干树叶，可提高温度，促进果实后熟，加快脱皮速度。一般堆沤 3～5 天，当青果皮离壳或开裂达 50% 以上时，即可用木棍敲击脱皮。对于未脱皮的青果，可再堆沤数日，直到全部脱皮为止。堆沤时，切勿使青果皮变黑和腐烂，以免污液渗入壳内污染种仁，降低坚果的品质和商品价值。

（2）药剂脱皮法。利用乙烯利催熟脱皮，做法是：果实采收后，放在浓度为 3 000～5 000 毫克/升（0.3%～0.5%）乙烯利溶液中，浸泡半分钟，然后按 50 厘米左右的厚度，把果实堆在阴凉处或室内，在温度为 30℃、相对湿度为 80%～90% 的条件下经过 5 天左右，离皮率可高达 95% 以上。如果再加盖一层厚 10 厘米左右的干草，两天左右就可以离皮。

（3）坚果漂洗。将脱皮的坚果装框，把框放在水池中（流水更好），用竹扫帚搅洗。在水池中洗涤时，应及时更换清水，每次洗涤 5 分钟左右。还可用机械洗涤，其工效较人工洗涤提高 2～3 倍，成品率提高 10% 左右。作种子用的核桃坚果，脱皮后不必洗涤和漂白，可直接晾干后贮藏备用。

（4）坚果晾晒。核桃坚果漂洗后，不可放在阳光下暴晒，以免核壳破裂和核仁变质。洗好的坚果，应把它先摊在竹箔或高粱秸箔上阴干半天，待大部分水分蒸发后，再摊放在芦席或竹箔上晾晒。坚果摊放厚度不应超过两层果，晾晒核桃坚果时，要经常翻动，以免果内种仁背光面变为黄色。注意避免雨淋或晚上受潮。一般经过 5～7 天，核桃坚果即可晾干。判断干燥与否的标准：坚果碰敲声音脆响，横膈膜易用手搓碎，种仁皮色又乳白色变为淡黄褐色，种仁含水量不超过 8%。

用火炕烘干。烘干时，坚果的摊放厚度以不超过 15 厘米为宜。过厚，不便翻动，烘烤也不均匀，易出现上湿下焦的现象；过薄，易烤焦或裂果。烘烤温度至关重要，刚上炕时坚果湿度大，烤房温度以 25～30℃ 为宜，同时，要打开天窗，让大量水汽蒸发排出。当烤到四五成干时，应关闭天窗，将温度升到 35～40℃。烘到七八成干时，将温度降到 30℃ 左右。最后用文火烤干为止。从果实上炕后，到大量水汽排出之前，不宜翻动果实。经烤烘 10 小时左右，壳面无水时，才可翻动，越接近干燥，翻动应越勤。最后阶段，应每隔 2 小时翻 1 次。

9. 分级与包装

根据国家标准局 1987 年颁布的《核桃丰产与坚果品质》国家标准，将核桃坚果分为以下四级。

优级：坚果外观整齐端正（畸形果不超过 10%），果面光滑或较麻，缝合线平或低；平均单果重不小于 8.8 克；内褶壁退化，手指可捏破，能取整仁；种仁黄白色，饱满；壳厚度不超过 1.1 毫米；出仁率不低于 59%；味香，无异味。

一级：外观同优级。平均单果重不小于 7.5 克，内褶壁不发达，两个果用手可以挤破，能取整仁或半仁；种仁黄白色，饱满，壳厚度为 1.2 ~ 1.8 毫米；出仁率为 50% ~ 58.9%；味香，无异味。

二级：坚果外观不整齐、不端正，果面麻，缝合线高；单果平均重量不小于 7.5 克；内褶壁不发达，能取出整仁或半仁；种仁深黄色，较饱满；壳厚 1.2 ~ 1.8 毫米；出仁率为 43% ~ 49.9%；味稍涩，无异味。标准中还规定，露仁、缝合线开裂、果面或种仁有黑斑的坚果，其数量超过抽检样品数量的 10% 时，不能列为优级和一级品。

等外：抽检样品中，夹仁坚果数量超过 5% 时，列入等外。

根据内销外贸对大型核桃坚果的需求，核桃坚果的包装一般都用麻袋。出口的核桃商品，可根据客商要求，每袋装 45 千克左右，包装用针线缝严，并在包装袋的左上角标注批号。

10. 贮藏

贮存的核桃一般要求含水量不超过 7%。核桃的贮存，一般需要低温条件。在 1℃ 的条件下，核桃仁克贮藏两年而不腐败变质。此外，采用合成的抗氧化材料包装核桃仁，也可抑制因脂肪酸氧化而引起的核桃仁腐败现象。

（1）普通室内贮藏。即将晾干的核桃装入布袋或麻袋中或装入框内，放在通风、干燥的室内贮藏。为避免潮湿，最好在堆下垫以石块，并且要严防鼠害。种用核桃可以装在布袋中挂起来，此法只能短期内贮藏，往往不能安全过夏。

（2）低温贮藏。长期贮存核桃，应有低温条件。如贮量不大，可以将坚果封入聚乙烯袋中，贮存在 0 ~ 5℃ 的冰箱中，可保持良好的品质 2 年以上。大量储存可用麻袋包装，贮存在 0 ~ 1℃ 的冷库中，效果更好。在无冷库的地方，也可用塑料薄膜帐密封贮藏，做法：选用 0.2 ~ 0.23 毫米厚的聚乙烯膜做成帐，帐的大小和形状可根据贮存数量和仓储条件而定。然后将晾干的核桃密封于帐内贮藏。帐内含氧量应在 2% 以下，核桃入账时必须加吸湿剂，并尽量降低贮藏室的温度。当春末夏初气温上升时，可配合充二氧化碳或充氮降氧。二氧化碳浓度达到 50% 以上，可以防止油脂氧化产生哈喇味，还可以防止虫害。充氮量保持在 1% 左右，贮藏效果也很理想。

11. 害虫的预测预报

（1）发生期预测。对害虫的卵、幼虫（若虫）、蛹、成虫等某一虫态或虫龄出现或发生的初、盛、高峰或末期进行预测，预测害虫猖獗时间，以便确定防治适期。

（2）发生量预测。对核桃害虫可能发生的数量或虫口密度进行预测，以确定是否会造成危害，是否需要防治。

（3）发生范围预测。对核桃害虫的发生地点和发生面积进行预测，以便确定防治范围。

（4）危害程度预测。对核桃害虫可能造成的核桃植株的枝梢、树干、树叶、根茎、果实的损失程度进行预测以便根据生态效益、经济效益和社会效益，确定有无防治的必要。

①核桃园（树）害虫为害程度分：轻微、中等和严重受害3种，标准见表1-6。

表1-6　受害程度分级

种类	受害程度	核桃园被害株率（%）	单株被害率（%）
叶部害虫	轻微	10～30	≤30
	中等	31～50	31～50
	严重	≥51	≥51
枝干害虫	轻微	≤5	≤5
	中等	6～20	6～20
	严重	≥21	≥21
果实害虫	轻微	≤5	≤5
	中等	6～20	6～20
	严重	≥21	≥21

②如果发现核桃园中受害，并且继续蔓延扩大：应在园内设标准树进行常规调查，调查结果必须详细记录并建立档案。

（5）主要病害预测。根据病害流行的规律，推测一种病害在一定时间内是否发生和发生程度，加强对病害发生的预见性和病害防治工作的计划性。

①根据核桃树抗病力的变化及生育状况预测：从核桃树抗病力的变化和生育状况与病害发生发展相关性，进行预测病害的发生。

②根据核桃树主要病害的发生与环境条件的关系预测：环境条件主要是气候条件，气候条件主要是温度、湿度。气候条件的变化对某主要病害的发生和流行有着密切的关系。

12. 有害生物防治方法

（1）防治策略。贯彻"预防为主，科学防控、依法治理、促进健康"的方针。实行以"营林为基础，生物防治进行调控，物理防治进行辅助，化学防治进行应急"的综合治理。

（2）营林基础措施。

①选择适宜林地种植，选用对有害生物抗性较强的良种壮苗，研究筛选天敌寄生树种混种于核桃林内。

②禁止使用带有危险性有害生物的核桃种苗进行育苗或种植。

③加强抚育管理，改善园地条件。清除林下杂草、杂树，垦复间作，创造有利于核桃树生长发育的环境条件，以提高核桃自身的抗有害生物危害能力。

④适时整形修剪，及时剪除病虫枝、寄生枝，处理枯枝、落叶、落果，减少病虫侵染源。

⑤通过人为措施，改善天敌（鸟、虫、菌等有益生物）的生长繁殖条件。

⑥秋末结合施肥，进行核桃园深耕，将核桃树树冠下的落叶及表土清理至行间深埋，破坏核桃有害生物的越冬场所。

⑦进行合理间作，核桃林园内可种植红、白三叶草，光叶紫花苕等饲草或矮秆农作物，增加核桃园土壤肥力，提高核桃树抗逆能力。

（3）植物检疫防范措施。

①组织森检人员对核桃苗圃、采穗圃和核桃林地每年进行 2 次以上产地检疫调查，及时发现疫情并组织防治和处理。

②核桃种子、苗木、接穗、砧木及其他繁殖材料及其林产品调运时，必须进行检疫。

③引种时，必须经当地森检部门复检，不得将危险性病、虫、杂草等有害生物随种苗或其他繁殖材料带入。

（4）生物防治调控措施。

①保护天敌，运用行政和技术措施保护和利用当地核桃园中的草蛉、瓢虫、螳螂、蜘蛛、寄生蜂、益鸟等有益生物，减少因人为因素对天敌的伤害。

②研究、饲养并人工释放天敌昆虫，增加天敌种类和数量，控制有害生物暴发成灾。

③尽可能应用生物源农药（如微生物农药和植物源农药）和矿物源农药防治有害生物，如：昆虫病毒、苏云杆菌、白僵菌、绿僵菌；阿维菌素、放线菌酮、农用链霉素、苦叁碱、烟碱、楝素、雷公藤素；昆虫信息素、灭幼尿、除虫尿等。

（5）物理防治辅助措施。

①采用人工或器械捕杀，减轻金龟子，樟蚕、扁叶甲、松鼠等有害生物危害。

②利用有害生物的趋性，进行灯光诱杀、饵料诱杀等。

③采用物理隔离法、机械或人工法清除杂草、寄生植物等。

（6）化学应急措施。

①尽可能少地使用化学农药，一般只在有害生物突发时或高发期在小范围应急使用。使用时必须科学用药，对症下药，适时施药，安全用药。

②施用农药时必须严格按照《农药安全使用标准》《农药合理使用准则》的要求控制施药量与安全间隔期。防止环境污染，保证人畜安全，减少杀伤有益生物。

③农药使用范围：

a. 允许使用低毒及生物源、矿物源农药，每年每种农药最多使用 2 次，见表 1 −7。

b. 限制使用中等毒性以上农药，每年每种农药最多使用 1 次，见表 1 −8。

c. 不得使用国家明令禁止使用的高毒、高残留或有三致（致癌、致畸、致突变）作用农药，见表 1 −9。

（7）主要有害生物种类。

①核桃主要病害有：核桃根腐病、核桃白粉病、核桃黑斑病、核桃腐烂病等。

②核桃主要虫害有：综金龟子（炒豆虫）、核桃扁叶甲淡足亚种（核桃金花虫）、木毒蛾（钻心虫）、樟蚕（核桃毛虫）、刺蛾（青钉子）、草履蚧、叶蝉、核桃豹蠹蛾、天牛类等。

核桃主要鼠害有　树駒（小飞鼠）、松鼠（扫尾巴老鼠）等。

核桃主要寄生植物有　桑寄生、槲寄生等。

核桃主要有害杂草有　紫茎泽兰（大黑草、飞机草）等。

主要生理病害　缺锌病、缺铁症、缺铜症、缺硼症等。

（8）防治方法。

核桃园（树）主要有害生物的发生时期、危害特点、防治适期及推荐防治方法，见表1-10。

表1-7　允许使用的主要农药

通用名	剂型及含量	主要防治对象	施用量或稀释倍数	施用方法	安全间隔期（天）
吡虫啉	10%可湿性粉剂	蚜虫、叶蝉	4 000～5 000倍液	喷雾	25
阿维菌素	1.8%乳油	蚜虫、螨类、食心虫	2 000～3 000倍液	喷雾	10
灭幼尿	25%悬浮剂	刺蛾、尺蠖	800～1 000倍液	喷雾	25
尼索朗	5%乳油	螨类	1 500～2 000倍液	喷雾	30
螨死净	50%悬胶剂	螨类	2 500～3 000倍液	喷雾	30
卡死克	5%乳油	螨类、卷叶虫	1 000～1 500倍液	喷雾	21
硫悬浮剂*	50%悬浮剂	红蜘蛛、白粉病	300～400倍液	喷雾	10
石硫合剂*	0.5～5Ba	红蜘蛛、蚧壳虫、黑斑病、白粉病	300～400倍液	喷雾	10
波尔多液*	硫酸铜：生石灰：水＝0.5：0.5：100	黑斑病、溃疡病、炭疽病	0.5%等量式	喷雾	15
代森锌	80%可湿性粉剂	炭疽病、根腐病	600～800倍液	喷雾	21
代森锰锌	70%可湿性粉剂	黑斑病、炭疽病	600～800倍液	喷雾	21
甲基硫菌灵	70%可湿性粉剂	炭疽病、根腐病、白粉病	800～1 000倍液	喷雾	25
多菌灵	50%可湿性粉剂	白粉病、炭疽病	600～800倍液	喷雾	21
843康复剂	复合型水剂	干腐病	原液	涂干	—
草甘膦	41%水剂	一年生、多年生杂草	300～500（毫升/亩·次）	喷雾	—
氟乐灵	48%乳油	禾本科杂草	125～200（毫升/亩·次）	喷雾	—
乙草胺	50%乳油	禾本科杂草、阔叶杂草	150～200（毫升/亩·次）	喷雾	—
氟草烟	20%乳油	阔叶杂草	75～150（毫升/亩·次）	喷雾	—
茅草枯	60%钠盐	禾本科杂草	500～1500（克/亩·次）	喷茎叶	—
吡氟乙草	12.5%乳油	一年生禾本科杂草	50～160（毫升/亩·次）	喷雾	—

注：带"*"的为生物源农药、矿物源农药

表 1-8　限制使用的主要农药

通用名	剂型及含量	主要防治对象	施用量或稀释倍数	施用方法	安全间隔期（天）
敌敌畏	80%乳油	蚜虫、卷叶虫、刺蛾、蜡类、象甲、天牛	1 500～2 000 倍液 10～100 倍液	喷雾、药棉塞虫孔或用注射器虫孔灌药	21
敌百虫	90%晶体	金龟子类、樟蚕、食心虫、天牛、尺蠖	800～1 000 倍液	喷雾	28
乐果	40%乳油	蚧类、扁叶甲、卷叶虫、樟蚕、食心虫、螨类	1 000～1 500 倍液	喷雾	21
辛硫磷	50%乳油	蚜虫、刺蛾、天牛、尺蠖	1 000～1 500 倍液	喷雾	15
溴氰菊酯	2.5%乳油	蚜虫、卷叶虫、尺蠖	2 500～3 000 倍液	喷雾	28
氰戊菊酯	20%乳油	夜蛾、襄蛾、透翅蛾	2 000～3 000 倍液	喷雾	21
氯氰菊酯	10%乳油	襄蛾、尺蠖、卷叶蛾	2 000～4 000 倍液	喷雾	30
杀螟丹	98%可溶性汾剂	缀叶螟	2 000～2 500 倍液	喷雾	21
毒死蜱	40.7%乳油	蚧类、蚜虫	1 000～1 500 倍液	喷雾	21
福美双	50%可湿性粉剂	炭疽病、根腐病	500～800 倍液	喷雾	12
百草枯	20%水剂	大多数禾本科杂草及阔叶杂草	200～300（毫升/亩·次）	低压喷雾	—

表 1-9　禁止使用的农药

种类	农药名称	禁用原因
有机氯杀虫（螨）剂	六六六、滴滴涕、林丹、硫丹、三氯杀螨醇	高残毒
有机磷杀虫剂	久效磷、对硫磷、甲基对硫磷、治螟磷（苏化203）、地虫硫磷、蝇毒磷、丙线磷（益收宝）、苯线磷、甲基硫环磷、甲拌磷、乙拌磷、甲胺磷、甲基异硫磷、氧化乐果、磷胺、乙硫磷、三唑磷	剧毒高毒
氨基甲酸酯类杀虫剂	涕灭威（铁灭克）、克百威（呋喃丹）、灭多威、丁硫克百威、丙硫克多威	高毒
有机氮杀虫剂杀螨剂	杀虫脒	慢性毒性、致癌
有机锡杀螨剂杀菌剂	三环锡、薯瘟锡、毒菌锡等	致畸
有机砷杀菌剂	福美砷、福美甲砷（稻甲青）、甲基胂酸钙胂（稻宁）、甲基胂酸铵（田安）	高残毒
基环类杀菌剂	敌枯双	致毒
有机氮杀菌剂	双胍辛胺（培福朗）	毒性高，有慢性毒性
有机汞杀菌剂	富力散、西力生	高残毒
有机氟杀虫剂	氟乙酰胺、氟硅酸钠	剧毒
熏蒸剂	二溴乙烷、二溴氯丙烷、环氧乙烷、溴甲烷	致癌、致畸、致突变
二苯醚类除草剂	除草醚、草枯醚	慢性毒性

表 1 – 10　核桃园（树）主要有害生物的防治

种类	有害生物名称	发生时期	危害特点	防治时期	推荐防治方法
主要病害	核桃根腐病	5～10月	危害苗木根部	5～9月	播种前用福尔马林液或0.5%～1%硫酸铜进行种子消毒，及时排除苗圃积水；用15%抗生素401液剂50倍液，或甲基托布津500～1 000倍液进行病部喷洒和土壤浇灌
	核桃白粉病	6～8月	危害叶片、幼芽及新梢	6～7月	人工剪除病叶、集中烧毁；用0.2～0.5度波美度的石硫合剂喷雾防治
	核桃黑斑病	4～8月	危害果实、叶片及嫩梢	4～7月	加强树体管理，增强抗逆力；清除病残果、落叶、病虫枝；发芽前喷3～5度波美度石硫合剂，生长期喷洒2～3次1:2:200波尔多液或50%甲基托布津500～800倍液
主要虫害	核桃腐烂病	3～8月	危害叶、花、枝、干和果	3～10月	核桃萌芽前，展叶后和坐果后（错开花期）分别5度、0.5度、0.3度的石硫合剂喷施；80%的甲基托布津与90%白菌清（1:1）1 000～1 500倍液或世高10%水敬粒剂6 000～7 000倍，每10天1次，连喷3次。及时清理带病原的落叶、花、果、残枝、集中烧毁或深埋
	金龟子	5～7月	成虫为害叶片，幼虫为害根系	成虫5～6月，幼虫7月至翌年4月	利用黑光灯诱杀成虫；黄昏前用50%辛硫磷乳油800～1 000倍液或90%敌百虫400倍液喷雾叶面毒杀成虫；每亩用50%辛硫磷乳油250mL，加水10倍稀释，喷在20～30千克细土上，制成毒土施入土中，杀死土中幼虫（土蚕）
	草履蚧	4～10月	若、成虫为害根茎、根系	5～8月	刨开根际土壤见危害部，用溴氰菊酯200倍液喷洒
	樟蚕	4～8月	幼虫为害叶片	上年12月至翌年1月	冬季摘除茧包；2月以前剪出产卵枝条，3月中上旬用黑光灯诱杀成虫；用赤眼蜂等天敌寄生抑制和施放白僵菌灭杀幼虫；5月底以前用高效氯氰菊酯、菊玛800～1 000倍液局部防治四龄前幼虫；6月后幼虫期若有必要，可用比虫口林粉剂、粮虫克粉剂，按10千克/亩的用量进行机动喷粉防治
	天牛类	全年	蛀食枝干	全年	在成虫发生期人工捕杀、黑光灯捕杀。在幼虫期注入50%敌敌畏100倍液，或塞入0.2克磷化铝剂后封口
	豹蠹蛾	5～7月	蛀食枝干	5～7月	卵孵化前3～5天根施40%氧化乐果或排粪孔插毒鉴（敌敌畏鉴）
	刺蛾	8～10月	幼虫为害叶片	6～9月	剪除虫叶敲死幼虫，利用黑光灯诱杀成虫；严重时用50%敌敌畏乳剂或40%乐果乳剂1 000倍液喷雾防治；冬季敲烂树干上化蛹虫茧

(续表)

种类	有害生物名称	发生时期	危害特点	防治时期	推荐防治方法
主要鼠害	树鼩	5~9月	为害果实，啃食核果	5~9月	人工驱逐、捕杀；用捕鼠器等器械捕杀，或用饵料诱杀
	松鼠	5~9月	为害果实，啃食核果	5~9月	人工驱逐、捕杀；用捕鼠器等器械捕杀，或用饵料诱杀
寄生植物	核桃桑（槲）寄生	全年	寄生危害结果枝及主、侧枝	秋、冬季节	砍削除寄生枝丫和寄生吸盘；用硫酸铜药剂防治
主要杂草	紫茎泽兰	全年	遍地丛生，争水夺肥	夏季及全年	砍除、拔除紫茎泽兰植株；保护天敌泽兰实蝇、泽兰尾孢菌；5~8月紫茎泽兰生长旺盛期用41%草甘膦水剂每亩300~500毫升喷雾除治
主要生理病害	缺锌症	后半年	小叶，叶片浅色、畸形变小	后半年	展叶期喷0.3%~0.5%硫酸锌2~3次
	缺铁症	全年	叶色变白，叶脉不变，严重叶缘褐色枯死	全年	生长期喷0.1%柠檬酸铁液或0.1硫酸亚铁2次
	缺铜症	全年	叶片出现褐色斑点，早黄早落	全年	展叶后喷波尔多液或0.3%~0.5%硫酸铜2次
	缺硼症	全年	小枝梢枯死，小叶易变形，幼果易落	全年	环状沟施硼砂0.2~0.3千克后灌水；或于生长期喷0.1%~0.2%硼砂液

表1-11 息烽县核桃周年管理细则

月份	物候期	管理及工作要点
1~2月（小寒、大寒、立春、雨水）	休眠期	1. 刮老树皮，刮腐烂病。2. 喷5度波美度的石硫合剂防病治虫。3. 刨树盘改良土壤。4. 苗木出圃、移栽实生苗和嫁接苗。5. 采集接穗，封蜡后沙藏；苗圃嫁接，田间就地砧嫁接和大树高接
3~4月（惊蛰、春分、清明、谷雨）	萌芽、展叶、开花期	1. 田间播种育苗。2. 合理浇水追肥（以复合肥为主）。3. 苗圃管理、追肥、浇水、除草、抹砧芽。4. 防治核桃蛀干蛀梢害虫，用打孔注药法或人工捕捉、虫眼灌药法防治天牛类和木蠹蛾类害虫。5. 防治缺铁症、缺锌症、枯枝病、膏药病等，剪除病虫枝，摘除虫叶等。6. 结果树疏雄

（续表）

月份	物候期	管理及工作要点
5~6月（立夏、小满、芒种、夏至）	果实膨大期	1. 苗圃管理，高接后管理，中耕除草、施肥，接后除萌，绑支架。2. 防治病虫（黑斑病、炭疽病、叶枯病），地面药剂封闭处理，防治举肢蛾出土成虫；树冠喷药防治举肢蛾。砸卵、捕捉成虫防治云斑天牛。3. 大树6月上旬追复合肥，疏花、疏果及保花保果。4. 芽接
7~8月（小暑、大暑、立秋、处暑）	发芽分化及硬核期	1. 果实硬核期前（7月）追复合肥为主。叶面喷磷酸二氢钾，增加磷钾含量。2. 地面撒药杀举肢蛾脱果幼虫；摘拾病虫黑果，集中销毁。3. 高接树松绑，防缢伤，苗圃土肥水管理
9~10月（白露、秋分、寒露、霜降）	果实成熟采收期	1. 适期采收（白露），采后脱皮、晾晒、烘烤。2. 采收后树下施基肥、农家肥、有机肥、复合肥。3. 核桃树覆盖秸秆类，结合深翻改土。4. 采收后叶片变黄前整形修剪，去大枝、干枯病虫枝
11~12月（立冬、小雪、大雪、冬至）	落叶休眠期	1. 清园，清扫落叶、落果并销毁深翻。2. 进行核桃树干涂白，防止成虫产卵，杀死初孵幼虫，并防冻、防寒。3. 起苗、分级、假植、越冬保护。4. 整地挖走定植穴，施基肥，回填土，做好苗木定植准备

二、红岩葡萄秋季管理技术

（1）控蔓理蔓。采果后，枝蔓持续生长会消耗养分，可用摘心、除副梢、喷 0.05% 的比久等抑制其旺长。此外，整理枝蔓（倒"∞"字绑缚）和摘除病叶、虫叶、老叶、残叶，保证枝条排列清晰、健康叶片正常生长、通风透光透气，为冬剪做准备。

（2）清洁田园。保持果园清洁是管理的重要措施，主要清除的是蔬菜残余物、玉米秸秆、病虫枝、落叶、病叶、老叶、虫叶、病果、果皮、果袋、果梗、杂草等。随时清除直到葡萄落叶后，结合冬剪进行彻底清园，将残物带出园外集中销毁或深埋，以减少来年的病虫源基数。

（3）施肥浇水。采果后，要及时喷施叶面肥恢复树势，每10天左右喷洒1次 0.2% 的尿素和 0.2% 的磷酸二钾混合液，连喷 2~3 次，每次喷施以叶片滴水为度，以喷在叶背为主。此外，还要秋施一次基肥（月子肥），开沟施入。具体使用方法是：牛马圈肥 10~15 千克/株、复合肥 1~1.5 千克/株、过磷酸钙 0.25 千克/株、硫酸钾 25 克/株。篱架栽培的在行间开通沟施肥、棚架栽培的给每个植株挖环沟或条沟施肥。施肥时坚持一个原则（挖见多数根即可的原则，可伤细根、不可伤大根）、一个标准（开沟宽度和深度均为 35~50 厘米）和一套程序（开沟时，肥土和瘦土分开。肥料放在瘦土和肥土上各半，在地面拌和，先下肥土、后盖瘦土），施放完毕要浇水和挖沟回填。

（4）防病治虫。采果后，仍要继续抓好对病虫害的防治。每户可选用至少3种防治病虫害的药剂轮换使用。病害类：40%嘧霉胺1 000倍、200倍半量式波尔多液、50%克菌特可湿性粉剂500倍液、65%代森锌可湿性粉剂500倍液、70%甲基托布津可湿性粉剂1 000倍、百菌清600倍、多菌灵800倍、代森锰锌600倍、速克灵1 500倍等，每隔10～15天喷防1次，交替喷洒。虫害类：10%吡虫啉可湿性粉剂4 000倍、1.8%阿维菌素乳油4 000倍、20%灭扫利（甲氰菊酯）乳油1 500倍、20%三唑锡悬浮剂2 000倍、5%氯氰菊酯乳油3 000倍、75%辛硫磷乳油3 000倍等。每隔10～15天喷防1次，交替喷洒。建议：喷雾器在使用前要清洗干净，尤其注意前次用过除草剂的喷雾器；不要将病害、虫害的药剂一次性混合喷用；没用过的新药要先做小面积试验；药剂倍数以高倍数开始，逐渐降低找准合适的倍数；药剂喷后6小时内遇上大雨要补喷；选择晴天上午10：00和下午4：00后为喷药时间。红蜘蛛可以中午喷用。在清理完成田间工作后使用。

（5）起陇排水。采果后及时中耕除草，并进行深翻，这样既有利于园内土壤疏松透气，又可保水保肥，促进新根新梢生长。此外，结合中耕松土后将树盘起陇整理完成。起陇（篱架）或做树盘（棚架）有利于降低水位、诱发新根系、增加根系盘数，对来年生长极为有利。同时，挖沟排水（园区环沟、排水沟清理、行间排水网建立）。

（6）正桩套种。采果后，将田间的变形的篱架或棚架整理、加固、拉撑好。结合秋季行间的空地，做好以短养长的工作。建议种植：青菜、大头菜、儿菜等蔬菜，以增加收入。

三、猕猴桃种植技术

猕猴桃属于猕猴桃科猕猴桃属，是一种落叶藤蔓果树，富含多种维生素及营养元素，被誉为"水果之王"。具有较高的经济价值和栽培价值。适宜在气候温和，雨量充沛，土壤肥沃，植被茂盛，土壤以深厚、排水良好、湿润中等的黑色腐殖质土、沙质壤土，pH值5.5～7的微酸性土壤的地方栽植。

（一）选择适宜品种

如红阳（红心果）、银贵牌猕猴桃。

（二）育苗

（1）砧木苗培育。

①采种：在9月上旬至10月上中旬采集充分成熟的果实。经后熟变软后，将果子连同种子一起挤出，装入纱布袋内搓揉，使种子与果肉分离，然后用清水反复淘洗，把洗净的种子放在室内摊开阴干。

②种子沙藏处理：将种子用40～50℃温水浸泡2小时，再用冷水浸一昼夜，然后沙藏50～60天播种。猕猴桃种子在沙藏过程中怕干怕湿，要勤检查、勤翻动，防止霉变。

③播种：

播种时间　一般在海拔800以上地区育苗较为理想，3月中旬至4月上旬播种。

播种方法　一是苗圃地选择在土层深厚肥沃和排灌及交通条件好的地方。二是整地作厢，施足底肥，清除杂物，厢宽1米左右，将苗床稍加镇压，浇透水，把沙藏的种子带沙播下。播种后，撒一层厚约 2~3 毫米的细河沙，并覆盖稻草，草上喷水或搭塑料小棚。三是加强苗床管理，确保培育健壮砧木苗。

（2）嫁接苗培育。

①嫁接时期：萌动前 20 天左右为宜即 2 月中旬至 3 月下旬。

②嫁接方法：主要采取单芽切接等方法，其具体是：选生长充实、髓部较小的接穗，剪取带一个芽的枝段，长 3~4 厘米。选平直的一面削去皮层，削面长 2~3 厘米为宜，深度以露出木质部或稍带木质部为宜，将削面的反面削一个 50 度左右的短斜削面。在砧木距地面 10~15 厘米处剪砧，选平滑面向下削一刀，削面长度略长于接穗削面，深度同接穗一样；将砧木削皮 2/3；然后插入接穗，要求接穗大小与砧木基本相同；注意砧穗形成层对准，然后用塑料嫁接薄膜包扎，露出接穗芽眼即可。

③嫁接苗的管理：一是嫁接后 3~4 个星期，接芽开始抽发，待新稍长出基本老化后即可除去捆绑薄膜。二是对春、秋季腹接苗成活后，要立即剪砧，剪口约离接口 4 厘米即可。夏季接芽成活后，可先折砧后剪砧。三是及时抹除砧木上的萌芽是成活抽稍的关键。四是苗圃地要经常中耕除草，注意在除草时不碰到刚发出的接芽。五是在接芽萌发抽梢后，需在接芽旁边设立支柱，并将新梢绑护在支柱上。六是幼苗高 60 厘米时应适当摘心。七是结合灌水，可施入人粪尿、猪粪等，或在水中加入 1% 尿素施入，7 月施肥时可适量加施过磷酸钙，促幼苗枝条老化，芽眼饱满。八是 7~8 月的猕猴桃苗采取遮阴措施，忌强光直接照射。

（三）园地建设

（1）园地选择。猕猴桃根系肉质化，特别脆弱，既怕渍水，又怕高温干旱，新梢既怕强风折断，又怕倒春寒或低温冻害。适宜在亚高山区（海拔 800~1400 米）种植，选择土层深厚、土壤肥沃、质地疏松、排水良好和交通方便的地方建园，如在低山、丘陵或平原栽培猕猴桃时，必须具备适当的排灌设施，保证雨季不受渍，旱季能及时灌溉。园内四周最好建防风林。

（2）栽植时期。最佳定植时期在猕猴桃落叶之后至翌年早春猕猴桃萌芽之前定植完毕，即 12 月上旬至 2 月上中旬，越早越好。

（3）授粉树的配置。猕猴桃是雌雄异株的果树，授粉雄株的选择和配置是保证正常结果条件之一。雄株的选择应注意与主栽品种花期相同或略早，花粉量大，花期长。雌雄株比例 6∶1 或 8∶1，产量高，品质佳。

（4）栽植密度。一般栽植密度与栽培架式密切相关，离家密度为 2 米×4 米，"T"形架栽植密度为 3 米×4 米，每亩约栽植 56 株，平顶棚架栽植密度为 3 米×5 米。

（5）支架设立。一般在定植后当年冬季即设立支架，分为支柱、横梁、棚面等。根据当地的情况选择为木材架、钢架、混凝土架和伴生树架、铁丝等，架式以"Y"形架和"T"形架为主。

（6）栽植架式。猕猴桃生产中常用的架式有 3 种，分别为篱架、"T"形架和平顶架。

①篱架：支柱长 2.6 米，粗度 12 厘米，入土 80 厘米，地面净高 1.8 米。架面上从下至上依次牵拉 4 道防锈铁丝，第一道铁丝距地面 60 厘米。每隔 8 米立一支柱，枝蔓

引缚与架面铁丝上。此架式在生产中应用较多。

②"T"形架：在直立支柱的顶部设置一水平横梁，形成 T 字的小支架。支柱全长 2.8 米，横梁全长 1.5 米，横梁上牵引 3 道高强度防锈铁丝，支柱入土深度 80 厘米，地上部净高 2 米，每隔 6 米设一支柱。

③平顶棚架：架高 2 米，每隔 6 米设支柱，全园中支柱可呈正方形排列。支柱全长 2.8 米，入土 80 厘米。棚架四周的支柱用三角铁或钢筋连接起来，各支柱间用粗细铁丝牵引网格，构成一个平顶棚架。

（四）栽培管理技术

（1）栽植技术。

①定植穴准备：最好在上年秋季将园地深翻 60～80 厘米，按（6×4）米或（4×4）米或（5×4）米等确定株行距，定植穴挖深 60～80 厘米，宽 80～100 厘米的定植沟或定植穴，每穴在回填表土时，均匀混合施入 50～100 千克农家肥，磷、钾、镁等化肥各 0.5 千克，或者加入 1.5 千克油饼，筑成高于地面 20～30 厘米的垄或馒头形土堆。

②品种配置：一般大果园雌雄株按（8～10）:1 均匀搭配，小果园雄株要求多一些，以 8:1 或 6:1 的比例搭配。具体栽法为：在每 3 行中间一行，每隔 2～3 株雌株栽一株雄株。

③栽植时期和方法：

栽植时期　猕猴桃定植时期与其他落叶果树相同，在秋季和早春都可以栽植。

栽植方法　若定植穴内埋入的植物稿秆较多，应让其下沉后再栽植。栽植时，苗木放定植穴的中央，勿使根系直接接触肥料。用手使根系向四周舒展，并用细土覆盖根部，随后覆土盖平，用脚稍微踏实，灌足定根水。栽植深度以根颈部与土面相平或略高为宜，嫁接口不能埋入土中。

（2）管理技术。

①土壤管理：

深翻改土　结合施基肥，以每年或隔年在根系外围深翻挖施肥沟，在树冠内宜浅，待修剪、清园结束时，将施肥沟以外的土壤再深翻 20～30 厘米。

中耕除草　耕作深度以 10～15 厘米为宜，春季在树盘附近浅耕，夏季 6～8 月，结合除草对树盘进行浅耕除草松土，使土壤疏松透气，增强保湿抗旱能力。

②施肥管理：一是基肥：在 10 月下旬至 11 月下旬果实采摘后，立即在树盘周围挖深 35 厘米，宽 30 厘米的环状沟或沿植株行向开沟，施入腐熟的有机肥并加入油饼、磷肥，然后灌水复土。亩施渣肥 1 500～3 000 千克，油饼 150～200 千克，磷肥 100～150 千克。二是萌芽前追肥：2 月下旬至 3 月上旬，施以氮肥为主的速效性肥料，并结合灌水，亩施尿素 6～10 千克。三是果实膨大期施肥：谢花后 1 周（5 月下旬至 6 月中旬），每株施复合肥料 100～150 克，人畜粪水 6～10 千克。四是果实生长后期施肥：7 月下旬至 8 月上旬，施速效性磷、钾为主的肥料，要控制氮肥的施用，以免枝梢徒长，每株施磷、钾肥 200～250 克。五是根外追肥：在盛花期和坐果期，用 0.3% 的磷酸二氢钾或 0.2% 的尿素液进行根外追肥。

③水分管理：猕猴桃根系分布浅，不耐旱，也不耐涝；生长需要有较高的空气湿度

和保持土壤充足水分。一是春季萌芽前，结合施肥进行灌水，每株 25 ~ 30 千克，视旱情，灌水 2 ~ 3 次；二是伏旱期间，视旱情灌水 2 ~ 3 次；三是秋雨期，要及时在果园内或植株行间开沟排水。

④整形修剪：

整形　整形以篱架水平整形、少主蔓自由扇形、"T"形小棚架等树形为主，以轻剪缓放为主，加强生长期的修剪，缓势促花结果。

修剪　第一夏季修剪：一是除萌即抹除砧木上发出的萌蘖和主干或主蔓基部萌发的徒长枝，除留作预备枝外，其余的一律抹除；二是摘心即坐果期，春梢已半木质化时，对徒长性结果枝在第 10 片叶或最后一个果实以上 7 ~ 8 片叶处摘心；春梢营养枝第 15 片叶处摘心，如萌发二次梢可留 3 ~ 4 片叶摘心；三是疏枝即疏除过密、过长而影响果实生长的夏梢和同一叶腋间萌发的两个新梢中的弱枝；四是弯枝即幼树期对生长过旺的新梢进行曲、扭、拉，控制徒长，并于 8 月上旬将枝蔓平放，促进花芽分化。第二冬季修剪：一是疏枝　即主要疏去生长不充实的徒长枝、过密枝、重叠枝、交叉枝、病虫枝、衰弱的短缩枝、无利用价值的萌蘖枝和无更新能力的结果枝；结果母枝上当年生健壮的营养枝是来年良好的结果母枝，视长势和品种特性留 8 ~ 12 个芽短截，弱枝少留芽，强枝多留芽，极旺枝可在第 15 节位后短截。已结果 3 年左右的结果母枝，可回缩到结果母枝基部有壮枝、壮芽处，以进行更新。二是结果枝处理已结果的徒长枝，在结果部位上 3 ~ 4 个芽处短截，长、中果枝可在结果部位上留 2 ~ 3 个芽短截，短果枝一般不剪。第三留作更新枝的保留 5 ~ 8 个芽短截。

（五）病虫害防治

一是主要病虫害有花腐病、炭疽病、蔓枯病、褐斑病、果实软腐病、疫霉病、根朽病和金龟子、透翅蛾、花蕾蛆、吸果夜蛾等，主要采取以加强管理，增强树势，强化土壤消毒，加强预防为主的综合防治方法防治。二是果实日灼病主要加强树势管理和合理修剪。果实生长发育期间（8 月下旬），采用套袋法可以预防日灼病。

（六）猕猴桃的采收、贮藏

（1）采收。一般猕猴桃果实固形物含量要求在 6.2% 以上。早熟品种在 8 月下旬至 9 月上旬，迟熟品种在 9 月中、下旬至 10 月上旬采收，美味猕猴桃在 10 月底至 11 月上、中旬采收，最晚不迟于露霜。每天采收时间最好在早晨露水干后至中午以前采收，下午温度高，果实在筐内易发热。果实采收后一般按大小规格，进行分级包装。

（2）催熟。猕猴桃果实采收后，有一个后熟过程。

（3）贮藏保鲜。

①预冷：可采取强制空气冷却、冷库冷却或水冷却等方法，将温度降至或略低于贮藏温度 0 ~ 2℃即可。用水冷却的必须及时干燥，消除果面水气。

②贮藏方法：利用常温贮藏、低温贮藏和气调贮藏等方法，可分别对猕猴桃进行短期贮藏（1 ~ 2 个月）、中长期贮藏（4 ~ 6 个月）和长期贮藏（6 ~ 8 个月），其中，低温贮藏应用的最广泛。

四、枇杷采果后管理技术要点

枇杷采果后，树体养分消耗大，抵抗力差，一定程度的影响夏梢萌发和生长，应及时抓好栽培管理，以利于恢复树势和促进花芽分化，为来年优质丰产奠定基础。

（1）重施采后肥。夏梢是枇杷的主要结果母枝，其数量和质量直接影响来年的产量，因此要重施采后肥。一般应在采果后 10～20 天施下，有机肥与速效肥相结合，其量占全年施肥总量的 50%。以 15 年生枇杷树、株产 15 千克为例，单株施肥量为人粪尿 30～50 千克、尿素 0.5 千克、钾肥 0.5 千克、过磷酸钙 1 千克、饼肥 4～5 千克，采用沟施法，在树冠滴水线处挖深 20～30 厘米的沟深施，有条件的施肥灌 1 次水。

（2）适时根外追肥。夏梢的抽发，树体会出现又一次养分消耗，出现树体"虚脱"，应对树体进行叶面追肥。可采用 0.3%～0.5% 尿素液或 10% 人尿液喷洒，或用 0.3% 磷酸二氢钾液、0.2% 硫酸钾液、0.3%～0.5% 过磷酸钙浸出液、10% 草木灰浸出液喷洒，以补充树体营养，恢复树势。

（3）及早修剪及整芽。枇杷采果后应及时进行全面修剪，一般在采果后半个月内完成。主要是剪除病虫枝、枯枝、重叠枝以及果桩为主，对生长较弱的衰老枝和徒长枝进行回缩和短截，疏除树冠内部分过密枝、细弱枝，以减少营养消耗和改善光照条件。在夏梢萌发后及时整芽，如在果穗摘口萌发 3～4 个夏梢，则应抹去一个芽，留 2～3 个健壮的芽发育为夏梢。

（4）做好排灌。遇到干旱时，树体供水不足，会影响夏梢萌发和生长，可在园内采用沟灌、浇水、覆草等方法进行抗旱。夏季多雨，果园易积水，应及时清理排水沟以防积水。

（5）中耕与除草。枇杷采摘时因人为或机械践踏，果园土壤板结，不利于根系生长，遇上梅雨季节容易孳生杂草。因此，采果后及时中耕松土，中耕深度以 10～15 厘米为宜，把杂草、堆肥等翻压于土内，提高地壤肥力。

（6）加强病虫害防治。采果后至嫩梢抽发期，由于树势弱，抵抗力差，很易感染各种病虫害。常见的病害有叶斑病、炭疽病和枝腐病，防治方法：一是加强枇杷园管理、增施有机肥，促使树体生长健壮，提高抗病能力。二是清扫病叶，减少果园病源菌基数。三是药剂防治。在病发初期可用 70% 甲基托布津可湿性粉剂或 70% 代森锰锌可湿性粉剂 800～1 000 倍液喷雾防治；主要虫害有蚜虫、桃蛀螟、螨类、金龟子、枇杷黄毛虫等，可用乐斯本 1 000 倍、敌杀死 1 000 倍喷雾防治，如有蚧壳虫的果园应选用速扑杀 600 倍进行喷雾防治。

五、李树栽培技术要点

（一）建园

对土壤要求不严，选择不易积水的地方建园。11 月至翌年 1 月栽植。授粉树不少于 10%～20%。

（二）整形修剪

采用长放疏枝，促进短枝形成。李短果枝极易生成，且花极多，数年即衰弱，需适当短剪更新，保持合理的长、短枝比例，以呈开心形或疏散分层形。老衰树中下部长出的徒长枝可拉或适当短截，促进分枝和发生结果枝。

（三）防止落果措施

（1）混栽20%的授粉树。

（2）放养蜜蜂，一般一群蜜蜂可管2~3亩。

（3）人工授粉，开花后4~5天内授粉，选1/2的短果枝上2~3朵花授粉。

（4）加强肥培管理，特别停梢后的管理，以提高枝芽质量和增加贮藏营养，可减少落花落果。

（5）根外追肥和喷布激素。在连续阴雨情况，花期喷20毫克/升、幼果期喷50毫克/升赤霉素。另外花期还可喷0.02%硼砂液1~2次，或0.5%尿素、0.3%~0.5%磷酸二氢钾、3%草木灰液、2%过磷酸钙浸出液，都有助于提高着果率。

（6）疏果。以一个短果枝留1~2个果，大体上小果品种7~10厘米留1个果，大果品种15厘米留1个果，叶果比16:1为宜。

（四）土壤管理

（1）开沟排水，提高土壤通气性，提高对氮、钾的利用率。

（2）冬季11~12月施基肥，有机肥为主。

（3）定果后追肥，钾肥为主，少量氮肥。

（4）除去根的蘗发部分。

（五）病虫害防治

（1）流胶病，又名干腐病。是一种弱性寄生菌，主要侵害生长衰弱的植物。在温暖多雨、伤口，虫害口发病。防治方法：①增施有机肥，冬季清园，及时防治害虫，减少伤口。②刮除病斑，刮除后，用抗菌剂402的100倍液消毒伤口，再外涂840康复剂。③4%春雷霉素5~8倍液喷雾或60毫克/千克。④5度波美度的石硫合剂消毒。

（2）穿孔病，细菌性和真菌性。防治方法：①排水，修剪，清园。②萌芽前喷3~5波美度的石硫合剂，或1:1:100波尔多液。5~6月可喷65%代森锌500倍液。硫酸锌石灰液（硫酸锌0.5千克，消石灰2千克，水120千克）对细菌性穿孔病有良好的防治效果。真菌性的可用70%甲基托布津1000倍、或50%多菌灵1000倍。

（3）桃蛀螟，俗称食心虫。防治方法：①诱杀成虫，在果园内点黑光灯或用糖、醋液诱杀成虫。②清园。③50%杀螟松乳剂1000倍；40%乐果乳剂1200~1500倍；50%敌敌畏乳剂1500倍，2.5%功夫乳油3000倍，20%灵扫利乳油3000倍，25%敌杀死乳油3000倍，20%速灭杀丁乳油3000倍，5%来福灵乳油3000倍，10%灭百可乳油4000~6000倍，4.5%菜老大乳油1500倍。

（4）李小食心虫。防治方法同上。

（5）桃虎，又名象皮虫。防治方法：①3月中旬，地面喷敌百虫或敌敌畏，喷后用叉头帚把帚一下，杀死土中成虫。②利用假死性，人工捕促成虫，摇树干。③4月成虫盛发期，喷90%敌百虫1000倍或40%乐果1000倍，2.5%功夫3000倍。

（6）蚜虫。花前花后用50%辟蚜雾（抗蚜威）3000倍，10%吡虫啉（大功臣）

4 000 倍，25% 蚜青克 800～1 000 倍，10% 百树得 2 000～3 000 倍防治。

（7）毛虫。用 80% 敌敌畏 1 000～1 500 倍防治。

（8）天牛。用 80 敌敌畏 1mL 加水 4mL 注射虫孔。

六、果园套种药材好

在一些有种植空间的果园套种中药材，可以减少土壤水分散失，干枯的枝叶还可培肥地力，而且又增加了一项药材收入，可谓一举多得。

那怎么种植药材呢？操作时在距离果树主干 0.6 米的空余地块疏松整地下种，具体的套作品种，可选择投资少，见效快，市场好，经济效益较好的药材来播种。果园立地条件不允许的，可选当年见收益的品种，如菊花、桔梗、丹参、板蓝根、玄参等；经济条件好的可选种党参、黄芪、柴胡、黄芩、丹皮、白术、远志、防风等。对套种的药材应实行精细管理，科学收获加工。一般大部分中药材管理粗放，适应性强，只要地力条件好，水量充足，勤中耕除草，就可以取得较好的经济效益。

七、春季葡萄科学管理

春季是葡萄萌芽展叶、枝蔓伸长及抽穗、开花结果的季节，加强春季葡萄管理，可提高葡萄产量和品质。

2 月中下旬至 3 月初萌芽期灌催芽水，施速效氮肥．此阶段有条件的果园应及时全园灌水，以确保萌芽整齐。而此时正是花芽继续分化和新梢开始旺盛生长的时候，需要大量的养分，因此，施用腐熟的人粪尿混掺 0.2% 尿素。这次施肥量约占全年的 15% 左右。

3～4 月中下旬定梢、抹芽、花穗处理和病害防治经过冬季整修后，结果母枝上的冬芽通常都有七八成萌发，此时应该注意留芽。留芽太多，易浪费养分，树势弱，不利于坐果；但若留芽太少，易促发枝蔓旺盛生长，易严重的落花落果，因此，要注意抹芽定梢。

抹芽：通常一条结果母枝上有多个芽萌发时，每隔 15～20 厘米留一芽，每条结果母枝留 2～5 条新梢，其余的从基部抹除。抹芽时，一般抹除双芽中的无花穗芽或弱芽，一个芽眼只留一条梢。当然为确保产量，也可在新梢长至 4～5 片叶时，视其第一卷丝是否带花穗而决定其去留，但这样浪费养分较多。

定梢绑蔓：所保留的新梢开花前在花穗以上留 5 片叶摘心，而无花的稍留 8 片叶摘心。摘心后，大量萌发副梢，只留顶部 1～2 个副梢并且留 2 片叶反复摘心，其余的副梢全部抹除。同时要根据蔓的生长适时绑蔓。

花果穗的处理：为确保坐果率，通常用人工方法将花穗 1/5 的穗尖摘除，花期喷施 0.3% 硼肥加 0.5% 尿素。花后 5 天对于结果较多的果树，进行人工疏果，然后套袋保护。

中耕除草和病害防治：葡萄萌发 3～5 片叶时开始防病，每隔 7～10 天喷新高脂膜 600～800 倍液 1 次，尤其是雨后更要加强喷药保护，并注意中耕除草。此期主要防葡萄黑痘病、灰霉病、锈病等。如已发生病菌可用常用药，多菌灵 800 倍 + 新高脂膜

$600 \sim 800$ 倍液治疗。

八、葡萄树施肥有窍门

根据葡萄树的生育特性和需肥状况施肥分为：第一次为开花前期，每株追施硝酸磷钾肥 $1.5 \sim 2$ 千克。第二次为落花后，即幼果膨大期，每株追施植物电子肥提高超强肥效。第三次为果实着色初期，每株施硝酸磷钾肥 $0.8 \sim 1$ 千克。第四次为采果后，每株施硝酸磷钾 $1.5 \sim 2$ 千克。另外，在坐果后到成熟前喷新高脂膜可起到液膜套袋作用，不会影响果实呼吸，防果锈病，防裂果，提高果面着色和光亮度，降低残毒提高品质。

九、"三改"施基肥葡萄效益高

一改春夏施肥为秋季施肥。此时气温较高，挖沟时切断的葡萄根系能很快愈合，并能长出大量新根。当年施入的基肥营养可被葡萄吸收利用，有利于明年葡萄萌芽、新梢生长，更能有效地克服贪青徒长和延迟果实成熟问题，并能促进新梢木质化。

二改地表施肥为深施肥。在距离葡萄 50 厘米处挖一条宽 40 厘米、深 40 厘米的沟，将有机肥施入沟内并覆土。这样做不仅改善葡萄园的环境卫生，更有利于引导葡萄根系向土壤深层发展，提高葡萄的抗旱、抗寒能力，充分发挥肥效。

三改单一基肥为多元素肥。将腐熟的有机肥掺入部分农田土，同时，加入氮、磷、钾速效化肥及硼、锌等微量元素，以增加土壤有机质的含量，还可为葡萄提供微量元素，当年秋季即可被葡萄吸收利用，有利于翌年葡萄的生长发育。在施有机肥的同时，每亩施入磷酸二铵 10 千克、尿素 10 千克、硫酸钾 5 千克、硼砂 1 千克、活性锌肥 1 千克，经充分混合施入沟内，覆土灌水。

十、果园种树六忌

（1）刺槐。一是刺槐极易招引蜻象为害桃、李、梨、苹果等果树。蜻象吸食果树嫩枝、叶柄、叶片、花及果实的汁液维持生命。导致叶片干枯凋落，果实变形，影响极大。二是刺槐分泌出的鞣酸类物质对多数果树的生长有较大的抑制作用，尤其以梨、苹果较为严重。可导致果树大幅度减产或根本不结果。三是刺槐上的落叶性炭疽病菌也能感染梨、苹果等，造成大量落叶。

（2）泡桐。因为，许多果树无论是幼苗、幼树及成年果树，均易患紫纹羽病；果树患病后，导致叶片黄化，干枯、甚至整株死亡。而泡桐则是紫纹羽病菌的越冬场所。

（3）柏树。柏树和梨树不能同地共处，因为，梨树的主要病害梨锈病危害梨树的新梢、叶柄、叶片、果柄和幼果，导致果枝萎缩、果实变形、腐烂和落果；而柏树，尤其是龙柏和桧柏，则是梨锈病菌的越冬场所。到了春暖季节，越冬病菌会随风吹回到梨树上继续繁衍和危害梨树。柏树和葡萄也不能共处，两者同栽，则葡萄果实不易成熟，造成损失。

（4）核桃树。因为核桃树叶的分泌物胡桃醌经雨淋后，滴入土中对苹果根产生危害，抑制生长，故苹果园周围不宜栽核桃树。

（5）松树。因为松树的孢子在春夏季随风飘到果园会严重危害果树，尤其是梨树受害最严重。松孢子可导致梨树叶、果发生黄斑和刺毛丛生，并使果实畸形，严重降低坐果率，降低产量和品质，影响经济效益。

（6）榆树。葡萄园附近忌栽榆树，因为榆树是柑橘星天牛、褐天牛喜食的树木。栽植榆树，则会诱发天牛大量取食和繁衍，转而严重为害果树。此外，榆树根的分泌物对葡萄有很大危害，易造成葡萄减产甚至整株死亡。

十一、樱桃皱叶病如何防治

甜樱桃皱叶病为类病毒病害，属类病毒病的一种。防治的关键是消灭毒源，切断传播路线。症状。此病为类病毒病害，属类病毒病的一种。有遗传性，感病植株叶片形状不规则，往往过度伸长、变狭，叶缘深裂，叶脉排列不规则，叶片皱缩，常常有淡绿与绿色相间的不均衡颜色，叶片薄、无光泽、叶脉凹陷，叶脉间有时过度生长。皱缩的叶片有时整个树冠都有，有时只在个别枝上出现。明显抑制树体生长，树冠发育不均衡。花畸形，产量明显下降。

防治方法：①隔离病原和中间寄主，一旦发现和经检测确认的病树，实行严格隔离，若数量少时予以铲除。观赏性樱花是小果病毒的中间寄主，在大樱桃栽培区不宜种植。②绝对避免用染毒的砧木和接穗来嫁接繁育苗木，防止嫁接传播病毒。因此，繁育大樱桃苗木时，应建立隔离的无病毒砧木圃、采穗圃和繁殖圃，以保证繁育出的苗木不带病毒。③不要用带病毒树上的花粉授粉，因为大樱桃有些病毒是通过花粉来传播的。④防治传毒昆虫。

十二、猕猴桃花期和花后叶面喷肥有何好处

果树叶面喷肥在生长季节均可进行，可选用有机钾、有机钙含量高的叶面肥喷施，可提高果实的糖分、硬度和耐贮性。此外，还有氨基酸、稀土微肥、沼液等。一般每10～15天喷1次，在早上9：00～10：00和下午4：00以后喷施效果好，切忌中午高温时喷肥，以免发生肥害。叶面喷肥即可单喷，也可结合病虫防治进行。猕猴桃开花期要补充硼，可喷1次浓度为0.2%～0.3%的硼砂。猕猴桃开花后，盛果期树结合果园灌水，亩施用尿素5～10千克，促进枝梢生长、幼果细胞分裂，为生产优质大果打下基础。

十三、果树冬防四类蛀干害虫

蛀干害虫，主要以幼虫蛀食枝干为害，引起树体长势衰弱，严重时造成被害枝干或全株枯死。结合冬季修剪，消灭其越冬虫体，控制来年虫害发生，是减少损失的有效途径。防治方法如下。

（1）天牛类。有桑天牛、星天牛、栎红颈天牛3种。2～3年发生一代，危害木质部和髓心，被害部位表皮正常，每隔一定距离有一排粪孔，虫道较直，红褐色虫粪排出堆积于地面。用棉花球蘸少许80%敌敌畏乳油或0.2克磷化铝制成毒签塞入倒数第一或第二排粪孔内，并用湿泥将全部粪孔封死。但磷化铝毒性很强，使用时要注意安全。

（2）吉丁虫类。寄生于苹果、梨树，1～2年发生一代，危害浅皮层、韧皮部和形

成层，被害部位皮层开裂，疤外有红色黏液渗出，俗称"昌红油"。虫道螺旋上升呈椭圆形，虫道内堆满褐色虫粪。用1千克煤油加0.1千克80%敌敌畏乳油，搅匀涂抹于虫疤处，杀死其幼虫。

（3）梨茎蜂。1年发生一代，雌成虫4月上、中旬在嫩梢的韧皮部内产卵后，用其锯齿状产卵器将产卵处的上方锯断，幼虫孵化后即蛀食为害，向下直达2年生枝条，并定居其中越冬。冬剪时，剪除断桩，注意一定要剪到3年生枝处，集中烧毁。

（4）葡萄透翅蛾。是葡萄的主要害虫，1年发生一代，以幼虫钻蛀嫩梢为害，影响枝蔓生长和果实发育。蛀孔处和虫道内均有棕褐色虫粪，蛀食髓部后，枝蔓常膨大成瘤，并在其内越冬。冬剪时，剪除膨大枝蔓，集中处理。对于较粗的蔓，可用棉花蘸取80%敌敌畏500倍液塞入蛀孔，消灭幼虫。

十四、薄皮核桃的采收与处理方法

（一）采收

（1）采收时期。核桃果实成熟的外观形态特征是：青果皮由绿变黄，部分顶部开裂，青果皮易剥离。这时才是果实采收的最佳时期，我省中南部地区一般在9月上旬至中旬成熟。目前，生产上存在采收偏早现象，应予以注意。

（2）采收方法。核桃采收一般采用人工采收法和机械震动采收法。

人工采收法：在果实成熟时，用竹竿或带弹性的木杆敲击果实所在的枝条或直接击落果实。该法的技术要点是敲打时应从上至下，从内向外顺枝进行，以免损伤枝芽，影响翌年产量。

机械震动采收法：采收前10~20天，在树上喷施500~2 000毫克/升乙烯利溶液催熟，然后用机械震动树干，将果实震落到地面。此法的优点是，青皮容易剥离，果面污染轻。但其缺点是因用乙烯利溶液催熟，往往会造成叶片大量早期脱落而削弱树势。

（二）脱青皮

（1）堆沤脱皮法。此法是我国传统的核桃脱皮方法。其技术要点是，果实采收后及时运到室外阴凉处或室内，切忌在阳光下暴晒，然后按50厘米左右的厚度堆成堆（堆积过厚易腐烂）。若在果堆上加一层10厘米左右厚的干草或干树叶，则可提高堆内温度，促进果实后熟，加快脱皮速度。一般堆沤3~5天，当青果皮离壳或开裂达50%以上时，即可用棍敲击脱皮。对未脱皮者可再堆沤数日，直到全部脱皮为止。堆沤时切勿使青皮变黑，甚至腐烂，以免污液渗入壳内污染种仁，降低坚果品质和商品价值。

（2）药剂脱皮法。由于堆沤脱皮法脱皮时间长，工作效率低，果实污染率高，对坚果商品质量影响较大，所以，自20世纪70年代以来，有些单位开始试用乙烯利溶液催熟脱皮技术，其具体做法是：将果实采收后，在浓度为0.3%~0.5%乙烯利溶液中浸蘸约半分钟，再按50厘米左右的厚度堆在阴凉处或室内，在温度为30℃、相对湿度80%~95%的条件下，经5天左右，离皮率可高达95%以上。乙烯利催熟时间长短和用药浓度大小与果实成熟度有关。果实成熟度高，用药浓度低，催熟时期也短。

（三）坚果冲洗

核桃脱青皮后，如果坚果作为商品出售，应先进行清水洗涤，清除坚果表皮面上残留的烂皮、泥土和其他污染物。以提高坚果的外观品质和商品价值。洗涤方法：将脱皮的坚果装筐，把筐放在水池中，用竹扫帚搅洗。薄皮核桃为保持原有风味不要进行漂白处理。做种子用的坚果，脱皮后更不要漂白，可直接晾干后贮藏备用。

十五、核桃高产抓4点

一是短截。短截是指剪去一年生枝条的一部分，生长季节将新梢顶端幼嫩部分摘除称为摘心，也成生长季短截。在幼核桃树上，常用短截发育枝的方法增加枝量。短截的对象是从一级枝和二级枝侧枝上抽生的生长旺盛的发育枝，剪截长度为 $1/4 \sim 1/2$，短截后一般可萌发3个左右较长的枝条。

二是疏枝。将枝条从基部疏除叫疏枝。疏枝对象一般为雄花枝、病虫枝、过密的交叉枝和重叠枝等。疏枝是应紧贴枝条剪除，切不可留橛，以利于剪口愈合。

三是缓放。即不剪，又叫长放。其作用是缓和枝条生长势，增减中短枝数量，有利于营养物质的积累，促进幼旺树结果。除背上直旺枝不宜缓放外（可拉平后缓放），其余枝条缓放效果均较好。较粗壮且水平伸展的枝条长放，前后均易萌发长势近似的小枝条。

四是回缩。对多年生枝剪截叫回缩。回缩的作用因回缩的部位不同而异。一是复壮作用，二是抑制作用。生产中复壮作用的运用有两个方面：一是局部复壮，例如，回缩结果枝组、多年生冗长下垂的缓放枝条等。二是全树复壮，主要是衰老树回缩更新。生产中运用抑制作用主要控制旺壮辅养枝，抑制树势不平衡中的强壮骨干枝等。回缩时要在剪锯口下留一"辫子枝"。

十六、核桃树何时修剪最好

核桃树的修剪时期与其他树种不同，一年的春季、夏季、秋季、冬季4个修剪期，应遵循：加大夏剪修剪力度，搞好剪后管理工作。秋、冬剪相结合进行，秋剪大枝，冬剪小枝。种植户可根据自己的实际情况，选择适合本地的修剪时期。

春季修剪：春季修剪是指在核桃树发芽后至展叶前所进行的修剪。是针对未结果树或生长过旺的树，此时修剪能很好地控制生长，削弱树势，提早结果。但核桃树进入初果期（早实品种），不宜修剪，宜剪生长过旺与不结果的树，适合晚实品种初果期以前运用，宜促其早结果。

夏季修剪：夏季修剪必须掌握修剪时期，在5月下旬开始至6月底完成最佳。此时修剪结合采接穗进行，以短截为主，枝条所留长度最多为3厘米，且留外芽或侧芽，并留出层间距；疏除过密枝，回缩下垂枝。剪后必须加强肥水管理。具体做法：从6月底开始喷施磷酸二氢钾300倍液，10天1次，直到落叶前结束。7月以后停止施用氮肥，增施磷、钾肥；8月至落叶前不浇水；9月中旬喷施多效唑控制生长，增强修剪效果。

秋季修剪：在核桃采收后至叶片发黄以前进行（9月中旬至11月初）。秋剪适宜弱树、老树、山坡地核桃树的修剪，此时无伤流利于动大枝，促进树壮。

冬季修剪：理论上最佳时期为大寒至立春为宜。核桃树伤流一般从落叶后开始到来年春季芽萌动后停止。但是，整个休眠期并非都有伤流，当温度在0℃上下波动时，伤流时有时无，当温度稳定在0℃以上或以下时间较长时，伤流表现为微量或不发生。只要抓住有利时机进行冬剪是可行的，但应抓住关键时期修剪中、小枝。此时，修剪可缓解春、秋季与农忙在时间上的冲突。

第三节　茶叶栽培与加工

一、无公害茶叶生产与加工技术

（一）"无公害茶"的含义

无公害茶是指该茶不含污染物质或把茶叶中的污染物（如农药残留、重金属、有害微生物等）的卫生质量指标控制在低于我国规定的允许标准以内的各类茶叶产品。该产品对消费者身心健康安全无害。

什么叫有机茶？按有机农业的原则和有机方式种植，在生产、加工过程中不使用人工合成的化学物质（化肥、农药、添加剂等），不采用转基因、辐射技术，经独立的颁证机构认证合格，并颁发有机茶证书的各类茶叶产品。

（二）生产基地建设

当前茶叶生产面临的生态问题。一是生态系统组分越来越单一，生态环境日益恶化。二是生物种类结构与食物链简单，茶园害虫日益猖獗。三是石化能大量输入，茶树抗性与茶叶品质下降，生产中大量投入化学物质，光顾眼前利益，严重损害了茶园土壤、水质、空气等生态环境，降低了茶树抗性与茶叶品质。四是茶叶生产受大环境的污染，日益严重。

1. 环境质量要求

无公害茶产品标准指标体系组成：空气中各项污染物的浓度限值。无公害茶基地生产、加工用水要求。

土壤质量要求：基地茶园土壤要求土层深厚，有效土层达60厘米以上，排水和透气性能良好，生物活性较强，营养丰富，耕层有机质含量大于1.5%，pH值4.0～6.0。

有机茶园土壤中各项污染物的浓度限值。

无公害茶园周边环境要求：①生产基地周边生态环境优良，自然植被丰富，覆盖率达60%以上，基地附近、上风口及河流上游无污染源。②茶叶生产、加工、贮藏等场所及周围环境要求整洁、优美，防止各种污染。③无公害茶种植区与常规农业区间，应有50～100米以上宽度的隔离带。

2. 茶园生态建设要求

增加茶园生物多样性，维护茶园生态平衡。

（1）茶场规划、园地开垦或老茶场改造时，在山顶、山坡梯田之间应保留一定数量的自然植被。

（2）在茶园（幼龄和台刈改造园）及周边空地内应适当种植一些绿肥、或可供茶农食用和当地销售的经济作物。（如花生、姜、豆类等）。

（3）重视生产基地生物栖息地的保护，促进各类动物、植物及微生物种群的繁衍发展，使无公害、有机农业系统进入良性循环。

生物栖息地包括：①没有进行耕作管理的土地。②茶场与园地周边的生态环境上应具备多样特点的隔离带。如防护林、沟渠、池塘、湿地和其他未用于茶叶生产的地带。③无公害茶园中适当种植遮阴树。

（4）茶场应建立有机畜禽（如猪、羊、鸡、鸭等）养殖场。

3. 园地建设技术要求

（1）园地规划与开垦。

规划内容：①新建茶园由地形地貌设置：场部（茶厂）与生活区，种茶区（块），道路与水利系统，防护林带与绿化区，养殖业与多种经营等用地。②老茶场（厂）如何改造：老茶园、老厂房、老设备、生态环境等配套设施及其进度计划等。

园地开垦：① 15 度以下的缓坡地开垦；② 15 ~ 25 度的丘陵山地开垦。

茶园道路与水利系统设置：①干道、支道与步道设置原则；②各类沟、渠、池等水利系统设置；③利用地形在茶园边建立有机肥积肥坑（池）。

（2）茶树品种。

选择茶树良种的原则：①选择无性系良种，适应当地的土壤、气候特点，适制当地的名优茶类；②具有抗逆性（病虫、旱、寒等）强；③各类特性的品种相互搭配，特早：早生：中生 = 2：2：1，保持生物基因的多样性；④有机茶、AA 级绿色食品茶对品种要求：禁止使用基因工程、辐射技术和禁用物质处理的品种；⑤茶园种植的种子与苗木质量要求。

适制优质绿茶的主要茶树品种：目前，息烽县生产中推广的适制优质绿茶和白茶良种。

（3）种植技术（幼龄茶园除草严禁使用除草剂）。①种植时间：10 ~ 12 月；1 ~ 3 月；茶苗移栽宜在 3 月下旬（春分至清明），有塑料棚实施可在 10 月种植；茶树培育高度60 ~ 70 厘米。②种植方式与规格：单行或双行（等高）条栽。③开种植沟、施足底肥和覆土。④栽种茶苗 - 土压紧 - 泥门 - 定根水。⑤种植当年，抗旱保苗 - 培育壮苗 - 全苗。

（4）低产茶园改造。①树冠改造：改造方式：不同深度的修剪措施（深修剪、重修剪、台刈等）或换种改植。改造时间：以有利于茶树生长和经济效益为依据来定时间。②园地改造：土壤改良：清除杂草、深耕施肥（根系更新），铺草、种绿肥等。园相改造：整修梯坎，补植缺株，道路与排蓄水沟，植树造林。③换种改植：树势衰老、品种混杂、低产低质的茶园，重新规划、选择良种、改善生态环境。

（三）无公害茶园管理技术

（1）土壤改良技术。①茶园种植绿肥（空地、幼龄茶园与改造茶园）。②茶园铺草覆盖（有机物料、厚度 5 厘米以上，1 ~ 2 年 1 次）。③茶园深耕、增施有机肥对茶叶品质的影响。④饲养蚯蚓（有条件的减耕或免耕）。

（2）茶园施肥技术要求。①有机肥料必须经堆制、腐熟无害化处理后才能使用。②使用天然矿产肥料，如磷矿粉、矿产硝石、钾盐、白云石粉，天然硫黄与一些微量元素肥料（硫酸铜、硫酸锌、硼砂等）。微量元素肥只在缺素时叶面喷施。③因园制宜和利用空地种植绿肥，广辟肥源。④商品有机肥、叶面肥、生物肥等，在有机茶园中使用必先通过有关独立的机构认证后才能使用。⑤茶园每年必须及时施基肥与追肥，不断补充养分。要求时间早、质量好、数量多、技术规范。

基肥 农家有机肥 1.5~2.5 吨/亩；或商品有机肥 200~300 千克/亩；一般茶园可配合部分无机（矿质）肥料（或 10 千克化肥氮），开沟深施（25 厘米左右），盖土。

追肥 腐熟后的有机液肥、浇施（或沟施），商品有机肥 150~200 千克/亩，堆腐、沟施、盖土。或商品化肥，尿素 20~30 千克/亩，沟施、盖土。

叶面肥 茶树营养不良或缺素症时应用化学型微量元素：硫酸镁、锌、硼砂等，浓度限于 0.1% 以下；有机液肥，稀释后喷施。喷施后 10~20 天才可采摘。茶园施肥要求及时、保质、保量，多施有机肥，少施化肥，避免施用城市、工业污泥、污水以及硝态氮、含激素类型的肥料。

（3）茶园水分管理。保水蓄水的技术措施。深耕改土，增加土壤有效水含量。浅耕铺草，增加蓄水，减少蒸发量。四周植树造林，培育丰产型树冠，增加植被覆盖率，涵养水源。修建渠道，引用山塘、水库或深井水源，建立移动式喷灌系统（或地下渗灌），及时补充茶园土壤水分。要求：灌溉用水质量要达到 GB《农田灌溉标准》，降水集中季节，茶园要及时排水。

（4）茶树越冬防护技术。①幼龄茶园越冬管理：采用培土越冬：11 月初"小雪"前培土，苗高 1/2，后再培土只露 1~2 叶；"春分"茶苗退土：3 月下旬退土一半，"清明"全退。②投产茶园越冬防护措施：采用深翻土地，建立等高梯级茶园；加强茶园肥培管理，培育健壮茶树，保墒保土，防止冲刷、渍水。③受冻茶树的护理复壮措施：根据茶树受冻程度，及时采取不同程度的修剪措施，采养结合，以养为主，培养"优化型"树冠，加强肥水管理，增强茶树树势。

（5）茶园病虫害和杂草防治。

①无公害、有机茶园病虫防治要求：

一是重视病虫害测报，并据环境、天气变化，定综防措施，有的放矢。

二是以农业措施防治为主，辅之以生物、物理、化学等措施，尽量不使用或少使用植物源、矿物源与化学农药。严禁使用国家颁布禁用的化学农药。严禁使用国家颁布的禁用农药。

三是提高农药使用技术：合理配制、施药方法、雾滴大小，根据防治对象选用、适期、适量用药等。

②无公害、有机茶园病虫害防治措施：

一是改善生态环境，增加生物多样性。

二是植物检疫，防止外地病虫传入。

三是农业防治措施：A. 选育抗性强的良种；B. 加强茶园科学管理；C. 采用相应的农艺技术措施：a. 茶树修剪（疏枝清园）；b. 茶叶采摘；c. 茶园耕作；d. 其他措施，如施肥、灌溉、排水等。

四是生物防治措施：A. 保护天敌：如寄生蜂、鸟类、两栖动物等；捕食性蜘蛛，防治茶尺蠖，捕食螨防治茶叶害螨；B. 病原微生物治虫：a. 真菌治虫：如白僵菌、绿僵菌、粉虱真菌等；b. 细菌治虫：如苏云金杆菌类（Bt）等；c. 病毒治虫：研究应用较多的核型多角体病毒（NPV），如茶尺蠖病毒、茶毛虫病毒等；特点：保存期长、有效用量低、效果好、专一性强、不伤天敌，人畜安全，具持续效应【主要生物制剂产品：茶尺蠖病毒水剂、茶尺蠖病毒与 Bt 混剂、茶毛虫病毒水剂、茶毛虫病毒与 Bt 混剂、Bt 制剂（主治鳞翅目食叶害虫）、白僵菌粉剂、粉虱真菌制剂】。

五是物理防治措施：a. 灯光诱杀；b. 糖醋诱杀；c. 性诱杀（信息素）；d. 诱饵诱杀；e. 人工捕杀等。

六是植物源农药防治（土农药）鱼藤酮、苦参碱、清源保、苦参（根、果）等木梧树根—煎汁—红紫即可，主治茶毛虫、茶尺蠖等，80% 以上效果。

七是矿物源农药防治：a. 波尔多液（石灰与硫酸铜配制）；b. 石灰硫黄合剂（石硫合剂）；c. 硫酸铜：杀菌力强；d. 硫悬浮剂：杀螨体与杀卵。

八是化学防治：茶园适用农药要求高效、低毒、低残留。

③无公害、有机茶园杂草控制技术措施：a. 茶树种植前或荒芜茶园垦复前对有害杂草根茎彻底清除；b. 防止杂草种子传播；c. 茶园土壤覆盖有机物或遮阳网等；d. 适时进行人工或机械除草；e. 利用生物控制杂草生长，如真菌除草剂、放养食草动物等。

（6）茶树修剪与采摘。

茶树修剪与采摘的目的：抑制顶端优势，培养"优化型"树冠，促进多发芽，多采茶，提高效益。（幼龄、改造茶园、生产茶园）

茶树修剪方法与程度：定型、分段修剪；轻修剪；深修剪；重修剪；台刈；边缘修剪。

修剪时间：以有利于茶树生长与经济效益为依据。

茶叶采摘技术：

采摘标准　根据各类茶叶产品质量对加工原料要求掌握采摘标准。

采摘技术　根据各茶树品种生长特性，遵循采留结合、量质兼顾和因园制宜地，抓好留叶采、标准采与适时分批采等技术环节。

采摘方法　名茶与优质茶以手工采为主，大宗茶以手工采与机采为主。

成龄生产茶园的修剪与采摘：

一是以采名优绿茶为主的茶园。春茶早采嫩采、标准采名优茶。春茶后深剪或重剪，夏茶留 3~4 叶打顶采，秋茶留养、打顶封园。二是生产大宗茶为主的茶园。春茶前轻剪、平整冠面，春茶及时分批手采—机采，春茶后轻剪、夏茶留叶采，秋茶标准分批采，后期留叶，边缘修剪、轻剪—封园。

无公害茶园修剪与采摘中应注意的问题：

一是要与相应的栽培措施相结合，如与施肥、土壤改良措施结合，与科学病虫综合防治措施结合。二是手工采茶要求提手标准采，芽叶完整、匀净，保证鲜叶质量。三是盛装鲜叶的茶具要通风透气，不得有污染。四是应用各种修剪和采茶机械作业时，技术熟练，保证质量，并必须采用无铅汽油，防止汽油、机油污染茶树。五是在四季分明的茶区，切忌在秋冬季或高温旱季深剪、重剪、台刈茶树。

（四）无公害茶叶加工

1. 原料管理要求

（1）鲜叶验收。按各茶类质量标准验收青叶，按质论价。把好质量关。

（2）集运与摊放。采摘鲜叶及时运抵加工厂，不同质量（卫生安全、品种、老嫩、雨水、地点等）鲜叶分别摊放，专人管理，严防变质与污染。

（3）深加工产品。所用原料应是无公害、有机原料。

2. 加工场所条件

（1）加工厂生产车间，由贮青间（6~8平方米/100千克）、初制、精制加工间（车间总面积应≥设备占地总面积8~10倍）、包装间、仓库等组成。车间层高≥4米，地面、墙壁、通风、除尘、排水。光照度≥500勒克斯，噪声≤80dB。门窗装纱防蚊蝇等。有压锅炉另设单间，各种炉火门开向车间外。

（2）加工设备要求。各茶类的茶叶加工机械、用具等设备应用无毒、无味、不污染茶叶的材料制成。接触茶叶加工的零部件，不得使用铅、铅锑合金、铅铜及铝合金等材料制造。允许使用竹、藤、无异味等天然材料和不锈钢、食品级塑料制成的器具。对各种设备、工具及场地使用前、后均应进行清洁、保养。

（3）卫生设施与管理。①加工厂车间进口处应设更衣室，配备洗手、消毒、防蚊蝇、排水等卫生设施。要有工厂车间管理制度。②加工、包装、贮存过程中，茶叶不得与地面接触，非加工茶叶用物不得放在车间内，防止茶叶二次污染。③加工及有关人员要经技术与卫生知识培训，应持有上岗证与有效健康证，要有良好的卫生习惯。④加工厂的副产品如茶灰、梗或深加工的残渣等，可经堆制，无害化处理后作茶园有机肥。

3. 加工技术要求

（1）无公害茶加工产品包括绿茶、白茶等的初、精制及深加工茶产品。加工厂的设备配套、布局与工艺流程、生产规模应相适应，要科学、规范、合理，保证产品质量。

（2）加工中可使用机械、冷冻、加热、微波、烟熏等处理方法，可采用微生物发酵与自然发酵工艺。

（3）允许经颁证的芳香植物原料窨制有机茶叶，可用制茶专用油直接润滑炒茶的金属表面，禁止使用人工合成的色素、香料、黏结剂和其他添加剂。

（4）茶叶深加工可采用提取、浓缩、沉淀和过滤工艺。提取溶剂仅限于符合国标的水、乙醇、CO_2、N，禁用其他化学试剂，禁用离子辐射处理。

（5）每批加工产品均应编号，全程记录、建档，例如：单位名称缩写（字母）·茶园地块号·年度·月份·生产批次【WF 07 04 08 01（WF07040801）】，在中转贮存及最终产品上、出厂记录与销售发票上均应标明产品批号。

（6）加工厂应尽量使用再生能源（水电能、太阳能、沼气等）避免以木材为主要燃料。

（五）商品茶与包装

1. 无公害、有机商品茶

（1）经初加工或精加工而成不同等级的商品茶产品，应具有各类无公害茶的自然品质特征。

（2）各类各级无公害茶、有机茶的实物标准样（或成交实物样品）和感官检验的品质因子等指标均分别以现行的国家标准、行业标准、地方和企业标准的常规茶叶实物标准样及其有关规定为准，保持一致。

（3）感观指标。①产品应具有该茶类正常的商品外形及固有的色、香、味，无异味、无劣变。②产品洁净，不得混有非茶类夹杂物。③不着色，不得添加任何人工合成的化学物质。

2. 无公害茶包装技术要求

（1）茶叶陈化劣变的机理。茶叶主要内含物有：①脂类（甘油酯、糖脂和不饱和脂肪酸等）；②维生素 C；③叶绿素（A、B）；④茶多酚等碳水化合物；⑤氨基酸等。这些物质均不稳定，尤在含水率高，温湿度大，光照及氧气含量高等条件下，极易变质。

要求：含水率 <5%、气温 <0℃、湿度 30% ~ 50%，含氧量 <5%，避光条件下，才相对稳定。

（2）茶叶保鲜技术。①常规包装。用各种薄膜、金属罐、塑罐纸合（罐）等，茶叶装入包装封口，保鲜效果差。②真空包装技术。将茶叶装入复合材料袋内，抽真空后封口。③充气包装技术。包装袋内置换气体（充氮气）。④冷库保鲜技术。⑤脱氧除湿包装技术。封入脱氧、除湿剂。"FTS 茶叶专用保鲜剂"（保鲜期 8 ~ 12 个月、保质期 18 个月以上）。

（3）包装材料要求。①必须符合《食品包装用原纸卫生标准》GB 11680—1989；②包装材料（含大小包装），必须是食品级包装材料；③接触产品的包装材料应具有防潮、阻氧等保鲜性能；④包装材料能够再利用，具有降解性能；⑤各种包装材料均应坚固、干燥、清洁、无机械损伤等。

（4）包装规格要求。①同批（唛）茶叶包装箱种类、尺寸、材料与净重必须一致。②出口大包装每箱净重幅度：10.0 ~ 25.0 千克，±0.1 千克；25.1 ~ 40.0 千克，±0.2 千克；40.1 千克以上，±0.25 千克。小包装称重计量监督按《定量包装商品计量监督规定》执行。外销产品出厂均应按序编制唛号。

（5）名优茶小包装印制要求。小包装具有保鲜性能。外包装色彩鲜艳，图案具茶文化特色，形式多样。文字说明简要、真实、无欺骗性。要有自己的特色！外包装印制的主要内容：①注册商标、茶叶品牌；②品质特征（中、英）；③企业生产标准代号；④企业营业执照号；⑤企业卫生许可证号；⑥产品品质论证号；⑦生产日期、保质期；⑧产品净重；⑨饮用、贮藏方法；⑩商品条形码；⑪生产厂地址；⑫电话、邮编。

（6）茶叶小包装最佳保鲜技术。①茶叶含水率控制在 5% 以下（最高不超过 7%，花茶不超过 8%）。②采用透气性、透湿性差的包装材料，如铝箔复合袋，聚丙烯/铝箔/聚乙烯等气密性好的复合材料。③采用低温（-5 ~ 5℃）和避光贮藏。④采用 FTS 茶叶保鲜剂封存保鲜。

易拉包装：采用纸塑复合罐—装茶—易拉盖封口—塑盖封口。

换气包装：采用多层复合材料罐—装茶—抽真空—充氮—封口。

3. 无公害茶产品贮藏

①贮藏无公害茶必须符合《中华人民共和国食品卫生法》中的有关规定。②存放

茶叶产品的仓库要求清洁、防潮、避光和无异味，并保持通风干燥。③各类无公害茶产品必须分开贮藏，尽量设立专用仓库。应建立严格的仓库管理档案。④应配备除湿机或生石灰等防潮除湿设备，保持空气干燥。提倡低温、充氮或真空保鲜技术。⑤保持茶叶仓库的环境与内部清洁卫生，防止污染。

4. 无公害茶产品标志

① OTRDC 有机茶标志、OFDC 有机食品标志、我国绿色食品标志以及欧盟等国际有机食品标志，均是注册证明商标。②各种无公害茶标志在产品包装上印刷使用，必须具有颁发证机构准用证并按标准图案的式样、颜色和比例制作，不可变形或变色。食品质量安全市场准入制度的核心内容：一是实行生产许可制度；二是实行强制检验制度；三是实行市场准入标志制度。

食品质量安全实行市场准入标志制度。食品市场准入标志由"质量安全"英文（Quality safety）字头 QS 和"质量安全"中文字样组成。标志主色调为蓝色，字母"Q"与"质量安全"4 个中文字样为蓝色，字母"S"为白色。该标志的式样、尺寸及颜色都有具体的制作要求。加贴（印）有"SQ"标志的食品，即意味着该食品符合质量安全的基本要求。

有机食品（有机茶）图案与说明。有机（生态）食品的标志是一个圆形图案；内圆表示太阳，其中，既像青菜又像绵羊头的图案泛指自然界有机的动、植物食品；外圆表示地球。整个图案采用绿色，象征着有机（生态）食品是真正无污染、优质健康的食品和有机农业给人类带来了优美、清洁的生态环境。

绿色食品图案与说明。绿色食品标志由太阳、植物叶片和蓓蕾图案构成，绿色象征着生命、健康和活力，也象征着环境保护和农业。

二、无公害茶叶质量管理标准体系

（一）无公害茶叶生产的必要性

（1）国际食品质量安全状况。英国的疯牛病；比利时的二噁英；日本的 O157。

（2）国内食品质量安全状况。瘦肉精中毒；有机磷农药中毒；毒鼠强中毒；毒酒事件。

（3）茶叶质量安全状况。1998 年，有媒体报导"喝茶等于喝农药"；2000 年，又有媒体报导"喝茶当心铅中毒"。1999 年全国茶叶质量安全状况。我国茶叶对欧盟出口情况 1998 年，3.68 万吨；1999 年，2.77 万吨；2000 年，2.47 万吨；2001 年，2.14 万吨；2002 年，1.44 万吨。

（二）无公害茶叶标准体系

无公害茶叶标准由四部分组成：① NY5020—2001 无公害食品 茶叶产地环境条件；② NY/T 5018—2001 无公害食品 茶叶生产技术规程；③ NY/T 5019—2001 无公害食品 茶叶加工技术规程；④ NY5244—2004 无公害食品 茶叶。

（三）无公害茶叶标准要点

（1）无公害食品茶叶产地环境要求。产地环境应符合 NY5020—2001（无公害食品茶叶产地环境条件）的要求，为强制性标准。总体要求：无公害茶叶产地应选择在生态条件良好，远离污染源，并具有可持续生产能力的农业生产区域。

（2）无公害食品茶叶生产过程控制。生产过程应符合 NY/T 5018—2001（无公害食品 茶叶生产技术规程）的要求，为推荐性标准。重点掌握 3 点：①茶园周围的生态环境状况：茶园四周或茶园内不适合种茶的空地应植树造林，主要道路、沟渠两边种植行道树，梯壁坎边种草。茶园与四周荒山陡坡、林地和农田交界处应设置隔离沟。②茶园的水肥管理水平：茶园土壤 pH 值以 4.5～5.5 为最佳，土壤 pH 值低于 4.0 的茶园，宜施用白云石粉、石灰等物质调节，土壤 pH 值高于 6.0 的茶园应多选用生理酸性肥料调节土壤 pH 值至适宜的范围。③病、虫、草害防治：农业防治：换种改植或发展新茶园时，应选用对当地主要病虫抗性较强的品种。分批、多次、及时采摘，抑制假眼小绿叶蝉、茶橙瘿螨、茶白星病等危害芽叶的病虫。物理防治：采用人工捕杀，减轻茶毛虫、茶蚕、蓑蛾类、茶丽纹象甲等害虫危害。利用害虫的趋性，进行灯光诱杀、色板诱杀或异性诱杀。采用机械或人工方法防除杂草。生物防治：注意保护和利用当地茶园中的草蛉、瓢虫、蜘蛛、捕食螨、寄生蜂等有益生物，减少因人为因素对天敌的伤害。宜使用生物源农药，如微生物农药和植物源农药。化学防治：严格按制订的防治指标，掌握防治适期施药。宜一药多治或农药的合理混用。禁止使用滴滴涕、六六六、对硫磷（1605）、甲基对硫磷（甲基1605）、甲胺磷、乙酰甲胺磷、氧化乐果、五氯酚钠、杀虫脒、呋喃丹、三氯杀螨醇、水胺硫磷、氰戊菊酯、来福灵及其混剂等高毒、高残留农药。

（3）无公害食品茶叶加工要求。加工应符合 NY/T 5019—2001（无公害食品 茶叶加工技术规程）标准的要求，为推荐性标准。重点掌握 3 点：①加工厂：主要是加工厂的卫生要求。鲜叶不宜与地面直接接触，加工过程中茶叶也不直接与地面接触。②加工设备：不宜使用铅及铅锑合金、铅青铜、锰黄铜、铅黄铜、铸铝及铝合金材料制造接触茶叶的加工零部件。③加工人员：加工人员上岗前和每年度均进行健康检查，取得健康证明后方能上岗。加工人员应保持个人卫生，进入工作场所应洗手、更衣、换鞋、戴帽。离开车间时应换下工作衣、帽和鞋，存放在更衣室内。加工、包装场所不宜吸烟和随地吐痰，不得在加工和包装场所用餐和进食食品。包装、精制车间工作人员需戴口罩上岗。

（4）无公害食品茶叶产品质量要求。产品质量应符合 NY5244—2004（无公害食品 茶叶）标准的要求，为强制性标准。无公害茶叶产品质量主要包括：感官品质、理化品质和安全质量三大方面。重点是安全质量。感官品质基本要求，产品应具有该茶类正常的商品外形及固有的色、香、味，无异味、无劣变。产品应洁净，不得混有非茶类夹杂物。不着色，不得添加任何人工合成的化学物质。

第四节　中药材栽培技术

一、息烽县续断规范化生产技术规程

续断，别名山萝卜、接骨草等，属多年生草本植物。以根入药，根粗壮、长圆锥形，外皮黄褐色，常数条丛生。续断含生物碱及挥发油；性苦、辛，性微温；入肝、肾经。具有补肝肾，强筋骨，调血脉、利关节、止崩漏等功能，用于治疗腰背酸痛、风湿骨痛、跌打损伤、先兆流产、功血、带下，尿频等病症。市场需求量大。我县野生续断资源虽然丰富，但是，受到人为的不科学的采挖，使原来较为合理的分布结构受到一定程度的破坏。为实现资源的可持续利用，从 2006 年我们开始对续断种植试验、示范研究，以我国中药材 GAP 规范化生产的综合技术为指导，对续断栽培过程中的选地、种子处理、播种育苗、田间管理、病虫害防治、良种繁育、采收等技术作了规范化研究，结合试验、示范编制出本规程。

1. 规程编制依据和适用范围

本操作规程按《中药材生产质量管理工作理规范》（试行）结合试验、示范研究，制定了息烽县续断规范化技术操作规程。本规程适用于息烽县及周边县续断生产。

2. 引用标准

（1）《中国药典》（2010 年版一部）。

（2）《中药材生产质量管理规范（试行》（2002.3，简称 GAP）。

（3）《环境空气质量标准》二级标准（GB 3095—1996）。

（4）《大气污染物最高允许浓度标准》（G B9137—1988）。

（5）《土壤环境质量标准》二级标准（GB 15618—1995）。

（6）《农田灌溉水质标准》（GB 5084—1992）。

（7）《国家地面水环境质量标准》（GB 3838—1988）。

（8）《农药安全使用标准》（GB 4285—1989）。

（9）《农药管理条例》（国务院 2001 年第 326 号令）。

（10）《药用植物及制剂进出口绿色行业标准》2001。

（11）《加工用水标准确》（GB 5749—1985）。

3. 产地自然条件

适宜续断生长的条件。续断喜较凉爽和较潮湿的气候，宜在海拔 1 000 米以上的山区栽培。耐寒，忌高温，由于药用部分是根，适宜在排水良好、土层深厚、肥沃、疏松的山地油沙土、山地夹沙土栽培。这些土壤，质地为轻壤到中壤，中性土壤生长；黏性重排水不良的土壤，容易发生病害，甚至死亡。

4. 物种及来源

（1）物种。续断原植物为川续断科植物川续断 Dipsacus asperoides c. Y. Cheng et T. M. Ai。

（2）种子、种苗来源。种子来源于当地野生续断种子；种苗来源于用野生种子人工育苗、野生实生苗、地下根茎蘖生苗。

5. 良种繁育技术

续断繁育可用种子繁育，也可采用分根繁殖，采用野生续断种子繁育，在播种后 2 年收获种子。

（1）种子繁育技术。

①采种：10 月上旬至 11 月下旬采收野生续断种子，选健壮植株上的、果球呈黄绿

色、种子已经充实的果球整个摘回，后熟数日，晒干或晾干，抖出种子，簸去杂物，贮藏备用（下同）。

②良种繁育地的选择：选择土层深厚、土壤肥沃、疏松，排水方便、背风向阳中性地块，续断种植区域附近，且距村级公路50米以上，无污染源。大气环境应达到国家GB 3095—1996《环境空气质量标准》的二级标准和GB 9137—88《大气污染物最高允许浓度标准》。在选好的地上土壤经翻犁耙平，按130厘米开厢作畦（畦面宽100米，沟宽30厘米），将腐熟的牛圈肥和少量的复合肥混合后撒在畦面上，然后撒上细土，畦面做成鱼背形，沟深15厘米，待播种用。

③播种：在播种前种子用40℃温水浸泡10小时左右，放在袋内或盆内，放在温暖处催芽，每天用清水冲1～2遍，待萌动时即可揪种。春播在3月下旬至4月上旬进行。秋播在9月下旬至10月上旬进行。穴播，在畦上按株行距30厘米×30厘米打窝，每窝播种子7～8粒，每亩约需种子500克。播后人粪尿每亩800千克，上覆1～1.5厘米疏松细土。条播，行距30厘米开浅沟，均匀撒入种子，覆土镇压浇水，每亩需种子约1 000克。

（2）分株繁殖法。秋季挖采续断时，将粗根切下供药用，留下带有幼芽的根头及所附部分较细的根，重新栽种。淋定根水。栽种时剪去部分叶片，留下叶柄和心叶，以减少水份蒸发，提高成活率。栽种密度同上。

（3）良种繁育地田间管理。

①间苗、定苗：续断出苗后，待苗高5～10厘米可间苗，每穴留壮苗2～3株，待苗高15～20厘米时定苗，每穴只留壮苗1～2株。

②中耕除草：结合定苗进行第一次中耕除草，幼苗细小，宜浅锄，勿伤根及叶片。分株繁殖的待苗成活后反青后即可进行中耕除草。整个生育期每年要进行2～3次中耕除草，生长后期松土后期不能太深，以防伤根。每年中耕分别在6月、9月各进行1次，入冬后，部分茎叶枯萎再进行中耕。中耕时需把沟里的土提到畦面。

③施肥：播种时每公颂施腐熟有机肥30吨、复混肥 [$N - P_2O_5 - K_2O$（8 - 10 - 7）] 0.45吨作基肥，窝施；结合每次中耕都应追肥，定苗后每公倾追施稀薄人粪水15吨，7～8月每公倾追施人粪水15～30吨，每年苗返青前每公颂施入腐熟有机肥15～30吨，开穴或开沟施于株旁，施后覆土，提高肥料利用率。

④留种、采种：当年播种的续断不结籽，栽培到第二年的10月上旬种子陆续成熟，主茎上的先熟先收，侧枝后熟后收。采种方法和采野生种一样。

⑤种子保存：已晒干或晾干的种子可放在通风阴凉处保存。

⑥种子质量：种子要求饱满，无霉变，种子纯度在90%以上，发芽率在80%以上。

6. 大田栽培技术

（1）种植地的选择。

①地点。根据GAP的要求，续断种植选择有野生续断生长区域的于息烽县小寨坝镇南桥村，海拔1 450米，无霜期275天，年降雨量1 200毫米。森林覆盖率40%。续断种植区域附近无污染源，距村级公路50米以上。大气环境应达到国家GB 3095—1996《环境空气质量标准》的二级标准和GB 9137—88《大气污染物最高允许浓度标

准》。

选择缓坡地，要求土层深厚、疏松肥沃、排水良好的沙质壤土，同时，土壤环境重金含量和农药残留限量应符合国家 GB 15618—1995《土壤环境质量标准》中的二级标准。

②灌溉水：续断种植区域有方便的灌溉水源，同时，水源质量应达国家 GB 5084—1992）《农田灌溉水质标准》

（2）整地。在选的地上土壤经翻犁耙平，按 130 厘米开厢作畦（畦面宽 100 米，沟宽 30 厘米），将腐熟的牛圈肥和少量的复合肥混合后撒在畦面上，然后撒上细土，畦面做成鱼背形，沟深 15 厘米，待播种或移栽。

（3）种植方式。续断可以用种子直播和育苗移栽，也用分株繁殖的方法。

①种子直播：播种分春播和秋播，春播在 3～4 月，秋播在 10～11 月上旬。在做好畦面种 3 行，中间一行与其他两行的行距为 40 厘米、窝距 30 厘米打窝，每窝播种子 4～7 粒，覆上 1～1.5 厘米疏松细土即可。

②育苗移栽：

苗床选地整地　择土壤肥沃、疏松，背风向阳的沙质壤土为好。整地宜精，耕翻深度为 25～30 厘米，打碎土块耙细，按宽 1.2 米，高 10～15 厘米作畦，畦的长度不限，依地势而定，畦间留作业道 20 厘米，将腐熟的有机肥施在畦面，有机肥与畦面土充分拌匀，覆上 1～1.5 厘米疏松细土，搂平畦面即可播种。

播种时间与方法　在 3 月上旬播种，播种前将种子用 40℃水浸泡 12 小时后即可播种，按每平方米 10 克种子拌细土，均匀地撒在畦面上；播完盖后 1～1.5 厘米细土，镇压浇透水，在畦面上覆盖一层稻草或草帘，以保持土壤湿度，隔 3～4 天浇水 1 次，经常保持床土湿润，待苗出土后即可撒掉盖草。

移栽　待苗床的苗长到 10～15 厘米高时即可（可挖当地的野生苗）移栽大田，选择无病虫害，根系健壮的植株作种苗。在整好的大田的畦面上栽 3 行，中间一行与其他两行的行距为 40 厘米、窝距 30 厘米，进行移栽，每窝栽一株，栽后淋足定根水。

③分株繁殖法：同良种繁育技术一样。

（4）田间管理。

①间苗、定苗：同种良种繁育技术中间苗和定苗技术一样。

②中耕除草：种子直播的结合定苗进行第一次中耕除草，幼苗细小，宜浅锄，勿伤根及叶片。移栽和分株与繁殖良种繁育技术中的中耕除草一样。

③合理施肥：

原则　以基肥为主，追肥为辅；以农家肥为主，化学肥料为辅。沼肥可以施用，沼渣可作基肥，沼液可作追肥。禁止施用城市生活垃圾、工业垃圾及医院垃圾和粪便。

时间与方法　苗床地每公倾施腐熟有机肥 15～30 吨作基肥，撒施；种子直播和移栽与良种繁育技术中的施肥时间和方法一样。只是施肥后应覆土，以促进根部膨大长粗壮。

④及时打苔：在植株抽苔开花之前，除需要留种的植株外，其余的应及时打苔，减少养分消耗，促进根的生长，加之结籽后老根木质化，不能用药。

（5）病虫害防治。

①主要病虫害：经过试验、示范，续断的主要病虫害有根腐病、蚜虫、红蜘蛛、小地老虎等。

②防治的基本原则："以预防为主，防治结合"按照病虫害发生的规律，以农业防治为基础，结合物理及生物防治技术措施进行综合防治，在必须使用化学防治时，使用的农药应达到（GB 4285—1989）《农药安全使用标准》和《农药管理条例》的规定，以降低农药残留和重金属污染。确保续断质量和良好生态环境。

③防治技术：

根腐病　患病植株根中下部出现黄褐色的锈斑，以后逐渐干枯萎腐烂，植株死亡。防治方法：农业防治，选择气候凉爽、土壤透气透水性好地块，在续断生长过程中要加强排水。化学防治，发病初期选用50%退菌灵500倍液灌根。

蚜虫　为害幼嫩叶、花茎。防治方法：农业防治，铲除种植地周围的杂草，清洁田园，减少虫源。化学防治，可用40%乐果乳油1 000倍液喷雾。

红蜘蛛　附在叶背吸食时汁，轻者红叶，重者落叶，叶呈火烧状。防治方法：

农业防治：一是每年入冬后，要及时清理杂草，保持田间清洁。减少虫源，二是施用的农家肥需先腐熟，后施用，减少病源菌的传播，同时，减少病虫的发生。化学防治：选用0.2～0.3波美度石硫合剂喷雾。

小地老虎、黄地老虎、蝼蛄等　这些地下害虫，咬断幼苗根茎。防治方法，人工捕捉幼虫；灯光诱捕成虫；毒饵诱杀害虫。

（6）采收和初加工。

①采收：适时采收 续断是多年生草本植物，种植3年后才能采收，宜在秋季霜冻前进行，此时根部长得状实，营养成分积累多，品质佳，选择晴天采收，在上午露水消失后进行。先割去地上茎叶，把全根挖起，除去泥土、芦头、细根，不要压破，采收过程中要防止杂草及有毒物质的混入。

②初加工：方法是用水冲洗干净，剔除破损、腐烂变质的部分。将冲洗干净的续断根，烘或晒至半干时，集中堆放，用麻袋或草盖上，发酵变软（发汗），至内部变绿色时，再烘或晒到全干，撞去须根即可。

③包装、贮藏：一般用编织袋包装，每袋30～40千克，置阴凉干燥处，防虫蛀、霉变。

7. 质量标准

（1）外观性状。本品呈园柱形，略扁，有的微弯曲，长5～15厘米，直径0.5～2厘米。表面灰褐色或黄褐色，有稍扭曲或明显扭曲的纵皱及沟纹，可见横裂的皮孔样斑痕。质软，久置后变硬，易折断，断面不平坦，皮部墨绿色或棕色，外缘褐色或淡褐色，木部黄褐色，导管束呈放射状排列。气微香，味苦、微甜而后涩。

（2）内在质量。按《中国药典》（2010年版一部）和《药用植物及制剂进出口绿色行业标准》及有关标准执行，续断水份不得超过10%，总的灰分不得超过12.0%，浸出物不得少于45%。

重金属总量≤20.0毫克/千克；铅（Pb）≤5.0毫克/千克；镉（Cd）≤0.3毫克/千克；

汞（Hg）≤0.2 毫克/千克；铜（Cu）≤20.0 毫克/千克；砷（As）≤2.0 毫克/千克；六六六（BHC）≤0.1 毫克/千克；DDT≤0.1 毫克/千克；五氯硝基苯（PCNB）≤0.1 毫克/千克。

（3）检测。

①含量测定：按《中国药典》2010 年第版一部附录Ⅵ D 测定，按干燥品计算，含川续断皂苷（$C_{47}H_{76}O_{18}$）不得少于 2.00%。

②浸出物：按《中国药典》2010 年第版一部附录Ⅹ A 测定，不得少于 45%。

③杂质：按《中国药典》2005 年第版一部附录Ⅸ K 总灰分测定法检测，总灰分不得过 12%。酸不容性灰分不得过 3.5%。

④水分：按《中国药典》2010 年第版一部附录Ⅸ H 第一法测定，水分含量不得过 10.0%。

⑤农药残留及重金属：按《中国药典》2010 年第版一部附录Ⅸ Q 有机农氯类农药残留量测定法及附录Ⅸ E 重金属检查法检测，均不得超过内在质标准。

二、瓜蒌规范化种植技术

瓜蒌原科植物为葫芦科栝楼［Trichosanthes. Kirilouii. Maxim］或双边栝楼［Trichosanthes.］，别名；杜瓜、药瓜等，属多年生草质藤本。以果实（瓜蒌）、果皮（瓜蒌皮）、种子（瓜蒌子）、根（天花粉）入药。是常用中药，其药用历史悠久，始载于《神农本草经》。现代科学研究表明，可用于治疗急性支气管炎、胸膜炎等，现已证实，对多种癌症如肺癌、胃癌等有确切疗效，需求量大，为调整产业结构，实现资源的可持续利用，通过多点试验、示范研究，总结出规范化种植技术。

1. 引用标准

（1）《中华人民共和国药典》2005 年版。

（2）《中药材生产质量管理规范（试行）》（2002.3，简称 GAP）。

（3）《环境空气质量标准》二级标准（GB 3095—1996）。

（4）《大气污染物最高允许浓度标准》（GB 9137—1988）。

（5）《土壤环境质量标准》二级标准（GB 15618—1995）。

（6）《农田灌溉水质标准》（GB 5084—1992）。

（7）《国家地面水环境质量标准》（GB 3838—1988）。

（8）《农药安全使用标准》（GB 4285—1989）。

（9）《农药管理条例》（国务院 2001 年第 326 号令）。

（10）《药用植物及制剂进出口绿色行业标准》2001。

（11）《加工用水标准确》（GB 5749—1985）。

2. 种植地的选择

（1）地点。根据 GAP 的要求，瓜蒌种植选择有野生瓜蒌生长区域的息烽县青山乡青山村和小寨坝镇南中村。海拔在 1 000～1 300 米，无霜期 275 天，年降水量 1 100 毫米。为了便于搭架和进行正常的农事操作，选择缓坡或梯土，附近无污染源，距公路 50 米以上。大气环境应达到国家 GB 3095—1996《环境空气质量标准》的二级标准和 GB 9137—88《大气污染物最高允许浓度标准》。

（2）土壤。选择半阴半阳、土层深厚、疏松肥沃、排水良好的沙质壤土，同时，土壤环境重金含量和农药残留限量应符合国家 GB 15618—1995《土壤环境质量标准》中的二级标准。

（3）灌溉水。瓜蒌种植区域有方便的灌溉水源，同时水源质量应达国家 GB 5084—1992）《农田灌溉水质标准》标准。

3. 技术措施

（1）整地。在霜冻来临前深翻土地，有利于冬季低温冻死部份害虫、病菌及有害微生物等，于移栽前一周清除选好地块内杂草及其它杂物，整细土地、顺坡开厢，厢宽1.2 米，长度因地而异，厢与厢之间的沟宽为 50 厘米，沟深 30 厘米。

（2）栽植。

①种根的标准：选择健壮、无损伤、生活力强、断面为白色新鲜且无检病虫害的种根。

②栽植：3 月下旬至 4 月下旬，在已整好的厢面按株距 2 米，挖穴深 20 厘米，每穴平放种根 1 段，芽眼向上，覆土后轻轻镇压，浇上水即可。

瓜蒌为雌雄异株受粉，雄株只能种于厢面侧面，与雌株分开，每 20 株雌株配 1 株雄株。

（3）搭架。移栽完后，按纵横 3 米进行栽桩，桩长 2.5 米，桩洞深不低于 50 厘米，埋好桩柱后，顺向和横向用 14 号铁丝通过桩柱各拉一趟，且固定在每根桩柱上，再从两桩柱中间拉铁丝固定，然后上网（塑料网），网在桩顶与铁丝固定。

4. 田间管理

（1）幼苗管理。瓜蒌每穴种的是一段苗，每一段上有多处芽眼，会有多根苗出土。当幼苗陆续出土时。每穴选壮苗 1~2 株，其他幼苗用剪刀（用 75% 的酒精消毒，下同）剪去，只保留壮苗的生长。每天进行田间巡视，同时，观察壮苗的长势和病虫害的发生。

（2）修枝打杈。当苗长到 30 厘米时，拉引苗绳，引苗上架。保持苗在引苗绳上健康伸长。在上架前，选留壮蔓 1 条，其余的茎蔓全部剪掉。上架的茎蔓要停止打侧枝，当苗茎蔓在架子上长到 1 米长时，要摘去顶芽，促进多生侧枝。上架的茎蔓要及时整理，使其在网架上分部均匀，有利于通风透光，有利于光合作用和通风受粉，提高挂果率，减少病虫害的发生。

（3）中耕除草。移栽当年 6 月中旬和 8 月中旬中耕除草，第二年后在每年 3 月和 8 月中耕除草，在瓜蒌的整个生育期中，视杂草生长情况，适时除草，在茎蔓未上架前，应浅松土，上架后可以深些。注意勿伤茎蔓。

（4）合理施肥。

①原则：以基肥为主，追肥为辅；以农家肥为主，化学肥料为辅。沼肥可以施用，沼渣可作基肥，沼液可作追肥。禁止施用城市生活垃圾、工业垃圾及医院垃圾和粪便。

②时间与方法：移栽时，施腐熟农家肥（30 吨/公顷）、复合肥（N_2：P_2O_5：K_2O 为 15：15：15，300 千克/公顷）作基肥，窝施，覆土 15 厘米；6 月中旬结合第一次中

耕除草，培土上厢，进行追肥，腐熟农家肥（30 吨/公顷）、复合肥（N_2：P_2O_5：K_2O 为 15：15：15）50 千克窝施（30 千克/公顷）；8 月中旬结合第二次中耕除草、上厢，进行追肥，每亩施腐熟厩肥（15 吨/公顷），饼肥（30 吨/公顷）（450 千克/公顷）、钾肥（120 千克/公顷）、过磷酸钙（300 千克/公顷），于植株旁开沟施入，覆土盖肥，浇水。

5. 病虫害防治

（1）主要病虫害。经试验、示范，未发现对瓜蒌有严重的危害的病害，栽培时主要以防治虫害为主。主要的病虫害有根结线虫病、黄守瓜、瓜蒌透翅蛾、瓜蚜。

（2）综合防治策略。在中药材的栽培过程中，根据国家中药材 GAP 生产要求，以生产符合 GAP 要求的优质的中药材产品为中心，对主要病虫害的防治以植物检疫为前提，以农业防治为基础，结合物理及生物防治技术措施进行综合防治，在必须使用化学防治时，使用的农药应达到（GB 4285—1989）《农药安全使用标准》和《农药管理条例》的规定，采用最小有效剂量并选择高效、低毒、低残留的农药品种，以降低农药残留和重金属污染。并严格掌握用药量和用药时间，最大限里地把农药的污染控制在国家标准范围内，确保瓜蒌质量和良好生态环境。

（3）综合防治技术。

①加强植物检疫：对调进、调出的瓜蒌种子和种苗要严格进行检疫，对不合格的种子、种苗采取销毁的措施来堵住病虫传播的源头，防止危害性病、虫的传入和传出。

②农业防治：运用一系列的农业栽培技术和管理上的措施，创造一个有利于瓜蒌生长发育而不利于病虫害繁殖和生长发育的环境，直接和间接地控制病虫害的发生和危害，主要措施如下。

深翻土地 移栽头一年的霜冻来临前深翻土地，使土壤中越冬的病、虫（卵、蛹）经过冬季低温，被冻死，从而减少病虫源，达到防病治虫的目的。

选用壮苗 因瓜蒌是雌雄异株，以种子繁殖不易控制雌雄株，多用分根繁殖和压条繁殖，移栽时选用键状、无病虫害、无损伤的壮苗，达到预防病虫害的发生的目的。

做好田间管理 一是消灭杂草。瓜蒌有种植一年，多年授受益的特点，一般 5 年后需重新栽植，杂草不但影响瓜蒌的正常生长发育，同时，也是各种病虫害繁殖、寄生和传播的主要途径，所以消灭杂草是减少病虫发生的重要的田间管理措施，每年摘完瓜蒌后，要及时清理杂草，保持田间清洁。二是施用的农家肥需先腐熟，后施用，减少病源菌的传播，同时，减少病虫的发生。

③物理防治：根据害虫的趋光性，5 月下旬至 10 月，在瓜蒌田间安装佳能频振式杀光虫灯，来诱杀光黄守瓜、瓜蒌透翅蛾、瓜蚜等害虫的成虫。

这不仅可以无害化消灭害虫，同时，可以预测害虫的发生趋势。

④生物防治：做好宣传保护工作，保护生态，利用鸟类天敌资源来控制或减轻病虫害的发生。

⑤化学防治：

根结线虫病 寄生在瓜蒌块根，使根呈形状不一的肿瘤。防治方法：可用5%克线磷颗粒剂（150 千克/公顷）撒在畦面，浅层翻入地下浇水。春、夏季各施 1 次，也可在播种或移栽之前整地时，用 2.5% 三唑磷颗粒（150 千克/公顷）翻入地下 20 厘米旱作防治。

黄守瓜　幼虫还可蛀入主根。成虫 5 月出现，为害叶片。防治方法：幼虫期可用高氯菊酯 2 000 倍液灌根。成虫用用吡虫啉 2 000～3 000 倍液喷施。

瓜蚜　又名棉蚜，为害幼嫩心叶。防治方法：用吡虫啉 2 000～3 000 倍液喷施。

6. 越冬管理

摘完瓜蒌后，将离地约 30 厘米以上的茎剪下来，将留下的茎段盘在地上。然后将株间土刨起，堆积在瓜蒌上，形成 30 厘米左右高的土堆，防冻。

7. 采收、产地初加工与贮藏

（1）采收。

①果实采收：用组培苗栽植的当年就挂果，一般在 11 月上旬果实先后成熟，待果皮有白粉、并变成浅黄色时开始采收，瓜蒌和其它品种不同，果子不一次性成熟悉，是陆续成熟，成熟一个就采收一果。将选择晴天采收。采收时工人带上手套，用剪刀从果柄处剪下成熟的果子，轻放在无污染的袋子里，运往加工场地。

②根的采挖：栽植 3 年后，待瓜蒌果实采收结续后即可采挖，最长不得超过 6 年，否则，是筋多粉少，质量下降。采挖时应仔细、小心，以免伤根。

（2）产地初加工。用剪刀将果实从果蒂处剖开成两半，取出内瓤和种子后晒干，即成瓜蒌皮。内瓤和种子用手反复搓揉，并在水中淘净瓤，捞出种子晒干，即得瓜蒌子。产地加工用水应达到 GB 5749—1985《加工用水标准》；瓜蒌皮用无污染器具去装，并及时烘干或晒干，防止霉变；将采挖的鲜根去泥土和芦头洗净，刮去皮，切成 10～15 厘米的短节或纵剖开，晒干或烘干后，即成天花粉。

（3）贮藏。将瓜蒌、瓜蒌皮、瓜蒌子、天花粉分别用无污染的袋或筐装好，置阴凉通风干燥处，防潮、霉变、虫蛀。

8. 质量标准

（1）外观性状。

①瓜蒌子和炒瓜蒌子：本品呈扁平椭圆形，长 12～15 毫米，宽 6～10 毫米，厚度约 1.5 毫米。表面浅棕色至棕褐色，平滑，种皮坚硬，内有种皮膜质，灰绿色。

②蒌瓜皮：本品常切成 2 至数瓣，边缘向内卷曲，长 6～12 厘米，外面橙黄色，皱缩，有的有残存的果梗；内表面黄白色。质较脆，易折断。

③天花粉：本品呈不规则的园柱形、纺锤形或瓣块状，和 8～16 厘米，直径 1.5～5.5 厘米。表面黄白色或淡综色，有纵皱纹，有的有黄棕色外皮残留，质坚实，断面白色或淡黄色，富粉性，黄切面可见黄色木质部，略呈放射状排列，纵切面可见黄色条纹状木质部。

（2）内在质量。按《中国药典》（2005 年版）和《药用植物及制剂进出口绿色行业标准》及有关标准执行，瓜蒌子的水份不得超过 10%，总的灰分不得起过 3.3%。

重金属总量≤20.0 毫克/千克；铅（Pb）≤5.0 毫克/千克；镉（Cd）≤0.3 毫克/千克；汞（Hg）≤0.2 毫克/千克；铜（Cu）≤20.0 毫克/千克；砷（As）≤2.0 毫克/千克；

六六六（BHC）≤0.1 毫克/千克；DDT≤0.1 毫克/千克；五氯硝基苯（PCNB）≤0.1 毫克/千克。

（3）检测

①浸出物：按《中国药典》2005 年版一部附录 X A 测定瓜蒌子，不得少于 4.0%。

②杂质：按《中国药典》2005 年版一部附录 IX K 总灰分测定法检测续瓜蒌子，总灰分≤3.0%。

③水分：按《中国药典》2005 年第一版一部附录 IX H 第一法测定瓜蒌子，水分含量≤10.0%。

④农药残留及重金属：按《中国药典》2005 年第一版一部附录 IX Q 有机农氯类农药残留量测定法及附录 IX E 重金属检查法检测，农药残留和重金属应符合中华人民共和国外经贸合作部《药用植物及制剂进出口绿色行业标准》要求。

三、药用金银花栽培技术

金银花为多年生常绿藤本植物，具有多种药用价值。栽培药用金银花，要做好以下几点。

（1）选好品种。要求枝条粗壮、开花次多、质优、产量高。如鸡爪花和大毛花。

（2）择土建园。选择地面开阔、土层疏松、排灌方便、富含腐殖质的沙质壤土地块。也可利用房前屋后、沟边、池塘边等零星地块，进行深翻改土，亩施农家肥 2 500 千克，整成 1.2 米宽的地畦。

（3）培育壮苗。在早春萌芽前选择 1~4 个芽的插条，去除下端叶片，随剪随插于备好的苗床上，遮阴浇水，干旱季节早晚各喷一次水，白天视土壤情况酌情浇水，插条生根长叶后逐渐揭去遮阳物，每隔半月浇一次 1%~2% 的稀释有机化肥。随着幼苗的长大，加大肥料浓度，半年后即可移植于大田。

（4）科学管理施肥。在早春植物发芽前或初冬寒潮前进行。在植株旁开条沟或环状沟，每株施腐熟有机肥 10 千克、硫酸铵 0.1 千克、过磷酸钙 0.1 千克。5~6 月追施腐熟稀薄有机肥水 2~3 次，加速幼苗生长。成年植株在每茬花的花芽分化期还用 0.5%~1% 的磷酸二氢钾喷施叶面。

（5）采收及加工。当花朵基部呈现青绿色，顶部乳白色，含苞待放，色泽鲜艳时，为采花最佳时期。选择晴天露水未干时采撷，轻采轻放，不要用手压。为保证花的药用品质性能，当天采下的花朵要及时干燥，晴天时将花均匀薄摊于晒席上，让太阳自然晒干，阴雨天则加热烘干。

第五节　牧草栽培技术

一、黔金荞麦1号繁殖技术与利用

（一）品种特性

黔金荞麦 1 号是贵州省畜牧兽医研究所于 2012 年育成的省级新品种，品种登记号：

黔审草2012001号。属多年生草本植物，株高100～150厘米。直根系、块状根茎；分枝方式为根茎丛生。直立茎、茎粗0.5～0.8厘米、中空、无毛。单叶互生、叶片三角形、长与宽近似相等为6～11厘米；叶鞘膜质。圆锥花序顶生或腋生，花被白色、5裂；雄蕊8枚、花柱3裂。瘦果三棱形、长5毫米，千粒重45～50克。全年生育期190～210天、生长速度快、再生能力强、种子成熟一致。耐热性特强、抗病虫害力强。

（二）黔金荞麦1号根、茎叶和种子营养

（1）金荞麦的籽粒。金荞麦的籽粒营养成分含量丰富而全面，金荞麦籽粒蛋白质含量为17.2%，粗脂肪3.40%、灰分2.06%、氨基酸含量较高。另还含有铜、锌、硒和生物类黄酮，其籽粒为具有前途的绿色食品。其金荞麦食品、金荞麦饮料等系列保健品的开发将具备广阔的市场前景。

（2）茎叶。金荞麦干物质中含有较高的粗蛋白、钙和磷和丰富的氨基酸，而粗纤维、中性及酸性洗涤纤维的含量较低，利于猪的生长和消化吸收。用金荞麦代替部分精料饲养猪可提高猪的屠宰率1.3%、瘦肉率2.7%、熟肉率2.3%并降低24%膘厚；同时可降低滴水损失、增加肌内脂肪含量和系水力及肉的嫩度，并能提高猪肉中粗蛋白、灰分和磷的含量，从而大大提高肉品风味和品质。另外，金荞麦喂猪可降低排泄物中有机质、氮和磷等对环境的污染，为一种的优质饲草资源。金荞麦作为草料同样适用于饲喂鸡、牛、鹅等畜禽。

（3）金荞麦块根。金荞麦块根中粗蛋白含量为6.38%、钙为0.72%、磷为0.18%、铁为1 123.11毫克/千克、钾为139.14毫克/千克、镁为76.67毫克/千克、锰为78.49毫克/千克、锌为17.67毫克/千克。金荞麦根茎中分离得到双聚原矢车菊甙元（Dimeric Procyanidin，结构为5，7，3′，4′－四羟基黄烷－3－醇的C_4－C_8双聚体）、海柯皂甙元（Hecogenin）和β－谷甾醇3种化合物。金荞麦根、茎、叶花各部位提取液，对鸡源金黄色葡萄球菌，白痢沙门氏菌，巴氏杆菌，猪丹毒杆菌及鸡马立克火鸡疱疹病毒均有较好的抑制作用。利用金荞麦块根制成添加剂（配方为金荞麦：地榆：萹蓄：乌药为3：2：1：1）添加量1.5%，有效降低仔猪直肠粪便中的大肠杆菌和沙门氏杆菌数量能力。

（三）繁殖方式

金荞麦可用种子、扦插和根茎进行栽培，繁殖方式多样且成活率高。

（1）种子繁殖。金荞麦播种时间最好在春季，播种量为500克/亩、株行距（40×50）厘米，播种时覆土0.5厘米、保持土壤湿润，12天出苗。

（2）扦插繁殖。地表温度在10℃以上均可进行扦插。剪取金荞麦顶端、具节2～3个的枝条，用经消毒的细土作苗床，株行距9厘米×11厘米，扦插20～30天生根，30天可进行移栽，移栽的株行距（40×50）厘米，保持土壤湿润。

（3）根茎繁殖。地表温度在10度以上，均可挖取金荞麦地下根茎，切块时选留根茎幼嫩部分或留有芽孢2～3个，切块后放置于阴凉处，通风数小时，以促进其愈合，或用40%多菌灵可湿性粉剂800倍液浸泡15分钟晾干后播种，用种量80～100千克/亩。窝深10～12厘米、芽嘴向上，种植根茎的株行距（40×50）厘米，保持土壤湿润，17天后出苗。

（四）利用

1. 金荞麦的青贮试验

将初花期金荞麦切短进行田间萎蔫使其水分含量降低，并与玉米粉和稻草秸秆以3种比例进行金荞麦青贮：金荞麦占30%、玉米粉占40%、稻草秸秆比例占30%进行的混合青贮，其青贮料中具有适宜的水分含量、青贮饲料pH值值在4.2~4.7，具有轻微的酸味和水果香味、青贮后为黄绿色且茎叶部分保持原状，且粗蛋白质损失较小，为品质较好的青贮饲料。

2. 饲喂猪方案

以3个阶段用金荞麦青料从10%到14%代替部分配合饲料进行饲养。根据饲养试验统计，试验期内试验组平均日饲用精料量为1.85千克/头、青料为2.05千克/头；对照组平均日饲用精料量为2.14千克/头。整个试验内试验组总的精料量为222千克/头、青料为275千克/头；对照组总的精料量为257千克/只，试验组料肉比为2.76∶1、对照组为2.94∶1，因而，用金荞麦饲喂猪可减少精料用量为35千克/头（表1-12）。

表1-12　饲养猪试验设计

时期	猪个体体重（千克）	日采食量（千克）	对照组	试验组	
			精料	精料比例（%）	青料比例（按干物质计算）（%）
第一阶段	20~50	1.0~1.5	100%	90%	10%
第二阶段	50~70	1.5~2.2	100%	88%	12%
第三阶段	70~100	2.2~2.8	100%	86%	14%

3. 金荞麦添加剂抑菌作用

利用金荞麦块根制成添加剂对仔猪进行抑制和增强免疫能力的试验研究，结果表明添加量1.5%有效降低仔猪直肠粪便中的大肠杆菌和沙门氏杆菌数量能力。

（五）黔金荞麦1号种子生产技术规程

1. 种植区域和种子地选择

适宜种子生产区域在海拔800~1 700米地区种植。种子地选择地势平坦、土壤肥力中等且均匀、前茬作物一致、无严重土传病害、具有良好排灌条件的地块。自然隔离屏障或与其他金荞麦地间隔距离不低于500米。

2. 栽培技术

（1）整地与基肥施用。清除杂草后，翻耕深度20~25厘米，耙平耙细，5~6米开厢；施磷酸二铵200~225千克/公顷、硫酸钾210~270千克/公顷、厩肥22 500~30 000千克/公顷作基肥。

（2）种子要求。使用原种，种子纯度≥95%、净度≥90%，发芽率≥85%。

（3）种子处理。播前对原种进行晒种，并采用多菌灵等杀菌剂700~800倍液浸种。

（4）播种时间和播种量。春播在4月底至5月初，秋播在8月底至9月初，最佳播种时间在春播；播种量为15～22.5千克/公顷。

（5）播种方式。

①直播：

播种　穴播，株行距（60×70）厘米，每穴5～6粒种子，播种深度1.5～2厘米，播种时覆土0.5厘米，在此范围内沙性土壤的播种深度稍深，黏性土壤的播种深度稍浅。

苗期管理　及时查苗补缺、除杂草，幼苗长到2～3片真叶时进行间苗，每窝留壮苗2株，浅耕除草，施用清粪水15 000～18 000千克/公顷，或施尿素45～60千克/公顷促苗；在4～5片真叶时定苗，每穴定苗1株，以磷、钾肥为主，追施过磷酸钙225～300千克/公顷，硫酸钾90～120千克/公顷。促苗。

②育苗移栽：

苗床准备　清除杂草后，翻耕深度15～20厘米，耙平耙细，1.5米开厢；沟宽0.5米。撒施腐熟有机肥10 000～12 000千克/公顷，过磷酸钙225千克/公顷作基肥。

播种　均匀撒播，播后用细土或草木灰土覆土0.5厘米，再用稻草或玉米等秸秆覆盖；浇水保持苗床土壤湿润，待种子发芽、子叶伸出未展开时揭去覆盖物。

苗床上管理　及时防除杂草，幼苗长到2～3片真叶时进行间苗，防除弱苗，苗间距5厘米，疏苗后追肥，施用清粪水15 000～18 000千克/公顷或施尿素45～60千克/公顷促苗。

移栽　5～7片真叶时移栽。起苗最好带土移栽，栽后浇定根水。及时查窝补缺。

（6）大田管理。

①中耕除草：根据杂草发生情况，及时进行人工中耕除草，也可根据杂草特性，选择适宜的化学除草剂除草。

②追肥：现蕾期追施磷、钾肥，追施过磷酸钙225～300千克/公顷，硫酸钾90～120千克/公顷。

灌溉与排涝。根据天气和土壤水分含量，适时适量浇水，浇水原则为少浇深浇，保证均匀灌溉。遇雨水过量时及时排涝。

③人工辅助授粉：盛花期间一天中大量开花时，用人工或机具于田地的两侧，拉一绳索或线网从草丛上部掠过，往返几次。一般人工辅助受粉1～2次，间隔时间3～4天。

④病虫害防治：

病虫害防治　无主要病害。在早春需防治蚜虫，防治方法为在发生期使用霹蚜雾或40%乐果乳剂等药剂防治，其药剂使用量、方法等按农药安全使用标准GB 4285—1990的要求执行。

鼠害防治　鼠害防治按照DB13/T 684—2005要求执行。

3. 种子收获

（1）收获时间。种子含水量45%以下且全株籽粒有2/3呈现黑褐色时即可收获。

（2）收获方法。选择无露水、晴朗天气，采用人工或机械收获，及时脱粒。

（3）干燥处理。通过人工、机械等方法进行干燥，收获后及时晾晒或干燥处理，含水量达到14%以下。

4. 种子清选、包装和贮藏

（1）种子清选。用风筛清选或机械清选，种子按 GB/T 2930 和 GB 6142 的要求执行。

（2）登证造册。包括品种名称、种质来源、种植年限、种植地块、收获时间、纯净度、发芽率、含水量、种子等级，登证者签名。

（3）种子包装。种子包装按照 GB/T 7414 要求执行。贴上标签，其标签按照 GB 20464 要求执行。

（4）种子贮藏。种子贮藏库要求防水、防鼠、防虫、防火、干燥、通风。贮藏按 GB/T 24866 牧草及草坪草种子贮藏规范要求执行。

5. 生产条件

（1）海拔。适宜在海拔 800～1 800 米的地区种植。

（2）温度。黔金荞麦1号适宜萌芽温度为 12～25℃，温度低于5℃停止生长，冬季地上部分枯黄，地下部分可以安全越冬，来年春季返青。

（3）水分。年降水量 800～1 300 毫米的地区均可种植。

（4）土壤条件。黔金荞麦1号对土壤条件要求不严，能适应各种类型的土壤，具有广泛的适应性。在湿润和排水良好的土壤上生长较好。

6. 种植

（1）整地与基肥施用。清除杂草后，翻耕深度 20～25 厘米，耙平耙细，5～6 米开厢；施磷酸二铵 200～225 千克/公顷、硫酸钾 210～270 千克/公顷、厩肥 22 500～30 000 千克/公顷作基肥。

（2）种子处理。播前对种子进行晒种，并采用多菌灵等杀菌剂 700～800 倍液浸种。

（3）播种时间和播种量。春播在4月底至5月初，秋播在8月底至9月中旬，最佳播种时间在春播；播种量为 15～30 千克/公顷。

（4）种植方式。种植方式有种子直播、根茎栽培和育苗移栽。可采用单播或间作。间作时间在黔金荞麦1号冬季休眠时期可间作多花黑麦草、黔南扁穗雀麦、燕麦等冷季型牧草，以保证饲草四季均衡供应。

①种子直播：穴播，株行距40 厘米×50 厘米，每穴 5～6 粒种子，播种深度 1.5～2 厘米，播种时覆土 0.5 厘米，出苗后及时查苗补缺、防除杂草，幼苗长到 2～3 片真叶时进行间苗，每窝留壮苗2株，浅耕除草，施用清粪水 15 000～18 000 千克/公顷，或施尿素 45～60 千克/公顷促苗；在 4～5 片真叶时定苗，每穴定苗2株，以磷、钾肥为主，追施过磷酸钙 225～300 千克/公顷，硫酸钾 90～120 千克/公顷。

②根茎栽培：穴栽，株行距40 厘米×50 厘米，每穴 1～2 个种根茎。在春季萌发前，将根茎挖出，选取健康根茎留芽 2～3 个切成小段，用 40% 多菌灵可湿性粉剂 800 倍液浸泡15 分钟后栽种。返青后及时查苗补缺、中耕除草，追施尿素 120～150 千克/公顷，硫酸钾 90～120 千克/公顷。

③育苗移栽:

苗床准备 清除杂草后,翻耕深度 15～20 厘米,耙平耙细,1.5 米开厢;沟宽 0.5 米。撒施腐熟有机肥 1 000～12 000 千克/公顷。

播种移栽 均匀撒播,播后用细土或草木灰土覆土 0.5 厘米,再用稻草或玉米等秸秆覆盖;浇水保持苗床土壤湿润,待种子发芽、子叶伸出未展开时揭去覆盖物。及时防除杂草,幼苗长到 2～3 片真叶时进行间苗,拔除弱苗,苗间距 5 厘米,疏苗后追肥,施用清粪水 15 000～18 000 千克/公顷或施尿素 45～60 千克/公顷促苗。5～7 片真叶时起苗移栽,栽后浇定根水。及时查苗补缺。

扦插移栽 春季剪取健康植株顶端 2～3 个节的枝条,按株行距 5 厘米×5 厘米扦插在苗床上,再用稻草或玉米等秸秆覆盖;浇水保持苗床土壤湿润,待生根后有新芽长出时揭去覆盖物。及时防除杂草,80% 扦插苗新芽长出 3～4 片真叶时施用清粪水 15 000～18 000 千克/公顷或施尿素 45～60 千克/公顷提苗。5～7 片真叶时起苗移栽,栽后浇定根水。及时查苗补缺。

④间作:8 月底至 9 月中旬刈割黔金荞麦 1 号牧草后,在行距上开沟施基肥,可选用过磷酸钙 375～600 千克/公顷、有机肥 15 000～20 000 千克/公顷或其他肥料作基肥,播种多花黑麦草、黔南扁穗雀麦、燕麦等冷季型牧草,播深 1～2 厘米,播后覆土。分蘖期适当追施提苗肥,株高达 40～50 厘米时刈割利用。

(5)大田管理。

①中耕除草:根据杂草发生情况,及时进行人工中耕除草,也可根据杂草特性,选择适宜的化学除草剂除草。

②肥料管理:在苗高 40～50 厘米时或刈割后利用后追施尿素 75～120 千克/公顷。结合冬前管理,每亩沟施有机肥 45 000～75 000 千克/公顷、过磷酸钙 220～300 千克/公顷。

③灌溉与排涝:根据天气和土壤水分含量,适时适量浇水,浇水原则为少浇深浇,保证均匀灌溉。遇雨水过量应及时排涝。

④病虫害防治:无主要病害,有少量蚜虫发生,发生时可刈割利用,防治蚜虫。

⑤冬前管理:越冬前中耕 1 次,每亩沟施有机肥 45 000～75 000 千克/公顷、过磷酸钙 225～300 千克/公顷。

7. 刈割利用

当株高 50～70 厘米刈割利用为宜,留茬 7～10 厘米,入冬前停止利用。饲喂猪、鹅、兔可直接饲喂,不用打浆或切碎;饲喂牛、羊、鸡时需切碎与饲料或其他牧草混合饲喂。各种畜禽的日喂量分别为:猪日喂量为 4～8 千克,鸡为 0.2～0.5 千克,鹅为 0.5～1.0 千克,兔为 0.2～0.4 千克,牛为 10～15 千克,羊为 4～8 千克。

8. 草产品加工

黔金荞麦 1 号草产品的加工调制包括青干草和青贮饲料等,调制时期以初花期为宜,留茬高度 7～10 厘米;块状根茎以秋季收获为宜。

(1)青贮饲料。

①切碎、装填和压实:将刈割的青草晾晒,当含水量降到 60%～75% 时,将其切

碎（切碎长度为 2 ~ 3 厘米）及时装填压实。黔金荞麦 1 号单宁含量较高，青贮时按黔金荞麦 1 号 30%、玉米 40%、黔南扁穗雀麦 30% 或稻草秸秆 30% 混合青贮。

②密封和管理：原料装填完毕，立即密封和覆盖。即四周与窖口平齐后，中间高出窖口宽的 1/3 时，覆盖塑料薄膜，再覆上 30 ~ 50 厘米厚泥土，踏成馒头形。

③开窖取料：应在青贮 35 ~ 40 天后取用，随取随用，取后盖好封口。

④饲喂前检查：饲喂前定期检查青贮料的品质，品质良好的青贮料气味芳香、颜色呈绿色、淡褐色，pH 值在 4.2 以下。具有轻微的酸味和水果香味、青贮后为黄绿色且茎叶部分保持原状；禁止使用霉烂、腐败发臭、颜色发黑或有霉烂红斑的青贮料饲喂家畜。

（2）干草。

①自然干燥：刈割后摊晒均匀，及时翻晒通风，加快干燥速度。当含水量低于 18% 时打捆堆垛贮藏。

②高温快速烘干干燥：常用以下两种方法：一种是在牧草收割的同时，按饲喂家畜和烘干机组的要求，切成 3 ~ 5 厘米长的碎草，随即用烘干机迅速脱水，使牧草水分含量降至 12%，即可贮藏；另一种是将刈割后的青草在天气晴朗时就地晾晒 3 ~ 4 小时，可使牧草的含水量由 80% ~ 85% 降至 65% 左右。将经过初步晾晒的牧草切碎，送入烘干机中脱水，使牧草的含水量迅速下降至 12%。

③贮藏：用露天堆垛或草棚堆藏贮藏。堆垛时，中间必须尽力踏实，四周边缘要整齐，中央比四周要高，搭上防雨布。气候湿润或条件较好的牧场，建造简易的干燥草棚，可大大减少青干草的营养损失

④青干草的品质：优质青干草颜色青绿、气味芳香，叶量丰富，茎秆质地柔软，含水量不超过 14%。

（3）草粉。将干燥后的干草切短（或干燥前切短）成 8 ~ 15 厘米长的草段进行保存或进行粉碎。

（4）草块、草饼。为了把碎干草加工成优质日粮，或作为商品便于长途运输，可在碎干草中添加其他饲料成分，加工成草块、草饼。

（5）块根粉。根状块茎收获时清除泥土、杂质和病、烂根茎，及时干燥后用粉碎机粉碎，装袋、打包、贮藏，应贮在 2 ~ 4℃ 低温、干燥、避光、通风良好、无鼠害的仓库中。50 千克各种畜禽饲料中添加的根粉量分别为：猪为 1 ~ 3 千克，鸡为 0.2 ~ 0.5 千克，鹅为 0.5 ~ 1.0 千克，兔为 0.2 ~ 0.4 千克，牛为 10 ~ 15 千克，羊为 4 ~ 8 千克。

二、常用牧草栽培技术

（一）白三叶

特性：白三叶又叫白车轴草，为豆科三叶草属多年生草本植物。主根短，侧根发达，集中分布于 15 厘米以内的土层中，多根瘤。主茎短，基部分枝多，茎匍匐，长 30 ~ 60 厘米，光滑细软，茎节着地生根，侵占性强。千粒重 0.5 ~ 0.7 克。根据叶片大小可分为大叶、中叶、小叶 3 种类型，大叶型品种叶片较大，草层高，长势好，但耐牧性稍差，生长期间需要水较多，产草量高；小叶型品种叶片较小，耐践踏，产草量低，

中叶型品种介于两者之间。白三叶喜湿润气候，生长最适宜的温度为 19～24℃。耐热和耐寒性较好，耐阴，在果园树荫下生长良好。对土壤要求不严格，耐瘠、耐酸。

栽培技术：白三叶种子细小，播种前需精细整地，清除杂草，每亩地施 1 500～2 000 千克有机肥作底肥，并接种三叶草根瘤菌。可春播或秋播，贵州省以秋播为宜，播期不晚于 10 月中旬。播种量每亩 0.25～0.5 千克。条播、撒播均可。条播行距 30 厘米，播种深度 1～1.5 厘米。白三叶最适宜与多年生黑麦草、鸭茅混播，以提高产草量，也有利于放牧利用。

白三叶苗期生长缓慢，应注意中耕除草，一旦草层建植后，白三叶的竞争能力很强，草地可维持经久不衰，供刈割或放牧利用。在混播草地禾本科草与白三叶比例以 2∶1，既可保持单位面积内干物质和蛋白质的最高产量，又可防止牛、羊过多采食白三叶引起臌胀病。初花期刈割利用，播种当年每亩产鲜草 1 000 千克，以后每年可刈割 3～4 次，每亩产鲜草 2 500～5 000 千克。种子成熟不一致，每亩产种子 15～30 千克。

利用：白三叶的茎叶细软，叶量丰富，无论是放牧还是刈割都是利用其叶片，因而粗蛋白质含量高，粗纤维含量低，在不同生育阶段其营养成分和利用价值都比较稳定。干物质消化率为 75%～80%，开花期干物质中含粗蛋白质 24.7%、粗脂肪 2.7%、粗纤维 12.5%、无浸出物 47.1%、粗灰分 13%，其中，钙 1.72%、磷 0.34%。各种家畜均喜食，是马、牛、羊、猪、禽、兔、鱼的优质饲草。耐践踏，再生性好。除作饲草外，白三叶还是良好的水土保持和城市及庭院绿化植物，亦可作绿肥。

（二）紫花苜蓿

紫花苜蓿喜温暖半干旱气候，日均温度 15～20℃最适生长，高温高湿对苜蓿生长不利。苜蓿抗寒、抗旱性强，对土壤要求不严格，沙土、黏土地均可生长，连续积水 1～2 天即大量死亡，因而要求排水良好，地下水位低于 1 米以下，喜中性或微碱性土壤。

整地：播前要求精细整地，并保持土壤墒情。在贫瘠土壤上需施入适量厩肥作底肥。酸性土壤每亩应施 20～40 千克石灰。

播种：春、秋播种均可。但秋季播种杂草危害较轻，一般秋播时间为 8 月下旬至 9 月上旬。播种方式有条播和撒播。条播行距 30～40 厘米，播深 2～3 厘米，每亩播量为 0.8 千克。散播法：每亩播种量在 2 千克左右。

田间管理：紫花苜蓿幼苗生长缓慢，易受杂草侵害，应及时除草，早春返青前后或刈割后进行中耕松土，有利于保墒和改善土壤通气性，促进苜蓿生长。在干旱季节，早春和每次刈割后浇水，对提高苜蓿产草量的效果非常显著。危害苜蓿的主要有蚜虫、蓟马、叶跳蝉、盲蝽象等，可用杀螟松、乐果、氰戊菊酯等喷雾防治。生长期间有时也发生锈病、褐斑病、霜霉病等，可用多菌灵、托布津等药剂防治。

收割：在贵州省每年可刈割 4～5 次，一般亩产鲜草 6 000～8 000 千克，高者可达 10 000 千克以上。通常 4 千克鲜草可晒制 1 千克干草。晒制干草应在初花期 10%植株开花刈割，刈割高度以距地 5 厘米为宜，最后一次刈割不能太迟，否则，影响苜蓿的安全越冬。

利用：紫花苜蓿具有很高的营养价值，粗蛋白质、维生素和无机盐含量丰富。蛋白质中氨基酸比较齐全，动物必需的氨基酸含量高。干物质中粗蛋白质含量为 15% ~ 25%，相当于豆饼的一半，比玉米高 1 ~ 1.5 倍。苜蓿适口性好，各种畜禽均喜采食，幼嫩的苜蓿饲喂猪、禽、兔和草食性鱼类是良好的蛋白质和维生素补充饲料，鲜草或青贮饲喂奶牛，可增加产奶量。无论是青饲、青贮或晒制干草，都是优质饲草，利用苜蓿调制干草粉，制成颗粒饲料或配制畜、禽、兔、鱼的全价配合饲料，均有很高的利用价值。

（三）多年生黑麦草

多年生黑麦草生长快，分蘖多，繁殖力强，茎叶柔嫩光滑，品质好，畜禽喜食，也是鱼用得好饲料；多年生黑麦草须根发达，根系较浅，主要分布于 15 厘米以内的土层中，茎秆直立光滑。株高 50 ~ 120 厘米，叶片柔软下披，叶背光滑而有光亮，深绿色，长 20 ~ 40 厘米。千粒重 1.5 克左右。多年生黑麦草喜温暖、湿润、排水良好的壤土或黏土生长。再生性强，耐刈割，耐放牧，抽穗前刈割或放牧能很快恢复生长。

整地：黑麦草种子细小，播种前需要精细整地，使土地平整，土块细碎，保持良好的土壤水分。应选择土质较肥沃，排灌方便的地方种植，整地时要施足基肥，每亩施粪厩肥 3 000 千克。

播种：多年生黑麦草可春播，亦可秋播，春播以 4 月中下旬为宜，秋播 9 月至 10 月中旬。每亩用种 1 ~ 1.5 千克，一般以条播为宜。行距 15 ~ 20 厘米，撒播也可以。复土 2 ~ 3 厘米或铺上一层厩肥。黑麦草或与苜蓿、三叶草等豆科牧草混播。

田间管理：每次刈割后都应追施入粪尿、牛猪粪尿，每亩 2 000 千克，或施尿素每亩 7.5 千克。黑麦草是需水较多的牧草，在分蘖期、拔节期、抽穗期以及每次刈割后均应及时灌溉，保证水分的供应，以提高黑麦草的产量。

收获：刈割，黑麦草刈割的适宜期一般以拔节前 0.7 米左右高时为好，留茬高度不应低于 5 厘米，齐地收割对再生不利，一般每年刈割 3 ~ 5 次，亩产鲜草 5 000 ~ 8 000 千克，高的可达 10 000 ~ 15 000 千克。留种时，以收割 1 ~ 2 次后为宜，否则植株高大易倒伏，成熟不一致影响种子饱满。

（四）一年生黑麦草（特高黑麦草）

播种方法：适宜播期为 8 月下旬至 9 月下旬，即水稻收获后翻耕播种。特高黑麦草的播种方法有 2 种，即免耕播种和翻耕播种。

翻耕播种：翻耕播种有 2 种形式，即条播和撒播。以条播最为理想，其方法是将田地翻犁耙细平整后，按幅宽 2 米左右起畦，以行距 20 ~ 30 厘米、播幅 5 厘米，按每亩 0.8 ~ 1 千克播种量，用细沙或钙镁磷肥拌匀进行播种，播后覆土 1 厘米并浇透水，以促进种子发芽和利于幼苗生长。条播或撒播都必须施足底肥，每亩施农家肥 1.5 吨以上或钙镁磷肥 40 千克为宜。

田间管理：特高黑麦草的特点是喜湿又怕水浸渍，因此，田间管理应紧紧围绕浇水、施肥这两个环节。播种前要施足基肥，在出苗后 3 叶期或分蘖期追施 5 ~ 10 千克/亩尿素或复合肥以壮苗。每次割草后追施 10 ~ 15 千克/亩尿素或复合肥，并在割草后 3 ~ 5 天进行，以免灼伤草茬、草尖，引起腐烂。追肥后要及时进行灌溉，田间有积水则要及时排出，以免发生烂根病。

刈割利用：播种 45~50 天后即可刈割，第一次割草时无论其长势好坏均必须刈割，留茬不能低于 3 厘米，以利分蘖。以后视牧草长势情况，每隔 20~30 天割草 1 次。如果用于喂牛、羊等草食动物，应长至拔节期收割，以提高可利用干物质量。由于特高多花黑麦草的水分含量较高，如发现畜禽有"拉稀"现象，可采取提前一天收割，摊开晾晒萎蔫后利用，即可避免。

（五）菊苣

特性：菊苣为菊科、多年生草本植物。利用期比普通牧草为长，在南方为 8 个月，是解决春初秋末和酷暑期青饲料的有效牧草。一次播种，可利用 8~10 年，若水肥条件较好，刈割适当，利用年限可更长。且菊苣抗病力较强，除在低洼易涝地区易发生烂根外，病害极少发生。

菊苣叶片长 30~46 厘米，宽 8~12 厘米，折断后有白色乳汁。喜温暖湿润气候，抗旱，耐寒性较强，喜肥喜水。植株达 50 厘米高时可刈割，留茬 5 厘米，一般每 30 天刈割一次，亩产鲜草 8 000~10 000 千克。干物质中含粗蛋白 15%~32%、粗脂肪 5%、粗纤维 13%、粗灰分 16%、无氮浸出物 30%、钙 1.5%、磷 0.42%，各种氨基酸及微量元素也较丰富。

整地施肥：因菊苣种子细小（千粒重为 0.96 克）所以，土壤在深耕基础上土表应细碎，平整，在耕翻土地的同时每亩施足厩肥 2 500~3 000 千克。

播种：菊苣播种时间不受季节限制，一般 4~10 月均可播种，以秋播为佳，在 5℃以上均可播种。

播种量：菊苣种子细小，播量一般为 0.4~0.5 千克/亩，播种深度为 1~2 厘米。

播种方法：采取撒播、条播或育苗移栽方式。若育苗移栽，一般在 3~4 片小叶时移栽，行株距为 15 厘米×15 厘米。播种时，种子用碎砂土拌匀加大体积进行，以保证种子均匀播种。播种后，浇水或适当灌溉，保持土壤一定湿度，一般 4~5 天出齐苗。

田间管理：

①除杂草：苗期生长速度慢，为预防杂草危害，可用除单子叶植物除草剂喷施，当菊苣长成后，一般没有杂草危害。

②浇水、施肥：菊苣为叶菜类饲料，对水肥要求高，在出苗后一个月以及每次刈割利用后及时浇水追施速效肥，保证快速再生。

③及时刈割利用：株高为 50 厘米时可刈割，刈割留茬 5 厘米左右，不宜太高或太低，一般每 30 天可刈 1 次。

收获利用：菊苣一般秋播后，2 个月后即可刈割利用。若 9 月初播种，在冬前可刈割一次，第二年春天 3 月下旬至 11 月均可利用，利用长达 8 个月。菊苣在抽薹前，营养价值高，干物质中粗蛋白达 20%~30%，同时富含各种维生素和矿物质元素，是猪、兔、鹅良好的青饲料。菊苣抽薹后，干物质中粗蛋白仍可达 12%~15%，此时，单位面积营养物质产量最高，可作为牛羊的饲草。

（六）鸭茅

在贵州广大地区适宜种植，目前，贵州主要栽培"安巴"Amba、"楷模"Cambria等品种。

鸭茅是禾本科鸭茅属多年生草本植物。须根系，千粒重 1.0 ~ 1.2 克。鸭茅喜欢温暖、湿润的气候，最适生长温度为 10 ~ 28℃，30℃以上发芽率低，生长缓慢。耐阴性较强，在遮阴条件下能正常生长，尤其适合在果园中种植。鸭茅是一种长寿牧草，一般可利用 6 ~ 8 年，多者可达 15 年。

1. 栽培管理技术

选地及整地：鸭茅为温带牧草，尤其喜欢温凉、湿润的气候条件。对土壤要求不严，而以黏土或黏壤土最为适宜。由于早期生长缓慢，因此，应选择杂草少的地块种植。其耐阴性强，也可选择在果园或林下种植。对于草地退化的地区，可将鸭茅与白三叶、红三叶等混播于退化草地上，改良退化草地效果甚佳。

播种：播可分春播，秋播，贵州地区一般是秋播为宜。播种方式为条播、撒播和混播。条播：单播宜条播，行距 15 ~ 30 厘米。撒播：小块地或坡地上多采用撒播。混播：鸭茅除单播外，也常与豆科牧草混播。混播能充分利用土地、空气和光照，以提高产量和改善饲草品质。鸭茅可与苜蓿、白三叶、红三叶、杂三叶、黑麦草等混种。

播种量：鸭茅的播种量与当地的自然条件、土壤条件、播种方式和利用目的有关。一般每亩产播种量 1 ~ 1.5 千克。

鸭茅是需肥最多的牧草之一，底肥以腐熟后的有机肥为主，每亩施 1 000 ~ 2 000 千克，在耕前撒施，撒后耕翻。追肥以氮肥为主。

鸭茅常见病害有：锈病、叶斑病、条纹病、纹枯病等，均可参照防治真菌性病害法进行处理，如对锈病可喷施粉锈灵、代森锌等。

刈割利用：鸭茅生长发育缓慢，草料产量以播后 2 ~ 3 年产量最高，播后前期生长缓慢，后期生长迅速。越冬以后生长较快。年可刈割 3 ~ 4 次，春播当年通常只能刈割一次，鸭茅收割时，留茬高低首先影响产草量，其次影响再生草的生长速度和质量。刈割时留茬高度应稍高一些，一般 10 ~ 12 厘米；鸭茅草地割草或放牧高度如低于 6 厘米，植株再生生长将受到严重影响。

收种：在贵州地区一般 7 月上旬种子成熟。在此期间，可收种。每亩可收种子 15 千克左右。

饲用价值：鸭茅草质柔嫩，家畜、家禽均喜食。鸭茅的叶量丰富，叶约占 60%，茎约占 40%，特别适合于刈割青草、青贮及放牧利用。鸭茅的再生性能比黑麦草略差，每年可刈割 2 ~ 4 次，鲜草产量 2 000 ~ 5 000 千克。利用年限长，一般可达 6 ~ 8 年。

2. 利用技术

放牧：鸭茅大量的茎生叶和基生叶适合放牧。连续重牧，不利于植株的再生；如果放牧不充分，形成大的株丛，就会变得粗糙而降低适口性，故适宜轮牧。一般以拔节中后期至孕穗期放牧为好。与豆科牧草混播放牧利用更好。

青刈：在孕穗至抽穗期刈割。喂多少割多少，以提高其利用率。喂牛、羊，可整草或切短。喂猪、兔、鸭、鹅、鱼，需粉碎或打浆。

（七）篁竹草

为多年生草本植物，其产量高、营养丰富，适口性好，抗逆性强，易于栽培。亩产鲜草为 1 万 ~ 2 万千克。

1. 栽培管理技术

（1）适宜种植区域。篁竹草为热带牧草，喜温湿润，在年平均气温在15℃以上，最低温度在 -2℃以上的地区均可种植，适宜在贵州海拔1 100米以下的地区种植。

（2）栽培技术要点。

①育苗：可采用茎节繁殖或分株移栽进行育苗。整地要求20厘米以上，土质细碎，清除杂草。用茎节繁殖，将苗床整成宽1米，长10～20米的厢面，苗床间距50厘米，沟深20厘米。苗床整理好后，开沟施入适量腐熟的有机肥。将成熟种茎切成1节或2节，节下保留1/3茎节，上面保留2/3茎节。按株距5厘米进行种植。

②移栽：整好土地，按（60×80）千克的株距开窝并每亩施50千克复合肥和1 000千克有机肥后，放入育好的苗。

③管理技术：篁竹草抗逆性强、管理粗放。但苗期应及时清除杂草，成苗后一个月后每亩施5～7千克尿素，并在每次刈割后施用氮肥。

2. 利用技术

（1）青刈饲喂。篁竹草叶脆多汁，对各种草食家禽具有良好的适口性，肉牛、奶牛、羊和猪喜食。篁竹草在株高80～100千克即可收割利用。并将篁竹草切成2～5厘米进行饲喂。肉牛日饲用量为20～30千克，羊日饲用量为6千克，猪日饲用量为3千克。

（2）放牧利用。篁竹草在高度50～100厘米时可用于放牧利用。

（3）青贮或调制干草。在篁竹草长到80～120厘米时可晒制干草或制作（微）贮保存备用。

第六节　农药使用技术

一、农药使用中需要注意的技术细节

（一）农药的选购运管

（1）选订时，严格按照"国家农药安全使用标准"和当地烟草部门发放的农药品种目录要求，选购已订出的农药品种。

（2）购买时，应向正规店铺购买。必须注意农药的包装，防止破漏；注意农药的品名、有效成分含量、出厂日期、使用说明等，不购买鉴别不清和质量失效的农药。

（3）运输时，应用规定的材料包装后运输，及时妥善处理被污染的地面、运输工具和包装材料，在搬运时轻拿轻放。

（4）存储时，农药不能与粮食、蔬菜、瓜果、食品、日用品等混载、混放。最好是将农药应集中在烟草站专用库中，按需领取。

（二）农药的使用事项

（1）配药时，配药人员应戴上带胶皮手套，根据说明书上规定的剂量或烟草站技术人员的指导，称取药液或药粉，不得任意增加用量。

（2）拌药时，须用工具搅拌，严禁用手拌药。坚持"用多少，拌多少"的原则，尽量使用机具操作，必须戴防护手套，以防皮肤吸收中毒。其间应选择远离饮用水源、居民点的安全地方，严防农药丢失、泄露或被人、畜、禽误食。

（3）喷药时，应在工作前仔细检查药械的密封度，确保无渗漏后进行作业。采用隔行喷洒的方式，不能左右两边同时喷。过程中如发生器具管道堵塞，应先用清水冲洗后再排除故障，禁止用嘴吹吸喷头和滤网。药桶内药液不能装得过满，以免晃出桶外，污染施药人员的身体。

（4）喷药后，要及时将喷雾器清洗干净，清洗药械的污水应选择安全地点妥善处理，不随地泼洒，防止污染饮用水源和养鱼池塘。盛过农药的包装物品，不用于盛粮食、油、酒、水等食品和饲料，最好集中处理。施用过高毒农药的地方要竖立标志，在一定时间内禁止放牧，割草，挖野菜，以防人、畜中毒。

二、沼肥施用技巧

沼肥是一种含氮、磷、钾齐全的速缓兼备的有机肥，含有较多的易挥发氨态氮，若施用方法不当，易损失肥效，达不到增产效果。施用技巧如下。

（1）随出随施，不宜久存。即从沼气池里取出来，直接挑到田里施用，如果忙不过来，也只能在池外堆一两天，时间久了，速效氮会挥发掉。实验表明，沼气渣肥在露天堆放晒干，全氮损失65%左右，氨态氮损失87%。

（2）沼渣宜作基肥深施，最好集中施用，如穴施、沟施，然后覆盖一层10厘米左右厚的土，以减少速效养分的挥发。

（3）沼液宜作追肥。应根据沼液的质量和作物生长情况，掺水冲稀，以免伤害作物的幼根、嫩叶。

（4）沼肥与化肥配合施用。氨水和碳酸氢铵是生产成本较低的氮素肥料，呈碱性，肥分易挥发损失。沼液与氨水、碳酸氢铵配合施用，能帮助化肥在土壤中溶解，吸附和刺激作物吸收养分，并提高化肥利用率。可在每50千克沼液中加入0.5~1千克碳酸氢铵或氨水施用。沼渣与过磷酸钙混合施用，也能提高过磷酸钙的肥效。

三、作物营养与土壤特性及施肥技术

1. 土壤的保肥性和供肥性与施肥有什么关系

土壤的保肥性是指土壤对养分的吸收（包括物理、化学和生物吸收）和保蓄能力。土壤供肥性是指土壤释放和供给作物养分的能力。土壤所以有供肥、保肥性，是因为土壤能形成复合胶体，这种胶体有巨大的表面能量和带电性，对养分的吸收与释放起支配作用。土壤胶体是有机、无机胶体组成的复合体，由于各种土壤胶体组成不同，吸收和释放养分的能力也不一样，也就是说有不同的保肥、供肥性能，这点与施肥关系极为密切。一种好的土壤应该是保肥与供肥协调，吸收与释放比较自如，能随时满足作物养分需要的土壤。土壤质地较黏重，有机质含量较多的土壤，保肥性能好，施入的肥料不易流失，容易在"仓库"内贮存，随时供作物吸收。而沙性土壤，有机质含量低的土壤，施肥后不易保存养分，虽然供肥性好，但无后劲，养分易流失，发小苗不发老苗。保肥、供肥能力不同的土壤，施肥上有所区别。保肥能力差的沙性土和有机质含量少的土壤，可以在基肥中多施有机肥料，增加保肥、供肥能力，施用化肥要"少吃多餐"，防止流失，注意后期脱肥现象出现。而对保肥性能较好的黏性土，或有机质多的土壤，一次施肥量大些也无妨碍，不会流失。这种土壤易发老苗，不发小苗。前期通过施用种肥、追肥，使苗期作物生长良好，中、后期土壤养分稳定释放供应，对整个生育期生长有利。

增施有机肥料，增加土壤有机质的积累，有利于保肥能力的增强；适量的灌溉与适宜的耕作，有利于土壤供肥能力的提高。

2. 沙土施肥要注意什么

沙土一般有机质、养分含量少，肥力较低，阳离子代换量小，保肥能力差。但沙土供肥好，施肥后见效快，这种土壤"发小苗不发老苗"，肥劲猛而短，没后劲。沙土施肥与黏土不同。沙土要大量增施有机肥，提高土壤有机质含量，改善保肥能力。由于沙土通气状况好，土性暖，有机质易分解，施用未完全腐熟的有机肥料或牛粪等冷性肥料也无妨碍。有条件的地区可种植耐瘠薄的绿肥，以改良土壤理化性状。

沙土施用化肥，一次量不能过多，过多容易引起"烧苗"或造成养分大量流失。所以，沙土施用化肥，应当分次少量施用，即"少吃多餐"，化肥结合有机肥施用，可以提高肥效。沙土中在作物根系附近，掺和黏土，对增强保肥能力有好处。

3. 水稻需肥特性是什么

水稻为了正常生长发育需要吸收各种营养元素，除必需的16种营养元素之外，对硅元素吸收较多。各种元素有其特殊的功能，不能相互替代，但它们在水稻体内的作用并非孤立，而是通过有机物的形成与转化得到相互联系。水稻生长发育所需的各类营养元素，主要依赖其根系从土壤中吸收。一般来说，每生产100千克稻谷，需从土壤中吸收氮（N）1.6～2.5千克、磷（P_2O_5）0.6～1.3千克、钾（K_2O）1.4～3.8千克，氮、磷、钾的比例为1：0.5：1.3。但由于栽培地区、品种类型、土壤肥力、施肥和产量水平等不同，水稻对氮、磷、钾的吸收量会发生一些变化。通常杂交稻对钾的需求高于常规稻约10%左右，粳稻较籼稻需氮多而需钾少。

水稻的整个生育过程分为营养生长期和生殖生长期。营养生长期主要是营养体根、茎、叶的生长，并为生殖生长积累养分，此期以氮素旺盛吸收和同化作用为主导，即以扩大型代谢为主，施肥目标在于促进分蘖，形成壮苗，确保单位面积有足够的穗数。生殖生长期主要是生殖器官的形成、长大和开花结实。此期是扩大型代谢逐渐减弱，贮藏型代谢逐渐增强至旺盛，即以碳素同化作用为主，施肥应以促穗大、粒多、粒饱为中心。这两个时期是相互联系着的，只有在良好的营养生长基础上才能有良好的生殖生长。因此，掌握水稻各生育阶段的生长和营养特点及其与环境之间的相互关系，然后进行合理施肥，才能获得高产。水稻不同生育期对氮、磷、钾的吸收规律是：分蘖期由于苗小，稻株同化面积小，干物质积累较少，因而吸收养分数量也较少。这一时期，氮的吸收率约占全生育期吸氮量的30%左右，磷的吸收率为16%～18%，钾的吸收率为20%左右。早稻的吸收率要比晚稻高，所以，在早稻生产上强调重施基肥，早施分蘖肥，这是符合早稻吸肥规律的。水稻幼穗分化至抽穗期，叶面积逐渐增大，干物质积累相应增多，是水稻一生中吸收养分数量最多和强度最大时期。此期吸收氮、磷、钾养分的百分率几乎占水稻全生育期养分吸收总量的一半左右。水稻抽穗以后直至成熟，由于根系吸收能力减弱，吸收养分的数量显著减少，N的吸收率为16%～19%，P_2O_5的吸收率为 24% ~ 36%，K_2O 的吸收率为 16% ~ 27%。一般晚稻在后期养分吸收率高于早稻，生产上常常采取合理施用穗肥和酌情施用粒肥，满足晚稻后期对养分的需要，这是符合晚稻需肥规律的，就水稻品种而言，晚稻由于其生育期短，对氮磷钾三元素的吸收量在移栽后 2 ~ 3 周形成一个高峰。而单季稻由于生育期较长，对氮磷钾三元素的吸收量一般分别在分蘖盛期和幼穗分化后期形成两个吸收高峰。因此，施肥必须根据水稻营养规律和吸肥特性，充分满足水稻吸肥高峰对各种营养元素的需要。

4. 水稻缺肥和养分过多有哪些症状

在水稻生长发育时，若缺少某种营养元素，作物体内的新陈代谢就会受到阻碍和破坏，使根、茎、叶、花和籽实等发生特有的症状。

缺氮：植株矮小，分蘖少，叶片小而直立，叶色黄绿，茎秆短细，穗小粒少，不实率高。

缺磷：常在生育前期形成"僵苗"，表现为生长缓慢，不分蘖或延迟分蘖，秧苗细弱不发棵。叶色暗绿或灰绿带紫色，叶形狭长，叶片小，叶身稍呈环状卷曲。老根变黄，新根少而纤细，严重时变黑腐烂。成熟期不一致，穗小粒少，千粒重低，空壳率高。

缺钾：常在叶片上出现褐斑。一般在分蘖以后，老叶尖端先出现烟状褐色小点，并沿叶缘呈镶嵌状焦枯。分蘖盛期，褐点发展成褐斑，形状不规则，而边缘分界清晰，常以条状或块状分布于叶脉间。褐斑不断由老叶向邻近新叶发展，严重缺钾时褐斑连片，整张叶片发红枯死，犹如灼烧状。

缺锌：秧苗生长停滞，不分蘖，老叶背面中部出现褐色斑块，叶脉变白，严重时叶鞘也变白。

氮素过多：稻株徒长，叶色浓绿，叶片肥大，茎秆柔软，易倒伏和感染病虫害，贪青晚熟，秕谷多。

磷素过多：常诱发水稻缺锌。因此，磷素过多的症状与缺锌症类似，分蘖少，"僵苗"不发，叶片缺绿，沿叶中脉逐渐向边缘变为黄白色，老叶出现褐斑，生长后期整个叶片呈褐色，根系生长缓慢，严重时整株枯死（表 1 – 13）。

表 1 – 13　息烽县水稻施肥量推荐表　　　　　　　　（单位：千克/亩）

品种	土壤肥力	目标产量	施肥总量	基肥	分蘖肥	穗肥
一般杂稻	高	>650	尿素 22 ~ 27 千克，磷肥 40 ~ 50 千克，氯化钾 13 ~ 17 千克	有机肥 1 000 千克，尿素 11 ~ 13 千克，磷肥 40 ~ 50 千克，氯化钾 8 ~ 10 千克	尿素 7 ~ 9 千克	尿素 4 ~ 5 千克，氯化钾 5 ~ 7 千克
	中	500 ~ 650	尿素 17.5 ~ 22.5 千克，磷肥 40 ~ 50 千克，氯化钾 11 ~ 15 千克	有机肥 1 200 千克，尿素 9 ~ 11 千克，磷肥 40 ~ 45 千克，氯化钾 7 ~ 9 千克	尿素 5 ~ 7 千克	尿素 3.5 ~ 4.5 千克，氯化钾 4 ~ 6 千克
	低	<500	尿素 25 ~ 30 千克，磷肥 45 ~ 55 千克，氯化钾 18 ~ 23 千克	有机肥 1 500 千克，尿素 8 ~ 10 千克，磷肥 35 ~ 40 千克，氯化钾 6 ~ 8 千克	尿素 4 ~ 5 千克	尿素 3 ~ 3.5 千克，氯化钾 4 ~ 6 千克

5. 怎样确定水稻氮、磷、钾化肥适宜用量

稻田土壤在水稻生长期间，绝大部分时间处于淹水状态，土壤水多气少，二氧化碳增加，氧化还原电位下降，还原性增强，铵态氮占主导地位，磷、钾的有效性增加，铁、锰活性加强，锌的有效性降低，pH 值趋于中性。

对土壤全氮含量 0.15%、碱解氮 120～130 毫克/千克、速效磷 15 毫克/千克、速效钾 100 毫克/千克以上和有机肥施用量较多的地区，根据目标产量，酌情减少化肥施用量。对于前期作物为油菜，且磷肥施用量较大的地块，应酌情减少磷肥施用量。对土壤速效磷含量 5 毫克/千克、速效钾 50～60 毫克/千克以下和有机肥施用很少的地块，根据目标产量，酌情增加化肥用量，尤其是磷、钾肥的施用量。土壤 pH 值在 5.0 以下的水稻土，应酌情施用石灰调节土壤 pH 值。

6. 玉米需肥特性是什么

玉米苗期植株小，生长慢，需肥较少，这时对氮、磷的吸收为总吸收量的 10% 左右，以后逐渐加快，从拔节到孕穗吸收速度达到高峰，在 20～30 天中吸收氮、磷分别占总吸收量的 76.2% 和 63.1%，平均每天吸收 3%～4%，这时累积吸收的氮、磷已达到总吸收量的 85.9% 和 73.2%，而后吸收减慢，到抽雄期氮、磷的吸收量已达到 90%。所以玉米需氮、磷的关键时期是拔节孕穗期。施肥时应根据这一规律采取前重后轻的原则。

7. 玉米怎样进行配方施肥

玉米施肥应综合考虑品种特性、土壤条件、产量水平、栽培方式等因素。亩产按 500～600 千克推算，亩施纯氮 16 千克左右、有效磷（P_2O_5）5 千克左右、纯钾（K_2O）15 千克左右。基肥亩施腐熟的猪、牛栏肥 1 000 千克左右，播种时亩用 30% 含量的复合肥 30 千克，加 0.5～1.0 千克硼肥和 2 千克硫酸锌肥拌匀混施，肥料不要直接与种子接触，定苗后亩追施 30% 含量复混肥 35 千克、氯化钾 10 千克。大喇叭口时，每亩追施尿素 15 千克，深施培土。应掌握"前轻、中重、后补"的施肥方式。

8. 油菜如何进行合理施肥

油菜是油料作物，有白菜型、芥菜型和甘蓝型 3 种。白菜型和芥菜型多直播，甘蓝型育苗移植。甘蓝型油菜需肥量多，丰产性能好，产量较高，大多亩产油菜籽 140～160 千克。油菜生长发育经历苗期、薹期、花期、结角期和成熟期。氮素充足，有效花芽分化期相应加长，为增加角果数、粒数和粒重打下基础；磷素供应及时，能增强油菜的抗逆性，促进早熟高产，提高含油量；增施钾素，能减轻油菜菌核病的发生，促进茎秆和分枝的形成。油菜的苗后期和薹期，是吸收养分和积累干物质的高峰。此时，均衡、及时地供应氮、磷、钾等养分，是油菜优质高产的关键。

油菜为十字花科芸薹作物，吸收氮、磷、钾等养分较多。一般亩产油菜籽 100 千克，需吸收氮（N）6.8～7.8 千克、磷（P_2O_5）2.4～2.8 千克、钾（K_2O）5.5～7.0 千克，$N:P_2O_5:K_2O$ 平均为 7.3:2.6:6.3，即 1:0.36:0.86。如果亩产油菜籽 150 千克，需吸收 $N—P_2O_5—K_2O$ 平均为 11—4—9（千克）。

冬油菜是过冬作物，又往往是水旱轮作的旱作物，土壤易缺磷，加上苗期土壤气温低，供磷能力弱，要重视增施磷肥。试验表明，油菜在生产中氮、磷、钾的适宜比例：

$N : P_2O_5 : K_2O$ 为 $1 : 0.6 \sim 0.8 : 0.5 \sim 0.6$，平均为 $1 : 0.7 : 0.55$。如果亩产油菜籽 150 千克，一般需要亩施肥 $N—P_2O_5—K_2O$ 的平均施肥量为 16—11—9（千克）。施肥用量还要依据有机肥用量和土壤缺素程度，作适当调整。

施肥方法：

①基肥：包括氮肥总量的 50%，以及全部的磷、钾肥和农家肥。农家肥用量视肥质好坏而定，一般亩施 3 ~ 5 吨。基肥不足，幼苗瘦弱，即使大量追肥也难弥补。

②追肥：分腊肥（苗后期追肥）和蕾薹肥（抽薹中期），每次各占氮肥总用量的 25% 左右。如果油菜长势若，可在抽薹初期追肥，以免早衰；长势强，可在抽薹后期，薹高 30 ~ 50 厘米时追施，以免疯长。花期应根据油菜长势决定是否追肥，如果需追肥可在开花结荚期，喷施 1% 尿素或磷酸二氢钾溶液 50 ~ 70 千克，有较好的效果。油菜是需硼量较多的作物，对硼反应较敏感，在缺硼的土壤上易发生"花而不实"，即油菜不断开花而不结籽，又称萎缩不实症。硼肥可作叶面喷施或土施。叶面喷施可节省用量，在苗后期和抽薹期各喷一次即可。每次每亩用硼砂 50 克对水 50 千克喷施叶面。注意不要过量施硼，以防产生毒害。在一些地区，油菜还常发生缺硫和缺锌的现象，也应该引起重视。

9. 马铃薯需肥特性是什么

马铃薯的初生根和匍匐根需吸收各种营养物质。它吸收养分的特点是以钾吸收量最大，氮次之，磷最少，是一种喜钾的蔬菜。随着马铃薯生育期的延长，养分吸收率也随之加大。一般幼苗期吸收养分较少，不足全生育期吸收总量的 10%；发棵期氮、磷、钾吸收率分别占 30% 左右；一半以上的养分是在结薯期吸收的。因此，在幼苗期和发棵期供给充足的氮素，对保证前期根茎叶的健壮生长有重要作用。而充足的钾营养能促进淀粉合成，对块茎膨大有明显的效果。

10. 番茄怎样进行配方施肥

生产 100 千克番茄需氮（N）0.4 千克、磷（P_2O_5）0.45 千克、钾（K_2O）0.44 千克。按亩产 5 000 千克计算，定植前亩施优质有机肥 2 000 千克、硫酸铵 15 千克、过磷酸钙 50 千克、硫酸钾 15 千克做基肥。第一穗果膨大到鸡蛋大小时应进行第一次追施，亩施硫酸铵 18 千克、过磷酸钙 15 千克、硫酸钾 16 千克。第三、第四穗果膨大到鸡蛋大小时，应分期及时追施"盛果肥"，这时需肥量大，施肥量应适当增加，每次每亩追施硫酸铵 20 千克、过磷酸钙 18 千克、硫酸钾 20 千克。每次追肥应结合浇水。在开花结果期，用 0.1% ~ 0.2% 磷酸二氢钾加坐果灵进行叶面喷施。

设施栽培的番茄，比露地要多施有机肥，少施化肥，并结合灌水分次施用，以防止产生盐分障碍。

11. 辣椒怎样进行配方施肥

辣椒生产 1 000 千克需氮（N）5.5 千克、磷（P_2O_5）2 千克、钾（K_2O）6.5 千克。定植时亩施优质农家肥 2 000 千克、磷肥 50 千克、钾肥 5 千克做基肥，第一次追肥，每亩施尿素 20 千克、过磷酸钙 20 千克、硫酸钾 15 千克。结第二、第三层果时，需肥量逐次增加，每次追肥时应当增加追肥量，以满足结果时的营养供应。每次追肥应结合培土和浇水。

12. 桃树怎样进行配方施肥

桃树较耐瘠薄，幼树期需肥少，成年桃树的施肥量，每生产 100 千克果实应施氮（N）0.4 ~ 0.5 千克、磷（P_2O_5）0.2 ~ 0.3 千克，钾（K_2O）0.5 ~ 0.7 千克。施肥分基肥和追肥两种，基肥在秋季果实采收后施入，用量为产量的 2 ~ 3 倍，以有机肥为主，配合施用无机肥，方法有 3 种：一是树冠外环状沟施（适于幼年树）；二是树冠外放射沟施（适于结果盛期树）；三是全园撒施（适宜于密植的成龄桃园）。追肥一般一年 2 ~ 3 次，第一次萌芽期，以氮为主，每株施尿素 0.5 千克左右；经二次果实硬核期，以复混肥以为主；第三次果实采收后，施肥种类及用量第二次相同。

13. 葡萄怎样进行配方施肥

葡萄萌芽至开花前后需氮量大，早春新梢至果实成熟均吸收磷，整个生长期都吸收钾，随着浆果的膨大，钾的吸收量明显增加，每生产 100 千克 葡萄，需吸收氮（N）0.75 千克、磷（P_2O_5）0.42 千克，钾（K_2O）0.83 千克。基肥宜在果实采收后，施用宜早不宜晚。用量占全年施肥量的 60% ~ 70%，每亩施入有机肥 2 500 ~ 5 000 千克，并混入一定数量的尿素、过磷酸钙及复混肥，一般采用沟施。根部追肥一年 1 ~ 2 次，第一次发芽前每亩追施尿素 20 ~ 25 千克、硫酸钾 20 ~ 25 千克或亩施 40% 的硫酸钾复混肥 50 千克左右，同时，可在花前叶面喷施 0.3% 的硼砂，提高坐果率，花后 10 ~ 15 天喷施 0.3% 磷酸二氢钾或加 0.2% 尿素保花保果。如果缺铁，可喷 0.5% 的硫酸亚铁和 0.25% 的柠檬酸铁。

四、肥料的特性及使用

1. 什么叫化学肥料？有哪些优缺点

为了生产更多的农产品，必须投入大量的肥料。目前，在生产上使用的肥料主要分为两大类，一类是以灰肥、粪肥、绿肥等为主的有机肥料；另一类是化学肥料，如尿素、磷酸铵、氯化钾等。

化学肥料的主要成分是无机化合物，是由化肥厂将初级原料进行加工、分解合成的。例如，在高温、高压和催化剂的条件下，可将氢和氮气合成氨，氨再与二氧化碳反应，最后生成尿素。又如，用硫酸分解磷矿粉可制得普通过磷酸钙。

与有机肥料相比，化学肥料所含肥料成分较高，由于有效成分含量高，因而体积小，运输和施用都较方便，但一次用量不能太多，否则会造成肥料和农产品的损失。除少数品种外，化肥大多易溶于水，易被植物吸收利用，是速效性肥料，但易潮解结成硬块，引起养分的损失或施用的不便。同时，有的化肥所含副成分对土壤和作物可产生不良影响，而且有的化肥如硫酸铵在作物生长期单独使用可造成土壤板结。另外，施化肥过多还可能导致环境的污染。所以，施用化肥，要根据化肥性质，作物对养分的需要以及气候、土壤等其他作物生长条件合理施用。

2. 不同作物营养元素缺乏出现在什么部位

氮、磷、钾、镁：植物中下部叶片（老叶）；

其他营养元素：新生组织（新叶）。

3. 肥料为什么要深施

作物根系在土壤中的分布，随着地上部分植株的生长而扩展，深度日益增加。一年生大田作物，主要吸收养分的根系分布在土面以下 5～20 厘米的耕层内，为了使所用肥料尽量接近根系，增加被作物的吸收量，提高利用率，肥料必须深施到根系附近。表施肥料在土壤中浅层分布，一般只有几厘米。即使能供应作物苗期养分，但易被雨水、灌水冲失，导致肥分损失。所以，无论化肥或有机肥都提倡深施，根据肥料种类和用量，把肥料施到作物主要吸收养分的根层附近，以利于作物吸收，提高肥料利用率，增加产量，提高经济效益。

4. 为什么要实行有机肥与化肥配合施用

有机肥料也叫农家肥料，具有养分完全，生产成本低等特点。有机肥料的特点是化学肥料所不具备的，但是有机肥料养分含量少，肥效迟缓，当年利用率低。因此，在作物生长旺季，需要养分最多的时期，单施有机肥料往往不能及时供应养分，必须配合施用化肥，才能获得高产。而单施化肥，成本高，作物虽然高产但不稳定，时间长了还会导致土壤理化性质的恶化，最终影响作物产量和品质。所以，有机肥料与化肥的配合施用，起到了取长补短，缓急相济的作用。

第七节　粮食高产技术

一、优质高粱"红缨子"高产栽培管理关键技术

"红缨子"（又称"红樱桃一号"）是由中国农科院高粱研究中心与贵州省农科院共同育成的世界上第一个优质高产的两系杂交高粱新品种。它是人们食用白酒的酿酒主要原料。"红缨子"高粱茎秆粗壮，株型紧凑，适合密植，耐肥耐旱、抗倒伏，抗病虫力强，栽种简单。在生产中注意高粱的病虫草害防治，促进高粱产业的发展。

播种准备

1. 育苗地准备

要选择在水源方便、背风向阳、肥沃土壤、远离工厂的无化学污染的沙壤土作为"红缨子"高粱的育苗地。撒播育苗和大田的比例按 1：30，即栽 667 平方米大田苗床地至少用 22 平方米。以 200 厘米开沟作厢，走道 50 厘米，厢面 150 厘米；每亩施过磷酸钙 50 千克，腐熟清水粪 1 500～2 000 千克；欠细整平厢面。

2. 种子准备

①选种与晒种：播前应将种子进行风选或筛选，选出粒大饱满的种子做种，每亩用种子 0.3～0.4 千克，播种前进行晒种，播后发芽快、出苗率高、出苗整齐，幼苗生长健壮。

②浸种崔芽：用 55～57℃温水浸种 3～5 分钟，捞出晾干后播种，起到提高出苗率与防治病害的作用。

③药剂拌种：为了防治"红缨子"高粱地下害虫的危害，可将精选的种子用

"60%高巧"10mL对水15~20mL进行拌种，拌种后阴干再播种；或用清水浸泡12~14小时浸种，其间换水1~2次，种子吸胀后捞起晾干，催芽至粉嘴，再用"60%高巧"10mL对水10~15mL拌种后阴干播种。能促进根系发育，根多苗壮，减少病虫害，提高产量。

3. 播种与栽植

（1）适期早播。栽空土、预留行和冬洋芋的地块蓄留再生高粱的，"红缨子"适宜在3月上中旬播种，不蓄留再生高粱的地区可在3月中下旬播种。育苗地要选择土层深厚、肥沃、苗床地势平坦、背风向阳、排水良好的熟地。采用拱地膜保温育苗，播种时必须将土壤泼湿浸透，稀播匀播，用细土盖种、拱膜，培育壮苗，防止雀害。1叶1心揭膜炼苗；2叶1心匀苗除草，选用"10%稻腾"1 000倍液，或"20%康宽"3 000倍液，或"2.5%敌杀死"2 000倍液喷雾防虫害；泼水抗旱；3~4叶时每亩用尿素5千克对入清水粪中泼施提苗，培育壮苗。

（2）适时早栽。蓄留再生高粱的在苗龄达到25~30天时，当苗长至4叶时即可起苗移栽，营养块育苗宜在4~5叶时移栽，撒播育苗宜在5~6叶时移栽，以上必须在4月10日前移栽结束；不蓄留再生高粱的地区栽期可推迟到4月底5月初移栽结束。

（3）合理密植。一是净作："红缨子"高粱株行距16.7厘米×50厘米，打窝移栽，每窝2株。土壤肥力差的地块可适当密植；二是分带轮作：167厘米开厢（绿肥－高粱－红苕）移栽，头年秋种时将地块按167厘米开厢，在厢内用67厘米种4行小麦，小麦收后扦插2行红苕，用100厘米带种绿肥，绿肥翻压后移栽2行高粱，行距83.3厘米，窝距20.0~26.7厘米，每窝栽2株。

4. 科学施肥

（1）苗床期施肥。在高粱苗床地播种前，用充分腐熟的适量有机肥堆腐发酵土壤制成营养泥，待高粱播种出苗后至移栽前用适量腐熟的优质沼液或清粪水淋苗，保持苗床地湿润不露白，保证高粱苗健壮生长。

（2）大田期施肥。

①基肥：基肥是固氮有机肥，如秸秆，绿肥或经认证的生物有机肥等，在移栽前结合整地将基肥施入田中。高粱移栽窝中，前茬作物秸秆还田和绿肥翻压入土需在高粱移栽前7~10天进行。秸秆还田方式可采用翻压还田、过腹还田和覆盖还田等。绿肥在盛花期翻压，翻埋深度15厘米左右，翻后用土盖严。基肥是液态肥料，如人畜粪尿、清粪水或沼液等，移栽时施入高粱根际附近土壤并覆土作定根肥水。再施优质农家肥1 500千克/亩以上，或经认证的生物有机肥50~80千克。（非有机高粱生产的，每亩施用50千克优质复合肥作基肥）。

②追肥：在高粱移栽成活后，结合查苗补缺、中耕培土时进行。在移栽后15~20天内，追施用优质农家肥（清粪水或沼液）1 000千克/亩以上，为培育壮苗打下基础。

③穗肥：在高粱拔节孕穗期结合中耕除草，培土施用。施用优质农家肥（清粪水或沼液）750千克/亩以上或经认证的生物有机肥10~20千克。（非有机高粱生产的，每亩施用10~20千克优质复合肥作穗肥）。

④粒肥：在高粱抽穗扬花至灌浆期进行。可施用优质农家肥（清粪水或沼液）500

千克/亩以上或经认证的生物有机肥 5～10 千克。

（3）再生高粱。要巧施促芽肥和早施提苗肥。在头季高粱收获前 10 天，每亩用尿素 5 千克，对水 30 千克用喷雾器于早上或傍晚喷雾在高粱基部，也可以在收获前 15 天每亩用尿素 7.5 千克进行窝施，然后铲土覆盖。头季高粱收后 3 天内，用尿素对粪清水灌窝，每亩施清粪水 20～30 挑加尿素 2～3 千克，若遇天旱，应适当浇施发苗水，拔节孕穗期每亩施尿素 5～8 千克。

5. 防治病虫害

"红缨子"高粱主要病害有纹枯病和叶枯病，丝黑穗病和散黑穗病零星发生；虫害以蚜虫、粟穗螟、螟虫为主，注意及时防治。

①纹枯病、叶枯病：在发病初期选用"75% 拿敌稳"3 000 倍，或"43% 富力库"5 000 倍喷雾防治。

②蚜虫：选用"70% 艾美乐"5 000 倍液，或"10% 吡虫啉"800 倍液，或"2.5% 敌杀死"1 300 倍液喷雾防虫防治。

③粟穗螟、螟虫：选用"10% 稻腾"1 000 倍液，或"20% 康宽"3 000 倍液，或90% 杀虫单原粉 450 倍喷穗 1～2 次进行防治。

④注意事项：高粱对敌百虫、敌敌畏、石硫合剂、杀螟松、波尔多液等多种药物非常敏感，禁止施用，以免造成药害。

6. 适时收割

杂交头季高粱穗子九成籽粒变红、变硬即可收获，割除高粱茎秆，留桩高度 3～5 厘米（离地留 2 个节）。用锋利砍刀用力平割或用枝剪平剪为妙，以防桩口破裂，保证近地节位腋芽萌发。

7. 再生高粱田间管理

在第一茬高粱收获的砍杆时用茎秆覆盖高粱行间抗旱保墒促苗萌发；当再生苗长到 3 叶时运走行间茎秆，应及时蔬苗，每窝留健壮苗 2～3 个，多余苗全部抹掉，苗高 30 厘米左右时及时除草培土，并每亩用尿素 5～8 千克进行追肥；同时，要加强病虫防治，粟穗螟是危害高粱头季和二季的主要害虫，在再生高粱齐穗后，用"10% 稻腾"1 000 倍液，或"20% 康宽"3 000 倍液进行喷雾防治等。

二、息烽县玉米高产创建技术

（一）技术指标

杂交玉米优良品种覆盖率 100%。玉米育规范化播种技术覆盖率 100%。玉米合理密植技术覆盖率 100%。玉米测土配方肥覆盖率 100%。玉米病虫专业化统防统治覆盖率 100%。耕播收机械化水平比上年提高 5%。新品种展示、小苗移栽、地膜覆盖栽培、绿肥聚垄耕作、化控栽培、秸秆还田、频振式杀虫灯等技术有较大的示范面积。

规模：连片示范 1 万亩，连片示范平均亩产 600 千克以上；示范片较上年单产增产 10% 以上；较常规栽培增产 15% 以上。

制定一张技术模式图标准化生产，至少有一个农民专业合作社或 5 户种粮大户。骨干培训不少于 500 人次，一般培训不少于 3 000 人次。

项目落实地点、面积、培训、生产管理、测产验收、项目总结等有关资料要建档立案。示范户要有花名册（示范户花名册：乡名、村名、农户名、示范作物、面积、手机号、负责人、负责人手机号）。

（二）技术路线与措施

技术路线：全面推广优良杂交种、玉米育苗移栽技术、单株定向栽培、测土配方施肥、种子包衣和病虫草鼠害综合防治技术，地膜覆盖、秸秆还田等技术。实行统一供种、统一育苗、统一供肥、统一防病措施。适时播种、培育壮苗、合理密植、单株定向适龄移栽、重施底肥和穗肥、早施壮苗肥、补施粒肥和重大病虫防治等关键环节。

选用高产优良品种。适时早播，4月5～25日育苗。深耕整地，深耕30厘米左右，移栽前精细整地，达到土块细碎，地面平整，捡出残茬、杂草等。重施基肥，亩用农家肥（圈肥1 500千克），高塔硝硫基复合肥15千克、硫酸钾镁肥10千克、尿素10千克作底肥。合理增密，规范种植，亩栽3 500～4 500株，一律实行拉绳定向移栽。

1. 苗期管理

查苗补苗：移栽成活后，及时逐块、逐行进行查看，发现缺苗，死苗，及时补栽，对补栽苗进行施少量氮肥，达到生长整齐一致，保证全苗。

中耕除草："苞谷薅得嫩，犹如上道粪"，在移栽之后一周进行第一次中耕，宜浅以便提苗促壮。

防治地下害虫：主要是地老虎和白地蚕（蛴螬幼虫），用灯光诱杀成虫，人工捕捉和药剂防治相结合。

2. 中期管理

追肥：一般进行两次，第一次追肥在拔节前进行，生产上称为"攻秆肥"，亩用尿素10千克左右追施，第二次在大喇叭时期进行，称为"攻穗肥"，亩用尿素20千克左右看苗进行追施。

中耕培土：结合追"攻穗肥"进行中耕培土，即防治杂草，又提高玉米抗倒伏能力。

防治病虫害：作好预报，适时进行防治，主要注意防治玉米螟和黏虫，可用25%杀螟松100克或60%杀螟虱60克对水60千克喷雾。

3. 后期管理

着重是供应玉米生长足够的肥水，防止早衰，保持青秆绿叶的丰产长势。

（三）工作进度

①月作好化肥、农家肥等物资的准备工作；②月作玉米高产栽培技术培训；③月指导农民进行精选种子、田间育苗等技术；4～8月督促农户进行田间管理，并进行田间管理培训；9月中下旬验收总结。

三、息烽县马铃薯高产创建技术

（一）技术指标

脱毒种薯覆盖率100%；测土配方施肥覆盖率100%；规范化起垄栽培覆盖率

100%；马铃薯病虫专业化统防统治覆盖率 100%；小整薯播种、机收、新品种、免耕覆盖栽培等技术有较大示范面积。进行新技术试验。

规模：马铃薯连片示范 10 000 亩。平均亩产 2 600 千克以上；较上年单产增产 2% 以上，较常规栽培增产 20% 以上。

制定一张技术模式图，至少有一个农民专业合作社或 5 户种粮大户。骨干培训不少于 500 人次，一般培训不少于 3 000 人次。

项目落实地点、面积、培训、生产管理、测产验收、项目总结等有关资料要建档立案；有示范户花名册。

（二）技术措施

1. 选好品种和选择及种薯处理

采用抗病、优质、丰产、适应当地栽培条件、商品性好的优良品种宣薯 2 号、费乌瑞它。

选用合格的脱毒种薯，小整薯每个种薯重 50 克左右，大于 50 克的大种薯要进行切块并消毒。一律进行催芽后选带壮芽薯播种，保证田间生长整齐一致。甲霜灵锰锌可湿性粉剂和草木灰进行拌种。

2. 选地与整地

选择土壤结构疏松、排水良好、中性或微酸性的的轻沙壤土最好（pH 值 5.5 ~ 6.5），中上等肥力，耕作层深度应在 40 厘米以上的田土。前作收获后及早进行深翻 30 ~ 45 厘米，细碎土壤，播前清洁田园，进行土壤消毒，开沟、起垄。

（三）测土配方施肥

施肥原则以腐熟农家肥为主（亩施 1 500 ~ 2 000 千克），化肥为辅，起垄作畦前亩施三元复合肥（氮∶磷∶钾 = 15∶15∶15）30 ~ 45 千克，尿素 10 千克，在肥料中加 1 包地虫灵防治地下害虫。

（四）播种

以马铃薯出苗不被霜冻确定播种时期，项目区播种期为 2 月中下旬，2 月底全面完成播种工作。

（五）规范种植

根据技术小组研究讨论并精心设计，将项目区种植模式分为两种，一种是净作，1.2 米开厢起垄，起垄沟深 30 厘米左右，垄上行距为 40 厘米，株距 22 ~ 25 厘米，密度可达 4 500 窝/亩；另一种模式是马铃薯 – 玉米双套双间套作，1.7 米开厢起垄，起垄沟深 30 厘米左右，垄上行距为 40 厘米，株距 20 ~ 23 厘米，亩基本苗马铃薯 3 400 ~ 3 900 株，玉米窝距 22 厘米左右，亩基本苗玉米 3 500 株左右，行向采用东西向增加光照强度。

（六）田间管理

苗高 5 ~ 10 厘米进行第一次中耕浅培土、追肥管理；中后期管理，在结薯期以促为主，重点是中耕培土，现蕾前进行最后一次中耕除草，结合高厢培土，使垄高达到 20 ~ 30 厘米。

追肥视苗情而定。现蕾前，结合中耕除草进行追肥，亩施尿素 5～8 千克，开花后，不缺肥的地块则不再追氮肥。在现蕾初期及时摘除花蕾，适量喷施钾肥及铜、硼等微量元素肥料。

马铃薯、玉米间套作的地块，在马铃薯开花前 15～20 天喷施 1 次多效唑，控制马铃薯的株高，一是防止马铃薯生长太旺盛而影响玉米的生长；二是预防马铃薯因生长旺盛不利于田间通风透气容易感染晚疫病。

（七）病虫害防治

1. 加强病虫监测，预防为主，综合防治

遵照"预防为主，综合防治"的植物保护方针，坚持以"农业防治、物理防治、生物防治为主，化学防治为辅"的无害化治理策略。重点防控晚疫病、早疫病、黄萎病、立枯病，蚜虫。

2. 主要病虫害防治要点

由于马铃薯晚疫病病情蔓延快，危害性大，采取的主要措施有几点：一是要求农户用甲霜灵锰锌拌种；二是要求农户一律起高垄种植，利于透水；三是出苗后，苗高 15 厘米时开始施用保护性药剂安泰生、代森锰锌预防，交替施用 2～3 次；四是注意观察发病情况，高温高湿条件下及时到田间观察，发现中心病株，及时销毁中心病株，并喷药控制病情传播蔓延，发现中心病株后，用银法利、烯酰吗啉交替喷施 2～3 次，叶面正背面均喷施到，不留死角，如遇喷药后 12 小时内下雨，则重新进行喷施。

四、水稻苗期青枯病和立枯病如何防治

水稻苗期青枯病是由水稻生理失水所致。多发于晚稻灌浆期，断水过早，遇干热风，失水严重导致大面积青枯。长期深灌，根系较 浅容易发生青枯。土层浅，肥力不足或施氮过迟也易发生青枯。

水稻立枯病是水稻旱地育秧最主要的病害之一，其发病的主要原因是气温过低、温差过大、土壤偏碱、光照不足、秧苗细弱、种量过大等因素，田间症状主要表现为出苗后秧苗枯萎，容易拔断，茎基部腐烂，有烂梨味，发病较重的整片死亡，病株基部多长有赤色霉状物。秧苗在 2～3 叶期时胚乳将近耗尽，抗寒力最差，日平均气温低于 12～15℃则生育受阻，抗病性显著削弱，病菌易侵入，此时若遇低温阴雨最易发生立枯病。所以，旱育秧苗 2～3 叶期是立枯病流行的主要时期。

水稻苗期青枯病发生不严重时可用含有松脂酸铜、叶枯唑等成分的药剂进行防治，立枯病可用含有恶霉灵、福美双、敌可松等成分的药剂进行防治，具体注意事项及用量根据产品包装说明使用。

第二章　养殖业技术类

一、几种主要动物疫病的免疫接种

（一）高致病性禽流感

1. 种鸡、蛋鸡免疫

初免：雏鸡 7～14 日龄，用 H5N1 亚型禽流感灭活疫苗。

二免：初免后 3～4 周后可再进行一次加强免疫。

加强免疫：开产前再用 H5N1 亚型禽流感灭活疫苗进行强化免疫；以后根据免疫抗体检测结果，每隔 4～6 个月用 H5N1 亚型禽流感灭活苗免疫 1 次。

2. 商品代肉鸡免疫

7～10 日龄时，用禽流感或禽流感—新城疫二联灭活疫苗免疫 1 次即可。

3. 种鸭、蛋鸭、种鹅、蛋鹅免疫

初免：雏鸭或雏鹅 14～21 日龄时，用 H5N1 亚型禽流感灭活疫苗进行免疫。

二免：间隔 3～4 周，再用 H5N1 亚型禽流感灭活疫苗进行一次加强免疫。

加强免疫：以后根据免疫抗体检测结果，每隔 4～6 个月用 H5N1 亚型禽流感灭活疫苗免疫 1 次。

4. 商品肉鸭、肉鹅免疫

（1）肉鸭。7～10 日龄时，用 H5N1 亚型禽流感灭活疫苗进行 1 次免疫即可。

（2）肉鹅。

初免：7～10 日龄时，用 H5N1 亚型禽流感灭活疫苗进行初次免疫。

加强免疫：第一次免疫后 3～4 周，再用 H5N1 亚型禽流感灭活疫苗进行一次加强免疫。

5. 散养禽免疫

春、秋两季用 H5N1 亚型禽流感灭活疫苗各进行一次集中全面免疫。每月定期补免。

6. 鹌鹑、鸽子等其他禽类免疫

按照疫苗使用说明书或参考鸡的免疫程序，剂量根据体重进行适当调整。

7. 调运家禽免疫

对调出县境的种禽或其他非屠宰家禽，要在调运前 2 周进行 1 次禽流感强化免疫。

8. 紧急免疫

发生疫情时，要对受威胁区域的所有易感家禽进行一次强化免疫。边境地区受到境外疫情威胁时，要对距边境 30 千米范围内所有县的家禽进行一次强化免疫。

对发生或检出禽流感变异毒株地区及毗邻地区的家禽，用相应禽流感变异毒株疫苗进行加强免疫。

9. 常用疫苗

重组禽流感病毒灭活疫苗（H5N1 亚型，Re – 1 株）、重组禽流感二价灭活疫苗（H5N1 亚型，Re – 1、Re – 4 株）、禽流感 H5、H9 亚型二价灭活疫苗（D96 + F 株）、禽流感—新城疫重组二联活疫苗（rL – H5 株）。

（二）鸡新城疫

1. 种鸡、蛋鸡

初免：7 日龄，新城疫—传支（H120）二联苗每只鸡滴鼻 1 ~ 2 滴，同时，新城疫灭活苗每只鸡颈部皮下 0.3 毫升。

二免：60 日龄，用新城疫 I 系弱毒活疫苗或新城疫灭活苗肌内注射。

加强免疫：120 日龄，新城疫灭活苗每只鸡颈部皮下 0.5 毫升。开产后，根据免疫抗体检测情况，3 ~ 4 个月用新城疫 IV 系弱毒活疫苗饮水免疫一次。

2. 肉鸡

7 ~ 10 日龄，新城疫—传支（H120）二联苗每只鸡滴鼻 1 ~ 2 滴，同时，新城疫灭活苗每只鸡颈部皮下 0.3 毫升。

3. 常用疫苗

鸡新城疫低毒力活疫苗（包括 HB1 株、Lasota 株、Lasota – Clone – 30 株等疫苗）、鸡新城疫中等毒力活疫苗（I 系）、鸡新城疫灭活疫苗、鸡新城疫、鸡传染性支气管炎二联活疫苗、鸡新城疫、传染性法氏囊病二联灭活疫苗、鸡新城疫、产蛋下降综合征二联灭活疫苗、鸡传染性鼻炎、鸡新城疫二联灭活疫苗。

（三）口蹄疫

1. 规模化养殖家畜

（1）猪、羊。

初免：28 ~ 35 日龄仔猪或羔羊，免疫剂量分别是成年猪、羊的一半。

二免：间隔 1 个月进行 1 次强化免疫。

加强免疫：以后每隔 6 个月免疫 1 次。

（2）牛。

初免：90 日龄犊牛，免疫剂量是成年牛的一半。

二免：间隔 1 个月进行 1 次强化免疫。

加强免疫：以后每隔 6 个月免疫 1 次。

2. 散养家畜

春、秋两季对所有易感家畜进行 1 次集中免疫，每月定期补免。有条件的地方可参照规模养殖家畜和种畜免疫程序进行免疫。

3. 调运家畜

对调出县境的种用或非屠宰畜，要在调运前 2 周进行 1 次强化免疫。

4. 紧急免疫

发生疫情时，要对疫区、受威胁区域的全部易感动物进行一次强化免疫，要对距边境线 30 千米的所有县的全部易感动物进行一次强化免疫。

5. 常用疫苗

猪口蹄疫 O 型灭活疫苗（普通型）、猪口蹄疫 O 型灭活疫苗（浓缩型）、猪口蹄疫 O 型灭活疫苗（进口佐剂型）、猪口蹄疫 O 型合成肽疫苗、牛口蹄疫 O 型、亚洲 I 型二价灭活疫苗。

（四）高致病性猪蓝耳病

1. 活疫苗

（1）种猪群。每年免疫 3 次，每次肌内注射 1 头份（2 毫升）/头。

（2）后备种猪群。

初免：配种前 4 周，肌内注射 1 头份（2 毫升）/头。

二免：配种前 6～8 周强化免疫，每次肌内注射 1 头份（2 毫升）/头。

（3）仔猪。断奶前 1 周免疫 1 次，肌内注射 1 头份（2 毫升）/头。对蓝耳病阳性猪场，种猪群和保育结束前仔猪全群普免 1 次；间隔 4 周，种猪群再次普免 1 次。

2. 灭活疫苗

（1）商品猪。

首免：断奶后肌内注射，剂量 2 毫升灭活疫苗。

加强免疫：高致病性蓝耳病流行地区 1 个月后加强免疫 1 次。

（2）母猪。70 日龄前同商品猪，以后每次分娩前 1 个月加强免疫 1 次，每次肌内注射 4 毫升。

（3）种公猪。70 日龄前同商品猪，以后每 6 个月加强免疫 1 次，每次肌内注射 4 毫升。

3. 常用疫苗

灭活疫苗。

（五）猪瘟的免疫

（1）种公猪。每年春、秋季用猪瘟兔化弱毒苗各免疫 1 次。

（2）种母猪。每年春、秋以猪瘟兔化弱毒苗各免疫接种 1 次或在母猪产前 30 天免疫接种 1 次。

（3）仔猪。首免：20 日龄猪瘟兔化弱毒苗；或仔猪出生后未吮初乳前用猪瘟兔化弱毒苗超前免疫。

加强免疫：70 日龄猪瘟兔化弱毒苗。

（4）新引进猪。应及时补免。

（5）常用疫苗。猪瘟活疫苗（组织苗）、猪瘟活疫苗（细胞苗）、猪瘟、猪丹毒、猪肺疫三联活疫苗。

（六）猪链球菌病

（1）种猪。使用猪败血性链球菌弱毒疫苗进行免疫注射，种母猪在产前肌内注射，种公猪每年注射两次。也可用猪链球菌多价灭活疫苗进行免疫。

（2）仔猪。使用猪败血性链球菌弱毒疫苗进行免疫注射，仔猪在 35～45 日龄肌内注射。发病猪场可用猪链球菌 ST171 弱毒冻干苗进行首免，60 日龄进行第二次免疫。

（3）紧急免疫。如果本病正在流行，怀孕母猪应在产前 15～20 天再加强免疫 1 次，仔猪可提前到 15 日龄免疫。

（4）常用疫苗。主要应用猪链球菌 2 型灭活疫苗进行免疫接种

（七）布鲁氏菌病

在疫病流行地区，春季或秋季对易感家畜进行一次免疫。常用疫苗：布鲁氏菌病活疫苗（猪型 2 号）、布鲁氏菌病活疫苗（羊型 5 号）、布鲁氏菌病活疫苗（牛型 19 号）。

（八）绵羊痘和山羊痘

无论羊只大小，在尾内侧或股内侧皮内每只注射 0.5 毫升山羊痘疫苗，每年 1 次。羊羔断乳后再加强免疫 1 次。

常用疫苗。山羊痘活疫苗、绵羊痘活疫苗。

（九）炭疽

对 3 年内曾发生过疫情的乡（镇）易感牲畜每年进行一次免疫。发生疫情时，要对疫区、受威胁区所有易感牲畜进行 1 次强化免疫。

常用疫苗。Ⅱ号炭疽芽孢苗、无荚膜炭疽芽孢苗。

（十）狂犬病

首免：3 月龄以上。

加强免疫：每隔 12 个月加强免疫 1 次。

常用疫苗。狂犬病兽用活疫苗（ERA 株）。

（十一）处理动物免疫接种后的不良反应

（1）免疫接种后如产生严重不良反应，应采用抗休克、抗过敏、抗炎症、抗感染、强心补液、镇静解痉等急救措施。

（2）对局部出现的炎症反应，应采用消炎、消肿、止痒等处理措施；对神经、肌肉、血管损伤的病例，应采用理疗、药疗和手术等处理方法。

（3）对合并感染的病例用抗生素治疗。

二、动物寄生虫病的防治

寄生虫是暂时或永久地寄居于另一种生物（宿主）的体表或体内，夺取被寄居者（宿主）的营养物质并给被寄居者（宿主）造成不同程度危害的动物。对宿主的致病作用和危害程度也不同，主要表现在以下 4 个方面。

机械性损害：吸血昆虫叮咬，或寄生虫侵入宿主机体之后，在移行过程中和在特定寄生部位的机械性刺激，使宿主的器官、组织受到不同程度的损害，如创伤、发炎、出血、肿胀、堵塞、挤压、萎缩、穿孔和破裂等。

夺取宿主营养和血液：寄生虫常以经口吃人或由体表吸收的方式，把宿主的营养物质变为虫体自身的营养，有的则直接吸取宿主的血液或淋巴液作为营养，造成宿主的营养不良、消瘦、贫血、抗病力和生产性能降低等。

毒素的毒害作用：寄生虫在生长、发育和繁殖过程中产生的分泌物、代谢物、脱鞘

液和死亡崩解产物等，可对宿主产生轻重程度不同的局部性或全身性毒性作用，尤其对神经系统和血液循环系统的毒害作用较为严重。

引入其他病原体，传播疾病：寄生虫不仅本身对宿主有害，还可在侵害宿主时，将某些病原体如细菌、病毒和原虫等直接带入宿主体内，或为其他病原体的侵入创造条件，使宿主遭受感染而发病。

（一）猪常见寄生虫病及其防治

（1）猪疥螨病。病猪患部发痒，经常在猪舍墙壁、围栏等处摩擦，经 5 ~ 7 天皮肤出现针头大小的红色血疹，并形成脓包，时间稍长，脓包破溃、结痂、干枯、龟裂，严重的可致死，但多数表现发育不良，生长受阻。

（2）弓形体病。病猪精神沉郁，食欲减退、废绝，尿黄便干，体温呈稽留热（40.5 ~ 42℃），呼吸困难，呈腹式呼吸，到后期病猪耳部、腹下、四肢可见发绀。

（3）猪蛔虫病。成虫寄生在小肠，幼虫在肠壁、肝、肺脏中发育形成一个移动过程，可引发肺炎和肝脏损伤，有的移行到胃内，造成呕吐，剖检时可见蛔虫堵塞肠道。

（4）旋毛虫病。旋毛虫成虫寄生于肠管，幼虫寄生于横纹肌。本虫常呈人猪相互循环，人旋毛虫可致人死亡，感染来源于摄食了生的或未煮熟的含旋毛虫包囊的猪肉。

（5）主要防治措施。①加强环境卫生。②定期进行驱虫 一般猪场每年春秋二季对种猪群驱虫，断奶仔猪在转群时驱虫 1 次。

（6）常用治疗药物。敌百虫、左旋咪唑、伊维菌素和阿维菌素。

（二）牛常见寄生虫病及其防治

（1）肝片形吸虫病。这是一种寄生在牛的肝胆管里，能引起胆管炎、肝炎、肝硬化的寄生虫病。主要防治措施：①尽量不到洼潮湿的地区放牧饮水，以减少感染的机会。②对牛每年春秋两季各驱虫一次。③常用治疗药物 硫双二氯酚（别丁），40 ~ 50 毫克/千克体重，经口喂服。硝氯酚，3 ~ 4 毫克/千克体重，口服。除此类药外，还有碘醚柳胺、丙硫咪唑均可。

（2）焦虫病。这是一种由焦虫引起的季节性寄生虫病。这种病可通过吸血昆虫传播。主要防治措施：①牛体灭蜱。②常用治疗药物：贝尼尔（又名三氮脒），4 ~ 7 毫克/千克体重肌内注射，连用 3 次，每次隔 24 小时；阿卡普林（又名焦虫素、硫酸喹啉脲）1 毫克/千克体重，肌肉或皮下注射，每次隔 24 小时。

（3）牛犊新蛔虫病。这是由牛新蛔虫寄生于犊牛小肠内而引犊片发生肠炎、腹痛、腹泻等消化道症状的一种寄生虫病。主要防治措施：①加强饲养管理，做好栏舍卫生和粪便管量外，主要是对受感染的犊牛进和及时驱虫。②常用治疗药物，驱蛔灵枸橼酸哌嗪内服一次量 0.25/千克体重，驱虫净等驱虫药。

（三）羊常见寄生虫病及其防治

（1）羊肝片吸虫病。本病是由片形吸虫寄生于羊等反刍动物的肝脏胆管内而引起的一种寄生虫病。多寄生于黄牛、水牛、绵羊、山羊等动物。多发生在夏秋两季，6 ~ 9 月为高发季节。主要防治措施：①每年应定期驱虫，春秋两季各驱虫 1 次，可有效防止羊肝片吸虫病的发生。②常用的驱虫药：硫双二氯酚：80 ~ 100 毫克/千克体重，一次口服；

硝氯酚（拜耳9015），4～6毫克/千克体重，一次口服；丙硫苯咪唑，20毫克/千克体重，口服，对成虫有效，但对童虫效果差。

（2）羊螨病。羊螨病是由穿孔疥癣虫（简称疥螨）或吸吮疥癣虫（简称痒螨），寄生在羊体表所引起的一种慢性的接触性的并且有高度传染性的皮肤病。疥螨多寄生在羊的嘴皮、鼻、眼睛周、耳部、头部、腿内侧及尾根等浅毛处痒螨多寄生在毛密的臀部和背部，然后向全身蔓延。主要防治措施：①用螨净0.25%溶液进行药浴，每年春秋各药浴1次，可有效防止羊螨虫病的发生。②常用的驱虫药：用20%碘硝粉注射液，剂量为10毫克/千克体重，皮下注射；1%的伊维菌素注射液，剂量为0.02毫升/千克体重，1次皮下注射；虫克星注射液，0.02毫升/千克体重的剂量，皮下注射。

（3）肠道绦虫病。该病是由主要寄生于羊小肠内的莫尼茨绦虫、曲子官绦虫和无卵黄腺绦虫等数种绦虫引起的，尤其对羔羊危害严重，甚至造成成批死亡。主要防治措施：①定期驱虫，舍饲改放牧前对羊群驱虫。放牧一个月内两次驱虫，一个月后3次驱虫。②常用的驱虫药：丙硫咪唑10毫克/千克体重；氯硝柳胺（驱绦灵）100毫克/千克体重；硫双二氯酚75～150毫克/千克体重。③驱虫后的羊粪便要及时集中堆积发酵或沤肥，至少2～3个月才能杀灭虫卵。

（四）鸡常见寄生虫病及其防治

（1）鸡球虫病。多发生于14～40日龄雏鸡。鸡感染球虫卵囊后，病初精神不佳，羽毛耸立，头卷缩，常在雏鸡笼中站立一侧，泄殖腔周围的羽毛被液状排泄物污染。严重时出现共济失调，渴欲增加，食欲废绝，嗉囊内充满液体，鸡冠和可视黏膜苍白、贫血，粪便表面有鲜血覆盖。雏鸡死亡率较高，如不及时治疗雏鸡死亡率最高可达40%以上，育成鸡和产蛋鸡发病后死亡率较低，但产蛋鸡产蛋量下降。主要防治措施：球痢灵。每100克对水200千克，连用3天。可用复方新霉素控制继发感染，每100克对水200千克，连用3天。

（2）组织滴虫病。多发生于夏季，3～12周龄的鸡易感性最强，死亡率也最高，成鸡呈零星散发。感染后病鸡表现精神不振，食欲减少以至废绝，羽毛蓬松，闭眼，畏寒，下痢，排淡黄或淡绿色粪便，严重者粪便中混有血液。病的末期，有的病鸡因血液循环障碍，鸡冠发绀，故称"黑头病"。

（3）禽吸虫病。家禽吸虫病是各种吸虫寄生于家禽体内而引起的疾病的总称。多为地方性流行，一般流行于夏、秋两季。主要防治措施：可选丙硫咪唑或吡喹酮进行药物治疗。

（4）鸡绦虫病。本病在9～12月多发，80～400日龄之间的鸡均有发生。主要防治措施：首选药物是吡喹酮。按10～15毫克/千克体重给药。治疗时上午正常喂料，停料3小时左右，正常饮水，之后用正常饲料量的70%将药物均匀拌入。一次投服。用丙硫苯眯唑按20毫克/千克体重的剂量拌料，每天1次，连用3天，也可达到驱虫效果。

（5）蛔虫。可感染鸡、鸭 鹅等禽，该病是危害养鸡业的重要疾病之一。一般8～10日龄的雏鸡及幼鸡最易感染，60～90日龄的鸡发病严重，发病率高，并易发生大批死亡。主要防治措施：按10～20毫克/千克体重口服盐酸左旋咪唑片，或将其制成粉剂拌入饲料中饲喂，连用6天，病情可基本得到控制。

（6）鸡虱。虱在采食过程中，同时，刺激鸡的神经末梢，从而影响其休息和睡眠，导致体重减轻和营养不良，产蛋量下降。本病对成鸡很少造成死亡，但雏鸡发生后，严重者可引起死亡。主要防治措施：伊维菌素拌料，按0.3毫克/千克体重，一天内集中拌料饲喂1次。7天后重复饲喂1次。也可以用5%溴氰菊酯乳剂。1毫升对1升水，鸡舍和鸡体表喷淋。

三、肉禽饲养无公害管理技术规程

（一）范围

（1）本规程适用于贵阳市无公害食品生产基地肉禽的饲养管理，内容包括引种来源、禽舍环境、饲料、兽药、防疫、消毒、饲养管理、废弃物处理、生产记录、出栏和检验。

（2）本规程适用于肉禽快大型家禽，优质肉用家禽及地方土杂家禽。

（二）规范性引用文件

下列文件中的条款通过本规程的引用而成为本规程的条款。

GB16548 畜禽病害肉尸及其产品无害化处理规程。

NY5027 无公害食品畜禽饮用水水质。

中华人民共和国兽药典。

农药管理条例。

允许使用的饲料添加剂品种目录。

（三）引种来源

（1）雏禽应来源有种禽生产许可证，且无传染性禽病（如新城疫、小鹅瘟、禽流感、禽慢性呼吸道病、禽结核、白血病等）的种禽场或由该类场提供种蛋所生产的经过产地检疫的健康雏禽。

（2）应根据市场需要，每个无公害肉禽基地在同一时间内饲喂同一品种、同一来源的家禽。

（四）禽舍

（1）禽舍建址应在地势较高、干燥、采光充足、排水良好、隔离条件好的地方修建。

（2）禽舍应严格执行生产区和生活区相隔离的原则。

（3）禽舍建筑应符合卫生要求，内墙表面应光滑平整，墙面不易脱落，耐磨损，不含有毒有害物质，具有良好的防虫、防鼠设施。

（4）设备良好、卫生，并适合卫生检测。

（五）饲养管理

1. 饲养方式

可采用地面平养、网上平养和笼养，地面平养选择刨花或稻壳作垫料。垫料要求一定要干燥、无霉变、不应有致病性病原菌和真菌类微生物群落。

2. 饮水管理

采用自由饮水，确保饮水器不漏水，防止垫料和饲料霉变，饮水器要求每天清洗，消毒，消毒剂可采用百毒杀、漂白粉和卤素类消毒剂。根据情况需要时可以在水中添加葡萄糖和多维类添加剂等。

3. 喂料管理

自由采食和定时定置饲喂均可，饲料中可以拌人多种维生素类添加剂。饲喂过程中使用了药物和药物添加剂的应按照药物使用规定，严格执行休药期制度，强调在上市前7天饲喂不含药物和药物添加剂的饲料。每次添料根据需要确定，尽量保持饲料新鲜，防止饲料发生霉变，随时消除散落的饲料和喂料系统中的垫料，饲料存放在干燥的地方，存放时间不能过长，不应喂发霉、变质和生虫的饲料。

4. 饲料质量

（1）使用的配合饲料应是取得省级饲料主管部门颁发有《饲料生产登记证》的正规企业生产的产品。

（2）养殖基地管理部门负责饲料的购买和贮藏，并对每个产品作好留样记录，留样期为饲料保质期满后的3个月。

（3）饲料中使用的营养性饲料添加剂和一般性饲料添加剂产品应符合国家规定的《允许使用的饲料添加剂品种目录》规定的品种，并按标签说明使用。

（4）饲料中使用的饲料添加剂产品应是具有农业部颁法的饲料添加剂生产许可证的正规企业生产的、具有产品批准文号的产品。

（5）药物饲料添加剂的使用应按照农业部发布的无公害肉鸡饲料中使用的药物饲料添加剂目录和用法、用量执行，氨苯砷酸和洛克沙胂添加剂不能使用。

（6）添加有药物添加剂的饲料应根据添加药物严格执行休药期制度。

（7）草食家禽饲用的青饲料包括牧草、野草、农副产品应是在无公害食品生产基地中生产的，农药残留不得超过国家有关规定，无污染、无发霉、变质、异味的饲料。

5. 消毒

（1）每批肉禽进出栏前后应实施消清洗、消毒、灭虫、灭鼠，消毒剂选择符合《中华人民共和国兽药典》规定的高效、低毒和低残留消毒剂；灭虫、灭鼠选择符合《农药管理条例》规定的菊酯类杀虫剂和抗凝血类杀鼠剂。

（2）禽舍清理完毕到进鸡前，禽舍至少空场2周，关闭并密封禽舍，防止鸟类和鼠类入舍。

（3）禽舍人口应加锁并设有"谢绝参观"标志，禽舍门口设消毒池和消毒间，所进人禽舍的物品、用具、推车等要进行全面消毒，消毒液可选用2%～5%漂白粉澄清溶液或2%～4%氢氧化钠溶液，消毒液定期更换，人员入禽舍必须更换专用工作服和工作鞋。

（4）舍内要求每周进行一次消毒，消毒剂选用如卤素类、表面活性剂等。

6. 疾病防治

（1）禽病预防和治疗由动物防疫部门负责。

（2）坚持全进全出制度饲养肉禽，同一类养禽基地不能饲养其他禽类。

（3）基地要根据饲养的肉禽品种，结合本地实际制定合理的免疫程序和免疫方法。

（4）养殖区内应依照《动物防疫法》及配套法规，结合当地实际制定监测方案。

监测的疾病至少包括：高致病性禽流感、新城疫、小鹅瘟、鸡白痢。另外，还要结合当地实际选择其他一些必要的疾病进行监测。

（5）养殖区发生疾病或怀疑发生疾病时，应及时采取措施控制，对重大疫情应先封锁、隔离，再确诊，并同时报告当地畜牧兽医行政主管部门，依照《动物防疫法》采取控制、扑灭措施。

（6）使用的兽药必须符合国家有关标准的规定，禁止使用未经农业部批准或已经淘汰的兽药，使用兽药应来源于具有《兽药生产许可证》和产品批准文号的生产企业。

禁止使用有致畸、致癌、致突变作用的兽药；对环境造成严重污染的兽药；影响动物生殖的激素类或其他具有激素作用的物质及崔眠镇静类药物；未经国家畜牧兽医行政管理部门批准的用基因工程方法生产的兽药。限制使用青霉素类和喹诺酮类的一些药物。

7. 废弃物处理

使用垫料的饲养场，采取肉禽出栏后一次性清理垫料，饲养过程中垫料过湿要及时清出，网上饲养户应及时清理粪便，清出的垫料和粪便在固定地点进行高温堆肥处理、堆肥池应混凝土结构，并用土覆盖。

8. 生产记录

建立生产记录档案，包括进雏日期，进雏数量、雏禽来源、饲养员。每日的生产记录包括：日期、肉禽日龄、死亡数、死亡原因、存栏数、温度、免疫记录、用药记录、喂料量、禽群健康状况、出售日期、数量和购买单位、记录档案应保存两年以上。

9. 肉禽出栏

肉禽出栏前 6 ~ 8 小时停喂料，可以自由饮水。

（六）检验

肉禽出售前应经动物防疫监督机构进行产地检疫，检疫合格方可上市，不合格按 GB 16548 处理。

（七）运输

（1）运输设备洁净、无粪便、化学品遗弃物。

（2）运输车辆在装运前和卸货后都要进行彻底消毒。

四、肉鸡养殖技术

（一）进雏鸡前准备

1. 场地冲洗

首先将粪便清理干净，再用高压水枪进行彻底的冲洗，并按着一定的顺序进行，一般先顶棚、后墙壁、再地面；从禽舍的远端到门口，先舍内后舍外，逐步认真地进行，不留死角。

2. 场地消毒

（1）进雏鸡前 15 天，用火焰焚烧地面及墙壁。

（2）用 3% 的热烧碱水泼洒地面及 1 米高墙面，24 小时后清水冲洗。

（3）等地面干后，用其他消毒水（如复合酚、0.3%过氧乙酸、碘制剂消毒药，百毒杀）对屋顶、墙面、地面及鸡舍周围进行喷洒消毒，24小时后清水冲洗。

（4）等地面干后，用20%的生石灰乳（10千克石灰对50千克水）粉刷地面及1米高墙面（有的养殖户没做过这项工作）。

（5）进鸡前2天铺上垫料，摆好开食盘、料桶、饮水器（去盖），预热，用高锰酸钾（新场地7克/立方米，旧场地14克/立方米）和福尔马林（新场地14毫升/立方米，旧场地28毫升/立方米）对育雏舍密闭熏蒸24小时，然后打开门窗进行通风，24小时后旧可以进鸡了。熏蒸是注意：贴瓷盆容器要比福尔马林的容积大10倍，先倒入高锰酸钾再倒福尔马林，人速离舍。

3. 器具

以1 000只鸡为例用具准备（消毒后使用）。

（1）开食盘、料桶。开食盘10个（小鸡用），小号料桶15个（小鸡3～10天前使用），大号料桶25个（10天至上市使用）。先用消毒水浸泡，后熏蒸消毒。

（2）饮水器，小号饮水器15个（小鸡用），大号饮水器15个（7天至上市后使用），如果安装自动饮水器则需大号饮水器8个。先消毒水浸泡，后熏蒸消毒。

（3）连续注射器1把，7号、9号针头个10颗。煮沸消毒使用。

（4）大风扇2个，喷雾嘴2个。夏天防暑降温用。

（5）另外，一个鸡场需竹围（规格：长6～8米，高0.5米）2～3张，大水桶2个，温度计6支，疫苗泡沫箱1个或保温瓶1个。消毒设备：喷雾器1～2个，高压洗冲机1台，火焰喷枪1把，煤气罐1个。

4. 垫料、燃料

（1）采用地面育雏的，熏蒸消毒前在室内铺好干燥无霉变的7～16厘米长稻草，糠壳等垫料。夏天薄点，冬天厚点。主要作用：保暖、吸湿、睡觉柔软舒适。

（2）网上育雏可免。但中、大鸡在地面平养需垫料

（3）燃料煤炭提前准备好

5. 育雏舍搭建及保温架搭建

（1）育雏舍面积。40～50羽/平方米。随着雏鸡日龄的增长，育雏室的面积逐步扩大。

（2）育雏舍搭建。顶棚的搭建。

方法一，顶棚前用花胶薄膜或塑料薄膜，末端用无内膜的饲料口袋缝制而成，并盖好，起到保湿透气的作用。

方法二，顶棚全用花胶薄膜或塑料薄膜，薄膜接头处不能封死，利于湿度过大时掀起透气排湿。顶棚高度：1.8～2米。

（3）保湿架搭建。在冬季使用。相当于屋中屋。内用60瓦灯泡。材料用木条，麻袋等订制而成。高度0.5米。面积：1 000只鸡需保温架8平方米，随雏鸡日龄的增长，增加保温架。

（4）在冬季亦可用保温伞（用电）替代保温架。

6. 消毒池

(1) 位置。鸡舍出入口。

(2) 材料。用水泥和砖砌成或用消毒盆代替。

(3) 用复合酚、百毒杀等消毒药，2~3 天换新鲜的，否则，无效。

7. 鸡舍专用鞋、工作服、帽

进鸡舍工作时换上太阳暴晒消毒后的鸡舍专用鞋、工作服、帽。避免带入细菌病毒，这一点相当重要。

8. 预热

(1) 除盛夏外，在进雏前 1~2 天进行预热。使室内温度达到 33~35℃，相对湿度 60%~70%。

(2) 预热可以发现烟道是否漏烟，温度能否达到要求，以便采取措施。

(二) 育雏期饲养管理要点

1. 养殖户要学会三看一听观察鸡群

一看：早晨看粪便；二看：中午看采食、看精神；三看：晚上看睡姿、看有无打堆现象；一听：晚上 12 点听呼吸声音。

2. 药品、饲料、开水

(1) 药品、饲料提前在公司领取，准备好开口药、白痢药，小鸡料；

(2) 开水在接苗前 24 小时准备好，如果冬天温度低可以将冷开水用锑桶放在烟道上。

3. 取苗时的注意事项

(1) 运输车辆：不能选择运输过大鸡的车辆，车辆的车厢不能是密封的，要透气。取苗后不要在中途停留，尽快运回鸡舍，鸡苗框不能倒，以免压着鸡苗。

(2) 时间选择：天冷在中午取苗，天热在早上取苗。取苗带《领苗通知单》和养殖户身份证。

(3) 雨天要带篷布等防雨用具，天冷要带被单、毛毡等保温单。

4. 鸡苗搬到育雏舍时注意事项

(1) 鸡苗般到育雏舍后，马上一箱一箱平放在育雏舍，让雏鸡休息 15 分钟，加好"初饮水"后取出鸡苗。搬鸡苗时注意：鸡苗框不能放在烟道上，离烟道 1 米以上平放，以免温度过高被烤死。

(2) 检查温度是否符合要求。如温度过低，暂时不要取出鸡苗，加大火力升高温度。

(3) 检查湿度是否符合要求。在炎热的夏天，如湿度过低（尤其长途运输的鸡苗）可在烟道上加上几盆水，增加湿度。

5. 温度、湿度

(1) 测温用的温度计，要挂在育雏舍齐雏鸡背的高度处，不要太靠近烟道，也不要放在偏角地方，离烟道 1.5 米左右。在烟道前、中、后两侧各挂放温度计 6 支，温度计的温度作为参考，温度是否合适，要"看鸡施温"，及时调整。

(2) 温度：1~2 日龄室温 33~35℃（夏天在 31~33℃），以后每天下降 0.5 度，到第 7 天温度 31～32℃。相对湿度 60%～70%。以后温度每周下降 2～3℃，降到 22～25℃时保持相对稳定，相对湿度降到 50%。

（3）何为"看鸡施温"。温度适宜时，雏鸡均匀分布，无明显扎堆现象，食欲旺盛，睡姿伸展舒适。温度低时，雏鸡扎堆靠近烟道，并发出"叽叽"叫声。温度高时，雏鸡远离烟道，张口呼吸，大量饮水。育雏前 2 周温度非常重要，必须保持相对稳定，不能忽高忽低，否则鸡苗再好，饲料再好，也养不好鸡。

6. 初饮水

（1）初次饮水时间：雏鸡运抵育雏室后，休息 15 分钟左右开始饮水。

（2）初饮水（温开水）：4 种方案 ①3%～5% 葡萄糖 + 多种维生素混合水；②开食补液盐水；③万分之一的高锰酸钾水；④青链霉素水。

（3）注意事项：饮水器要足够，初饮很关键，要检查每只鸡是否都吃到水，否则要单独教喂。弱小的要分栏单独饲养，单独滴口，将其头按在饮水里教其饮水 3～5 次，否则这部分弱苗容易死去，精心管理将使其追上其他鸡苗的长势①1～2 周龄用温开水②7 日龄小饮换大饮，注意悬挂高度。

7. 开食

（1）开食的时间。初饮水 3～5 小时后再开食。

（2）开口料。①厂家生产的小鸡全价料（有的喂半干湿料）；②八成熟的生分子米饭；③八成熟的米粒大小玉米颗粒。

8. 光照

（1）1～2 日龄。24 小时光照。

（2）3 日龄至上市。23 小时光照，1 小时黑暗，让鸡只适应停电的黑暗，以免打堆被压着。

9. 通风、除湿

（1）在确保室温的提前下，注意通风换气，一般选择在一天中最暖和的时间进行，要防止贼风。

（2）通风时要自然除湿。

（3）通风、除湿时提高温度，以免造成温度下降幅度过大。

10. 密度、分栏、扩群、分群

（1）1～2 周龄 40～50 羽/立方米，3～4 周龄 20～30 羽/立方米，4 周龄以上 10～15 羽/立方米。

（2）大小强弱应及时分栏饲养，以保证较高均匀度 500 羽/栏为宜。

（3）第五天适度扩群，降低饲养密度，注意扩群后温度的稳定。

（4）做疫苗的同事对公、母进行分群饲养，越早越好，以保证较高均匀度。

11. 疫苗

（1）熟悉掌握点眼、滴鼻、滴口、颈部皮下注射、肌内注射、刺膜、饮水 7 种疫苗方法。

（2）注意事项。①夜晚进行，使用竹围；②做疫苗时应将温度提高 2～3℃，防止感冒；③饮用营养抗应激药、防感染药；④冻干疫苗稀释后应放冷暗处，必须在 4 小时内用完，且一经开瓶，应一次用完。配制疫苗的稀释液（或生理盐水）温度不超过20℃，滴鼻、点眼时要疫苗吸入再放鸡；⑤饮水免疫时，水中应不含消毒剂，饮水要清洁，同时，可在饮水中按50千克水加100~250克脱脂奶粉，不要用金属容器。根据季节，至少停水3~4小时，饮水器放在不受阳光照射的地方，应在1小时内饮完；⑥油乳剂注射前要在室温下放置0.5小时，否则，冷应激太大。

12. 断喙（切嘴）

（1）断喙时间。一般较早在9~10日龄或25日龄左右进行，并在雏鸡健康无病时进行，同时，要加喂维生素，预防应激。

（2）断喙尺寸。上嘴尖到鼻孔分三段，断前1/3，下嘴1/4。

（3）注意事项。①断喙在晚上进行，否则，应激大；②断喙前将饲料桶悬挂提高，停料，空腹进行断喙；③断喙前后要加多种维生素、维生素K_3、防感染药（红霉素、强力霉素、氧氟沙星）；④断喙时应将温度提高2~3℃，防止感冒；⑤断喙时按住下颚，以免烫伤舌头；⑥把切嘴机停留时间掌握好，以免流血；⑦断喙后先饮水2小时，再采食；⑧断喙后三饲料应对加点，不能吃完再加，以免采食啄到饲料桶流血。

13. 换料

（1）21日龄有小鸡料逐渐换成中鸡料，3~5天完成，换料时多加营养抗应激药。

（2）黄鸡在42天由中鸡料逐步换成大鸡料，3~5天完成，换料时加营养抗应激药。

（3）麻鸡在49天由中鸡料逐步换成大鸡料，3~5天完成，换料是多加营养抗应激药。

14. 防暑降温

（1）采取措施。

（2）减少饲养密度。

（3）隔热层、遮阳膜。

（4）屋顶喷水。

（5）风扇。

（6）喷雾。

（7）饮喂清凉解暑药。

15. 其他

（1）育雏室内保持干净、卫生，常换垫料，碳酸气不应超过15%。氨气不应超过10毫克/千克。

（2）定时消毒，按计划准时免疫接种。

（3）如发现疫情应及时到公司诊断治疗，以免延误第一用药时间。

（4）病雏鸡及时隔离治疗，病死鸡药深埋。

五、水产养殖技术

（一）主要养殖鱼类

（1）鲤鱼。辐鳍鱼纲鲤形目鲤科的其中一种。被IUCN列为次级保育动物。适应性强，耐寒、耐碱、耐缺氧。鲤鱼属于底栖杂食性鱼类，荤素兼食。饵谱广泛，吻骨发达，常拱泥摄食。

（2）草鱼。草鱼：鲤形目鲤科雅罗鱼亚科草鱼属的唯一种。又称白鲩，草根鱼，厚鱼。栖息于平原地区的江河湖泊，一般喜居于水的中下层和近岸多水草区域，为典型的草食性鱼类。草鱼生长快，个体大，最大个体可达40千克。肉质肥嫩，味鲜美。

（3）鲢鱼。鲢鱼属于鲤形目鲤科，是著名的四大家鱼之一。鲢鱼是人工饲养的大型淡水鱼，生长快、疾病少、产量高，多与草鱼、鲤鱼混养。鲢鱼是典型的滤食性鱼类，更喜吃人工微颗粒配合饲料。在池养条件下，如果饵料充足的话，1龄鱼可达到0.8千克上下。

（4）鳙鱼。又称鲢鳙，中国著名四大家鱼之一。此鱼鱼头大而肥，肉质雪白细嫩，是鱼头火锅的首选。鳙鱼属于滤食性鱼类，对于水质有清洁作用，有雅名"水中清道夫"。

（5）鲫鱼。简称鲫，俗名鲫瓜子、月鲫仔、土鲫、细头、鲋鱼、寒鲋，为辐鳍鱼纲鲤形目鲤科鲫属的其中一种鱼类。鲫鱼经过人工养殖和选育，可以产生许多新品种，例如，金鱼就是由此产生的一种观赏鱼类。

（6）斑点叉尾鮰。属于鲶形目科，原产美国。适温范围广（0～38℃）、耐低氧、个体大、食性杂、生长快、产量高、易繁殖、易饲养、易捕捞、抗病力强、易加工，极适合各地采用各种方式养殖。

（7）鲈鱼。鲈鱼（Weever），又称花鲈、寨花、鲈板、四肋鱼等，俗称鲈鲛。常栖息于河口咸淡水处，也可生活于淡水中，主食鱼、虾类，一般体长为30～40厘米，体重400～1 200克。

（8）武昌鱼。武昌鱼，属鲤形目，鲤科，鲌亚科，鲂属。俗称：鳊鱼，团头鲂，团头鳊，平胸鳊。又名团头鲂，肉质嫩滑，味道鲜美，是我国主要淡水养殖鱼类之一。较适于静水性生活，为中、下层鱼类，食性为草食性鱼类，以苦草、轮叶黑藻、眼子菜等沉水植物为食，最大个体可达3～5千克。它具有性情温顺，易起捕，适应性强，疾病少等优点。

（9）鲑鱼。三文鱼也叫大马哈鱼，学名鲑鱼，是世界名贵鱼类之一。三文鱼鳞小刺少，肉色橙红，肉质细嫩鲜美，既可直接生食，又能烹制菜肴，是深受人们喜爱的鱼类。

（10）江团。属鲶形目，鲿科，鮠属，又名鮰鱼，不同的地方，鮰鱼有不同的叫法，上海称"鮰老鼠"、四川名"江团"，贵州则唤之为"习鱼"。

（11）大口鲶。属鲶形目、鲶科、鲶属。地方名：河鲶、叉口鲶、鲶巴朗、大口鲶、大河鲶、大鲶鲇等外形与鲶相似。属底层、肉食性鱼类，主要吃鱼、虾、水生昆虫、底栖生物等性情温顺，不善跳跃，不钻泥，容易捕捞。

（12）倒刺鲃。别名绢鱼、火绢，食植物碎片和丝状藻类。常见个体1千克上下，性活泼，喜欢成群栖息于底层多为乱石的流水中，是底层鱼类。冬季，倒刺鲃在干流和支流的深坑岩穴中越冬，春季水位上涨后，则到支流中繁殖、生长。

（13）斑点叉尾鮰。又称沟鲶、钳鱼，属于鲶形目、鮰科鱼类，是一种大型淡水鱼类，具有食性杂、生长快、适应性广、抗病力强、肉质上乘等优点。

（二）名特优鱼类、冷水鱼

（1）鲟鱼。鲟鱼对水质要求比较严格，喜生活于流水、溶氧含量较高，水温偏低，底质为砾石的水环境中，以底栖无脊椎动物及小型鱼类为食。有小体鲟、闪光鲟、高首鲟、短吻鲟、俄罗斯鲟、中华鲟、欧洲鲟、匙氏鲟、达氏鲟等10多个种。

（2）虹鳟。鲑科、太平洋鲑属的一种鱼，鲑科冷水性鱼类，塘养鱼中的珍贵品种。最适水质为：生化需氧量小于10毫克/升。氨氮值低于0.5毫克/升，pH值6.5~8。水流流量大，养殖规模大，产量也高。水质清洁，无污染，不含泥沙。

（3）金鳟。金鳟是日本从虹鳟的突变种选育出的金黄色品系，属冷水性鱼类，正常生长上限水温为22℃，没有明显的下限，下限水温接近0℃的仍能少量摄食，正常生存，既能在池塘中养殖，也能在水库、湖泊、河川中放养，尤其在池塘流水中养殖，一年四季均可生长，亩产可高达1万~2万千克，经济效益极高。

（4）大鲵（娃娃鱼）。是世界上现存最大的也是最珍贵的两栖动物。是国家二类保护水生野生动物，是农业产业化和特色农业重点开发品种，是野生动物基因保护品种。

（三）主要养殖方式

（1）网箱养鱼。将由网片制成的箱笼，放置于一定水域，进行养鱼的一种生产方式。网箱多设置在有一定水流、水质清新、溶氧量较高的湖、河、水库等水域中。养殖滤食性鱼类或在风浪较大的一般采用封闭式网箱；在风浪较小的水域养殖吃食性鱼类或养殖鱼种一般采用敞口式网箱。

①固式网箱：采用竹桩、木桩或水泥桩钉牢于水底，桩顶高出水面，将臂固定于桩上，箱体上部高出水面1米左右，箱底离水底1~2米的一种网箱设置方式。但不能随水位变动而浮动，不便检修操作，鱼的粪便、残饵分解往往造成溶氧较低，很少采用。

②浮式网箱：采用最广泛的一种设置方式。把网箱悬挂在浮力装置或框架上，随水位变化而浮动，其有效容积不会因水位的变化而变化。适用于水体较深，风浪较小的水库、湖泊。但抗拒风浪的能力较差，因此应加设盖网为宜。

③沉式网箱：箱体全封闭，整个网箱沉入水下，只要网箱不接触水厢网箱的有效容积一般不会受到水位变化的影响，在风浪较大的水域或养殖滤食性鱼类采用这种网箱比较适宜。同时可利用沉式网箱解决温水性类在冬季水面结冰时的越冬问题。

④备足鱼种：选择优良鱼种放养，不宜临时收集零星鱼种入箱。

⑤安装网箱：在鱼种入箱前4~5天将网箱安装好，并全面检查1次，四周是否拴牢，网衣有无破损，网衣着生了一些藻类可减少鱼种游动时被网壁擦伤。

⑥鱼种消毒：鱼种入箱前在捕捞、筛选、运输、计数等操作环节应做到轻、快、稳，尽量减少机械损伤，降低鱼病感染机会，这是预防鱼病的关键环节。病、伤、残的鱼种不入箱。鱼种入箱前可用药物浸洗鱼种。选用3%~5%食盐水消毒。

（2）稻田养鱼。放养时间一般在插秧后7~10天为宜，以草鱼为主（50%~70%），因地制宜搭配一些鲤和尼罗罗非鱼等，每亩可养殖鱼种1 000尾左右。在施用化肥、农药和烤田、耘草时，分片间隔施放，以免影响鱼类生长。饲料要充足，坚持每天上、下午2次投喂，浮萍、青草或糠麸均可。

（3）池塘养鱼。池塘土质砂质壤土。水质要求微碱性（pH 值 7 ~ 8.5）、硬度 5 ~ 8、透明度 30 厘米左右、溶氧 3 ~ 6 毫克/升。放养前应清除池内过多淤泥、修整堤埂和用生石灰等药物杀灭病虫害。放养鱼种的规格为草鱼 100 ~ 500 克、青鱼 500 ~ 800 克、鲢 50 ~ 300 克、鳙 50 ~ 500 克、鲮 15 ~ 50 克、鲤 15 ~ 50 克、鳊或鲂 15 ~ 50 克、鲫 15 克左右。适时适量施肥和注入新水、排出池水。饵料主要是水草、旱草和藻类，另补充投放配合饵料、油饼类、谷类和糠麸或田螺、贝类等。与家畜、家禽饲养、养蚕、种菜等综合经营效果好。

（4）水库养鱼。一般采用投放鱼种，靠水体中的天然饵料使鱼成长；小型水库可适当投饵施肥，以提高产量，大型水库常采取保护和利用水库中原有天然经济鱼类，移殖适应水库条件的经济鱼类和人工补充放养量等综合措施。一般以鲢鱼、鳙鱼为主，搭配草鱼、鲂鱼、鲤鱼、鲫鱼、鳊鱼等。

六、水产养殖主要疾病防治技术

随着水产养殖业的发展，集约化程度不断提高，若饲养管理不当，病原体就侵袭鱼体，产生疾病。水产动物发生病害的原因是由环境条件、病原体、鱼体自身三者之间相互作用的结果。外界因素有：生物因素。主要有细菌、病毒、真菌、藻类、原生动物、蠕虫、甲壳动物等病原体和敌害生物等。环境因素。主要包括底质和淤泥、光照、水温、溶解氧、酸碱度、氨氮、亚硝酸盐和硫化氢等有毒有害物质。人为因素。养殖设施设计不科学、操作不细致鱼体受伤、放养密度不恰当、混养比例不恰当、放养患病养殖动物、饲养管现不善、饲料质量差或投喂不当、饲养管理不当等。内在因素是：水产养殖动物的免疫力下降，是引发疾病的内在原因。疾病的发生都有一定的原因和条件，内因是关键。水产动物对病原的敏感性强弱与其自身的遗传性质和免疫力有关，而生理状态、营养条件、生活环境等也都能影响养殖动物对病原的敏感性。天然免疫力的消退和获得性免疫力的减弱均能引起水产动物的免疫力下降，引发养殖动物患病。

（一）常见水产病害的诊断与防治

1. 细菌性疾病

（1）细菌性烂鳃病。

①病原：该病在水温 15℃以上开始发生和流行。发病时间在 4 ~ 10 月，7 ~ 8 月为发病高峰期。主要由嗜水气单胞菌、爱德华氏菌引起。

②症状及病理变化：危害品种主要有草鱼、青鱼、鳊鱼、白鲢、丁桂、叉尾鮰、罗非鱼等。病鱼常离群在水面独游，行动缓慢，食欲减退或不吃食，对外界刺激反应迟钝；患病鱼体色发黑，特别头部变得乌黑，故细菌性烂鳃病又称"乌头瘟"。肉眼检查，病鱼鳃盖骨的内表面往往充血，鳃上黏液增多，鳃丝肿胀，局部鳃丝腐烂缺损，腐烂处常常有附着物。从病鱼鳃瓣的腐烂部位剪下一小块在显微镜下检查，一般可以见到鳃丝软骨尖端外露或腐蚀。

③病因分析：主要因饵料腐烂，水质恶化，引起该病。同时，也可能是由于投喂前饵料没有进行消毒处理，投喂未经发酵的生粪。

④治疗与预防：a. 生石灰化开后全池泼洒，使池水 pH 值成弱碱性（pH 值 8.0 左

右），用量和次数应根据池水实际酸碱度而定。b. 每 1 立方米水体，含氯石灰（漂白粉）1~1.5 克；二氧化氯 0.1~0.3 克。c. 10% 聚维酮碘溶液，一次量，每 1 立方米水体，0.5~1 毫升，1 天 1 次，连用 3 天为一疗程。d. 内服，诺氟沙星、氟苯尼考，一次量，每 1 千克体重，30 毫克，拌饲投喂，1 天 1 次，连用 4~6 天。

（2）打印病。

①病原：主要由点状气单胞菌点状亚种等引起。

②症状及病理变化：本病主要危害草鱼、武昌鱼、丁桂、叉尾鮰、罗非鱼，从鱼种、成鱼直至亲鱼均可发病，近年来，已发展成重要的常见多发病，对亲鱼危害较严重，各养鱼地区均有此病出现。病灶主要发生在背鳍和腹鳍以后的躯干部分；其次是腹部两侧；少数发生在鱼体前部，这与背鳍以后的躯干部分易于受伤有关。患病部位先是出现圆形、椭圆形的红斑，好似在鱼体表加盖红色印章，故称打印病，严重时甚至露出骨骼或内脏，病鱼游动缓慢，食欲减退，终因衰竭而死。

③病因分析：本病终年可见，但以夏秋季较易发病，28~32℃ 为其流行高峰期。一般认为此病的发生与操作受伤有关，特别是家鱼人工繁殖操作有很大影响，池水污浊亦影响发病率。

④治疗与预防：a. 尽量避免鱼体受伤。b. 必要时，可用治疗烂鳃病、赤皮病用的任一种外用药全池遍洒 1 次，或投喂抗生素内服药 3 天。c. 注意池水洁净，避免寄生虫的侵袭，谨慎操作勿使鱼体受伤均可减少此病发生。

（3）细菌性肠炎病。

①病原：主要由肠型嗜水气单胞菌及肠鼠气单胞菌等感染引起暴发疾病。

②症状及病理变化：主要危害对象：草鱼、鲈鱼、丁桂、叉尾鮰、罗非鱼等多种水产养殖品种。病鱼离群独游，食欲下降，对外界的反应迟钝；剪开肠管，可见肠壁局部充血发炎，黏液增多，肠内没有食物或仅在后段有少量食物。患病严重时，病鱼腹部膨大，肛门红肿，腹腔内积有大量淡黄色液体，肠没有食物，只有淡黄色黏液；肠道因充血而呈红色或粉红色，肠内膜破坏，肠壁透明如玻璃纸，失去弹性；轻压病鱼腹部，可见有黄色黏液或"血脓"样液体从肛门流出。

③病因分析：肠型点状气单胞菌为条件致病菌，在健康鱼的肠道中通常只少量存在，不致病。当投喂不科学、饵料变质、水质变坏的情况下，或其他原因导致鱼体抵抗力下降，该菌在肠道内大量繁殖，导致肠道炎性水肿、肠上皮细胞坏死解体、毛细血管扩张充血，并且经由血液侵害肝脏、肾脏、脾脏等组织器官，从而发生疾病。病原菌可随病鱼的粪便或尸体大量排到池水中，污染饵料，再经口感染其他鱼，从而形成暴发性流行肠炎病。水温在 18℃ 以上时开始流行，25~30℃ 时为流行的高峰期。此病在一年中有两个明显的流行季节，4~6 月主要危害 1~2 龄草鱼，8~10 月主要是当年鱼种的发病季节。

④治疗与预防：由于肠型点状气单胞菌为条件致病菌，只有在条件恶劣、鱼体抵抗力下降时才暴发流行，因此，做好预防工作尤为重要。加强水质管理，注意水质清洁，定期加注清水和用石灰调节水质，掌握好投喂饵料的质和量，不投喂腐败变质的饵料，严格执行"四消四定"（鱼体消毒、饵料消毒、工具消毒、食场消毒及定质、定

量、定时、定位）措施，是预防此病的关键。

在细菌性肠炎病发生时，大量致病菌存在于池水和鱼体内，因此，治疗也应该采用水体消毒与内服药物相结合的方法。采用水体消毒一般可用漂白粉、二氧化氯等含氯消毒剂中的任一种或生石灰全池泼洒。内服药物可选用下列药物之一种做成药饵投喂：磺胺嘧啶、氟苯尼考，一次量，每1千克体重，50~100毫克，拌饲投喂，1天1次，连用4~6天。

（4）细菌性败血症。

①病原：细菌性败血症是主要淡水养殖鱼类暴发性流行病，是我国养鱼史上危害鱼的种类最多、危害鱼的年龄范围最大、流行地区最广、流行季节最长、危害养鱼水域类别最多、造成的损失最大的一种急性传染病。该病有由嗜水气单胞菌、温和气单胞菌等细菌感染引起多种淡水养殖鱼类的败血症，有时还有溶血性的腹水、出血性的腹水。

②症状及病理变化：该病主要危害草鱼、丁桂、大口鲶、叉尾鮰、昌鱼，其发病率达到60%~100%。主要症状是鱼体各器官组织不同程度的出血或充血。外表症状表现为病鱼口腔、头部、眼眶、鳃盖表皮和鳍条基部充血，鱼体两侧肌肉轻度充血，鳃有淤血或呈苍白色。随着病情的发展，病鱼体表各部位充血加剧，眼球突出，口腔颊部和上下颌充血发红，肛门红肿。内部症状表现为肠道部分或全部充血发红，肠内有少量食物肠发炎且有积水，腹部胀大，内有淡黄色或淡红色腹水。

③病因分析：a. 水环境：过去稀养状态下，生态指标相对合理，鱼类很少得病，而高密度情况下各种鱼病频发，因此，可以说水质恶化是促成各种鱼病的外部生态条件。而且水质好坏也关系到鱼产量的高低、鱼产品品质、口感。b. 营养失衡：池塘养鱼通常是投喂配合饲料，长期投喂某一种营养不全面、过量添加激素类、氨基酸不平衡、或者矿物质、维生素缺乏的饲料以及投喂携带病原体和有害物的饲料，都会使鱼患上营养性疾病。c. 滥用药：随着池塘养鱼单产的提高，鱼池条件也日趋恶化，鱼池不断淤浅，鱼类病害逐年增多，且蔓延速度加快，发病范围广。而多数养殖者对于使用的药物成分、性能了解甚少或基本不了解，就大剂量地、盲目地、频繁地使用，进一步污染水体，加大了鱼类的抗药性。有机物的成分本身就十分复杂，加上各种成分药物频繁使用，上一次药物尚未降解，新一轮药物又施入，造成药物间复杂的合成反应，其药残生成物往往对鱼产生严重毒副作用。很多育苗场家在育苗过程中，就使种苗一直浸泡在药水中，一旦种苗染上疾病，再用药时，病菌已经产生抗药性，就得加大用药剂量。造成滥用药的另一因素是，渔药缺乏有效的质量管理手段，使许多渔药不标明主要成分，用法或用量不清楚，从而使整个渔药市场混乱。d. 防范不当和外来病原体入侵：据统计，防范意识不强而被动受染患病占流行发病的20%以上，发病池水滥排、死鱼滥弃，捞鱼网具不消毒，雨水冲刷病原流入都是传播致病因素。如近年来养殖品种的不断增加，从国外引进的许多新品种带来的病害，造成防不胜防、无法控制的局面，这是因为一些养殖单位缺乏必要的鱼病检疫手段，在引种的同时，也将病害带入本地区，给养殖带来严重的后果。

④治疗与预防：参照烂鳃病。

（5）斑点叉尾鮰套肠病。

①病原：目前，初步认为该病嗜麦芽寡养单胞杆菌引起的急性致死性疾病，有很大的传染性。这种菌在各种水体中均可以存活，尤其是在大型水库的底层水中多见。

②症状及病理变化：套肠病在自然情况下主要感染斑点叉尾鮰。以3～9月，水温在18～22℃为斑点叉尾鮰套肠发病期，发病急，病程短，死亡快。其他鮰科鱼类也可以感染，但在相同条件下的有有鳞鱼类未见感染（如鲤、鲫、草、鲢、鳙、和鲈鱼等）一旦鱼在运输途中有机械损伤，鱼极易感染病。同时，此病还和鱼的抗病力相关，有肝胆综合征的鱼更易感染。

病鱼食欲减退，离群独游。初期可见体表有不规则斑点斑块（用手摸上去不光滑，形似打印病），后期严重会发展成溃烂。部分可见脱肛现象。解剖发现肠套叠，肠道内无食物，有积水。

③病因分析：此病属于条件致病菌，在以下几种情况下极易感染每年3～5月运输的旺季，此时温度尚低，鱼苗体质差，在运输途中密度过大，极易发生套肠病。有肝胆综合征和肠炎的斑点叉尾，因肠道消化不足，肠道痉挛而致使肠道阻塞，发生肠套叠。水温在18～22℃为鮰鱼套肠病发病高峰期，此时浮游动物和浮游植物大量滋生，特别是隔温层上下的水体交换频繁，底泥中有害物质上浮，造成消化系统功能紊乱。

④治疗与预防：a. 内服氟苯尼考等抗生素，添加多维、三黄散、黄芪多糖等中药，中西结合药效快，巩固与治愈率较高；b. 进行改底，降解有害物质的水质管理工作；c. 定期外用消毒，减少水体病原体，控制继发性感染；d. 坚决不能投喂霉变饲料；e. 定期使用抗应激产品及保肝护胆产品，以增强体质，调节消化功能。

2. 真菌性疾病

水霉病。

①病原：水霉病又称肤霉病或白毛病，是水生鱼类的真菌病之一，引起这种病的病原体在到目前已经发现有十多种，其中最常见的是水霉和绵霉。该病是由真菌寄生鱼体表引起，主要是真菌门鞭毛菌亚门藻状菌纲水霉目水霉科的水霉属和绵霉属。

②症状及病理变化：病鱼体表生出棉毛状的灰白色菌丝，开始时能见灰白色斑点，菌丝继续生长长度可达3厘米，如棉花絮在水中呈放射状，菌丝体清晰可见。严重时病鱼行动迟缓，食欲减退，身体消瘦甚至死亡。

③病因分析：水真菌广存于世界各地的淡水或半咸水水域及潮湿土壤中，于死亡的有机物上腐生，为一种常在的真菌，主要有水霉目、霜霉目及水节霉目等，又以水霉菌最为常见，于10～15℃时最适合生长，25℃以上时各种的游孢子繁殖力减弱，较不易感染，于鳟鱼几乎全年皆可发生。水霉病的发生主要因为紧迫造成的二次性感染，鱼只因拥挤、移动或其他不良环境因素的影响，造成体表组织受伤，水中的水霉病游孢子即伺机附着，于坏死组织上开始发芽形成菌丝，菌丝除寄生于坏死组织外，尚可漫延侵入附近的正常组织，分泌消化酶分解周围组织，更而贯穿真皮深入肌肉，使皮肤与肌肉坏死崩解。表层的菌丝则向外延伸，形成如棉絮状的覆盖物，并于末端形成孢子囊，放出游孢子到水中，经由水而传播各处。

④治疗与预防：A. 预防：a. 发病鱼池用0.04%食盐和0.04%小苏打合剂全池泼

洒；b. 受伤亲鱼可用 4% 碘酒涂抹患部；c. 鱼卵可用 4% 福尔马林浸洗 2~3 分钟。d. 水族箱中水温升到 30℃（不适用于冷水鱼），加 1% 的盐（不耐盐的鱼类不加盐），第三天换 1/3 的水。B. 治疗：a. 福尔马林 100~250 毫克/千克，流浴 1 小时。b. 食盐（最好选用无碘盐，因为过量的碘对水中生物是有害的）1%~1.5%，20~30 分钟。精制盐，用粗制盐也可。c. 孔雀石绿食用鱼禁用。d. 发生细菌性混合感染时需配合抗生素治疗。e. 亚甲基蓝 2 毫克/千克次日再一次能取到很好的效果。无需及时换水等药效分解水色自会变淡。3 天后可以考虑适当换水。

3. 寄生虫病

（1）吸虫病

①病原：病原为复口吸虫的尾蚴和囊蚴。尾蚴为典型的无眼点，具咽、双吸盘、长尾柄、长尾叉，特征是在水中静止不动时，尾干弯曲，使虫体折成"丁"字形。囊蚴呈瓜子形或椭圆形，分前体和后体，前体中有口、腹吸盘、咽、肠道和黏附器，体内布满透亮的颗粒状石灰质体；后体短小，内可见 1 个排泄囊。

②症状及病理变化：大量尾蚴对鱼种急性感染时，由于尾蚴经肌肉进入循环系统或神经系统到眼球水晶体寄生，在转移途中所导致的刺激或损伤，病鱼出现在水中作剧烈的挣扎状游动，继而头部脑区和眼眶充血，旋即死亡。或病鱼失去平衡能力，头部向下，尾部朝上浮于水面，随后出现身体痉挛状颤抖，并逐渐弯曲，1 天以后即可死亡。尾蚴断续慢性感染时，转移过程中对组织器官的损伤、刺激较小，不论是鱼种或成鱼，并无明显的上述症状，尾蚴到达水晶体后，逐步发育成囊蚴，囊蚴逐渐积累，使鱼的眼球开始浑浊，逐渐成乳白色，形成白内障，严重的病鱼眼球脱落成瞎眼。

本病的诊断可取下病鱼的眼球，剪破后取出水晶体，剥下其外周的透明胶质，或放在盛水的玻皿中，肉眼或用放大镜、低倍镜观察，可见白色粟状虫体。

③病因分析：复口吸虫的成虫寄生于鸥鸟，卵随鸟粪进入水体中，孵化出毛蚴，钻入椎实螺中发育形成胞蚴和大量尾蚴。故复口吸虫病的发生，传染源是鸥鸟，传播媒介是椎实螺。两者缺一，此病则不可能发生。若鱼池上空有较多的鸥鸟，而池塘中又有大量椎实螺，阳性螺的百分率有 20%~30%，在培育鱼种时，即有可能发生急性复口吸虫病。1 尾 3~6 厘米的鱼种，若短时间内同时有数十个至近百个尾蚴侵入，即可导致急性死亡。若鸥鸟、椎实螺的密度并不大，而阳性螺在 5% 左右，则有可能引起部分鱼患"白内障"。急性复口吸虫病的发病季节为 5~8 月。复口吸虫性"白内障"则全年均有发生。

④治疗与预防：a. 鱼池清塘，可用每 1/15 公顷按水深 1 米计，用 125 千克生石灰或 50 千克茶饼带水清塘，杀灭池中椎实螺。b. 发病池可用硫酸铜（0.7 毫克/升）全池遍洒，24 小时内连续泼洒 2 次，可杀死椎实螺。c. 用苦草或其他水草扎靶，放入水中，诱捕椎实螺，第二天取出，置日光下曝晒，使螺死亡。连续诱捕数天，可控制疾病的发展。

（2）线虫病。

①病原：主要有蛔虫、鞭虫、蛲虫、钩虫、旋毛虫和类粪圆线虫等。

②症状及病理变化：寄生在鱼皮下的线虫，发病部位在四肢、背部、腹部、尾部，

4～5月在躯干部（尤其是两侧）有线虫寄生。触及患部，鱼有疼痛反应。此时鱼多不进食，6月以后自然消失。也有线虫寄生在鱼肠道的，主要寄生在前肠的肌肉层，线虫头部钻入肠壁，破坏组织，吸取组织营养。还有线虫寄生在小肠、直肠的。还有寄生在胆囊内的线虫。

③病因分析：食用了感染线虫的鱼虾。

④治疗与预防：可用甲苯咪唑、丙硫咪唑等药物灌喂，达到驱虫的效果。一年在夏、秋两季，进行两次驱虫，可在饵料里添加丙硫咪唑等药物以杀死体内寄生虫。

（3）小瓜虫病

①病原：为凹口科、小瓜虫属、多子小瓜虫。这是一类体型比较大的纤毛虫。它的形态在幼虫期和成虫期有很大的差别。小瓜虫的幼虫侵袭鱼的皮肤和鳃，尤以皮肤为普遍。当幼虫感染了寄主后，就钻进皮肤或鳃的上皮组织，把身体包在由寄主分泌的小囊胞内，在胞内生长发育，变为成虫。成虫冲破囊胞落入水中，自由游动一段时间后落在水体底部，静止下来，分泌一层胶质的胞囊。胞囊里的虫体分裂法繁殖，产生几百甚至成千的纤毛幼虫。幼虫出来，在水中自由游动，寻找寄主，这就是小瓜虫的感染期。幼虫感染了新寄主，又开始它的生活史。

②症状及病理变化：易发生在仔鱼期，病鱼体表明显出现许多小白点，鳃上分泌大量黏液，病鱼呈现不安状态，常侧身在池壁摩擦身体，食欲减退。

③病因分析：此病多在初冬、春末发生，尤其在缺乏光照、低温、缺乏活饵的情况下易流行，是危害最严重的疾病，苗种期间感染率极高，尤其在鱼种下池初期体质未恢复或因管理不当鱼体质较差时感染率极高。如环境条件适于此病，几天内可使鱼全死亡。

④治疗与预防：a. 0.2%食盐＋1%瓜虫灵，首先将病鱼隔离，用0.2%食盐药浴5～7小时，刺激小瓜虫离体，然后再用1%瓜虫灵配成6毫克/千克浸浴12小时，每天1次，连用3次。b. 1%瓜虫灵，配成3毫克/千克直接向水体洒泼，每天1次，连用3次。

（4）车轮虫病。

①病原：车轮虫，虫体侧面形似圆蝶，体侧隆起的一面为口，旁有带状结构，称口带。口带两侧各长有一行纤毛，虫体以车轮状旋转的方式运动。

②症状及病理变化：被车轮虫寄生的病鱼，鳃盖边缘和鳃缝间鳃丝失血，严重时局部溃烂，呈灰黄色，以致鳃骨外露，鱼体呼吸困难，停止摄食，最终窒息死亡。在夏秋季节水温适宜时，由车轮虫寄生的烂鳃病容易传播和蔓延。

③病因分析：车轮虫以直接接触鱼体而传播，离开鱼体的车轮虫能够在水中游泳，转移宿主，可以随水、水中生物及工具等而传播。池小、水浅、水质不良、食料不足、放养过密、连续阴雨天气等均容易引起车轮虫病的爆发。

④治疗与预防：福尔马林、苦参碱溶液和阿维菌素溶液配合使用。用福尔马林（30克/立方米）稀释后全池泼洒，药浴6小时后，及放入清水。

4. 病毒病

斑点叉尾鮰病毒病。

①病原：为疱疹病毒。

②症状及病理变化：此病的主要症状是鳍基部和皮肤充血，腹部膨大，腹水增多，肾脏红肿，脾脏增大，内脏血管充血，眼睛外突，鳃丝渗白。病鱼垂直游动，死前头朝上漂浮水面。然而由于这些病症与其他传染病所引起的症状有相似之处，若需确诊最好通过病毒的分离鉴定。该病通常是在水温较高的夏季危害鱼苗或鱼种。

③病因分析：主要是鱼苗感染，成鱼带毒者隐性感染。

④治疗与预防：a. 鱼苗放养密度不宜过大，最好低于 8 000 尾/亩；池水溶氧量应保持在 4 毫克/升以上。b. 水温在 29℃ 以上时尽量不要拉网作业或运输鱼种。c. 在水温高于 20℃，鱼病尚未停止死亡时切勿拉网捕鱼；若有地下水抽放能降低池水温度至 20℃ 以下可减少鱼的死亡。d. 患病鱼池使用过的工具要用 5% 的福尔马林有效氯消毒后才能使用。e. 治疗：疫苗。

（二）水产养殖防治及诊断方法

（1）水产动物疾病防治方针。无病早防、有病早治、防重于治。

（2）治疗水产动物疾病的难点。a. 难以发现；b. 蔓延迅速；c. 特效药少；d. 给药困难。

（3）渔用药物使用的基本原则。a. 准确诊断疾病，做到对症下药；b. 明确药物性能，选择给药途径；c. 了解饲养环境，准确计算药量；d. 注意饲养对象，选择适宜药物；e. 注重药理作用，避免配伍禁忌；f. 注意药物残留，防止滥用药物；h. 观察疫情动态，总结防治效果。

（4）常见渔药的种类。a. 环境改良与消毒药：二氧化氯、聚维酮碘等；b. 抗微生物药物：恩诺沙星、氟苯尼、磺胺甲基嘧啶等；c. 驱虫杀虫药：阿维菌素、甲苯咪唑等；d. 中草药：三黄粉（黄芩、黄连、黄柏）青蒿、五倍子等；e. 生物制剂：光合细菌、乳酸菌、EM 菌、枯草芽孢杆菌等；f. 营养剂（保健药）：多维、氨基酸等。

（5）鱼病防治。网箱中鱼群比较密集，一旦发病，就极易传播蔓延，因此，必须做好预防工作。鱼种下箱前先用食盐水或高锰酸钾浸洗。放养时操作要轻快稳，避免鱼体受伤。养殖过程中定期用二氧化氯等挂袋，在发病季节来到之前用中草药制剂、抗生素等药物预防疾病，结合拉网检查，用药物浸洗鱼种。

七、消毒技术

1. 药品种类

烧碱、醛类、氧化剂类、氯制剂类、双链季铵盐类、生石灰等。

对猪瘟病毒有效的，如烧碱、醛类、氧化剂类、氯制剂类、双季铵盐类等。

2. 消毒范围

圈舍地面及内外墙壁，舍外环境，饲养、饮水等用具，运输等设施设备以及其他一切可能被污染的场所和设施设备。

3. 消毒前的准备

（1）消毒前必须清除有机物、污物、粪便、饲料、垫料等；

（2）备有喷雾器、火焰喷射枪、消毒车、消毒防护用具（如口罩、手套、防护靴等）、消毒容器等。

4. 消毒方法

（1）金属设施设备的消毒，可采取火焰、熏蒸等方式消毒。

（2）圈舍、场地、车辆等，可采用撒生石灰、消毒液清洗、喷洒等方式消毒。

（3）羊场的饲料、垫料等，可采取焚烧或堆积发酵等方式处理。

（4）粪便等可采取焚烧或堆积密封发酵等方式处理。

（5）饲养、管理人员可采取淋浴消毒。

（6）衣、帽、鞋等可能被污染的物品，可采取消毒液浸泡、高压灭菌等方式消毒。

（7）疫区范围内办公、饲养人员的宿舍、公共食堂等场所，可采用喷洒的方式消毒。

（8）屠宰加工、贮藏等场所以及区域内池塘等水域的消毒可采取相应的方式进行，避免造成污染。

八、动物防疫应注意的事项

（1）预防注射前，应了解当前有无疫情，有疫情时不宜防疫。对孕畜、病畜、弱畜、幼畜不防疫，降低免疫反应发生率。

（2）防疫注射过程应严格消毒，注射器应洗干净、煮沸，针头逐头更换，更不得一具注射器混用多种疫苗。吸药时，绝不能用已给动物注射过的针头吸取，可用一灭菌针头，插在瓶塞上不拔出，裹以挤干的酒精棉花专供吸药用，吸出的药液不应再回注瓶内，吸药前，先除去封口的胶腊，并用75%的酒精棉花擦净消毒。注射部位要严格消毒，否则，将引起事故，注射弱毒菌苗前后10天内不得使用抗生素及磺胺类等抗菌抑菌药物。

（3）对生物药品在用前要逐瓶检查，看有无破损，瓶塞应该是密封的，瓶签上有关药品名称、批号等要记载清楚。当天没有使用完的应废弃，废弃疫苗不能随地抛撒，应集中处理。

（4）高致病性猪蓝耳病疫苗使用方法。疫苗应在 -15℃ 避光保存。使用前应恢复室温（从冰箱取出后放置2~3小时），注射前应充分摇匀，疫苗启封后，限当日用完。耳后部肌内注射。

（5）牛O型口蹄疫灭活疫苗使用方法。用于预防牛羊O型口蹄疫。2~8℃冷暗处保存。肌内注射。牛：4个月以下犊牛不注射，4个月以上至2岁牛注射1~2毫升，2岁以上牛注射3毫升。羊：4个月以下羔羊不注射，4个月以上至2岁羊注射0.5~1毫升，2岁以上羊注射2毫升。注射25天后产生免疫力，免疫期6个月，因此，注射25天后才可移动，调运或宰杀。使用前应摇均，肌注要达到一定深度，确实注入肌肉内，否则会引起注射部位溃烂。

（6）猪O型口蹄疫灭活疫苗使用方法。用于预防猪O型口蹄疫。2~8℃ 冷暗处保存，耳根后肌肉内注射，最好采用肌肉内多点注射，体重10~25千克注射1毫升，25~50千克注射2毫升，50千克以上注射3毫升，两月龄以内仔猪不注射。使用前振摇均匀，注射后15天产生免疫力，免疫期6个月，注苗后15天方可移动或宰杀。

（7）猪瘟脾淋苗使用方法。用于预防猪瘟。按瓶签所标示的头分量，加入灭菌生理盐水，使每头份稀释成 1 毫升混悬液。于耳根背后或后臀肌内注射，无论猪只大小均注射 1 毫升。注射后 4 日产生免疫力，免疫期 1 年。免疫注射在 8~25℃ 环境下，必须 10 日内完成，保存温度超过 25℃ 以上者，不能使用。稀释后的疫苗必须 3~6 小时内用完。

（8）重组禽流感病毒 H5 亚型二价灭活疫苗（H5N1、Re-5 株十 Re-4 株）使用方法。用于预防由 H5 亚型禽流感病毒引起的禽流感免疫，2~8℃ 避光保在 12 个月，胸部肌肉或颈部皮下注射，2~5 周龄鸡每只 0.3 毫升，5 周龄以上鸡，每只 0.5 毫升。

（9）对各类畜禽的免疫注射要做好记录，并填写免疫档案。记录内容为：猪的品种、日龄、性别、疫苗来源、批号、接种时间等。免疫后注意观察，发生轻度反应，如减食或稍有停食，一般来说是正常表现，大约 1~2 日可自行消失，对症状明显，持续 2 日以上者可对症治疗，如解热消炎。对口蹄疫、高致病性猪蓝耳病反应严重者可用肾上腺素抢救。

九、病死动物的处理

病死动物含大量病原体，是引发动物疫病的重要传染源。对病死动物要及时进行无害化处理，有利于防止病原扩散，防止疫病的发生和流行。

（一）动物尸体的运送

1. 运送前的准备

（1）设置警戒线、防虫。动物尸体和其他须被无害化处理的物品应被警戒，以防止其他人员接近、防止家养动物、野生动物及鸟类接触和携带染疫物品。如果存在昆虫传播疫病给周围易感动物的危险，就应考虑实施昆虫控制措施。如果对染疫动物及产品的处理被延迟，应用有效消毒药品彻底消毒。

（2）工具准备。运送车辆、包装材料、消毒用品。

（3）人员准备。工作人员应穿戴工作服、口罩、护目镜、胶鞋及手套，做好个人防护。

2. 装运

（1）堵孔。装车前应将尸体各天然孔用蘸有消毒液的湿纱布、棉花严密填塞。

（2）包装。使用密闭、不泄漏、不透水的包装容器或包装材料包装动物尸体，小动物和禽类可用塑料袋盛装，运送的车厢和车底不透水，以免流出粪便、分泌物、血液等污染周围环境。

（3）注意事项。

①箱体内的物品不能装的太满，应留下半米或更多的空间，以防肉尸的膨胀（取决于运输距离和气温）。

②肉尸在装运前不能被切割，运载工具应缓慢行驶，以防止溢溅。

③工作人员应携带有效消毒药品和必要消毒工具以及处理路途中可能发生的溅溢。

④所有运载工具在装前卸后必须彻底消毒。

3. 运送后消毒

在尸体停放过的地方，应用消毒液喷洒消毒。土壤地面，应铲去表层土，连同动物尸体一起运走。运送过动物尸体的用具、车辆应严格消毒。工作人员用过的手套、衣物及胶鞋等也应进行消毒。

（二）尸体无害化处理方法

1. 深埋法

掩埋法是处理畜禽病害肉尸的一种常用、可靠、简便易的方法。

（1）选择地点。应远离居民区、水源、泄洪区、草原及交通要道，避开岩石地区，位于主导风向的下方，不影响农业生产，避开公共视野。

（2）挖坑。

①挖掘及填埋设备：挖掘机、装卸机、推土机、平路机和反铲挖土机等，挖掘大型掩埋坑的适宜设备应是挖掘机。

②修建掩埋坑：

大小　掩埋坑的大小取决于机械、场地和所须掩埋物品的多少。

深度　坑应尽可能的深（2～7 米）、坑壁应垂直。

宽度　坑的宽度应能让机械平稳地水平填埋处理物品，例如，如果使用推土机填埋，坑的宽度不能超过一个举臂的宽度（大约 3 米），否则很难从一个方向把肉尸水平地填入坑中，确定坑的适宜宽度是为了避免填埋后还不得不在坑中移动肉尸。

长度　坑的长度则应由填埋物品的多少来决定。

容积　估算坑的容积可参照以下参数：坑的底部必须高出地下水位至少 1 米，每头大型成年动物（或 5 头成年羊）约需 1.5 立方米的填埋空间，坑内填埋的肉尸和物品不能太多，掩埋物的顶部距坑面不得少于 1.5 米。

（3）掩埋。

①坑底处理：在坑底洒漂白粉或生石灰，量可根据掩埋尸体的量确定（0.5～2.0 千克/平方米）掩埋尸体量大的应多加，反之可少加或不加。

②尸体处理：动物尸体先用 10% 漂白粉上清液喷雾（200 毫升/平方米），作用 2 小时。

③入坑：将处理过的动物尸体投入坑内，使之侧卧，并将污染的土层和运尸体时的有关污染物如垫草、绳索、饲料、少量的奶和其他物品等一并入坑。

④掩埋：先用 40 厘米厚的土层覆盖尸体，然后再放入未分层的熟石灰或干漂白粉 20～40 克/平方米（2～5 厘米厚），然后覆土掩埋，平整地面，覆盖土层厚度不应少于 1.5 米。

⑤设置标志：掩埋场应标志清楚，并得到合理保护。

⑥场地检查：应对掩埋场地进行必要的检查，以便在发现渗漏或其他问题时及时采取相应措施，在场地可被重新开放载畜之前，应对无害化处理场地再次复查，以确保对牲畜的生物和生理安全。复查应在掩埋坑封闭后 3 个月进行。

（4）注意事项。

①石灰或干漂白粉切忌直接覆盖在尸体上，因为在潮湿的条件下熟石灰会减缓或阻

止尸体的分解。

②对牛、马等大型动物，可通过切开瘤胃（牛）或盲肠（马）对大型动物开膛，让腐败分解的气体逃逸，避免因尸体腐败产生的气体可导致未开膛动物的鼓胀，造成坑口表面的隆起甚至尸体被挤出。对动物尸体的开膛应在坑边进行，任何情况下都不允许人到坑内去处理动物尸体。

③掩埋工作应在现场督察人员的指挥、控制下，严格按程序进行，所有工作人员在工作开始前必须接受培训。

2. 焚烧法

焚烧法既费钱又费力，只有在不适合用掩埋法处理动物尸体时用。焚化可采用的方法有：柴堆火化、焚化炉和焚烧窑/坑等，此处主要讲解柴堆火化法。

（1）选择地点。应远离居民区、建筑物、易燃物品，上面不能有电线、电话线，地下不能有自来水、燃气管道，周围有足够的防火带，位于主导风向的下方，避开公共视野。

（2）准备火床。

①十字坑法：按十字形挖两条坑，其长、宽、深分别为2.6米、0.6米、0.5米，在两坑交叉处的坑底堆放干草或木柴，坑沿横放数条粗湿木棍，将尸体放在架上，在尸体的周围及上面再放些木柴，然后在木柴上倒些柴油，并压以砖瓦或铁皮。

②单坑法：挖一条长、宽、深分别为2.5米、1.5米、0.7米的坑，将取出的土堆堵在坑沿的两侧。坑内用木柴架满，坑沿横架数条粗湿木棍，将尸体放在架上，以后处理同上法。

③双层坑法：先挖一条长、宽各2米、深0.75米的大沟，在沟的底部再挖一长2米、宽1米、深0.75米的小沟，在小沟沟底铺以干草和木柴，两端各留出18~20厘米的空隙，以便吸入空气，在小沟沟沿横架数条粗湿木棍，将尸体放在架上，以后处理同上法。

（3）焚烧。

①摆放动物尸体：把尸体横放在火床上，较大的动物在在底部，较小的动物放在上部，最好把尸体的背部向下、而且头尾交叉，尸体放置在火床上后，可切断动物四肢的伸肌腱，以防止在燃烧过程中，肢体的伸展。

②浇燃料：

燃料需求　燃料的种类和数量应根据当地资源而定，以下数据可作为焚化一头成年大牲畜的参考。

a. 大木材：3根，2.5米×100毫米×75毫米。

b. 干草：一捆。

c. 小木材：35千克。

d. 煤炭：200千克。

e. 液体燃料：5升。

总的燃料需要可根据一头成年牛大致相当4头成年猪或肥羊来估算。

浇燃料　设立点火点　当动物尸体堆放完毕、且气候条件适宜时，用柴油浇透木柴和尸体（不能使用汽油），然后再距火床10米处设置点火点。

③焚烧：用煤油浸泡的破布作引火物点火，保持火焰的持续燃烧，在必要时要及时添加燃料。

④焚烧后处理：

a. 焚烧结束后，掩埋燃烧后的灰烬，表面撒布消毒剂。

b. 填土高于地面，场地及周围消毒，设立警示牌，查看。

（4）注意事项。

①应注意焚烧产生的烟气对环境的污染。

②点火前所有车辆、人员和其他设备都必须远离火床，点火时应顺着风向进入点火点。

③进行自然焚烧时应注意安全，须远离易燃易爆物品，以免引起火灾和人员伤害。

④运输器具应当消毒。

⑤焚烧人员应做好个人防护。

⑥焚烧工作应在现场督察人员的指挥、控制下，严格按程序进行，所有工作人员在工作开始前必须接受培训。

3. 发酵法

这种方法是将尸体抛入专门的动物尸体发酵池内，利用生物热的方法将尸体发酵分解，以达到无害化处理的目的。

（1）选择地点。选择远离住宅、动物饲养场、草原、水源及交通要道的地方。

（2）建发酵池。池为圆井形，深9~10米，直径3米，池壁及池底用不透水材料制作成（可用砖砌成后涂层水泥）。池口高出地面约30厘米，池口做一个盖，盖平时落锁，池内有通气管。如有条件，可在池上修一小屋。尸体堆积于池内，当堆至距池口1.5米处时，再用另一个池。此池封闭发酵，夏季不少于2个月，冬季不少于3个月，待尸体完全腐败分解后，可以挖出作肥料，两池轮换使用。

十、鸡白血病重在预防

表现：多以翅根、胸部、颈部、腿部等部位的皮肤出现血泡，个别也在头部、鼻孔部、鸡爪部等处出现血泡，破后血流不止，有的直至流死为止，有的流一会儿后在血泡处凝固成痂，过一段时间后血泡又开始流血，反复几次失血死亡。开始发病时，发生病例少，为零星死亡。

（一）剖检症状

腺胃后半部黏膜出血，肠道卡他性炎症，腹腔内有一游离变性的卵泡，内充有臭味的黄汤，有两粒卵泡外观均呈紫葡萄样的血泡，剪开后一粒内积血凝块，另一粒内积卵黄液；有的肝脏脾脏弥漫性肿瘤，俗称"大肝病"；有的肠系膜上弥散大小不等的血泡，有的肺部密布血泡；第二只活鸡精神正常，在胸部靠前处有一黄豆粒大小的血洞，鲜血外滴，扯开胸部皮肤，血泡只局限于皮肤，相邻肌肉处无明显肉眼可见病变。经诊断为鸡白血病。

（二）防控措施

对于此起白血病，在临床上无有效的治疗方案，发现病鸡应予淘汰，无治疗价值；大群适当投服广谱抗生素预防大肠杆菌的继发感染，适量增加多维素提高机体免疫力；在购买鸡苗时选购信誉度高的大型孵化场鸡苗；建立有效的生物安全体系，减少种鸡群的感染率和建立无白血病的种鸡群是控制本病的最有效措施。

十一、几种常见传染性猪病的诊断方法

春末夏初，季节更迭，养猪生产经常会遇到以下痢等典型消化道症状为主要表现的猪病，引起发病的原因既有病毒性疾病，也有细菌性疾病，还有寄生虫疾病，这些猪病都有下痢的症状，容易造成误诊，因此，科学鉴别及时确诊就显得尤为重要。

仔猪黄痢由致病性大肠杆菌引起的一种急性、致死性疾病。病猪腹泻，排出黄色浆状稀粪，内含凝乳小片，很快消瘦、昏迷而死。胃肠道膨胀、有多量黄色液体内容物和气体，肠黏膜呈急性卡他性炎症，小肠壁变薄。最易发生于 1 ~ 3 日龄仔猪，个别仔猪在生后 12 小时发病，发病率与病死率较高。

仔猪白痢由致病性大肠杆菌引起的一种急性肠道传染病，病猪粪便呈乳白色或灰白色，浆状或糊状、腥臭、黏腻，肠黏膜有卡他性炎症病变。多发生于 10 ~ 30 日龄仔猪，发病率中等，病死率低。

仔猪红痢由 C 型产气荚膜梭菌引起的一种高度、致死性肠毒血症，血性下痢、病程短、病死率高、小肠后段弥漫性出血或坏死性变化。病猪排出血样稀粪，内含坏死组织碎片。空肠呈暗红色，肠系膜淋巴结鲜红色，脾边缘有小点出血，肾呈灰白色。主要侵害 1 ~ 3 日龄仔猪，1 周龄以上仔猪很少发病，发病率高，病死率低。

猪痢疾由致病性猪痢疾蛇形螺旋体引起的一种肠道传染病，病猪大肠黏膜发生卡他性出血性炎症，纤维素坏死性炎症，黏液性或黏液出血性下痢。病猪食欲减少，粪便变软，表面附有条状黏液，以后粪便黄色柔软或水样，直至粪便充满血液和黏液。大肠黏膜肿胀，并覆盖有黏液和带血块的纤维素，内容物软至稀薄，并混有黏液、血液和组织碎片。各种年龄段和不同品种猪均易感，但 7 ~ 12 周龄的小猪发生较多。本病流行无季节性，持续时间长。

猪传染性胃肠炎由猪传染性胃肠炎病毒（属冠状病毒）引起的一种高度接触性肠道疾病，病猪呕吐、严重腹泻和脱水。仔猪粪便为黄色、绿色或白色，可含有未消化的凝乳块。成年猪有呕吐、灰色褐色水样腹泻。胃底黏膜充血、出血，肠系膜充血，淋巴结肿胀，肠壁变薄呈半透明状。10 日龄以内仔猪病死率高，5 周龄以上猪死亡率低，成年猪几乎不死。一般多发生于冬、春季，发病高峰为 1 ~ 2 月。

猪流行性腹泻由猪流行性腹泻病毒（属冠状病毒）引起的一种急性接触性肠道传染病，病猪呕吐、腹泻和脱水。病猪水样腹泻，严重脱水，精神沉郁，食欲减退。小肠扩张，内充满黄色液体，肠系膜充血，肠系膜淋巴结水肿，小肠绒毛缩短。各种年龄猪都感染，哺乳仔猪、架子猪或肥育猪的发病率高。本病多发生于寒冷季节，以 12 月和翌年 1 月发生最多。

仔猪副伤寒由沙门氏菌引起的一种疾病，临床出现败血症、肠炎、使怀孕母畜发生

流产等症状。病猪耳根、胸前、腹下及后躯部皮肤呈紫红色，粪便恶臭，呈淡黄色或黄绿色，并混有血液、坏死组织或纤维素絮片。脾大、质地较硬，呈暗紫红色，全身淋巴结充血、肿胀，肠系膜淋巴结肿大呈索状。常发生于 6 月龄以下仔猪，以 1~4 月龄者发生较多。本病一年四季均可发生，在多雨潮湿季节发病较多。

十二、如何治疗牛胃肠炎

可用猪苦胆 3 个，郁金 50 克，鸡内金 60 克，元胡 60 克，研细末混匀分装于 3 个猪苦胆中，挂于阴凉通风处，5 日后摘下去掉胆囊皮，加木香 60 克，茵陈 90 克，木通 60 克，甘草 60 克，共研细末，每日 1 次，分 3 次做成舐剂让牲畜舐服，疗效好。

十三、猪食盐中毒的救治

由于猪食用了含有大量食盐的残渣或泔水后发生中毒。表现口渴，食欲减退，精神沉郁，呕吐，腹泻，黏膜潮红，少尿，体温正常，兴奋不安，转圈，肌肉痉挛，齿唇不断发生咀嚼运动，口角出现少量白色泡沫。常找水喝，直至意识扰乱而忘记饮水，最后倒地昏迷，衰竭而死。病程 1~2 天。救治措施：①立即停止饲喂含有大量食盐残渣或泔水，让猪多次少量地饮温水，不可以大量饮水；②重者静脉注射 5% 葡萄糖酸钙液 100~150 毫升，静脉注射 25% 山梨醇或 50% 葡萄糖 50~100 毫升；同时，肌内注射盐酸氯氯丙嗪 0.5~1.0 毫克/千克 1 次/天，连续用药 5 天。

十四、猪场如何建立生物安全体系

（一）猪场洗车房的建立

离猪场 1 千米以上建洗车房，猪场自备自己的运猪车，洗车房只洗自己猪场的运猪车，清洗运猪车辆时需先用开水冲洗，再消毒，消毒完毕必须烘干后使用。

（二）防鸟防鼠

（1）防鸟。在进风口处安装防鸟网，而且猪舍周边尽量少种树，以防止鸟栖息。

（2）防鼠。定期开展防鼠灭鼠工作，将饵料放在老鼠经常经过的地方捕杀老鼠。

（三）消毒

种猪转出栏舍后先采用开水冲洗消毒，再采用消毒液消毒；每周带猪消毒两次，每月换一种类型的消毒液；出生的仔猪用干粉消毒剂消毒。

（四）免疫接种

主要做到猪瘟、伪狂犬、口蹄疫、乙脑、细小病毒病的免疫，尽量减少其他疫苗的注射；做到专人注射疫苗，保证注射质量，可采用连续注射器和长皮针注射疫苗，快速且对猪应激小。

（五）保健和驱虫

（1）母猪群。每月进行常规保健；如母猪分娩正常，则饲料中不需添加抗生素；母猪产仔后尽量不要输液。

（2）仔猪群。断奶至保育分群，需添加抗生素保健；如猪群出现健康问题，常选用饮水加药；在仔猪用药时要把好关，注意药物休眠期。

（六）专业监测

利用实验室检测来监测好疫苗的有效性，做好病原诊断及药敏实验，做到高效养猪。

十五、鸡饮水的功效

1. 饮海水多产蛋

海水是一种大溶液，目前发现的 100 多种元素及其化合物，在海水中都有不同程度的存在。据试验，在鸡的饮水中加入 10%～18% 的海水，可使鸡羽毛丰满，产蛋量和蛋重增加。

2. 饮醋水可防病

用食醋或米醋水喂雏鸡，可以有效地预防雏鸡的肠道传染病。同时，醋还能增进食欲，有利于提高饲料利用率；能刺激肠蠕动，有利于消化吸收营养；能杀菌消炎，有利于鸡的生长发育，提高抗病能力。其具体做法是在小鸡出壳后 15 天内，每天坚持用 1 份醋加 10 份水泡小米或拌料喂鸡或 1 份醋加 20 份水给雏鸡饮用。出壳后头 3 天，若在醋里加入少量食糖，则防病效果更好。

3. 饮糖水可解毒

鸡发生克球粉中毒，可饮用 5%～10% 的糖水或葡萄糖水解毒；发生食盐中毒，可饮用 10% 的糖水加适量维生素 C 解毒；鸡吃烂白菜叶或煮熟后放在铁锅里时间过长的白菜而发生亚硝酸盐中毒时，可饮用 8%～10% 的糖水解毒；鸡发生痢特灵中毒，可用 10% 的糖水连饮 7 天，并配合肌内注射维生素 B_1 或维生素 C 治疗。

4. 雪水拌饲料，喂鸡能增效

融化的雪水中，氮化物含量比同体积的雨水高 4 倍，重水含量比普通水少 1/4，酚、汞等有毒有害物质的含量也比普通水要少。重水是一种放射性物质，对各种生命过程都具有强烈的抑制作用，故有"死水"之称。据试验，用雪水代替普通水拌饲料喂鸡，可以大大减轻重水的危害，使产蛋率提高 15%，而且产的蛋个头也大。

5. 饮蒸锅水易中毒

蒸锅水就是蒸馒头或米饭时锅里剩下的水。这种水经过反复煮沸，往往含有大量的亚硝酸盐，鸡长期饮用这种水或吃了用这种水拌的饲料，容易引起亚硝酸盐中毒，甚至引发癌变。

十六、肉鸡肠毒综合征的诊治

肉鸡肠毒综合征是一种以腹泻、粪便中含有未消化的饲料、采食量明显下降、生长缓慢或体重减轻、色素沉着障碍、脱水和饲料报酬下降为特征的疾病。

1. 临床症状

发病初期，鸡群一般没有明显的症状，精神正常，食欲正常，死亡率在正常范围内。个别鸡粪便变稀、不成形，粪中含有未消化的饲料。随着时间的延长，整个鸡群的大部分鸡开始腹泻，有的鸡群发生水泻，粪便变得更稀薄、不成形、不成堆，比正常的鸡粪所占面积大，粪便中有较多未消化的饲料渣，粪便的颜色变浅，略显浅黄色或浅黄绿色。当鸡群中多数鸡出现此种粪便之后 2~3 天，鸡群的采食量开始明显下降，一般下降 10%~20%，有的鸡群采食量可以下降 30% 以上。发病中后期，个别鸡会出现兴奋、疯跑，之后瘫软死亡等症状。

2. 治疗措施

①用效果好的球虫药，球病安或球普沙，连用 3~5 天。②改变肠道 pH 值，加 0.1% 小苏打，连用 3 天，晚上单独用于饮水。③鸡球虫散拌料，连用 3~5 天，可彻底解决"过料"问题。④用抗生素治疗细菌感染，用卡奇或卫肠欣饮水，连用 3~5 天。

十七、养猪误区

（1）喂水食。水食在猪胃肠道中停留时间短、排泄快、消耗热能多，且消化液被冲淡，不利于消化吸收。正确的喂法是精料以料水比 1∶1 拌匀后及时喂，青绿饲料单独喂，圈内应单独放置水槽，水槽内应长期有清洁饮水。

（2）去势防疫同步进行。不少养猪户为图省事，在给猪去势时一同防疫，造成去势伤口难以愈合及防疫效果降低。如果改在去势 10~15 天后再防疫，效果会更好。

（3）颗粒饲料加水喂。如果像饲喂粉料一样将颗粒饲料加水拌成粥状喂猪，这样会降低饲料利用率。

（4）仔猪断奶过晚。很多人误认为仔猪吃奶时间越长越好。其实母猪产后 21 天达到泌乳高峰，以后逐渐下降。同时，仔猪 40 日龄左右胃酸分泌机能、免疫器官的免疫功能已基本完善，此时，断奶较合适。

（5）仔猪拉稀时，只重视药物治疗，忽视综合防治。大多数人只重视给拉稀仔猪对症用药，忽视为环境、母猪进行消毒及对同窝仔猪给予治疗。

（6）猪喂得越大越好。不少养猪户都喜欢喂大猪，但是猪超过 90 千克后生长速度明显减慢。

十八、肉牛抗病保健中药方

1. 预防感冒的保健方

麻黄 5~10 克、桂枝 20~30 克、杏仁 20~30 克、甘草 20~30 克、当归 30~50 克、川芎 30~40 克、儿茶 20~30 克、白芷 30~40 克、防风 30~40 克、羌活 30~40 克、荆芥 20~50 克。

2. 瘤胃积食，反刍减少，慢性臌气的保健方

木香 20~50 克、陈皮 20~50 克、枳实 20~50 克、三棱 10~30 克、大黄 20~50 克、厚朴 10~30 克、文术 10~30 克、元明粉 50~100 克、莱菔子 20~50 克、焦三仙 150~300 克。

3. 瘦弱、毛焦、消化不良的保健方

人参 20~40 克、白术 20~40 克、陈皮 20~40 克、焦三仙 90~150 克、生芪 20~50 克、草豆蔻 20~50 克、三棱 20~30 克、苍术 20~40 克、山药 20~40 克、升麻 20~50 克、当归 20~50 克、白芍 20~30 克、甘草 10~20 克。

4. 食欲缺乏、消化不良的保健方

乌梅20～50克、人参20～50克、附子10～20克、川椒10～20克、炮姜10～20克、炒黄柏20～30克、使君子20～30克、莱菔子20～30克、柯子20～30克、黄连20～50克、板蓝根20～50克。

5. 四肢无力、走路打晃、早产及产后瘫痪的保健方

龙骨30～60克、牡蛎30～60克、升麻20～30克、黄芪30～50克、党参20～50克、云苓20～50克、山芋20～30克、山药30～50克、骨粉50～100克、柴胡20～50克、甘草20～30克、阿胶20～50克。

以上药方，分别共研细末，根据牛的体重、年龄及临床症状对号入座灌服，隔日一次，连用3～5剂。

十九、怎样预防鸡猝死

产蛋鸡猝死是蛋鸡生产中以笼养鸡突然死亡或瘫痪为主要特征的疾病。刚开产蛋鸡和产蛋高峰期蛋鸡易发生。那么如何预防产蛋鸡猝死呢？

（1）鸡只在开产前及产蛋期间，应保证日粮中供给充足的钙、磷及适宜的钙磷比例。

（2）降低饲养密度，加强通风换气。

（3）应用抗生素预防输卵管炎和肠炎。用青链霉素饮水，对预防输卵管炎和肠炎有一定的疗效。

（4）饲料中添加维生素 C。

（5）供给充足清洁饮水。

二十、猪病流行重在控

（一）猪繁殖与呼吸综合征

2015 年，猪繁殖与呼吸综合征仍以散发为主，但临床情况会比较复杂，特别是一些使用高致病性减毒或活疫苗的猪场，应区分临床发病是由野毒株还是由疫苗毒株引起的。猪繁殖与呼吸综合征病毒仍会呈现毒株多样性的局面，新毒株还会增多。因此，控制猪繁殖与呼吸综合征必须采取综合防控措施。在猪繁殖与呼吸综合征稳定和不稳定猪场，都应加强猪场生物安全体系建设，改善猪场硬件和饲养管理条件，切断猪繁殖与呼吸综合征病毒在猪场的循环和传播，加强引种监测，强化人员进出控制和运输工具的清洗消毒，避免将新的毒株引入猪场，合理、科学和规范使用疫苗，不能长期使用。在猪繁殖与呼吸综合征阴性猪场或不活动猪场，重在做好生物安全各项工作，不应使用减毒活疫苗。对于同时有多个毒株感染的猪场，建议适当清群。条件较好的种猪场，应以净化猪繁殖与呼吸综合征，构建阴性种猪群为目标。

（二）猪瘟

在保证猪瘟疫苗质量的前提下，猪瘟会得到有效控制，不会出现临床疫情。但实际生产中，散发性的非典型猪瘟会发生，如果疫苗免疫失败，将出现典型的猪瘟病例甚至

暴发疫情。因此，选择高质量的猪瘟疫苗，加强猪瘟疫苗免疫，制定合理科学的免疫程序，监测疫苗免疫效果十分重要。

（三）仔猪流行性腹泻

今年，有的猪场会发生仔猪流行性腹泻，但疫情会比较平稳，呈散发态势。因此，猪场应重在做好生物安全工作，控制人员的进出和运输工具的清洗消毒，严格做到产房的全进全出，加强对产房的清洁和消毒卫生。发病猪场应重在切断病原的传播，及时处理发病仔猪，清洗消毒猪舍，大型猪场不宜采用"返饲"，以免造成病毒长期在猪场环境中存在。

（四）猪伪狂犬病

如果生物安全措施不力，猪场会受到伪狂犬病毒侵袭的风险。没有受到新毒株感染的猪场，应加强生物安全措施、引种监测、人员进出控制与运输工具的清洗消毒，降低新毒株传入的风险。感染猪场应逐步淘汰阳性种猪，对后备种猪进行监测，用阴性后备猪替换阳性种猪，重新构建阴性种猪群。

（五）细菌性疫病

2015 年，对养猪生产危害较大的是副猪嗜血分枝杆菌病和猪传染性胸膜肺炎。控制细菌性疫病，首先应控制好猪场的猪繁殖与呼吸综合征等病毒性疫病，降低继发感染的几率；采取合理的用药预防和保健方案，降低猪群饲养密度，控制保育、生长阶段的副猪嗜血分枝杆菌病等细菌性呼吸道疾病。

（六）其他疫病

目前，猪口蹄疫的防控仍应以 O 型为重点，选择高质量的 O 型口蹄疫疫苗，做好疫苗免疫接种。

二十一、如何通过猪尿判断猪病

猪尿液在正常的情况下应为无色或淡黄色，无杂质透明液体，但当猪感病后，有些疾病会引起排尿或尿液发生变化，养殖户可以根据这些变化来判断疾病。

（1）频尿。猪排尿次数增多，但每次尿量很少。多见于膀胱炎或膀胱结石。

（2）多尿。猪排尿次数增多，排尿量也多。多见于肾脏病及代谢障碍病。

（3）少尿。猪排尿次数少，排尿量也少。多见于急性肾炎、机体严重脱水或患有热性病。

（4）尿失禁。猪不自主地排尿。多见于脊髓或中枢神经系统疾病，以及膀胱括约肌受损或麻痹。

（5）无尿。猪常做排尿姿势而无尿液排出。多见于膀胱破裂，肾衰竭，输尿管、膀胱或者尿道阻塞。

（6）尿闭。肾脏泌尿正常，但膀胱充满尿液不能排出。多见于尿道阻塞，膀胱麻痹，膀胱括约肌痉挛或脊髓损伤等。

（7）排尿困难。猪排尿时弓腰努责，有疼痛表现，甚至发出叫声。多见于膀胱炎、尿道炎或尿道不完全堵塞。

（8）白色浑浊尿。新排出的尿液呈白色，浑浊，静置后不下沉者，多属菌尿；放置后，有白色絮状沉淀者为脓尿，多见于泌尿系统感染或氯丙嗪、氨茶碱、驱虫灵中毒。尿呈白色，尿中带有细沙状白色物，并常附着在尿道口的毛上，为膀胱中有结石的症状。

（9）血尿。尿中混有血液。开始排尿时有血尿，而排尿中段和终末段无血，常为前尿道炎；尿液鲜红，多为尿道损伤；排尿终末段出现血尿常为急性膀胱炎或者膀胱结石；血尿伴随绞痛者，多见于泌尿系统结石。

（10）血红蛋白尿。尿呈深茶色或酱油色，放置后无沉淀物，镜检无红细胞，但尿内含有游离血红蛋白。常见于寄生虫病。此外，若奎宁、伯氨喹啉等致猪药物中毒，尿呈现酱油色。

二十二、饲养畜禽添加碳酸氢钠效果好

在畜禽饲料中添加碳酸氢钠，可有效地提高畜禽对饲料的消化能力，加速营养物质的利用和有害物质的排出，提高畜禽的增重速度；可使畜禽机体的抵抗力和免疫力始终保持最佳状态，提高畜禽的抗应激能力，对预防畜禽疾病，保证畜禽健康生长具有重要作用。

1. 喂猪增重效果明显

在仔猪饲料中添加碳酸氢钠，可提高仔猪的采食量，日增重9.5%以上，能预防仔猪红黄白痢的发生，使仔猪育成率提高10%以上。育肥猪每头每日加喂碳酸氢钠3~4克，可使日增重100克，饲料消耗降低13.6%。

2. 养鸡可显著提高产蛋率

在种鸡日粮中添加0.4%的碳酸氢钠，可使种蛋受精率提高4%~5%。在2周龄后的肉鸡日粮中添加0.7%的碳酸氢钠，可使体重提高5%~6%。在蛋鸡日粮中添加0.5%~0.8%的碳酸氢钠，可显著提高产蛋量和蛋重，并能提高蛋壳厚度6%左右，降低鸡蛋破碎率。

3. 奶牛可提高产奶量

在犊牛饲料中添加3%的碳酸氢钠，可有效增加犊牛采食量和促进犊牛生长。在肉牛饮料中添加5%的碳酸氢钠，可缩短肉牛育肥期40~50天，提高饲料利用率8%~10%。在奶牛泌乳期日粮中每头每日添加碳酸氢钠150克，可有效提高奶牛的泌乳性能。用1.5%的碳酸氢钠和0.8%的氧化镁混合喂牛，每头每天可增产鲜奶3.8千克，对长期饲喂青贮饲料的奶牛效果更为明显。另外，对产后不发情的奶牛，每头每日用10克碳酸氢钠拌料连喂5天，可使奶牛有效发情率达90%以上。

二十三、猪气喘病的诊断和治疗

猪气喘病是猪的一种慢性呼吸道传染病。主要表现为咳嗽和喘气，病变特征是融合性支气管肺炎；患猪生长发育缓慢，饲料转化率低，造成大量的饲料和人力的浪费。本病在一般情况下，死亡率不高，但在饲养管理不良或在流行爆发的早期及有继发性感染时会造成严重死亡，特别是在集约化高密度饲养的条件下，传播更迅速，经济损失更严

重，给发展养猪业带来严重的危害。

急性型：常见于新发生本病的猪群，尤其以仔猪和青年猪多见。病猪突然发作，呼吸困难，呼吸次数每分钟可达 70~130 次，严重者张口喘气，口鼻流沫，呈腹式呼吸或呈犬坐势，咳嗽次数少而低沉，怀孕和哺乳母猪尤为明显。体温一般正常。当病猪呼吸困难时，食欲大减，甚至可窒息死亡。病程一般约为 3~6 天。

慢性型：急性病猪如不死，急性型症状可转为慢性，也有部分病猪开始就是慢性经过。一般常见老疫区的架子猪，其次是育肥猪和后备母猪。病猪长期咳嗽，常见于早、晚、运动及进食后发生。初为单咳，严重时呈痉挛性咳嗽，咳嗽时病猪站立不动，背拱起，颈伸直，头下垂，直到呼吸道分泌物咳出咽下为止。随着病程的延长，呼吸次数增加，表现出明显的腹式呼吸，时而明显，时而缓和。食欲减少，生长发育缓慢，消瘦。病程达 3 个月以上。慢性型病猪死亡率一般不高，但如果饲养管理条件较差，猪体瘦弱和有并发症时，则死亡率高。

诊断：根据流行情况及临床表现以咳嗽、喘气及腹式呼吸为特征，体温、食欲和精神等一般正常，常为慢性。病理剖检主要在肺的心叶、尖叶、中间叶及膈叶前缘出现"肉变"或"胰变"。

治疗：可选用壮观霉素、利高霉素或林可霉素、土霉素肌内注射。上述用药 1 次/天，连用 5 天为 1 疗程，用 1~3 个疗程，每个疗程间隔 5 天。

二十四、辣椒治猪厌食

当猪食欲缺乏时，可喂点辣椒粉，因辣椒含有辛辣和香气，并有刺激性，猪食后能使胃肠的分泌物增多，从而加速胃肠蠕动，提高肠的消化能力，尤其对泌乳母猪，在饲料中加少许胡椒粉等，可增加母猪采食量和降低仔猪发病率，促使仔猪提前断奶。

二十五、烟叶、茎巧治鱼病

主治肠炎、烂鳃、赤皮病。面积 667 平方米，水深 1 米的池塘用烟茎 2~3 千克 或烟叶 0.5 千克 煎汁，与发酵的兔粪 10~15 千克 拌匀后撒施。

二十六、如何应对仔猪杀手流行性腹泻

猪流行性腹泻是由猪流行性腹泻病毒引起的一种接触性肠道传染病，其特征为呕吐、腹泻、脱水。临床变化和症状与猪传染性胃肠炎极为相似。可发生于任何年龄的猪，年龄越小，症状越重，死亡率高。

（一）病原

猪流行腹泻病毒（PED）属于冠状病毒科冠状病毒属。目前为止，没有发现本病毒有不同的血清型。本病毒对乙醚、氯仿敏感。病毒粒子呈现多型性，倾向圆形，外有囊膜。从患病仔猪的肠灌液中浓缩和纯化的病毒不能凝集家兔、小鼠、猪、豚鼠、绵羊、牛、马、雏鸡和人的红细胞。

（二）流行病学

本病只发生于猪，且各种年龄猪都能感染发病。哺乳猪、架子猪或肥育猪的发病率

很高，尤以哺乳猪受害最为严重，母猪发病率变动很大，为 15% ~ 90%。猪流行性腹泻病可单一发生或与猪传染性胃肠炎混合感染，也有猪流行性腹泻病与猪圆环病毒混合感染的报道。病毒存在于肠绒毛上皮细胞和肠系膜淋巴结，主要感染途径是消化道。如果一个猪场陆续有不少窝仔猪出生或断奶，病毒会不断感染失去母源抗体的断奶仔猪，使本病呈地方流行性，在这种繁殖场内，猪流行性腹泻可造成 5 ~ 8 周龄仔猪的断奶期顽固性腹泻。本病多发生于寒冷季节。

（三）临床症状

潜伏期一般为 5 ~ 8 天，人工感染潜伏期为 8 ~ 24 小时。主要的临床症状为水样腹泻，或在腹泻之间有呕吐。呕吐多发生于吃食或吃奶后。症状的轻重随年龄大小有差异，年龄越小，症状越重。1 周龄以内的哺乳仔猪常于腹泻后 2 ~ 4 天内死亡，死亡率达 50%。病猪体温正常或稍高，精神沉郁，食欲减退或废绝。断奶猪、母猪常呈精神委顿、厌食和持续性腹泻，大约 1 周后逐渐恢复正常。少数猪恢复后生长发育不良。肥育猪在同圈饲养感染后都发生腹泻，1 周后康复，死亡率 1% ~ 3%。成年猪症状较轻，有的仅表现呕吐，重者水样腹泻 3 ~ 4 天可自愈。

（四）病理剖检

具有特征性的病理变化主要见于小肠。25% 病例胃底黏膜潮红充血，并有黏液覆盖；50% 病例见有小点状或斑状出血，胃内容物呈鲜黄色并混有大量乳白色凝乳块（或絮状小片）；较大猪（14 日龄以上的猪）约 10% 病例可见溃疡灶，靠近幽门区可见有较大坏死区。

剖检变化表现为尸体消瘦、皮肤暗灰色。皮下干燥，脂肪蜂窝组织表现不佳。肠管膨胀扩张，肠壁变薄，肠内有黄色黏稠液体，小肠黏膜绒毛大部分萎缩变短，上皮细胞坏死脱落。全身淋巴结肿大、出血，肾小管上皮细胞变性坏死。镜下可见小肠绒毛缩短，上皮细胞核浓缩，胞浆嗜酸性变化。腹泻严重时，绒毛长度与隐窝比值由正常 1 : 1 变为 3 : 1。剖检病变局限于胃肠道。胃内充满内容物，外观呈特征性弛缓。小肠壁变薄、半透明。显微病变从十二指肠至回肠末端，呈斑点状分布，受损区绒毛长度从中等到严重变短，变短的绒毛呈融合状，带有发育不良的刷状缘。

（五）防治策略

加强营养，控制真菌毒素中毒，在饲料中添加中威纽曼星（最新一代脱霉素），同时加入中威聚能星（高档维生素）；选用金维康（聚维酮碘）1 : 1 000 倍，进行环境喷雾消毒；定期做猪场保健，全场猪群每月一周同步保健，中威银翘散 1 千克 + 莫维欣 1 千克拌料/吨，控制细菌性疾病滋生。

母猪分娩后的 3 天保健和对仔猪的 3 针保健，可选用龙米先，母猪产仔当天注射 10 毫升/头，若有感染者，产后 3 天再注射 10 毫升/头，仔猪 3 针保健即出生后的 3 天、7 天、21 天，分别肌注 0.5 毫升、0.5 毫升、1 毫升。

种猪群紧急接种 TP 二联疫苗，提高温度，特别是配怀舍、产房、保育舍。大环境温度配怀舍不低于 15℃、产房产前第一周为 23℃、分娩第一周为 25℃，以后每周降 2℃；保育舍第一周 28℃，以后每周降 2℃，至 22℃ 止；产房小环境温度用红外灯和电热板，第一周为32℃，以后每周降2℃。产前将2周以上的母猪赶入产房，产房提前加温。

发生呕吐腹泻后立即封锁发病区和产房，尽量做到全部封锁。扑杀10日龄之内呕吐且水样腹泻的仔猪，这是切断传染源、保护易感猪群的做法。

二十七、鸡舍良好环境是预防疾病的关键

冬季鸡群的呼吸道与肠道混合感染性的疾病发病率较高，为什么做好疫苗防疫后仍然还有疫病发生呢？

从空气质量方面分析。冬季发病率高主要因鸡舍内空气质量不好，其原因在于鸡舍内空气不流通，鸡舍内粪便发酵产生的氨气、硫化氢、二氧化硫等有害气体闷在鸡舍内，空气污浊，有害气体含量高，鸡群长期遭受有害气体的刺激，呼吸道黏膜容易受到损伤，从而诱发多种呼吸道疾病的发生，这是寒冬鸡群发病率高的一个主要原因。

从饲养经验方面分析

（1）长期在饲料中添加精品腐殖酸钠的鸡场，在冬季发病率低。这些养殖户感觉到饲料中添加腐殖酸钠后，不仅提高了饲料的转化利用率，而且减少了肠炎"过料"，鸡舍内鸡粪特有的臭味明显淡化，空气质量清新，从而降低了发病率。

（2）鸡舍内的饲养密度对鸡发病率有影响。一般每个笼里超过2～3只成年产蛋鸡，鸡群发病率就会增加，密度越高鸡发病死亡率就越高。密度低的鸡舍相对来说鸡舍的空气质量要明显好于饲养密度高的鸡舍，故发病少。

（3）鸡舍保证通风换气。养殖户在秋冬季忘记将鸡舍窗户、通风口封严，结果封了鸡舍的养殖户鸡群开始发病。

（4）鸡舍温度低，鸡的采食量有所增加，鸡群发病少。

（5）做好疫苗的免疫。近年来，流感毒株在不断地变异，也给流感的防控带来很大的难度。所以，要注意选择流行株的疫苗进行免疫。

二十八、农村放牧养鸡管理技术

放牧养鸡一般选择果园、无污染的荒坡丘陵草地，有次生灌木林最佳，地势坡度不宜过大，背风向阳，水源清洁充足（放牧时对水源加以保护，防止污染），昆虫较多、有嫩绿的青草且营养丰富，远离交通道路、居民区的地方。

1. 放养鸡选择及育雏时间安排

放牧鸡多选择肉蛋兼用鸡或农家土鸡较好，公雏优于母雏，这样生长速度快，能缩短放牧时间，提高经济效益。

放牧的鸡应该经育雏生长到一定大小时才可放牧，一般育雏时间最好选择3～5月，这时气温开始回升，阳光充足，对雏鸡成活率、生长发育很有利，并且此时昆虫已开始繁育，青草发芽生长，可创造适宜的放牧环境。

2. 对放养鸡设施准备及补饲

当雏鸡在舍内生长到250克以上时，改为短时间放牧训养和舍饲相结合。由于春季气候变化多端，对放牧点的临时鸡舍要做好保暖和防漏工作。此时鸡的放牧范围不宜过

大，补饲应采用配合饲料，忌用原粮喂鸡，饲喂时间早晚1次，早晨喂少，晚上喂多。

3. 做好安全防范工作

加强对放牧鸡周围环境防护，避免突然惊吓、噪声干扰鸡群，应当在鸡放牧场周围架设防护网，防止鸡群丢失或鹰、狗、黄鼠狼等对鸡的危害，减小应激和损失。

4. 抓好鸡疫病防治工作

放牧鸡由于接触环境较广，受到疫病威胁的可能性大，再者放牧鸡生长期相对较长，必须做到防疫到位，无病早防，有病早治。应当对放牧鸡的生长环境经常巡视，发现病死鸡及时进行深埋，不可乱弃，残弱的鸡应抓出来单独饲喂。

二十九、山区土鸡雏鸡的饲喂方式

适时开食和饮水。雏鸡先在舍内饲养，在雏鸡入舍后1~2小时即可给以饮水，可在水中加入5%的葡萄糖和多维维生素或配制0.01%的高锰酸钾溶液饮水，以增强鸡的体质，缓解应激反应，便于胎粪的排出。水温一般要接近舍温（20~22℃），雏鸡一般在出壳24小时后开食，最初时可喂碎米，3日龄后改喂全颗粒饲料。

宜用全价饲料。第一周龄时每天喂6次，第二周龄每天喂5次，第3~4周龄每天4次，第5~6周龄每天3次，第7周后逐步过渡到成年鸡料，并减少饲喂数量。放养第一周后，早、晚各喂1次，第二周每晚1次，对品质较高，生长快的土种鸡5周龄后可逐步换为谷物玉米等杂粮。

三十、兽药使用禁忌与避免措施

1. 化学性配伍禁忌

有些药物配合会发生化学变化，不但改变了药物的性状使疗效减弱，甚至发生爆炸。

（1）沉淀现象。沉淀现象是常见的一种化学性配伍禁忌。两种或两种以上的液体药物配合在一起时，由于发生化学变化，生成沉淀。如氯化钙遇碳酸氢钠形成难溶性的碳酸钙沉淀，鞣酸类和重金属也能发生沉淀。

（2）产气现象。药物在配制过程中或配制后放出气体，冲开瓶塞，使药物喷出，药效改变，甚至使容器发生爆炸。例如，碳酸氢钠与酸类或酸性盐类配合时，其中和作用产生气体，改变了药物的化学性。

（3）变色现象。易引起变色的有亚硝酸盐类、碱类和高铁盐类。如碘及其制剂与鞣酸混合会发生脱色；与含淀粉类药物配合，呈蓝色。

（4）燃烧或爆炸现象。多由强氧化剂与还原剂配合所引起。如高锰酸钾、氯酸钾与鞣酸混合研磨将爆炸；高锰酸钾与甘油混合时易燃烧，可使药物失效。

2. 避免措施

药物的配伍禁忌是可以避免的，只要熟悉药物的药理作用及其物理、化学性质，完全可以避免发生。

（1）改变剂型。乳酸钙和碳酸氢钠，若加水制成液剂时，则产生碳酸钙沉淀，如改成散剂便可避免配伍禁忌的发生。

（2）改变混合顺序。如碳酸氢钠和复方龙胆酊先混合，再加水，则碳酸氢钠不能完全溶解而出现沉淀；如将碳酸氢钠先用适量水溶解，然后再加复方龙胆酊，不仅不发生沉淀，同时，还可充分发挥药效。

（3）添加第三种成分。在配合成分中加一些无害的或不影响药效的第三种成分，如增溶剂、助溶剂、稳定剂或稀释剂等。

（4）调换成分。采用作用相同的药物或制剂代替处方中的某一种成分，例如，某配方需要硝酸铋6克，硝酸氢钠3克，薄荷水60毫升，配成溶液。由于硝酸铋在水中缓缓水解生成硝酸，而硝酸遇碳酸氢钠则生成二氧化碳，该配方可将硝酸铋改成碳酸铋，就可避免产生二氧化碳。

（5）增加溶媒。如某配方将水杨酸钠与碳酸氢钠各20克溶于60毫升水中，则不能全部溶解，如将溶液量增加一倍，则可制成清澈的液体。

三十一、动物传染病的分类

按国际 OIE 组织（世界动物卫生组织）和国家有关规定将动物传染病分为两大类。

一类传染病

口蹄疫、猪水泡病、猪瘟、非洲猪瘟、非洲马瘟、牛瘟、牛传染性胸膜肺炎、牛海绵状脑病、痒病、蓝舌病、小反刍兽疫（伪牛瘟）、绵羊痘和山羊痘、高致病性禽流感（禽流行性感冒）、鸡新城疫。

二类传染病

多种动物共患病。伪狂犬病、狂犬病、炭疽、魏氏梭菌病、副结核病、布氏杆菌病、弓形虫病、棘球蚴病、钩端螺旋体病。

牛病。传染性鼻气管炎、恶性卡他热、白血病、出血性败血病、结核病、犁形虫病、锥虫病、日本血吸虫病。羊病。山羊关节炎、脑炎、梅迪—维斯纳病。

猪病。乙型脑炎、细小病毒病、猪繁殖与呼吸综合征、猪丹毒、猪肺疫、链球菌病、传染性萎缩性鼻炎、支原体肺炎、旋毛虫病、囊尾蚴病。

马病。传染性贫血、流行性淋巴管炎、鼻疽、巴贝斯虫病、伊氏锥虫病。

禽病。传染性喉气管炎、传染性支气管炎、传染性法氏囊病、马立克氏病、产蛋下降综合征、禽白血病、禽痘、鸭瘟、鸭病毒性肝炎、小鹅瘟、禽霍乱、鸡白痢、鸡败血支原体感染、鸡球虫病。

兔病。兔出血症、兔黏液瘤病、野兔热（土拉热、土拉杆菌病）、兔球虫病。

第三章 农业机械化

一、水稻机械化育插秧技术

(一) 育秧前期准备

1. 床土准备

床土宜选择菜园土、熟化的旱田土、稻田土或淤泥土，采用机械或半机械手段进行碎土、过筛、拌肥，形成酸碱度适宜（pH 值 5～6）的营养土。培育每亩大田用秧需备足营养土 10 千克，集中堆闷。

2. 播种

（1）品种选择。选择通过审定、适合当地种植的优质、高产、抗逆性强的品种。双季稻应选择生育期适宜的品种。每亩大田依据不同品种备足种子。

（2）种子处理。种子需经选种、晒种、脱芒、药剂浸种、清洗、催芽、脱湿处理。机械播种的种子"破胸露白"即可，手工播种的种芽长不超过 2 毫米。

3. 苗床准备

选择排灌、运秧方便，便于管理的田块做秧田（或大棚苗床）。按照秧田与大田 1∶10 左右的比例备足秧田。苗床规格为畦面宽约 140 厘米，秧沟宽约 25 厘米、深约 15 厘米，四周沟宽约 30 厘米以上、深约 25 厘米，苗床板面达到"实、平、光、直"。

4. 播种

为保证播种均匀、出苗整齐，宜采用机械或半机械精量播种。

(二) 秧苗管理

（1）立苗。立苗期保温保湿，一般温度控制在 30℃左右，超过 35℃时应揭膜降温。相对湿度保持在 80% 以上。遇到大雨要及时排水，避免苗床积水。

（2）炼苗。一般在秧苗出土 2 厘米左右时揭膜炼苗。揭膜原则：由部分至全部逐渐揭；晴天傍晚揭，阴天上午揭；小雨雨前揭，大雨雨后揭；日平均气温低于 12℃时不宜揭膜。温室育秧炼苗温度白天控制在 20～25℃，超过 25℃通风降温；晚上低于 12℃要盖膜护苗。

（3）水肥管理。先湿后干，秧苗三叶期以前，保持盘土或床土湿润不发白。移栽前控水，促进秧苗盘根老健。根据苗情及时追肥。

（4）病虫害防治。秧苗期根据病虫害发生情况，做好防治工作。同时，应经常拔除杂株和杂草，保证秧苗纯度。

（5）秧苗标准。适宜机械化插秧的秧苗应根系发达、苗高适宜、茎部粗壮、叶挺色绿、均匀整齐。参考标准为：叶龄为 3 叶 1 心，苗高 12～20 厘米，茎基宽不小于 2 毫米，每苗根数 12 ~ 15 条时最佳。

（三）机械化插秧

（1）大田质量要求。机插水稻采用中、小苗移栽，耕整地质量的好坏直接关系到机械化插秧作业质量，要求田块平整，田面整洁、上细下粗、细而不糊、上烂下实、泥浆沉实，水层适中；综合土壤的地力、茬口等因素，可结合旋耕作业施用适量有机肥和无机肥；整地后保持水层 2 ~ 3 天，进行适度沉实和病虫草害的防治，即可薄水机插。

（2）秧块准备。插前，秧块床土含水率 40% 左右（用手指按住底土，以能够稍微按进去为宜）。将秧苗起盘后小心卷起，叠放于运秧车上，堆放层数一般以 2 ~ 3 层为宜，运至田头应随即卸下平放（清除田头放秧位置的石头、砖块等，防止粘在秧块上，打坏秧针），使秧苗自然舒展；做到随起随运随插，避免烈日伤苗。

（3）插秧作业。装秧苗前须将空秧箱移动到导轨的一端，再装秧苗，防止漏插。秧块要紧贴秧箱，不拱起，两片秧块接头处要对齐，不留间隙，必要时秧块与秧箱间要洒水润滑，使秧块下滑顺畅。插秧时可以在机械前面横着固定一个长杆，就是比作业幅宽一点的长杆，长杆两头各下坠一个细绳，绳头系一稍有重量东西作标志，最好是红色，让标志对准前一次边行秧苗上面，作为插秧机行走标志物。这样插秧，就不用划印器了，因为用划印器有时候水多没有印，不好对准。插秧的时候，水田的水不宜太多。水太多容易造成插秧过深。插秧不宜太深，插秧深不利于水稻秧苗分蘖。秧苗状况不好，一定要多插和厚插，这样能减少漏穴损失。反之，秧苗好，要把取秧量控制到最小。

二、背负式机动喷雾器的结构、基本操作及注意事项

（一）背负式机动喷雾器主要结构

（1）机架总成，是安装汽油机、风机、药箱、等的基础部件，主要包括机架、操纵机构、减振装置、背带和背垫组成。

（2）离心风机，风机是背负机的重要部件之一。功用是产生高速气流，将药液破碎雾化或将药粉吹散，并将之送向远方。

（3）药箱总成，功用是盛放药液或药粉，并借助引进高速气流进行输药。主要部件有：药箱盖、滤网、进气管、药箱、粉门体、吹粉管、输粉管及密封件等。

（4）喷洒装置。

①湾头：功用是改变风机出口气流的方向，并产生一定的负压（吸力）以利于输粉，在弯头处开有引风口，引出少量高速气流进入药箱。

②软管（蛇形管）：功用是在作业时可以任意改变喷洒方向，软管材质一般为塑料，也有橡胶做的，以提高其抗老化性和低温作业时的弯曲能力。

③直管和弯管：主要是业了增加整个喷管的长度，一般从弯头至诚喷口处长度应大于 1 米，以减轻作业时药液（粉）对作业人员的人身伤害。弯管的一作用是药液从喷口喷出时，出口方向略向上斜，雾流呈抛物线状，有利于雾滴落入植物的中、下部。

④喷头：功用是在喷雾作业时起雾化作用。即利用高速气流将药箱输送至喷头的药液吹散成细小的雾滴。

（二）操作步骤

机具作业前应先按汽油机有关操作方法，检查其油路系统和电路系统后进行启动，确保汽油机工作正常。

喷雾作业步骤，机具处于喷雾作业状态。加药前先用清水试喷一次，保证各连接部位无渗漏，加药时不要过急加满，以免从过滤网出气口溢进风机壳里，药液必须干净，以免喷嘴堵塞，加药后要盖紧药箱盖。启动发动机，使之处于怠速运转，背起机具后，调整油门开关使汽油机在额定转速左右，开启药液手把开关即可开始作业。

（三）喷药时应注意事项

（1）必须注意防毒，尤其是防毒应十分重要。机器作业时，严禁停留在一处喷洒，以防对植物产生药害。采用侧向喷洒方式，以免人身受到药液的侵害。作业时必须配戴口罩，口罩应经常洗换，同时，携带毛巾、肥皂，随时擦洗脸、手、口和着药处。发现有中毒症状时，应及时停止背机，求医诊治。

（2）喷药前首先校正背机人的行走速度，并按行进速度和喷量大小，核算旋液量，前进速度应基本一致，以保证喷洒均匀。田间作业时，操作人员应站在上风向顺风隔行喷药。

（3）大田作业时可变换弯管方向，喷洒灌木丛时可将弯管口朝下，以防止雾粒向上飞扬。

（4）必须注意防火、防机器事故发生。

（四）喷头堵塞时处置

切勿急躁，要按规程进行排除。首先，立即关闭喷杆上的开关，防止药液从喷头或开关处流出，再戴上橡胶或塑料手套，缓慢拧开喷头帽，取出喷头片，用手刷或草秆疏通喷孔，清除杂质；清理完毕后，细心安上喷头片，拧紧喷头帽；脱下手套，用肥皂洗手。切忌不可用嘴对着喷头吹，不可拿喷杆乱敲，避免药液飞溅到身上。

三、久保田 PRO－588 联合收割机几个重部件的拆装

（一）1 号螺旋轴的拆卸

先拆下 1 号螺旋轴驱动带轮的安装螺母，然后拆下皮带及皮带轮轮毂，打开漏斗上盖，拆下 1 号垂直螺旋轴叶片；接着拆下 1 号垂直螺旋筒上盖安装螺母，将垂直螺旋轴和上盖一起拉出，拆下垂直螺旋筒；最后拆下 1 号锥齿轮箱和螺旋轴轴承座固定螺栓，拉出轴承座和 1 号螺旋轴。

（二）磨损及损坏的检查

1 号垂直螺旋叶片和 1 号垂直螺旋轴的磨损情况可以凭眼测方法判断，也可以用卷尺测量。当螺旋轴径小于 93 毫米（基准值为 93～95 毫米）时，要进行更换；1 号螺旋轴扒出叶片磨损后也要进行更换。

（三）1 号螺旋轴与垂直螺旋轴安装时对记号

对 1 号螺旋轴进行检查和更换后，安装时要注意对准记号。1 号螺旋轴扒出叶片的末端要与机体方向垂直，1 号垂直螺旋轴的末端与机体前后方向平行，两螺旋轴端面呈

"+"交错，确保机器运转时 1 号螺旋轴与垂直螺旋轴转动时互不妨碍，不发生刮擦，以免造成螺旋轴变形损伤机体。另外，要注意装配 1 号螺旋轴轴承座时，要将轴承座环较宽的一面朝下，确保装配复位良好（图 1 – 1）。

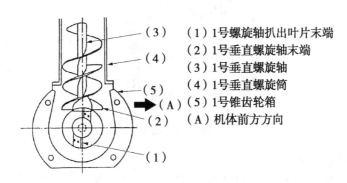

（1）1 号螺旋轴扒出叶片末端	
（2）1 号垂直螺旋轴末端	
（3）1 号垂直螺旋轴	
（4）1 号垂直螺旋筒	
（5）1 号锥齿轮箱	
（A）机体前方方向	

图 1 – 1　1 号螺旋轴与垂直螺旋轴安装图

（四）扶禾部的调整与装配

扶禾部主要由扶禾支架、扶禾链条、侧盖、扶禾支撑部及上盖部组成。收割机在收获作业中，因田块高低不平，扶禾部碰撞石块、田埂或是木棍、铁丝等杂物进入扶禾链造成拔禾齿变形、脱落，有时使扶禾链松动或折断。

1. 扶禾链条的张力调整和更换

先检查扶起张紧挂钩与扶禾张紧臂螺母钩挂部是否松动或过坚，用标尺进行测量，小于 0.5 毫米或大于 2.5 毫米（基准值为 0.5～2.5 毫米）时，调节张紧螺母来调整，调整后要把两螺母锁紧。如果因扶禾链长时间使用拉长没有张紧余量时，要拆下链条的 2 个连接环（25.4 毫米）再反扶禾链接好。

2. 张力弹簧的装配

扶禾链装好后，再组装扶禾链张力弹簧（挂钩穿过张力弹簧内部），张力弹簧和挂钩扣住张紧臂螺母时的弯曲方向要相反，主要是防止链条运动时张力弹簧脱落。

3. 扶禾链装配时扶禾爪的位置

（1）扶禾爪因磨损后退 30 毫米以上或是变形、破损必须更换。更换时，带爪销从扶禾爪销孔大的一面向内卡住扶禾链敲入 3 毫米以上，注意扶禾爪方向要一致。

（2）两相对的扶禾爪左右前后的高低差在 10 毫米以内，超过 10 毫米就须进行调整或更换。

（3）前端间隙小于 5 毫米或大于 12 毫米时（基准值为 5～12 毫米），必须进行调整；行间高低差小于 70 毫米或大于 110 毫米时（基准值为 70～110 毫米），必须进行调整（图 1 – 2）。

（五）收割部的拆卸装配

1. 割刀组件的拆装

先拆下割刀组件的安装支座，然后降下割刀组件的前侧，使割刀组件处于垂直位置，再将割刀组件移至左侧，从固定销上拆下。在拆卸过程中，注意戴上手套，不要用

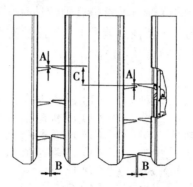

A. 高低差间隙
B. 前端间隙
C. 行高差

图 1－2　扶禾链装配

手接触刀刃部，以防划伤。

当动刀或固定刀磨损、损坏时，要进行更换，更换时利用手动砂轮等磨去破损刀刃铆钉部的铆接部分，用冲子冲出铆钉，拆下刀片。在进行刀片组装时要注意铆钉的组装方向，更换刀片后用增减调整垫片来进行调整，以使动刀和固定刀的间隙为 0～0.5 毫米，能用手轻轻使动刀能左右滑动。

2. 割刀曲轴杆的调整

旋转收割部，使左右割刀停止于最内侧位置，把左右曲轴杆的锁紧螺母松开，调节曲轴杆的长度对动刀和固定刀的偏芯间隙进行调整在 2 毫米以内，同时，左右割刀中央部间隙隙调整为 4～6 毫米，调整完毕后，把曲轴杆上的锁紧螺母锁紧，并涂上螺丝密封胶予以紧固。

3. 割刀驱动箱的组装

组装时必须使左右轴承座对称向内（向外），或者是两割刀驱动轴的平键（销孔）要在同一平面的直线同方向上，避免左右割刀驱动轴运转时造成左右割刀产生碰撞（图 1－3）。

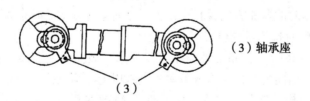

（3）轴承座

（3）

图 1－3　收割部的拆卸装配

四、农业机械设备使用与维修

培训—教育—考核—颁证—操作，是农机操作人员独立使用农机设备必须经过的过程。

（一）农业机械设备使用

1. 岗前培训

培训内容除安全教育、基础知识外，还应包括使用设备的结构、性能、安全操作规程，维护保养、润滑等技术知识和操作技能训练和考试，合格并获操作证后方可独立使用设备。

2. 做到定人定机的"三好四会"

"三好"，即管理好、使用好、维修好。管理好，即是操作者应对其使用的设备负责保管责任，不准其他人操作，并应保证设备的附件、仪器仪表及防护装置等完整无损；使用好，即严格执行操作维护规程，禁止超负荷使用设备，精心保养设备，文明操作设备；维修好，即操作人员要配合维修人员进行设备维修，及时送修和排除设备故障。

"四会"，即是会使用、会保养、会检查、会排除故障。会使用，即设备操作人员要熟悉设备的性能、结构，传动原理和工作范围，熟知设备操作规程和工作要求，正确使用设备；会保养，即是设备操作人员应经常保持设备内外清洁，执行设备保养润滑规定，保持油路畅通，冷却液使用合理，经常保持机械设备内外清洁、完好；会检查，即操作人员了解自己所用设备的结构、性能及易损零件的部位，掌握检查的方法和基本知识，了解设备检查标准和检查项目，并能按照所规定的项目进行日常检查作业；会排除故障，即是操作人员熟悉所用设备特点，了解拆装注意事项及会鉴定设备正常与异常现象，一般的设备调整和故障的排除，自己不能解决的故障问题要及时报告，并协同维修人员进行排除。

（二）农业机械设备的维护

设备维护是操作人员为保持设备正常技术状态、延长使用寿命必须进行的日常工作。设备维护工作，按时间可分为日常维护和定期维护。

1. 日常维护（相当于三级保养制的日常保养）

日常维护包括每日维护和周末清扫。每日维护，要求操作人员在每次作业中必须做到，使用前对设备的润滑系统、传动系统，操纵系统，滑动面等进行检查，再开动设备；要严格按操作规定使用设备，发现问题及时进行处理；作业后要认真清扫设备，擦拭清洁；要对设备进行彻底清洗、擦拭，按照"整齐、清洁、润滑、安全"4项要求进行维护，日常维护工作要做到经常化、制度化。

2. 定期维护（相当于三级保养制的一级保养）

定期维护是在维修工人辅导下，由设备操作人员按照定期维护计划对设备进行局部或重点部位拆卸和检查，彻底清洗内部和外表，疏通油路，清洗或更换滤网、滤油器等，调整各部配合间隙，紧固各个部位；电气部分的维修工作由维修电工负责。定期维修完成后应填写设备维修卡，记录维修情况，并注明存在的主要问题和要求，由维修工长验收，提出处理意见，反馈到农机修理部门进行处理。

（三）故障维修

设备故障，一般是指设备或系统在使用中丧失或降低其规定性能的事件或现象；设备出现故障将会造成整个设备的停顿，直接影响农业生产。

1. 故障分类

渐发性故障是由于设备初期参数逐渐劣化而发生的，大部分设备故障都属于这类故障。这类故障与材料的磨损、腐蚀、疲劳等过程有密切关系。

突发性故障是各类不利因素以及偶然的外界影响共同作用而产生，这种作用超出设备所能承受的限度，往往是突然发生，事先无任何征兆。

2. 故障原因

磨损性故障：由于设备正常磨损造成的故障。

错用性故障：由于操作错误，维护不当造成的故障。

固有的薄弱性故障：由于设计问题，使设备出现薄弱环节，在正常使用时产生的故障。

3. 故障分析与排除程序

第一步，保持现场，进行症状分析。询问设备操作人员，观察整机状况、各项运行情况，检查监测指示参数；在允许的条件下启动设备检查。

第二步，检查设备（零件，部件，线路）。利用感官看、摸、听、嗅、查。看：设备各部有无异常，运转部位是否正常，控制调整位置是否正确，有无起弧或烧损的痕迹，液体有无渗漏，润滑油路是否畅通等。摸：设备振动情况，部件的温度，机械运动的状态。听：有无异常声响。嗅：有无焦味或其他异味。查：设备性能参数变化和线路异常检查。

第三步，确定故障位置。

第四步，修理或更换。

第五步，进行性能测定。

设备发生故障后，要立即采取应急措施，防止损失扩大，保持现场，积极与农机维修人员联系，确保机械安全使用。

五、小型机动喷雾器故障排除

小型机动喷雾器常用配套的动力是单缸、强制风冷二冲程汽油机，主要型号有1E40F、1E45型，燃油为机油和汽油的混合油，加机油的目的是为了润滑摩擦运动件。汽油用90号，机油应选用二冲程汽油机专用机油，可采用一般汽车机油，夏季采用10号车用机油，冬季采用6号车用机油，不可用柴机油。混合油配比为，汽油机最初运转50小时的混合比例为20∶1，运转50小时后的混合比例为25∶1，注意要求采用混合瓶配制好混合油后摇匀再倒入油箱，不能在油箱里配合，会造成配合不均匀，机油沉淀阻塞供油阀，造成供油不畅，工作途中停机或动力不足。汽油机在使用过程中，技术状态会逐渐恶化，当汽油机的动力性、经济性，或工作性能降低到超过允许的程度或出现不正常现象时，就称为有了故障，小型机动喷雾器的故障现象是多种多样，但概括起来主要有以下几种。

1. 发动机不能启动或启动困难

故障原因及排除方法：①油箱无油，加燃油即可。②各油路不畅通，应清理油道。③燃油过脏，油中有水等，需更换燃油。④气缸内进油过多，拆下火花塞空转数圈并将火花塞擦干即可。⑤火花塞不跳火，积炭过多或绝缘体被击穿，应清除积炭或更新绝缘体。⑥火花塞、白金间隙调整不当，应重新调整。⑦电容器击穿，高压导线破损或脱解，高压线圈击穿等，须修复更新。⑧白金上有油污或烧坏，清除油污或打磨烧坏部位即可。⑨火花塞未拧紧，曲轴箱体漏气，缸垫烧坏等，应紧固有关部件或更新缸垫。⑩曲轴箱两端自紧油封磨损严重，应更换。⑪主风阀未打开，打开即可。

2. 发动机能启动但功率不足

故障原因和排除方法：①供油不足，主量孔堵塞，空滤器堵塞等，应清洗疏通。②白金间隙过小或点火时间过早，应进行调整。③燃烧室积炭过多，使混合气出现预燃现象（特征是机体温度过高），应清除积炭。④气缸套、活塞、活塞环磨损严重，应更换新件。⑤混合油过稀，应提高对比度。

3. 发动机运转不平稳

原因有：①主要部件磨损严重，运动中产生敲击抖动现象，应更换部件。②点火时间过早，有回火现象，须检查调整。③白金磨损或松动，应更新或紧固。④浮子室有水或沉积了机油，造成运转不平稳，清洗即可。

4. 运转中突然熄火

原因有：①燃油烧完，应加油。②高压线脱落，接好即可。③油门操纵机构脱解，应修复。④火花塞被击穿，须更换。

5. 农药喷射不雾化

原因有：①转速低，应加速。②风机叶片角度变形，装有限风门的未打开，视情处理。③超低量喷头内的喷嘴轴弯曲，高压喷射式的喷头中有杂物或严重磨损等，采取相应措施处理。

6. 不出液或时有时无

原因有：①喷头、开关、调量阀堵塞，进行清理。②输液管堵塞，进行清除。③药箱内无压力或压力过低，拧紧药箱盖。④过滤网通气孔堵塞，清除。

7. 药液进入风机

原因有：①气堵组件与药箱装配不当，正常装配。②进气塞组合与过滤网组合进气管脱落，重新安装。

8. 叶轮摩擦风机蜗壳

原因有：①叶轮轴向间隙过小，加垫片调整间隙。②因导风罩安装不对，使风机蜗壳产生变形，重新安装导风罩。

六、微耕机常见故障的排除和安全操作

（一）常见故障

（1）无法点火（启动）时，应检查以下3个方面。

①油箱是否有油，燃油是否干净。

②油箱开关是否打开。

③喷油嘴是否喷油。

（2）启动很困难时，应检查4个方面。

①减压手柄是否打开。

②机油是否按标号加油。

③曲轴轴承是否磨损严重。

④缸套是否"拉伤"。

（3）发动机动率不足时，有3种情况的原因。

①发动机烟色为黑色时，或供油时间不正，或压缩比达不到标准，或空气进气量不足，或轻微"拉缸"和曲轴轴承磨损严重。

②发动机烟色为蓝色时，主要是烧机油、应排出曲轴箱多余的机油。

③发动机烟色为白色时，主要是燃油有水分，燃油应沉淀过滤后使用。

（二）安全操作规程

（1）微耕机每次工作前必须检查发动机以及传动箱润滑油是否充足。

（2）使用前必须检查各部件及传动箱，发动机螺栓是否有松动，脱落现象。

（3）检查各操作部件（位）是否买活有效。

（4）安装耕刀时，必须确认左右对称，工作刃面朝前、否则无法正常使用。

（5）发动机启动前必须检查离合器是否在分离位置，变速杆是否放到空挡位置。

（6）若发动机发动时出现飞车现象时，应迅速切断供油或堵塞进气道使发动机立即熄火。

（7）阻力杆高度要根据工作情况随时调整，保持机身水平位置，以防固发动机倾斜过度，致使发动机润滑不佳而损坏。

（8）添加油料时应停机并避开火种。

七、微耕机安全操作规程

（1）微耕机操作人员必须经过专业培训或熟读该机说明书后方可操作，不熟悉该机操作方法的人员严禁操作。

（2）微耕机操作人员应特别注意机器上的安全警示标志，仔细阅读标志的内容，并明示其他操作者。

（3）微耕机操作人员要穿着符合劳动防护要求的工作服装，特别要注意防止被运动部件缠绕而造成伤害。要检查所有外露旋转件是否已被很好地防护起来。

（4）微耕机操作人员严禁疲劳工作，以免发生事故。

（5）每次工作前必须检查发动机以及传动箱润滑油是否充足。

（6）使用前必须检查各部件及传动箱、发动机螺栓是否有松动、脱落现象。

（7）检查各操作部件（位）是否灵活有效。

（8）安装耕刀时，必须确认左右对称，工作刃面朝前，否则无法正常使用。

（9）发动机启动前必须检查离合器是否在分离位置，变速杆是否放到空挡位置。

（10）为确保发动机正常工作，延长其使用寿命，发动机发动后必须空负荷运转，热车5～10分钟后方可工作，开始工作前1～2小时内最好不要高转速及重负荷工作。若发动机发动时出现飞车现象，应迅速切断供油或堵塞进气道使发动机立即熄火。

（11）阻力杆高度要根据工作情况随时调整，保持机身水平位置，以防因发动机倾斜过度，致使发动机润滑不佳而损坏。

（12）作业过程中应禁止碰摸各类旋转刀具，避免扎伤，并远离排气管高温区，小心烫伤。

（13）在更换刀具、清除杂草及检查维修时，必须在发动机停止运转后方能进行。在斜坡、公路或狭窄地段转移时，必须确保安全。

（14）严禁用任何方式提高该机作业速度。

（15）发动机的转速、功率等各部分在试验台上已调整正常，严禁随意调整。

（16）机器无照明装置，严禁在夜间作业。

（17）微耕机在田间地角、沟、穴、渠等附近作业要低速行驶；在大棚内作业时需注意通风透气，使空气对流，废气排出。

（18）添加油料时应停机并避开火种。

（19）在斜坡区域作业要注意机器平衡，可沿坡度方向作业，坡度应小于25°。

（20）机器运转时，严禁靠近或触摸旋转部件，以免发生意外。

八、拖拉机常见故障排除方法

离合器　离合器打滑。摩擦片表面有油污，主要因为油封等密封装置损坏，渗漏润滑油，或保养不当，注油过多造成。应查明油污的来源并消除，然后进行清洗。离合器自由间隙过小或没有间隙，应重新调整。压力弹簧折断或弹力减弱，应更换弹簧。如磨损不大，铆钉埋入深度不小于0.5毫米，可以不换。若铆钉松动，应重新铆接或换用新铆钉。

离合器分离不清。当离合器踏板踩到底时，动力不能完全切断，挂挡困难或有强烈的打齿声。离合器自由行程过大，小制动器分离间隙过小，或主离合器分离间隙过小（双作用离合器），造成离合器工作行程不足，使离合器分离不清，应正确调整。3个分离杠杆内端不在同一平面上，个别压紧弹簧变软或折断，致使分离时压盘歪斜，离合器分离不清，应调整或更换弹簧。由于离合器轴承严重磨损等原因，破坏了曲轴与离合器轴的同心度，引起从动盘偏摆钢片翘曲变形、摩擦片破碎，使离合器分离不清。从动盘偏摆应进一步查明原因，必要时校正从动盘钢片，更换摩擦片。由于摩擦片过厚和安装不当等原因，造成离合器有效工作行程减小而分离不清，摩擦片过厚应更换，或在离合器盖与飞轮间加垫片弥补。

换挡　防止换挡打齿。装单缸发动机的拖拉机，换挡前要减小油门，待车速明显降低后再换挡。装多缸发动机的拖拉机，换挡时要采用两脚离合器法，即先减小油门，待车速降低后，踩下离合器踏板，变速杆置空挡，然后放松离合器踏板加大油门，提高转速，再踏下离合器踏板，将变速杆换入低挡。这时低挡主被动齿轮齿顶线速度比较接近，容易啮合，不会发生打齿现象。

制动失效　当出现制动失效时，应立即减速，实施发动机牵阻制动，尽可能利用转向避让障碍物。观察路边有无障碍物，可助减速或宽阔地带可迂回减速、停车。如果无可利用地形，则应迅速抬起油门，从而越级降到低速挡，利用变速比突然增大和发动机的牵阻作用来遏制车。如果驾驶的是液压制动拖拉机，可连续踩制动踏板，用点刹的方式，以期制动力积聚产生制动效果。在发动机牵阻制动的基础上车速有所下降，这时可以利用换挡或拖拉机驻车制动来进一步减速，最终将拖拉机驶向路边停车。如果拖拉机速度仍然较快，可逐渐拉紧驻车制动操纵杆来逐步阻止传动机件旋转。

九、选购农机配件有妙招

（1）看规格型号是否合适。选购农机配件时，首先要搞清是什么型号机器的零件，其次要问清是否为自己所需要的规格。比如选购电器零件时，应检查与被换零件的电压、功率是否一致；选购传动皮带时，注意型号和周长是否相符；选购喷油头时，注意喷孔直径和雾化锥角是否准确；选购活塞、活塞环时，应分清是标准尺寸还是加大尺寸。

（2）看商标标志是否齐全。包装箱、盒上应标明产品名称、规格、型号、数量、注册商标、厂名厂址以及电话号码等。一些大型或重要零部件出厂时还配有使用说明书、合格证和检验员印章，选购时应认清，以免购买假冒伪劣产品。

（3）看结合部位是否平整。对结合部位尤其是直径突然变化的铸件或有焊缝的焊件，看结合部位有无毛刺、缺陷或裂纹。

（4）看总成部件有无缺件。油器总成应检查回油接头密封钢垫挺杆内小钢球等小零件有无漏装。喷油泵总成，应查看柱塞定位螺钉密封垫滚轮体定位销钉等有无遗漏等。

（5）看配合表面有无磨损。配合表面有磨损痕迹，或涂漆件拨开表层油漆后发现旧漆，则多为废旧零件。

（6）看表面硬度是否达标。合件表面硬度是有规定要求的，在确定购买并与商家商妥后，可用钢锯条断口试划，划时若打滑无痕迹的硬度高，划后有浅痕的硬度较高，划后有明显痕迹的硬度低。

（7）看零件表面有无锈蚀。金属零件看表面有无锈蚀斑点，橡胶塑料零件看有无明显老化、龟裂、失去弹性，轴类零件看轴颈表面有无明显车削纹路等，若有应予调换。

（8）看防护表层是否完好。活塞销、轴瓦应有石蜡保护，活塞环，缸套表面涂有防锈油并用包装纸包裹，柱塞副、出油阀副、针阀副、气门、活塞等浸防锈油并用塑料套压装密封。

（9）看连接件有无松动。由多个零件组成的配件，不允许连接件有松动现象，如油泵柱塞与调节臂，离合器从动毂与钢片，摩擦片与钢片等，如有松动将影响零件的正常工作，应予调换。

（10）看转动部件是否灵活。购机油泵液压泵总成时，用手转动泵轴，应感到灵活无卡滞；喷油泵总成，在拨动调节臂时，柱塞应能在柱塞套中灵活转动，推压滚轮时，柱塞应能在弹簧作用下自动回位。

十、农机修理五种常见错误

（1）安装活塞鞘明火加温。由于活塞鞘座处较厚，其他部分较薄，明火加温后的热膨胀系数很大，容易使活塞变形。一般明火加温温度较高，在自然冷却过程中，里边的金属组织受到破坏，因而降低了活塞的耐磨性和使用寿命。

（2）更换润滑油不清洗油道。许多机手在更换润滑油时，不清洗油底壳或输油道，就将润滑油注入其中，这样做很不科学，因为油底壳及输油道未经清洗，含有许多杂质，其进入零件表面会加剧机件磨损，特别是新的或大修后的机车，试运转后杂质更多，如不清洗进入作业，还将出现烧瓦和包轴事故。

（3）安装气缸垫涂黄油。许多人在安装气缸垫时，喜欢在缸体上涂一层黄油。黄油遇高温后溶化流失，缸盖、缸体与气缸垫产生间隙，燃气容易从中跳出，造成气缸漏气，缸垫损坏。黄油遇到高温产生的积炭还会使缸垫老化变质，增加装拆困难，给修理带来很多麻烦。

（4）拧紧连杆螺丝不用扭力扳手。大多数机手在拧紧连杆螺丝时不用扭力扳手，而用专用扳手用劲拧紧。这样安装，连杆螺丝因用力过猛而产生内应力，使金属产生过度疲劳引起连杆螺丝断裂，造成机车事故。

（5）行车时不装空气滤清器。发动机在运行过程中要吸收新鲜空气，排除废气。如不装空气滤清器，作业时空气中大量灰尘被发动机吸入气缸，会加速发动机的磨损，降低发动机的功率。

第四章　农村能源类

一、农村实用沼气池建设技术

(一) 设计原则与地型选择

沼气池的池型多种多样，但其基本结构与工作原理是相同的。目前，我们主要选用水压式沼气池，它由发酵间、贮气间、水压间、进料管、出料管、活动盖及导有气管等组成 (图1-4)。

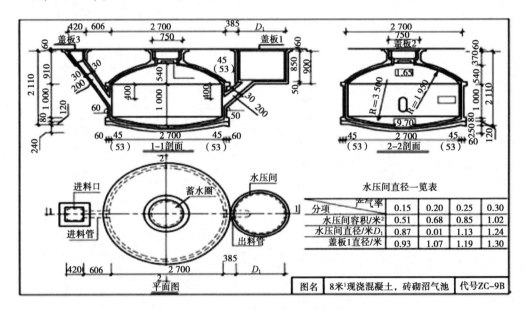

图1-4　标准水压式沼气池结构图

(1) 进料口与进料管。加入发酵原料和水的入口与通道，进料管的进料与厕所猪圈直接联通，使人、畜粪便自流入池内。

(2) 贮气间。与发酵间同于一体，以发酵原料的液面为界，上部分即为贮气间，是收集、贮存沼气的空间。

(3) 发酵间。沼气池的主体，是存贮发酵原料和水的地方，也是原料发酵产气的场所，具体为发酵原料液面以下部位。

(4) 出料管。发酵原料与沉渣流出的通道，其下端与发酵间相连，上端与水压间相通。

(5) 水压间。也称出料间，用于贮存从发酵间排出的发酵液，起着密封沼气的作用，并自动调节贮气间的沼气，使其保持一定的水压力。

（6）活动盖。设在贮气间顶部，是建池维修，管理与大量进、出料的通道，当池内压力过大时，能起到保护主池的作用。

（7）导气管。建池时固定在沼气池拱顶部或活动盖上，将贮气间的沼气经输气管导向用气处。

（二）沼气池设计原则

（1）与猪圈，厕所连成一体建设，使人畜粪便随时流入沼气池，改善农村卫生。

（2）优先采用"圆、小、浅"池型。

（3）以人、畜粪为主要发酵原料的沼气池，一般宜设计"中层出料"。以秸秆为主要发酵原料的沼气池为方便管理与出料，一般宜设计选用两步发酵或底层出料的沼气池。

（4）使用的沼气池产气率一般不低于0.3立方米。发酵池容积一般6~8立方米即可。

（三）建址选择

（1）最好将沼气池建于猪圈，厕所下面。

（2）土质坚实，地下水位低，背风向阳处。

（3）地址与用气点距离控制在25米内，以便输气可靠，气压稳定，检修方便。

（4）离浅表水源（井）15米以外，以免污染水源。

（5）避开树根，以防其窜入破坏池体。

（6）池体周围，特别是进出料附近应留有活动空间，以利于疏通或搅拌进出料。

（四）施工技术

8立方米贵州多功能高效强回流沼气池施工技术。

（1）定位、放线、挖坑。

①根据建址选择规则选好建池地点。

②在确定建池的区域内平整好场地。

③10立方米贵州多功能高效强回流沼气池开挖直径为3.6米，在建池区域内以3.6米为直径划一圆。由中间向四周开挖，不放边坡，在挖到1~1.1米时，在3.6米的圆中间以3.4米为直径，提高30厘米，将下部挖成一半球，半球直径为3.4米。

（2）备好建池材料。

8立方米混凝土结构的沼气池一般需425水泥25~30包，0.25~0.35毫米的细砂1立方米，0.35~0.5毫米的中砂3立方米，碎石0.5立方米，普通黏土标砖1 000块，密封剂2千克。

①池底用150~200号混凝土浇筑8~10厘米厚，要求振压，抹平，池底是用石砌的，还要求先用1:5.5的水泥砂浆将缝填好然后再浇混凝土。

②池墙施工

池底混凝土强度达50%以上时，一般次日，就用砖做内模，用稀泥做浆拱好内模，然后用200号砂浆浇筑，厚度10厘米左右，且将外面用水泥沙浆清光，3~4天后将内模砖拆出。

③活动盖口、盖板施工

活动盖口位于拱顶上端，在浇筑拱顶时可砌好，其高度为24厘米，内径65厘米左右，活动盖中间放铜管，厚度12厘米左右，加提手。

（五）进出料管施工

进出料管长分别为1米，60厘米，内径25厘米左右，要求内粉糊好，以可用同等大小的塑料管代替。

（六）内密封层施工

密封层的操作工序一般立足先池盖，再池墙，后池底，采用"三灰四浆法"。

（1）基层。底面应平整、清洁、保持潮湿、混凝土底面严禁粘有泥土、木屑等异物，先用水灰比为0.4的纯水泥浆均匀涂刷1～2遍，不得漏刷。

（2）底层抹灰。用水灰比为0.4的1:3的水泥砂浆粉刷5毫米厚，先用铁抹子抹压于池体上，再用木抹子搓压实，然后保养一天。

（3）刷浆。用基层水泥浆的方法再涂刷1次。

（4）中层抹灰。用底层抹灰法抹1次。

（5）再刷1次浆。

（6）面层抹灰。再抹1次。

（7）底层刷浆。用前述方法刷2～3遍。一般24小时后可浇水养护，3～5天后试压合格后方可放粪。

（七）沼气灶具安装

按照沼气池及输配设备示意图安装。

（八）试压

在最后1次扫浆第二天，即可试压，先试管道，后试池。试压方法如下：用胶塞堵住导气管池内的孔，关上开关，其中，一个开关打开，用打气筒向管内打气，管内气压升至4千帕时，立即关上开关，压力降半格或停止不降为合格。确定管道不漏气后，把沼气池的活动盖封好，向池内加水，并把所有开关关上，当池内的水位超过进出料口下端后，池内即有压力，气压升至4千帕，观测24小时，漏气率不超过3%为合格。

二、农村户用沼气池安全使用和管理

（一）沼池发酵的基本条件

（1）要建造不漏水、不漏气并能有效地收集沼气的沼气池。

（2）发酵原料。农村的发酵原料有猪粪、人粪、鸡粪、牛粪、烂菜、烂爪果、野生绿肥、作物秸秆等。

（3）温度。把10～30℃称为常温发酵；30～38℃称为中温发酵；48～56℃称为高温发酵。

（4）接种物。城市下水道污泥，湖泊、池塘底部的污泥，粪坑底渣都含有大量沼气微生物，特别是屠宰场污泥、食品加工厂污泥是良好的接种物。接种量一般为发酵料液10%～15%，当采用老沼气池发酵作为接种物时，接种量应占总发酵料液的30%以上，若以底层沉渣作为接种物时，接种量应占总发酵料液的 10% 以上。使用较多的秸秆作为发酵原料，需要加大接种物数量，其接种量一般应大于秸秆种量。

（5）发酵液 pH 值。沼气发酵的最适 pH 值 6.8 ~ 7.5。当 pH 值低于 6 或高于 8 时，发酵过程就会受到抑制，甚至停止，一旦出现上述现象，在农村一般采用以下措施来调节：①经常少量出料，同时，投入同量的新料，以稀释发酵液中的挥发酸，提高 pH 值。②添加草木灰肥，稀释氨水。若用石灰调节时，用量一定要严格控制，否则，会影响沼气池微生物的活动。

（6）搅拌。沼气池在不搅拌的情况下，发酵料液明显地分三层；上层为结壳层，中层为清液层，下层为沉渣层。搅拌是使其不分层，让原料和接种物均匀分布于池内，增加微生物原料的接触面，加快发酵速度，提高产气量，此外，也有利于促进发酵产生的二氧化碳和甲烷释放。

（7）浓度。农村沼气发酵浓度为 6% ~ 10% 较为适宜，一般夏季采用 6%，冬季采用 10%。

（二）沼气池的发酵启动

（1）接种物的准备。新建沼气池经测试确定不漏气、不漏水可以运行时，可从常年积水池塘、阴沟、老粪坑底层收集富含甲烷菌种的污泥（外观黑、亮、味臭）或正常产气老沼气池发酵浓液作为接种物，接种物的数量应是沼气池投料容量的 20% 左右。

（2）投料。息烽县目前使用的沼气池型是贵州多功能高效强回流沼气池。

在启动投料前把收集的接种物与猪、牛马羊粪或农作物秸秆（应切成 10 厘米长短一段）分层堆沤（上用塑料农膜覆盖）7 ~ 10 天，秸秆原料较多的要延长堆沤时间 4 ~ 5 天（让堆沤原料腐熟、升温达 50℃ 左右）即可投入池内。投入池内原料的浓度在 5% ~ 10% 范围；数量为池容积的 85% ~ 90%（即 8 立方米池容，投入堆沤原料 2 000 ~ 2 500 千克，猪粪水 1 000 千克，并加鱼塘或未受农药污染的水至沼气池墙拱结合部上 10 厘米即可，总计容积约 7 立方米）。

第一次投料完成待沼气池正常产气后，平时将每天 3 ~ 4 头猪（50 千克体重/头）及农户人粪尿一起流入池内即可维持持续产气之需。切忌投入剧毒农药刚喷施过的农作物秸秆、中毒死亡的畜禽尸体、油枯、骨粉以及刷洗喷洒农药的器具和含有洗剂的洗衣水、以免造成对甲烷菌种的伤害及影响池内酸碱度，从而影响正常产气。

（3）加水封池。原料入池后，即可用黏性好的黄泥（做砖、瓦的泥更好）严封天窗口盖板，并在封好的缝隙表面刷一层纯水泥浆，待干后在蓄水圈加水，如发现有气泡涌出或漏水，要重新密封。

（4）放气试火。当压力表上显示出池内原料发酵产气，应放气（初期产气为二氧化碳为主的气体）数次，直至所产的气可以点燃使用。试火必须在炉具上进行切忌在沼气池导管口点火，以防回火发生爆炸。沼气灶燃烧时应调整气门以提高灶具的热效率。

（三）沼气池的日常管理

（1）沼气池正常产气后，为稳定提高产气量，应每天从进料口补充新鲜人畜粪尿 30 ~ 50 千克。平均每天从水压间挑 150 千克（约 150 千克）沼液使用，使水压间的沼液面经常保持在 2/3 处。

（2）平均 3～5 天从水压间舀 250 千克沼液从进料口冲入池内，能起到搅拌和使新鲜原料在池内充分与菌种混合接触，达到提高产气的目的。

（3）经常检查天窗口顶盖边沿是否漏气。如发现漏气要及时修复。对开关、管道、接口处等如发现有松动、断裂、破损、老化，漏气应及时更换或修理。

（4）压力表、灯、炉具等设备要经常保持清洁卫生，发现破损及故障要及时修理、更新，以保障使用效果。如压力表气压过高，可以从水压间担走部分沼液以增加贮气空间防止冲盖。

（5）需用出渣间沼渣时，先将表面清沼液不断舀到水压间，这样沼渣就会从排渣管中不断涌出，如有堵塞现象可用一竹竿捅一下就行。沼渣一般要在沼气池正常产气后半年左右，才进行排渣。排渣后要准备充分的原料进池，做到进出量平衡。

（四）安全使用沼气池须知

（1）凡各种农药包括使用农药器具后清洗的液体、刚消毒过的畜禽粪便，中毒死亡的畜禽尸体和洗涤衣服的水一律不能入池。严禁把油枯骨粉、磷肥加入沼气池。

（2）沼气池产气压力太高一时使用不了的，要从水压间挑出部分沼液，借以增加贮气容积，以防冲盖。产气后压力较低应增加原料的放量或检查管道是否有"漏""堵"现象。

（3）严禁在沼气池导气管处点火或试火，更不准用明火检查各处接头、开关漏气情况。输气管道的检查应用毛巾蘸洗液或肥皂沫涂擦，发现气泡、说明该处漏，应根据不同部位作出处理。

（4）室内如充满臭皮蛋气味时，不能使用明火，防止发生火灾，应迅速打开门窗、采取通风扇风等方法使空气流通直至异味消除。同时，应检查管道、开关有否漏气现象，并作相应处理。

（5）沼气灯的安装应本着安全防火，方便使用，远离易燃物的原则。家庭应加强对小孩防火意识教育。做到大人不在家不要自行操作。

（6）凡已报废的沼气池要及时进行填埋。正常使用的沼气池水压间、排渣间要加盖，以防人畜掉进去。

（7）凡已投料的沼气池，不管是否产气运行，均不准轻易下池进行出料或检修。需要人员下池出料或检修，必须遵守下列规程。

①分离导气管与输气管连接，排出沼气后打开活动盖让池内气体散发。

②操作人员应站在池外，用出料工具将料液尽量出净，池内残液必须低于进、出料孔以下，以便池内形成空气对流。

③天窗盖打开 2 天后把鸡或鸭装在内吊放入沼气池，观察 15～30 分钟，如动物活动正常，人员方可下池。

④下池人员，腋下须系结实的安全绳，池外要有 2 人以上防护。并注意观察下池人员安全情况，如有中毒现象，立即救出。

⑤下池前不得在池口点明火，下池人员池内严禁用明火照明和抽烟。

（五）沼气池常见故障原因及处理方法（表1-14）

表1-14 沼气池常见故障原因及处理方法

故障现象	原因	处理方法
1. 压力表指针上下波动，火焰燃烧不稳定	输气管道有积水	用打气筒排出管道内积水，在管道入户的最低处设置积水瓶或排水开关。定期检查排水
2. 打开开关，压力表急降，关上开关压力表急升	导气管堵塞或输气管拐弯处扭曲、打折	疏通导气管，理顺输气管道
3. 压力表气压上升缓慢或不升	沼气池或输气管漏气，发酵原料不足或接种物不足	检修沼气或输气管道。增加新鲜发酵原料，增加接种物
4. 压力表上升慢，到一定时下降也快	气室或管道漏气，进料管或出料间有漏水孔	检修沼气室和管道。密封进、出料间的漏水孔
5. 压力表上升快，使用时下降也快	池内发酵原料容积过大，贮气室容积过小	取出一些料液，适当增大气室空间
6. 压力表上升快，气多，但较长时间点不燃	发酵原料中甲烷菌接种物少，发酵原料酸碱度失调	排放池内不可燃气体，增添接种物或换掉大部分料液，调节酸碱度
7. 开始产气正常，以后逐渐下降或明显下降	逐渐下降是没有保证新料进池，明显下降是管道漏气或池内进入刚喷过农药的原料影响正常发酵	取出一些旧料，补充新料。检查维修管道。堆沤收集的原料，药性消失后再放入池，排出影响原料正常产气的因素
8. 平时产气正常，突然不产气	活动盖被冲开，输气管道断裂或脱节；输气管道被耗子咬破；压力表漏气；池子突然漏气漏水；使用后开关未关或关不严	重新安装活动盖；按通；输气管道更换破损管道，修复压力表，检查开关
9. 产气正常，但燃烧力小或火焰呈红黄色	火力小是炉具火孔堵塞火焰呈红色是池内发酵液过酸，沼气池甲烷菌含量少	清扫炉具的喷火孔。适量加入草木灰、补充、石灰水或牛粪、取出部分旧料，补充新料，调节炉具空气调节板
10. 产气正常，炉具完好，但火力不足	沼气炉具混合空气不足	调节炉具的空气调节板
11. 沼气灯点不亮或时明时暗	沼气甲烷含量低、压力不足	增添发酵原料和接种物，提高沼气产量和甲烷菌含量。选用适宜的喷嘴，调节进气阀门，选用100～300瓦的纱罩，疏通和调整喷嘴，排除管道中的积水

三、沼肥综合利用技术

利用沼渣沼液配合其他农家肥的施用以及大量推广绿肥种植，逐步减少化肥的用量，达到改良土壤，提高土壤肥力的目的；沼液养猪、养鱼可促进养殖业的发展。

（一）猪舍与沼液喂猪技术

（1）猪舍应选择向阳、不积水的缓坡地建造，猪舍间距一般为猪舍屋檐的3倍。

（2）按一头母猪5.5平方米，公猪10.5平方米，仔猪0.5平方米，肉猪0.9～1.1

平方米面积，设计猪舍建造面积和养猪头数。

（3）猪舍圈底用混凝土浇灌，水泥砂浆抹平，地面高出沼气池水平面10厘米以上，并向沼气池进料口方向倾斜。

（4）猪舍外围修建排污沟，沟宽15厘米，深10厘米，向沼气池方向倾斜。

（5）沼液、沼渣中富含有多种对猪生长有利的营养物质，可以促进生猪生长发育，提高生猪抗病能力。用沼液、沼渣拌饲料，日增重可达0.75~1千克，提前30天出栏，节省饲料50千克，肉色好，出肉率达92%。其技术要具有：

①使用产气正常的沼液：喂食前取适量的沼液，均匀拌入饲料中，夏季静置3~5分钟，春秋季放置15~20分钟，冬季放置20~30分钟，即可喂猪。

②饲喂量：体重25千克左右，可以开始饲喂，按常规进行防疫，驱虫后，饿1~2餐，开始添加少量沼液进行适口训练3~5天，然后，每次喂沼液量0.3~0.5千克，每天3~4次，以后逐步加大用量到餐饲料量的20%。体重50~100千克猪，每次饲喂量为0.6~1千克，饲料和沼液量比可达4:1~3:1。体重20千克以下幼猪，不宜使用。

③注意事项：新建或大换料后的沼气池，务必正常产气3个月后，方可取沼液饲喂。不正常产气和不产气或投入了有毒物质的沼气池中的沼液，禁止用于喂猪。喂猪时不宜添加过量，否则会引起拉稀。出现这种情况时，要适当减少沼液用量或暂停2~3天。强回流沼气池水压酸化池中的发酵液，不宜喂猪。

（二）果园及沼肥施果技术

（1）选择优良果树品种，适地适栽，营造防护林，建立生态果园。

（2）山地建园，应选择坡度地，15°以上坡地宜采用等高梯田作业，在河滩、平地建园，应选择地下水1米以下。

（3）根据果树品种、地势、土质和管理水平，确定苗木栽培密度，树穴规模，栽植方式，栽植时期。

（4）果园的水保措施按GB/16453.1—96标准执行。

（5）沼肥施果技术。沼肥含有丰富的养分，易被果树吸收，施用于果树，是一般农家肥不可比拟的。施沼肥的果园每亩单产比不施沼肥的增产300千克以上，增产幅度达到10%~30%。而且水果的品质也提高了，果实甜度提高0.5°~1°，外形美观，卖相好，深受消费者的欢迎。其技术要点如下。

①沼渣的应用：沼渣是指人畜粪便等有机物经厌氧发酵产气后的底层沉渣。沼渣中含有丰富的有机质、腐殖质、氮（N）、磷（P_2O_3）、钾（K_2O）。沼渣用作果树底肥时，要按果树生产的要求先行挖穴、然后施肥和履土，施肥量一般为每穴施沼渣30千克，并可根据果树品种不同及生情况，可配以其他元素肥料。沼渣用作成令果树基肥时，在每年11月上旬将沼渣与秸秆饼、土混合堆沤腐熟后，分层埋入树冠滴水线外施肥沟内。用量一般为每株沼渣50千克，1.5千克过磷酸钙和2.5千克枯饼以及桔秆、垃圾肥堆沤100千克。

幼树施用沼渣应结合扩穴进行，以树冠滴水为直径向外呈环向开沟，开沟不宜太深，开沟0.2~0.4米，宽0.3~0.4米。开沟时，不要损伤了根系，施肥后应履土。往后，每年应开沟施肥转换错位。

②沼液是沼气池内发酵物：分解后形成的褐色明亮的液体，沼液中速效性营养成分高，用于果树根外追肥和叶面施肥，收效快，利用率高。一般施后 24 小时内，根系和叶片可吸收喷施量的 80% 左右，从而及时补充果树生长对养分的需要。

果树的地上部分在每一个生长期前后，都可喷施沼液，在生长期喷施沼液，可增强叶片的光合作用，有利于花芽的形成与分化。花期喷施沼液，可提高座果率；果实生长期喷施沼液，可促进果实膨大，提高产量和品质。冬季清园时，喷施沼液可提高果树抗冻能力。

用沼液作根外追肥时，一定要用清水稀释 2~3 倍后使用，以防浓度过高，烧伤根系。在果树萌芽抽梢前 10 天，用 60% 的沼液掺水浇肥，每株 2 千克；新梢抽生后 15 天，每株施 50% 的沼液 3 千克。为了加速幼树生长，可在生长期间（3~8 月），每隔半个月或 1 个月，浇施一次沼液肥。施肥的方法是在树冠滴水线外侧挖 10~16 厘米浅沟浇施。

沼液作保花保果肥。在花开前和两次生理落果前，各喷施一次沼液叶面肥，具体方法是生长正常的树喷施纯沼液，树势弱的加 0.15%~0.2% 的尿素，保果肥还应加浓度为 $5 \times 10^{-6} \sim 1 \times 10^{-5}$ 毫升/升的 2,4-D，可提高坐果率 5%~10%。

沼液作果树叶面喷施肥的喷施取肥方法是，从出肥间中取出沼液，停放过滤后，选择早晨、傍晚或阴天，用喷雾器喷施果树叶面。中午气温高，蒸发快，效果差，也易灼伤叶片，不宜进行。喷施沼液时要侧面重叶背面。对于结果很多的果树可以在沼液中加入 0.05%~0.1% 的尿素进行喷施。对于幼令或挂果少的果树可以在沼液中加入 0.2%~0.5% 的磷、钾肥，以促进下年花芽的形成。果实膨大，果树需水量大，是提高产量和品质的关键时期，可根据天气情况、挂果多少、树势强弱等确定喷施次数，同时，还可在每喷施的沼液中加入 0.10%~0.15% 的尿素和 0.01%~0.03% 的磷酸二氢钾。

在每年的 3 月或 5~7 月虫害较多时期，选择气温较高的下午，将沼液取出后立即用纱布过滤（取出的沼液停放时间不宜超过 1 小时），用喷雾器喷施果树叶面，可以防治害虫。如果在沼液中添加适量的洗衣粉、农药效果更好。用这样方法防治果树的蚜虫和红蜘蛛等，在 48 小时内就可使害虫减少 50% 以上。

（三）其他模式技术

1. "猪—沼—稻"模式

（1）沼液浸种技术。沼液中含有极其丰富的植物所需的营养元素和微生物的代谢产物。多年来，农民应用沼液浸种的实践表明，沼液浸泡水稻种，发芽率比常规浸种提高 8%~10%，芽状而齐。播种后，易扎根、现青快、长势旺、成秧率高、苗壮根粗、白根、新根多、病虫少、秧苗抗寒力强、栽插后返青快。

（2）浸种。沼液的提取备。先将出肥间中的悬浮物捞尽，用棍棒搅拌后，稍加沉淀，再将沼液取出，滤去粗渣备用。

对沼液浓度的要求。水稻杂交品种，用 75% 浓度的沼液或 50% 浓度（即 1 份沼液掺 1 份清水）沼液。沼液浓度确定的可观察沼液的透明度、颜色、浓淡情况来判定，若液体为乳胶状、棕黑色，浓度高，使用时需加水稀释；若液透明或半透明黄褐色，则使用时可采用原液。

对浸种时间要求。水稻早、中熟品种,先用沼液浸泡21小时。再用清水浸泡24小时,气温降至12℃以下时,可适当延长8～12小时。对米质结构紧密、谷壳较厚的品种,可适当延长浸泡时间,采用48小时或36小时。早稻杂交稻品种,要用间歇法进行,即先用沼液浸泡6小时,提起用清水洗净沥干后再浸,总的沼液浸泡时间为24小时,再用清水浸泡足为止。

(3)浸种操作要求。用原液浸种,将种子装袋放在沼气池的出肥间中直接浸泡。浸种前应将悬浮物捞净,浸种时时要注意种子袋不可露出肥间液面,也可将沼液从出肥间中取出,在粪桶或其他容器中浸泡。浸种还可与强氯精等药剂消毒结合进行。具体方法是在沼液浸种24小时后,洗净种子并放入1/500浓度的强氯精溶液中浸12小时,洗净后再浸清水12小时,这样既对种子达到了消毒的目的,又能起到增强种子活力和抵御低温的能力。

(4)催芽可按常用的方法进行。在催芽时,一要注意水分不宜太多,多透气不良,容易引起缺氧,造成酒精发酵,影响发芽。二要掌握好温度,早期以35～38℃为宜,种子破 之后,降至25～28℃,避免烧包。如发现酒味,应立即开包,摊开降温,至自然温后,用清水洗净,直至没有酒味为止。然后再用35℃温水淋种再催,随时注意检查包内温度。播种前,还必须炼芽,将催好的芽摊开降温,时间为半天或1天,决不可热芽下田播种,天气不好可以继续炼芽。

2. 猪－沼－蔬菜模式

它是指利用沼渣做菜在底肥,沼液叶面喷施作追肥的生态生产模式。用沼肥种植蔬菜效果十分显著,一方面,可提高蔬菜产量和品质,避免污染,是发展无公害蔬菜的一条有效途径;另一方面,可抑制和杀灭病虫,减少农药和化肥的投资。

(1)沼渣作基肥。每亩用1 500～3 000千克,在翻耕时撒入。作追肥时。每亩用量1 500～3 000千克,施肥时先在农作物旁开沟或挖穴,施肥后立即复土。

(2)叶面喷施。沼液宜先澄清过滤,喷施量以叶面布满细微雾点而不流为宜。炎夏中午和雨天不宜喷施。

3. 猪－沼－鱼模式

它是用沼液、沼渣养鱼的放养模式。

沼肥养鱼比传统养鱼有明显降低池塘水体溶解氧的消耗,提高浮游生物量的作用。因此,可提高鱼成活率及规格,并减少鱼病的发生,使成鱼品质及单产有明显提高。

四、大中型养殖场畜禽粪便处理沼气安全须知

大中型养殖场畜禽粪便处理沼气工程安全使用须知沼气工程竣工验收合格交付使用后,为了养殖场的沼气工程正常运转、安全使用。特制定本须知,希各养殖场业主遵照执行。

(一)日常管理

①养殖场大中型沼气工程日常管理由业主负责,应由具有沼气发酵、沼气工程专业知识的人员管理;也可聘请沼气管护组织代管。②沼气池上面禁止修建任何建筑物和构

筑物，不得擅自增加沼气池负荷。③严禁封死活动盖和进出口盖板。④不得打开沼气池安全盖板，不得在沼气池上开孔。⑤不得在沼气池附近使用明火、燃放烟花爆竹。⑥软填料由管理专业队负责更换。

（二）检查维修

①养殖场沼气工程每一年检查一次气箱的气密性。②输气管（线）路应经常检查是否漏气和堵塞，发现问题应及时维修、更换。

（三）安全管理

（1）安全警示。在醒目位置安装永久性警示标志牌。

（2）安全发酵。①发酵、养殖场沼气工程第一次启动时，应加入占主发酵池容积5%～10%接种物。②养殖场沼气工程出残渣时，池内应保留住发酵容积10%～15%的料液作接种物。③不得将养殖场污水粪便外的液体、固体废弃物投入池中。④严禁将不能处理之物品如：塑料、废弃建材、破布、废机油等投入池中。

（3）安全维护。①养殖场沼气工程的所有露天井口及其他附属管网口均应加盖；盖板应有足够的强度，防止人畜掉进池内。②养殖场沼气工程产生的沼气应充分利用，不允许直接排放。③养殖场沼气工程抽取残渣时应撬开活动盖。

（4）安全用气。①沼气工程所产沼气就近接入用户使用，并应特别注意用气安全。②输气管道及炉具等配套设施必须请专业人员按相关规范要求进行安装。③使用沼气应先点燃引火物，后扭开关，使用结束后应拧紧开关。④不允许在沼气工程池盖导气管口点火或煮饭等。

（5）安全出料和检修。①出渣、养殖场沼气工程的残渣清掏周期为2～3年。②养殖场大中型沼气工程清除污泥及粪液应请专业队伍实施，采用抽吸粪车，在抽吸时应打开活动盖。③养殖场大中型沼气工程入池检修时严格防火、防爆和防窒息，必须首先向池内鼓风，然后将小动物（鸡、鸭）放入池内，观察10小时左右，动物未出现异常时，工作人员方可进入池内检修，通风到维修结束为止。④入池检修人员胸部必须拴紧安全绳，池外必须有人监护。⑤入池检修时只能使用无明火的照明设备，不允许在池内使用明火或吸烟。

（6）安全施救。①一旦发生人在池内晕倒，应立即快速向池内鼓风，不得盲目进行池内抢救。在池内空气充足后，抢救人员才可拴紧安全绳入池抢救出病人，并对病人进行人工呼吸或迅速送医院抢救。②发生沼气烧伤事故，应及时切断气源和灭火，并立即将烧伤者送到医院救治。

惠民利民法律政策篇

第一章 法律法规

一、中华人民共和国农产品质量安全法

第一章 总 则

第一条 为保障农产品质量安全，维护公众健康，促进农业和农村经济发展，制定本法。

第二条 本法所称农产品，是指来源于农业的初级产品，即在农业活动中获得的植物、动物、微生物及其产品。

本法所称农产品质量安全，是指农产品质量符合保障人的健康、安全的要求。

第三条 县级以上人民政府农业行政主管部门负责农产品质量安全的监督管理工作；县级以上人民政府有关部门按照职责分工，负责农产品质量安全的有关工作。

第四条 县级以上人民政府应当将农产品质量安全管理工作纳入本级国民经济和社会发展规划，并安排农产品质量安全经费，用于开展农产品质量安全工作。

第五条 县级以上地方人民政府统一领导、协调本行政区域内的农产品质量安全工作，并采取措施，建立健全农产品质量安全服务体系，提高农产品质量安全水平。

第六条 国务院农业行政主管部门应当设立由有关方面专家组成的农产品质量安全风险评估专家委员会，对可能影响农产品质量安全的潜在危害进行风险分析和评估。

国务院农业行政主管部门应当根据农产品质量安全风险评估结果采取相应的管理措施，并将农产品质量安全风险评估结果及时通报国务院有关部门。

第七条 国务院农业行政主管部门和省、自治区、直辖市人民政府农业行政主管部门应当按照职责权限，发布有关农产品质量安全状况信息。

第八条 国家引导、推广农产品标准化生产，鼓励和支持生产优质农产品，禁止生产、销售不符合国家规定的农产品质量安全标准的农产品。

第九条 国家支持农产品质量安全科学技术研究，推行科学的质量安全管理方法，推广先进安全的生产技术。

第十条 各级人民政府及有关部门应当加强农产品质量安全知识的宣传，提高公众的农产品质量安全意识，引导农产品生产者、销售者加强质量安全管理，保障农产品消费安全。

第二章 安全标准

第十一条 国家建立健全农产品质量安全标准体系。农产品质量安全标准是强制性

的技术规范。

农产品质量安全标准的制定和发布，依照有关法律、行政法规的规定执行。

第十二条 制定农产品质量安全标准应当充分考虑农产品质量安全风险评估结果，并听取农产品生产者、销售者和消费者的意见，保障消费安全。

第十三条 农产品质量安全标准应当根据科学技术发展水平以及农产品质量安全的需要，及时修订。

第十四条 农产品质量安全标准由农业行政主管部门协商有关部门组织实施。

第三章 农产品产地

第十五条 县级以上地方人民政府农业行政主管部门按照保障农产品质量安全的要求，根据农产品品种特性和生产区域大气、土壤、水体中有毒有害物质状况等因素，认为不适宜特定农产品生产的，提出禁止生产的区域，报本级人民政府批准后公布。具体办法由国务院农业行政主管部门商国务院环境保护行政主管部门制定。

农产品禁止生产区域的调整，依照前款规定的程序办理。

第十六条 县级以上人民政府应当采取措施，加强农产品基地建设，改善农产品的生产条件。

县级以上人民政府农业行政主管部门应当采取措施，推进保障农产品质量安全的标准化生产综合示范区、示范农场、养殖小区和无规定动植物疫病区的建设。

第十七条 禁止在有毒有害物质超过规定标准的区域生产、捕捞、采集食用农产品和建立农产品生产基地。

第十八条 禁止违反法律、法规的规定向农产品产地排放或者倾倒废水、废气、固体废物或者其他有毒有害物质。

农业生产用水和用作肥料的固体废物，应当符合国家规定的标准。

第十九条 农产品生产者应当合理使用化肥、农药、兽药、农用薄膜等化工产品，防止对农产品产地造成污染。

第四章 农产品生产

第二十条 国务院农业行政主管部门和省、自治区、直辖市人民政府农业行政主管部门应当制定保障农产品质量安全的生产技术要求和操作规程。县级以上人民政府农业行政主管部门应当加强对农产品生产的指导。

第二十一条 对可能影响农产品质量安全的农药、兽药、饲料和饲料添加剂、肥料、兽医器械，依照有关法律、行政法规的规定实行许可制度。

国务院农业行政主管部门和省、自治区、直辖市人民政府农业行政主管部门应当定期对可能危及农产品质量安全的农药、兽药、饲料和饲料添加剂、肥料等农业投入品进行监督抽查，并公布抽查结果。

第二十二条 县级以上人民政府农业行政主管部门应当加强对农业投入品使用的管理和指导，建立健全农业投入品的安全使用制度。

第二十三条 农业科研教育机构和农业技术推广机构应当加强对农产品生产者质量

安全知识和技能的培训。

第二十四条 农产品生产企业和农民专业合作经济组织应当建立农产品生产记录，如实记载下列事项：

（一）使用农业投入品的名称、来源、用法、用量和使用、停用的日期；

（二）动物疫病、植物病虫草害的发生和防治情况；

（三）收获、屠宰或者捕捞的日期。

农产品生产记录应当保存二年。禁止伪造农产品生产记录。

国家鼓励其他农产品生产者建立农产品生产记录。

第二十五条 农产品生产者应当按照法律、行政法规和国务院农业行政主管部门的规定，合理使用农业投入品，严格执行农业投入品使用安全间隔期或者休药期的规定，防止危及农产品质量安全。

禁止在农产品生产过程中使用国家明令禁止使用的农业投入品。

第二十六条 农产品生产企业和农民专业合作经济组织，应当自行或者委托检测机构对农产品质量安全状况进行检测；经检测不符合农产品质量安全标准的农产品，不得销售。

第二十七条 农民专业合作经济组织和农产品行业协会对其成员应当及时提供生产技术服务，建立农产品质量安全管理制度，健全农产品质量安全控制体系，加强自律管理。

第五章 包装标志

第二十八条 农产品生产企业、农民专业合作经济组织以及从事农产品收购的单位或者个人销售的农产品，按照规定应当包装或者附加标志的，须经包装或者附加标志后方可销售。包装物或者标志上应当按照规定标明产品的品名、产地、生产者、生产日期、保质期、产品质量等级等内容；使用添加剂的，还应当按照规定标明添加剂的名称。具体办法由国务院农业行政主管部门制定。

第二十九条 农产品在包装、保鲜、贮存、运输中所使用的保鲜剂、防腐剂、添加剂等材料，应当符合国家有关强制性的技术规范。

第三十条 属于农业转基因生物的农产品，应当按照农业转基因生物安全管理的有关规定进行标志。

第三十一条 依法需要实施检疫的动植物及其产品，应当附具检疫合格标志、检疫合格证明。

第三十二条 销售的农产品必须符合农产品质量安全标准，生产者可以申请使用无公害农产品标志。农产品质量符合国家规定的有关优质农产品标准的，生产者可以申请使用相应的农产品质量标志。

禁止冒用前款规定的农产品质量标志。

第六章 监督检查

第三十三条 有下列情形之一的农产品，不得销售：

（一）含有国家禁止使用的农药、兽药或者其他化学物质的；

（二）农药、兽药等化学物质残留或者含有的重金属等有毒有害物质不符合农产品质量安全标准的；

（三）含有的致病性寄生虫、微生物或者生物毒素不符合农产品质量安全标准的；

（四）使用的保鲜剂、防腐剂、添加剂等材料不符合国家有关强制性的技术规范的；

（五）其他不符合农产品质量安全标准的。

第三十四条 国家建立农产品质量安全监测制度。县级以上人民政府农业行政主管部门应当按照保障农产品质量安全的要求，制定并组织实施农产品质量安全监测计划，对生产中或者市场上销售的农产品进行监督抽查。监督抽查结果由国务院农业行政主管部门或者省、自治区、直辖市人民政府农业行政主管部门按照权限予以公布。

监督抽查检测应当委托符合本法第三十五条规定条件的农产品质量安全检测机构进行，不得向被抽查人收取费用，抽取的样品不得超过国务院农业行政主管部门规定的数量。上级农业行政主管部门监督抽查的农产品，下级农业行政主管部门不得另行重复抽查。

第三十五条 农产品质量安全检测应当充分利用现有的符合条件的检测机构。

从事农产品质量安全检测的机构，必须具备相应的检测条件和能力，由省级以上人民政府农业行政主管部门或者其授权的部门考核合格。具体办法由国务院农业行政主管部门制定。

农产品质量安全检测机构应当依法经计量认证合格。

第三十六条 农产品生产者、销售者对监督抽查检测结果有异议的，可以自收到检测结果之日起五日内，向组织实施农产品质量安全监督抽查的农业行政主管部门或者其上级农业行政主管部门申请复检。

采用国务院农业行政主管部门会同有关部门认定的快速检测方法进行农产品质量安全监督抽查检测，被抽查人对检测结果有异议的，可以自收到检测结果时起四小时内申请复检。复检不得采用快速检测方法。

因检测结果错误给当事人造成损害的，依法承担赔偿责任。

第三十七条 农产品批发市场应当设立或者委托农产品质量安全检测机构，对进场销售的农产品质量安全状况进行抽查检测；发现不符合农产品质量安全标准的，应当要求销售者立即停止销售，并向农业行政主管部门报告。

农产品销售企业对其销售的农产品，应当建立健全进货检查验收制度；经查验不符合农产品质量安全标准的，不得销售。

第三十八条 国家鼓励单位和个人对农产品质量安全进行社会监督。任何单位和个人都有权对违反本法的行为进行检举、揭发和控告。有关部门收到相关的检举、揭发和控告后，应当及时处理。

第三十九条 县级以上人民政府农业行政主管部门在农产品质量安全监督检查中，可以对生产、销售的农产品进行现场检查，调查了解农产品质量安全的有关情况，查阅、复制与农产品质量安全有关的记录和其他资料；对经检测不符合农产品质量安全标准的农产品，有权查封、扣押。

第四十条　发生农产品质量安全事故时，有关单位和个人应当采取控制措施，及时向所在地乡级人民政府和县级人民政府农业行政主管部门报告；收到报告的机关应当及时处理并报上一级人民政府和有关部门。发生重大农产品质量安全事故时，农业行政主管部门应当及时通报同级食品药品监督管理部门。

第四十一条　县级以上人民政府农业行政主管部门在农产品质量安全监督管理中，发现有本法第三十三条所列情形之一的农产品，应当按照农产品质量安全责任追究制度的要求，查明责任人，依法予以处理或者提出处理建议。

第四十二条　进口的农产品必须按照国家规定的农产品质量安全标准进行检验；尚未制定有关农产品质量安全标准的，应当依法及时制定，未制定之前，可以参照国家有关部门指定的国外有关标准进行检验。

第七章　法律责任

第四十三条　农产品质量安全监督管理人员不依法履行监督职责，或者滥用职权的，依法给予行政处分。

第四十四条　农产品质量安全检测机构伪造检测结果的，责令改正，没收违法所得，并处 5 万元以上 10 万元以下罚款，对直接负责的主管人员和其他直接责任人员处一万元以上五万元以下罚款；情节严重的，撤销其检测资格；造成损害的，依法承担赔偿责任。

农产品质量安全检测机构出具检测结果不实，造成损害的，依法承担赔偿责任；造成重大损害的，并撤销其检测资格。

第四十五条　违反法律、法规规定，向农产品产地排放或者倾倒废水、废气、固体废物或者其他有毒有害物质的，依照有关环境保护法律、法规的规定处罚；造成损害的，依法承担赔偿责任。

第四十六条　使用农业投入品违反法律、行政法规和国务院农业行政主管部门的规定的，依照有关法律、行政法规的规定处罚。

第四十七条　农产品生产企业、农民专业合作经济组织未建立或者未按照规定保存农产品生产记录的，或者伪造农产品生产记录的，责令限期改正；逾期不改正的，可以处 2 000 元以下罚款。

第四十八条　违反本法第二十八条规定，销售的农产品未按照规定进行包装、标志的，责令限期改正；逾期不改正的，可以处 2 000 元以下罚款。

第四十九条　有本法第三十三条第四项规定情形，使用的保鲜剂、防腐剂、添加剂等材料不符合国家有关强制性的技术规范的，责令停止销售，对被污染的农产品进行无害化处理，对不能进行无害化处理的予以监督销毁；没收违法所得，并处 2 000 元以上 2 万元以下罚款。

第五十条　农产品生产企业、农民专业合作经济组织销售的农产品有本法第三十三条第一项至第三项或者第五项所列情形之一的，责令停止销售，追回已经销售的农产品，对违法销售的农产品进行无害化处理或者予以监督销毁；没收违法所得，并处

2 000元以上2万元以下罚款。

农产品销售企业销售的农产品有前款所列情形的，依照前款规定处理、处罚。

农产品批发市场中销售的农产品有第一款所列情形的，对违法销售的农产品依照第一款规定处理，对农产品销售者依照第一款规定处罚。

农产品批发市场违反本法第三十七条第一款规定的，责令改正，处2 000元以上2万元以下罚款。

第五十一条 违反本法第三十二条规定，冒用农产品质量标志的，责令改正，没收违法所得，并处2 000元以上2万元以下罚款。

第五十二条 本法第四十四条、第四十七条至第四十九条、第五十条第一款、第四款和第五十一条规定的处理、处罚，由县级以上人民政府农业行政主管部门决定；第五十条第二款、第三款规定的处理、处罚，由工商行政管理部门决定。

法律对行政处罚及处罚机关有其他规定的，从其规定。但是，对同一违法行为不得重复处罚。

第五十三条 违反本法规定，构成犯罪的，依法追究刑事责任。

第五十四条 生产、销售本法第三十三条所列农产品，给消费者造成损害的，依法承担赔偿责任。

农产品批发市场中销售的农产品有前款规定情形的，消费者可以向农产品批发市场要求赔偿；属于生产者、销售者责任的，农产品批发市场有权追偿。消费者也可以直接向农产品生产者、销售者要求赔偿。

第八章 附 则

第五十五条 生猪屠宰的管理按照国家有关规定执行。

第五十六条 本法自2006年11月1日起施行。

二、农村土地承包经营纠纷调解仲裁

1. 土地调解仲裁法调整范围

第二条 农村土地承包经营纠纷调解和仲裁，使用本法。

农村土地承包经营纠纷包括：

（1）因订立、履行、变更、解除和终止农村土地承包合同发生的纠纷。

（2）因农村土地承包经营权转包、出租、互换、转让、入股等流转发生的纠纷。

（3）因收回、调整承包地发生的纠纷。

（4）因确认农村土地承包经营权发生的纠纷。

（5）因侵害农村土地承包经营权发生的纠纷。

（6）法律、法规规定的其他农村土地承包经营纠纷。

因征收集体所有的土地及其补偿发生的纠纷，不属于农村土地承包仲裁委员会的受理范围，可以通过行政复议或者诉讼等方式解决。

2. 调解仲裁的原则

第五条 农村土地承包经营纠纷调解和仲裁，应当公开、公平、公正，便民高效，根据事实，符合法律，尊重社会公德。

3. 村民委员会、乡（镇）人民政府的调解职责

第七条 村民委员会、乡（镇）人民政府应当加强农村土地承包经营纠纷的调解工作，帮助当事人达成协议解决纠纷。

4. 调解申请的方式

第八条当事人申请农村土地承包经营纠纷调解可以书面申请，也可以口头申请。口头申请的，由村民委员会或者乡（镇）人民政府当场记录申请人的基本情况、申请调解的纠纷事项、理由和时间。

5. 调解方式

第九条 调解农村土地承包经营纠纷，村民委员会或者乡（镇）人民政府应当充分听取当事人对事实和理由的陈述，讲解有关法律以及国家政策，耐心疏导，帮助当事人达成协议。

6. 调解协议书

第十条 经调解达成协议的，村民委员会或者乡（镇）人民政府应当制作调解协议书。

调解协议书由双方当事人签名、盖章或者按指印，经调解人员签名并加盖调解组织印章后生效。

7. 仲裁调解协议的法律效力

第十一条 仲裁庭对农村土地承包经营纠纷应当进行调解。调解达成协议的，仲裁庭应当制作调解书；调解不成的，应当及时作出裁决。

调解书的送达：调解书应当写明仲裁请求和当事人协议的结果。调解书由仲裁员签名，加盖农村土地承包仲裁委员会印章，送达双方当事人。

调解书生效时间：调解书经双方当事人签收后，即发生法律效力。在调解书签收前当事人反悔的，仲裁庭应当及时作出裁决。

8. 仲裁

第十八条 农村土地承包经营纠纷申请仲裁的时效期间为两年，自当事人知道或者应当知道其权利被侵害之日起计算。

第二十一条 当事人申请仲裁，应当向纠纷涉及的土地所在地的农村土地承包仲裁委员会递交仲裁申请书。仲裁申请书可以邮寄或者委托他人代交。仲裁申请书应当载明申请人和被申请人的基本情况，仲裁请求和所根据的事实、理由，并提供相应的证据和证据来源。

书面申请确有困难的，可以口头申请，由农村土地承包仲裁委员会记入笔录，经申请人核实后由其签名、盖章或者按手印。

第二十二条 农村土地承包仲裁委员会应当对仲裁申请予以审查，认为符合本法第二十条规定的，应当受理。

第二十四条 农村土地承包仲裁委员会应当自受理仲裁申请之日起五个工作日内，将受理通知书、仲裁申请书副本、仲裁规则和仲裁员名册送达被申请人。

9. 农村土地承包经营纠纷调解仲裁流程

农村土地承包经营纠纷依照当事人和解、乡村调解、县仲裁的方式，严格按照《农村土地承包经营纠纷仲裁规则》要求进行调解和仲裁。

三、农村土地承包经营纠纷调解仲裁知识问答

（一）什么是家庭联产承包责任制

答：家庭联产承包责任制，是指以一个家庭为一个生产经营单位，向农村集体经济组织承包经营土地或者其他生产项目，取得经营的自主权，其劳动成果在完成国家的税收以及集体的统筹、提留后，余下的全部归农户家庭所有的制度。国家取消农业税和三提五统后，其收益全部归农户所有。家庭联产承包责任制通常被人称为"包干到户"或者"大包干"。

（二）什么是农业承包合同

答：农业承包合同是指农村集体经济组织（村民委员会）作为发包方，村集体经济组织成员或者村集体经济组织以外的单位和个人作为承包人，就集体经济组织所有的耕地、林地、草地以及其他可以用于农业的土地、山岭、草原、荒地、滩涂、水面等自然资源的经营承包权予以发包，对双方的权利义务予以约定所订立的合同。

（三）农村土地承包的承包形式有哪些

答：农村土地承包的承包形式有两种，家庭承包和以其他方式承包，区别在于土地承包经营主体不同。

一是家庭承包：又称为农村集体经济组织内家庭承包、内部成员承包经营，是指集体经济组织成员依据其成员权以每个农户家庭成员为生产单位（农村集体经济组织的农户）作为承包方对集体土地进行占有、使用、收益的一种经营形式。

二是其他方式承包（又称为外部成员承包经营）：指采取招标、拍卖、公开协商等方式由其他单位和个人承包。

【依据】《中华人民共和国农村土地承包法》第三条、第十五条。

（四）什么是农村土地承包经营权

答：农村土地承包经营权，是指农村集体经济组织成员在法律规定或者合同约定的范围内享有的，对本村集体经济组织所有的土地、森林、山岭、草原、荒地、滩涂、水面等进行占有、使用和收益、流转等方面权利的总和。

农村土地承包经营权是用益物权的一种。根据法律的规定，农村土地承包经营权是村集体经济组织成员享有的法定权利，任何组织和个人不能剥夺土地承包经营权，也不能非法限制土地承包经营权。

【依据】《中华人民共和国农村土地承包法》第五条。

（五）外出务工农民是否享有土地承包经营权

答：根据《农村土地承包法》的规定，只要是农村集体经济组织成员，就有权依法承包由本集体经济组织发包的农村土地。任何组织和个人不得剥夺和非法限制农村集体经济组织成员承包土地的权利。

外出务工农民是为了改善生活而暂时离开本村，并没有改变其本村集体经济组织成员的性质，所以外出务工的农民即使没有在发包期间回家也不能就此剥夺其承包经营权；也不能因为外出务工的人员长时间未回家就将其原承包的土地任意给收回。如果出现发包方剥夺了外出务工人员的土地承包经营权，外出务工人员要求承包经营权的，应当予以支持。

【依据】《中华人民共和国农村土地承包法》第五条，第二十六条。

（六）没有经过法定发包程序而签订的土地承包合同是否无效

答：根据我国现行法律的规定，发包方与承包方签订土地承包合同的前提是发包方案必须经过了村民大会讨论通过。例如：

（1）由本集体经济组织成员承包土地时，承包方案依法经本集体经济组织成员的村民会议2/3以上成员或者2/3以上村民代表的同意；

（2）由本集体经济组织以外的单位或者个人承包经营的，必须经村民会议2/3以上成员或者2/3以上村民代表的同意，并报乡（镇）人民政府批准；

（3）承包期内，因自然灾害严重毁损承包地等特殊情形对个别农户之间承包的耕地和草地需要适当调整的，必须经本集体经济组织成员的村民会议2/3以上成员或者2/3以上村民代表的同意，并报乡（镇）人民政府和县级人民政府农业等行政主管部门批准。

上述程序都是必经的法定程序。如果本村集体经济组织，或者村委会、村民小组违反上述规定，擅自将土地发包给他人或者本集体经济组织成员之外的单位或者个人，这属于越权发包，该承包合同应是无效合同，并可根据当事人的过错，确定其应承担的相应责任。

但应注意的是，这在法院审判具体操作实践中有点出入。《最高人民法院在关于审理农业承包合同纠纷案件若干问题的规定（试行）》中规定，承包合同签订满一年，或虽未满一年，但承包人已实际做了大量的投入的情况下，人民法院不因发包方违反法律规定的民主议定原则越权发包而确认该承包合同无效，但可对该承包合同的有关内容进行适当调整。这就是说，在法院审判实务中，如果村委会、村经济合作社、村民小组违反民主议定原则越权发包的，只要其他利害关系人在土地承包合同签订后的一年以内没有提起诉讼，人民法院就不会以此认定该土地承包合同无效。所谓"进行适当调整"也是以人民法院确认合同有效为前提的，对无效合同是没有进行事后调整必要的。

【依据】《最高人民法院关于审理农业承包合同纠纷案件若干问题的规定（试行）》第二十五条。

（七）土地承包合同的内容必须符合哪些规定

答：在签订土地承包合同时，承包合同内容应该包括发包方、承包方的名称，发包方负责人和承包方代表的姓名、住所；承包土地的名称、坐落、面积、质量等级；承包期限和起止日期；承包土地的用途；发包方和承包方的权利和义务；违约责任等内容。在对这些项目做约定时，不论是承包方还是发包方应当注意符合以下两个方面的法律规定：

一是合法利用承包的土地。根据农村土地承包法的规定，农村土地承包应当遵守法律、法规，保护土地资源的合理开发和可持续利用。未经依法批准不得将承包地用于非农业建设。不管合同对此类项目约定与否，承包方都应当合法地利用土地，超过法律规定利用土地会受到处罚，包括解除合同或者赔偿因此造成的损失。

二是遵循法律规定的承包期限。根据法律的规定，农村土地承包期限为三十年以及更多的年限。这一期限虽是倡导性的法律规范，但也是为了有利于土地资源的合理开发和利用，发包方应当遵守。如果发包方不遵守，承包方可起诉要求延长至法定的年限。

【依据】《中华人民共和国农村土地承包法》第二十条、第二十一条、第六十二条。

（八）没有签订书面合同的土地承包合同是否有效

2004年，某村村委会将其耕地按人均分配给村民承包，但村委会没有与村民签订土地承包合同，村民已实际在分配的承包地上开始耕种，但村民担心没有和村委会签订书面承包合同其承包是否生效。

答：书面合同形式主要是区别于口头合同而言的。根据合同法的规定，书面形式是指合同书、信件和数据电文（包括电报、电传、传真、电子数据交换和电子邮件）等可以有形地表现所载内容的形式。

《合同法》第十条规定，法律、行政法规规定采用书面形式的，应当采用书面形式。《农村土地承包法》对签订合同的形式也做了规定，要求承包方与发包方就土地承包签订书面形式的合同。对于法律、法规规定了应当采用书面形式签订合同而不采取书面形式的，一般情况下，应当认定合同不成立，合同不成立，当然也就不存在是否生效的问题。

但是，如果符合一定的法定条件，没有签订书面形式的合同也是有效的。《合同法》第三十六条规定，法律、行政法规规定或者当事人约定采用书面形式订立合同，当事人未采用书面形式但一方已经履行了主要义务，对方已经接受的，该合同成立。当然，如果合同成立了，只要不违反法律、行政法规强制性规定，那么成立的合同在成立时便生效了。因此，如果承包方和发包方没有签订书面合同，根据合同法的规定，只要承包方或者发包方履行了主要义务，而对方予以接受，即使没有签订书面形式的土地承包合同也是有效的。

关于农业承包合同形式在审判实务上有专门规定。《最高人民法院关于审理农业承包合同纠纷案件若干问题的规定（试行）》第三十五条规定，在农业承包合同的审判实务中，书面合同、口头合同、任务下达书，以及其他能够证明承包经营法律关系的事实和文件都是农业承包合同。土地承包合同也是农业承包合同的一种，当然也适用。

所以，上述案例中，村委会没有与村民签订书面承包合同，并不能当然确定合同无效，而应根据现实的情况确定合同的效力。当然，如果承包方或者发包方站出来，要求确认因没有签订书面合同而无效，那么另一方则必须提供足够证明土地承包经营权法律关系存在的事实，如果没有证据证明，则将面临土地承包合同无效的风险。

【依据】《中华人民共和国合同法》第十条、第十一条、第三十七条。《最高人民法院关于审理农业承包合同纠纷案件若干问题的规定（试行）》第三十五条。

（九）村民在取得承包地后，是否可以将承包地卖给他人

答：根据国家法律和政策，我国保护农村土地承包关系的长期稳定。但这并不表明

在取得承包地之后就拥有了承包地所有权。我国《农村土地承包法》规定，承包人承包农村土地，是指农民集体所有或者国家所有依法由农民集体使用的耕地、林地、草地，以及其他依法用物农业的土地。实际上，我国现有的法律制度不允许个人拥有土地所有权。土地所有权的主体只有两个：一是国有；二是集体所有。村民与发包方签订农业承包合同之后，取得的是承包的经营权，并非所有权。承包方只能就土地经营权进行流转，不能进行买卖。

【依据】《中华人民共和国农村土地承包法》第四条。

（十）　如何办理农村土地承包经营权证

答：根据我国《农村土地承包经营权证管理办法》的规定，实行家庭承包的，应当按照以下程序颁发农村土地承包经营权证：

第一，土地承包合同生效后，发包方应在30个工作日内，将土地承包方案、承包方以及承包土地的详细情况、土地承包合同等材料一式两份报乡（镇）人民政府农村经营管理部门。

第二，乡（镇）人民政府农村经营管理部门对发包方报送的材料予以初审。材料符合规定的，及时登记造册，由乡（镇）人民政府向县级以上地方人民政府提出颁发农村土地承包经营权证的书面申请；材料不符合规定的，应在15个上作日内补正。

第三，县级以上地方人民政府农政主管部门对乡（镇）人民政府报送的申请材料予以审核。申请材料符合规定的，编制农村土地承包经营权证登记簿，报同级人民政府颁发农村土地承包经营权证；申请材料不符合规定的，书面通知乡（镇）人民政府补正。

第四，乡（镇）人民政府农村经营管理部门领取农村土地承包经营权证后，应在30个工作日内将农村土地承包经营权证发给承包方。发包方不得为承包方保存农村土地承包经营权证。

【依据】《中华人民共和国农村土地承包法》第七条、第十三条。

（十一）　离婚时，夫妻双方可否要求分割土地承包经营权

答：在一般情况下，在承包合同履行期间夫妻双方自愿解除婚姻关系，并就承包经营权达成了协议，分割了承包的土地，就用不着法院来处理。但是如果夫妻双方虽自愿离婚，但对土地承包经营权达不成协议，或者法院在审理离婚案件的过程中准备判决离婚，法院是否可以对承包经营权进行分割呢？

根据司法解释的规定，法院在审理离婚案件时，如果双方就其承包经营权利义务达不成协议，而且双方均具有承包经营主体资格的，法院可以依法对承包经营权进行分割。当然，如果双方自愿离婚，但对土地承包经营权达不成协议，也可以向法院提起诉讼，要求依法对承包地的承包经营权进行分割。这对于依法保护妇女、儿童的利益是非常重要的。

【依据】《最高人民法院关于审理农业承包合同纠纷案件若干问题的规定（试行)》第三十四条。

（十二）　出嫁女和离婚妇女的土地承包经营权如何处理

答：《农村土地承包法》对出嫁女、离婚妇女的承包地问题做了专门的规定，这是

为了充分保护妇女的土地承包经营权。该法对出嫁女的土地承包经营权问题做了如下规定，分两种情况：

一是在承包期限内，妇女结婚，在新居住地取得承包地的，发包方可以收回其原承包地。也就是说，出嫁女出嫁到了新的村集体，并且在新酌村集体已经取得了承包地，则说明已经成为新村集体经济组织的成员，也就脱离原集体经济组织，那么就不应再享有原集体经济组织承包地的权利，因此发包方可以收回原承包地。

二是在承包期限内，妇女结婚，在新居住地未取得承包地的，发包方不得收回其原承包地。这是为了避免村集体经济组织之间相互扯皮的现象，从而保护妇女的权益。

该法对离婚或者丧偶的妇女做了如下规定。

一是如果妇女在离婚或者丧偶后，仍在原居住地生活，发包方不得收回其承包地。

二是如果妇女在离婚或者丧偶后不在原居住地生活，但在新居住地未取得承包地的，发包方不得收回其承包地。

【依据】《中华人民共和国农村土地承包法》第三十条。

（十三） 承包期内村委会是否可以将弃耕的土地发包给他人

答：我国《农村土地承包法》非常重视对承包方土地承包经营权的保护，因此，在通常情况发包方在承包期限内，是不能随便收回承包地的。根据《农村土地承包法》的规定，在承包期限内，发包方对承包方不得有下列行为。

1. 不得单方解除承包合同。

2. 不得假借少数服从多数强迫承包人放弃或变更土地承包经营权。

3. 不得以划分"口粮田"和"责任田"等为由收回承包地搞招标承包。

4. 不得将承包地收回抵顶欠款。

但如果承包人长期弃耕不种，作为发包方村委会将土地暂时收回也并没有什么不对，这样做是为了充分地利用土地。但这样做必须注意的是：不论发包方是否将收回的承包地另行发包给他人，承包方请求返还承包地的，都应该返还，如果转包给的第三人已经在承包地上进行了一定的投入，可以要求承包方对合理投入进行补偿。

【依据】《中华人民共和国农村土地承包法》（以下简称《农村土地承包法》）第三十五条。《最高人民法院关于审理涉及农村土地承包纠纷案件适用法律问题的解释》第六条。

（十四） 原承包人到小城镇落户后是否有权获得征地补偿款

原告李某代表全家，以被告东郊村城里组村民（户别为农业户口）的身份，与东郊村城里村民小组签订农业承包合同，承包了该村民小组所有的土地。其所在人民政府给李某发放了《土地承包经营权证》，确认了李某一家与东郊村城里村民小组之间的农业承包合同关系。后李某一家迁往邻村居住，户别也转为非农业户。李某一家迁出后，东郊村城里村民小组就将李某一家原来承包的土地调整给其他村民。2005 年 2 月 13 日，东郊村村民小组部分土地被征收，其中，包括李某一家原来承包的土地在内，征用单位支付了土地补偿款、安置款及青苗补偿款。东郊村城里村民小组按比例将补偿款分发给被征收土地的各户村民，但未分给李某一家，因此引起纠纷。2005 年 8 月 2 日，李某将全家户口从邻村迁回东郊村村民小组，户口类别仍为非农业户。后李某提起本案诉讼。

答：《农村土地承包法》第二十六条第二款规定，承包期内，承包方全家迁入小城镇落户的，应当按照承包方的意愿，保留其土地承包经营权或者允许其依法进行土地承包经营权流转。第三款规定，承包期内，承包方全家迁入设区的市，转为非农业户口的，应当将承包的耕地和草地交回发包方。承包方不交回的，发包方可以收回承包的耕地和草地。

土地承包法之所以规定"承包方全家迁入小城镇落户的，应当按照承包方的意愿，保留其土地承包经营权或者允许其依法进行土地承包经营权流转。主要是考虑土地是农民的基本生活保障，在农民进入小城镇后的基本生活保障尚未落实时，如果收回他们的承包地，可能使他们面临生活困难。

李某及其家人居住在东郊村时签订的《土地承包经营权证》证明，李某一家在东郊村城里村民小组承包了土地。《中华人民共和国土地管理法》（以下简称《土地管理法》）第十四条第一款规定，农民集体所有的土地由本集体经济组织的成员承包经营，从事种植业、林业、畜牧业、渔业生产。土地承包经营期限为30年。发包方和承包方应当订立承包合同，约定双方的权利和义务。承包经营土地的农民有保护和按照承包合同约定的用途合理利用土地的义务。农民的土地承包经营权受法律保护。在土地承包经营期限内，对个别承包经营者之间承包的土地进行适当调整的，必须经村民会议2/3以上成员或者2/3以上村民代表的同意，并报乡（镇）人民政府和县级人民政府农业行政主管部门批准。《农村土地承包法》第二十六条第一款规定，承包期内，发包方不得收回承包地。因此，在承包期内，李某一家的土地承包经营权，依法应当受到保护，未经法律程序不得随意剥夺。其后有一段时间，李某一家的户口虽然迁离东郊村并转为非农业户，但其不是迁往郊区的市，而是小城镇。依据法律规定，在此期间，李某一家在东郊村承包的土地，应当按照其意愿保留土地承包经营权，或者允许其依法进行土地承包经营权的流转。

既然李某仍然享有合法土地承包经营权，其要求获得适当的征地补偿款亦符合法律规定，应当予以支持。

【依据】《中华人民共和国农村土地承包法》第二十六条。

（十五）农户的人口增减，是否一定要对承包地进行调整

答：《农村土地承包法》规定，农村土地承包的承包方是本集体经济组织的农户；在农村土地承包中，妇女与男子享有同等承包土地的权利。但是该法并没有规定农户人口发生了变化就应该对土地进行调整？实际上，依据我国农村土地承包法的精神实质看，不能因为农户的人口发生了变化就调整土地。根据《农村土地承包法》的规定，村民承包土地是以农户为单位，承包期限基本都是30年以上，而该法第63条舰定，在《农村土地承包法》实施前已经预留机动地的，机动地面积不得超过本集体经济组织耕地总面积的5%；不足5%的，不得再增加机动地；该法实施前未留机动地的，本法实施后不得再留机动地。这也就是说，法律是不鼓励预留机动地的。由于农户人口的变动而调整承包地，这既不经济，也不现实。总之，农户的人口发生了变化，不一定就要相应的调整承包地，在很多情况下也是无法调整土地的。如果符合法律规定要求调整土地，也应民主决策进行。

【依据】《中华人民共和国农村土地承包法》第六十三条。

（十六）放弃承包经营权后，能否在承包期内再次要求承包土地

答：承包方在承包期限内将承包的土地交回给发包方，这其实就是承包单方面解除承包合同，在一定时间内放弃承包经营权，承包方的这一权利是法律赋予的，并非要发包方同意才能这么做。根据法律规定，承包方自愿交回承包土地的，应当提前半年以书面形式通知发包方。承包方在承包期内交回承包地的，在承包期内不得再要求承包土地。

在这里，承包方这一书面通知的形式对于承包方和发包方权利义务的认定非常重要。即如果承包方只是口头将承包的土地交回发包方，发包方并没有承包方的书面通知，那么如果承包方在承包期限内继续要求承包地的，法院一般会予以支持。因为根据有关司法解释的规定，如果承包方交回承包地并未提前半年以书面形式通知发包方的，不得认定其为自愿交回。

【依据】《中华人民共和国农村土地承包法》第二十九条；《最高人民法院关于审理涉及农村土地承包纠纷案件适用法律问题的解释》第十条。

（十七）《农村土地承包经营纠纷调解仲裁法》自何时施行

答：《农村土地承包经营纠纷调解仲裁法》于2009年6月27日第十一届全国人民代表大会常务委员会第九次会议通过，自2010年1月1日起施行。

（十八）农村土地承包经营纠纷调解和仲裁的范围有哪些

答：农村土地承包经营纠纷调解和仲裁的范围：①因订立、履行、变更、解除和终止农村土地承包合同发生的纠纷；②因农村土地承包经营权转包、出租、互换、转让、入股等流转发生的纠纷；③因收回、调整承包地发生的纠纷；④因确认农村土地承包经营权发生的纠纷；⑤因侵害农村土地承包经营权发生的纠纷；⑥法律、法规规定的其他农村土地承包经营纠纷。

因征收集体所有的土地及其补偿发生的纠纷，不属于农村土地承包仲裁委员会的受理范围，可以通过行政复议或者诉讼等方式解决。

（十九）农村土地承包经营纠纷可以向哪些组织申请调解

答：发生农村土地承包经营纠纷的，当事人可以自行和解，也可以请求村民委员会、乡（镇）人民政府等调解。

（二十）农村土地承包经营纠纷申请仲裁的时效期间为几年

答：农村土地承包经营纠纷申请仲裁的时效期间为两年，自当事人知道或者应当知道其权利被侵害之日起计算。

（二十一）农村土地承包仲裁委员会不予受理的情形有哪些

答：有下列情形之一的，农村土地承包仲裁委员会不予受理；已受理的，终止仲裁程序：

（1）不符合申请条件；

（2）人民法院已受理该纠纷；

（3）法律规定该纠纷应当由其他机构处理；

（4）对该纠纷已有生效的判决、裁定、仲裁裁决、行政处理决定等。

（二十二）发生农村土地承包经营纠纷时，当事人如何申请仲裁

答：当事人申请仲裁，应当向纠纷涉及的土地所在地的农村土地承包仲裁委员会递交仲裁申请书。仲裁申请书可以邮寄或者委托他人代交。仲裁申请书应当载明申请人和被申请人的基本情况，仲裁请求和所根据的事实、理由，并提供相应的证据和证据来源。

书面申请确有困难的，可以口头申请，由农村土地承包仲裁委员会记入笔录，经申请人核实后由其签名、盖章或者按指印。

农村土地承包仲裁委员会决定受理的，应当自收到仲裁申请之日起五个工作日内，将受理通知书、仲裁规则和仲裁员名册送达申请人；决定不予受理或者终止仲裁程序的，应当自收到仲裁申请或者发现终止仲裁程序情形之日起五个工作日内书面通知申请人，并说明理由。

（二十三）当事人不服仲裁裁决的可否向人们法院起诉

答：当事人不服仲裁裁决的，可以自收到裁决书之日起30日内向人民法院起诉。逾期不起诉的，裁决书即发生法律效力。

（二十四）已经生效的调解书、裁决书可否申请强制执行

答：当事人对发生法律效力的调解书、裁决书，应当依照规定的期限履行。一方当事人逾期不履行的；另一方当事人可以向被申请人住所地或者财产所在地的基层人民法院申请执行。受理申请的人民法院应当依法执行。

四、土地承包经营流转纠纷仲裁案例分析

案例一：土地承包人是否能享有土地承包相关权益

黄某某（下称申请人）一家是××省××市××镇××村第十四生产队农户，世代以农为生，申请人承包了村组耕地4.9亩。2013年，由于××市城市化发展的需要，申请人所承包的土地全部被市政府征用。土地被征用后，市政府按比例返还村里"回扣田"（指农户的承包田被征用后，政府依一定的比例返回给被征地单位，用于农业生产和生活之需的土地）。××镇××村第十四生产队（下称被申请人）将部分"回扣田"出售，并以每亩64 955元标准发放给承包户，其中，被申请人按3.7亩的田亩数，将240 333元补偿给申请人，申请人认为，其原耕种的田亩数为4.9亩，应得补偿款318 279元，尚有1.2亩的补偿款77 946元被生产队侵占。而被申请人认为，申请人承包的4.9亩耕地中，有1.2亩是难以耕种的"鸡口田"（因位置较差，种植水稻时会被鸡吃掉，帮称为"鸡口田"）。第十四生产队在对承包田抽签时约定，谁抽签得到"鸡口田"也归谁附带耕种，但不作为承包田对待，故申请人补偿款只能按0.7亩计算发放。于是，双方产生了纠纷，纠纷焦患是申请人对其耕种的1.2亩"鸡口田"是否享有土地承包相关权益。

1. 申请与立案

申请人与被申请人发生土地承包权益纠纷后，经××镇××村村民委员会（下称第三人）多次组织调解，但终因被申请人拒绝而未果。于是，申请人根据《农村土地

承包法》等规定，于2013年6月向××市土地承包经营纠纷仲裁委员会申请仲裁：

（1）依法维护申请人的土地承包权益；

（2）裁决被申请人立即给申请人"回扣田"补偿款77 946元，若被申请人无力给付，由第三人给付或先行垫付；

（3）仲裁费用由被申请人承担。乐清市土地承包纠纷仲裁委员会受理后，经审查符合立案条件，予以立案。

2. 庭审调查与辩论

××市土地承包经营纠纷仲裁委员会由仲裁员管××组成独任仲裁庭，并于2005年11月公开开庭进行了审理，申请人及其委托代理人项××，被申请人的负责人章××及其委托代理人陈××、耿××，第三人的法定代表人林××到庭参加了仲裁庭审。

（1）在举证期限内，申请人为证明共主张的事实，提供了如下证据。

①申请人的户口册，证明其一家是××村村民，系农业家庭户口。

②黄××身份证及××村证明，证明申请人承包田的亩数为4.9亩。

③某某村第十四队1984年柑橘贷款分户表，证明申请人承包田的亩数为4.9亩。

④农业税任务落实表，证明申请人一轮承包田的亩数为4.9亩。

⑤二轮延包土地承包合同，证明申请人二轮承包田的亩数为4.9亩。

⑥建设银行存折，证明被申请人按3.7亩给付申请人土地补偿款。

⑦调查笔录，证明发放补偿款的主体是第十四生产队，田亩数应该按照4.9亩进行发放。

⑧××村会计李××的证言，证明被申请人出具的两份证明不合法。

（2）在举证期限内，被申请人提供了如下证据。

①××村证明，证明申请人4.9亩田的形成过程，认为申请人承包田应为3.7亩（其中包括其父母的1亩田）。

②××村证明，证明申请人提供的二轮土地承包合同未正式签订。

③第三人的调查笔录，证明申请人的承包田为2.7亩，申请人父母承包田为1亩，另1.2亩的"鸡口田"应由第十四生产队确定是否分配土地补偿款。

④申请人的调查笔录，证明黄某某的承包田为3.7亩。

3. 仲裁庭就双方提供的证据进行了质证，对相关问题展开了庭审调查

根据仲裁庭调查，仲裁庭认为有争议的事实如下。

（1）应当参与分配的田亩数，申请人认为是4.9亩，被申请人认为是3.7亩。

（2）被申请人认为申请人不是第十四生产队的村民。

（3）第三人的调查笔录，证明申请人的承包田为2.7亩，申请人父母承包田为1亩，另1.2亩的"鸡口田"应由第十四生产队确定是否分配土地补偿款。

（4）申请人的调查笔录，证明黄某某的承包田为3.7亩。

4. 仲裁就双方提供的证据进行了质证，对相关问题开展了庭审调查

根据仲裁庭调查，仲裁庭认为有争议的事实如下。

（1）应当参与分配的田亩数，申请人认为是4.9亩，被申请人认为是3.7亩。

（2）被申请人认为申请人不是第十四生产队的村民。

（3）被申请人是否具备本案主体资格。三方对未被仲裁庭认证的有争议的事实和根据事实如何分清是非责任及如何适用法律展开了辩论。

5. 辩论

申请人代理人：

①被申请人并没有提供任何证据证明申请人承包田是 3.7 亩，而不是 4.9 亩。

②分配方案的落实是按照柑橘分户表分配的，即申请人分配的田亩数是 4.9 亩。申请人过去交的农业税是按照 4.9 亩交纳的。

被申请人代理人二：

①因被申请人不是独立的民事主体，而且发包方是第三人，不是第十四生产队，故被申请人不能作为本案的主体。

②有争议的 1.2 亩"鸡口田"是申请人黄某抽签所得，申请人已经领取了 1.2 亩的青苗补偿费，申请人 4.9 亩的权益已经得到落实。

③申请人提供的二轮承包合同不合法，其田亩数有出入。请仲裁庭驳回申请人的仲裁请求。

仲裁员：请问第三人，村里计算发放"回扣田"金额的时候，是否包括这 1.2 亩"鸡口田"？其他人是否有"鸡口田"，是怎么分配的？

第三人：已经包括了。也有类似的情况发生，具体怎么分不清楚。

申请人代理人：

①根据最高人民法院最近的司法解释，生产队可以作为本案的主体。

②征地补偿款是按照 4.9 亩分配，"回扣田"也应该按照该分配方案进行分配。

被申请人代理人二：

①村民小组确实可以作为主体，但是对于本案，第十四生产队当时没有发包。

②"回扣田"是另外一块园地的"回扣田"，并不是该 4.9 亩的"回扣田"。

被申请人代理人一：

①申请人与被申请人之间的主体的特殊性，是队员与生产队的关系。

②第十四生产队已经给付了申请人的征地补偿款。

③申请人应该以 3.7 亩责任田为基准参与"回扣田"的分配，另 1.2 亩的"鸡口田"是抽签所得，如果以 4.9 亩参与分配"回扣田"，会损害其他队员的权益。

应该驳回申请人仲裁请求，理由如下：

①应以承包责任田参与"回扣田"分配；

②"回扣田"指标已经发放到 3.7 亩，申请人的承包权益并没有受到侵害；

③申请人的 1.2 亩是耕种的地，并不是承包责任田。

6. 庭审分析与结果

根据仲裁庭调查与辩论，仲裁庭认为：

（1）关于被申请入主体问题。根据《中华人民共和国村民委员会组织法》第 10 条规定："村民委员会可以根据村民居住状况分设若干村民小组，小组长由村民会议推选。"第十四生产队作为村民小组的一种表现形式，是村民自治共同体内部的一种组织，负责经营、管理属于生产队的集体土地和财产。根据《农村土地承包法》第 12 条规定"农民集体所有的土地依法属中华人民共和国村民委员会组织法于村农民集体所有的，由村集体经济组织的农民集体所有的，由村内各农村集体经济组织或村民小组经营、管理。"根据被申请人提供的证据看，申请人耕种之土地系被申请人分给的，被申请人系发包人。本案的"回扣田"分赔款也是由被申请人计算和发放，且被申请人具有一定的经济条件，有自己的名称和负责人，根据《××市农村土地承包仲裁委员会办案规则》第8条第款第4项规定，以村民小组发包土地的，发包方负责人为代表人，申请人以××村第十四生产队为本案的被申请人并无不当。

（2）关于申请人承包田的田亩数。根据被申请人提供的证据和陈述，其也承认申请人耕种4.9亩土地，只是因为申请人耕种地中有1.2亩是"鸡口田"，不属于承包田，所以不能参与分配。中办发［1997］16号《关于进一步稳定和完善农村土地承包关系的通知》指出：20世纪80年代中期以来，一些地方搞"两田制"，把土地分为"口粮田"和"责任田"，主要是为了解决负担不均和完成农产品定购任务难等问题。但在具体执行过程中，有些地方实行"两田制"实际上成了收回农民承包地、变相增加农民负担和强制推行规模经营的一种手段。无论是"口粮田"还是"责任田"，承包权都必须明确到户并保证30年不变，不能把"责任田"的承包期定得很短暂，随意进行调整。可见不管是"口粮田"还是"责任田"的，都属于农户的承包田。根据证据证实申请人的土地为4.9亩，申请人提供的证据充分，应予支持。

（3）关于申请人应参与分配的田亩数。"回扣田"出售后所得款系农民承包田被征后的衍生利益，属于农民集体的其同财产。本案被申请人按各农户的原田亩数分配补偿款。被申请人以"鸡口田"为由，扣发申请人应得补偿款，侵犯了申请人对本集体经济利益的同等分配权。从权利义务对等的角度，在农业税时期，申请人一直按4.9亩的标准向国家交纳农业税、完成粮食征购任务、承担生产队摊派的义务。如今却不能参与分配集体经济利益，这显示公平。

综上所述，根据《农村土地承包法》第5条、第12条、第16条、第51条、第58条之规定，裁决如下：

（1）申请人依法享有土地承包权益，被申请人应给付申请人77 946元，限于本裁决生效之日起10日内支付。

（2）驳回申请人的其他仲裁请求。

案例二：不服市人民政府土地确权纠纷行政复议案例

1. 案情

某市a镇b村林场始建于1972年，该场位于b村一、二组之间，主要占用一、二组荒山和土地，面积约300亩，其中，耕地20多亩，其余为荒山。1982年实行联产承包责任制前，b村林场经过10年建设已形成一定规模，开垦出可耕地100多亩，营造有薪炭林、用材林、经济林，并有房屋8间，场员10人。1982年实行联产承包责任制后，原林场解散。该村留下4人管理林场，自种自吃。1984年冬，经村委会同意，这4人离场，同时带走了林场约5亩耕地作为4户的承包土地，自此，一、二组村民利用与林场接壤的便利条件，私自开挖种植林场土地。一、二组共有35户村民种植b村林场土地100.22亩，其中，一组15户村民种植37.45亩，二组20户村民种植62.77亩。1991年、1994年，村委会两次决定收回土地恢复林场，因种种原因未能恢复。1999 年 3 月 28 日，村委会作出《关于恢复 b 村林场的决定》，二组不服村委会的决定，多次上访 a 镇政府及某市政府。某市土管局于 2000 年 4 月 13 日组织村、组双方调解，因双方分歧很大，未达成调解协议。2000 年 4 月 25 日，某市人民政府依法裁定 b 村林场的土地所有权归 b 村所有。复议机关经审理，根据《行政复议法》第二十条第一款第（一）项的规定，决定维持被申请人《行政决定书》关于 b 村林场的土地所有权归 b 村的裁决。

2. 评析

行政机关在处理土地权益纠纷和行政争议时，首先应当明确权益纠纷和行政争议的焦点是什么。然后在查清争议事实、明确责任的前提下，依法作出处理决定。

本案中，b 村与村民二组因林地权属产生纠纷达 6 年之久，经 a 镇政府、某市政府及某市土地局多方调解未果。表面上看，该争议是在土地所有权权属层面上，但实质上并非如此。根据《土地管理法》第十条规定，农民集体所有的土地依法属于村农民集体所有的，由村集体经济组织或者村民委员会经营、管理。《村民委员会组织法》规定，村民委员会是村民自我管理、自我教育、自我服务的基层性群众组织。可见，农村集体土地所有权的主体是农民集体，村委会可以代表农民集体行使经营管理权。《民法通则》将农民集体进一步明确，分为村农民集体和乡（镇）农民集体两种，未将村民小组纳入集体土地所有权主体之中。因此，根据我国现行的法律法规，村民小组不能拥有土地所有权。本案中，b 村与村二组之间不存在土地所有权争议，也就不能因为 b 村二组对争议林地耕种、管理、经营达 10 年之久而适用《××省处理土地权属争议暂行办法》的"种植 10 年而又未发生土地权属争议的，谁开荒种植归谁所有"的规定，将争议土地裁定为 b 村二组所有。事实上，本案的实质问题是 b 村林场的土地使用权即经营权问题。按照所有权与使用权相分离的"两权分离"原则，所有权依法不存争议。经复议机关指出，并建议有关各方本着"尊重历史、面对现实"。

土地承包经营权纠纷案例

案例一：因订立、履行、变更、解除和终止合同发生的纠纷

1. 案情简介

申请人：××县××镇××村吕某农户。

户主吕某，女，汉族，44 岁，住××镇××村。

被申请人朱某，男，汉族，农民，××县××镇××村人。

2009 年 5 月，申请人与村委会签订二轮延包合同，承包土地 8.98 亩，承包期限 30 年。2010 年 8 月 1 日，申请人与被申请人签订书面土地流转协议，将 4.5 亩承包地交由被申请人代耕，流转收益为每年每亩 100 斤（1 斤＝500 克）小麦，并约定流转期限为不定期。但被申请人以多种理由拒绝给申请人任何收益，申请人要求被申请人归还 4.5 亩土地发生纠纷。故申请人吕某于 2013 年 6 月 16 日向××县农村土地承包仲裁委员会申请，要求仲裁。

（1）申请人请求裁决。

①解除与被申请人朱某签订的流转协议。

②被申请人返还申请人的 4.5 亩承包地。

（2）本案焦点。

①申请人是否有权解除流转协议。

②何时可以解除流转协议。

2. 仲裁依据和裁决结果

××县农村土地承包仲裁委员会依法受理并进行了调解。调解无效，依据《农村土地承包法》第五十六条，《中华人民共和国合同法》第九十四条第（二）项，最高人民法院《关于审理涉及农村土地承包纠纷案件适用法律问题的解释》第十七条第一款的规定，裁决如下。

（1）解除申请人户主吕某与被申请人朱某于 2001 年 8 月 1 日签订的土地承包经营权流转协议。

（2）被申请人朱某应当在本季作物收获后 5 日内返还申请人吕某农户原流转的承包地 4.5 亩，如不服本裁决，可在收到裁决书之日起 30 日内，向××县人民法院起诉，逾期不起诉的，裁决书发生法律效力。被申请人不履行的，申请人可以向××县人民法院申请强制执行。

3. 案例评析

（1）案由分类。这是一起因违反土地承包经营权流转合同约定产生的农村土地承包合同履行纠纷。

（2）申请人是否有权解除流转协议。从概况简介可见，本案土地流转方式为未定期限的土地出租。由于被申请人朱某于 2001 年以来从未履行过给付小麦的义务，明显已构成违约。《农村土地承包法》第五十六条规定："当事人一方不履行合同义务或者履行义务不符合约定的，应当依照《中华人民共和国合同法》的规定承担违约责任。"《中华人民共和国合同法》第一百零七条规定："当事人一方不履行合同义务或者履行合同义务不符合约定的，应当承担继续履行、采取补救措施或者赔偿瞠争违约责任"；第九十四条规定："有下列情形之一的，当事人可以解除合同。在履行期限届满之前，当事人一方明确表示或者以自己的行为表明不履行主要债务。"可见，申请人可以依法提出：①要求被申请人继续履行流转协议（即按协议支付约定的小麦或小麦折价款）；②赔偿损失（如延迟给付按折价款赔偿利息）；也可以依法提出：鉴于被申请人不履行流转协议的主要义务，故解除原流转协议，由于本案申请人不同意继续履行流转协议，在仲裁请求中，也未请求裁决被申请人赔偿损失，故仲裁庭只能尊重当事人的意愿，只裁决解除协议，返还土地。

4. 申请人何时可以解除流转协议

本案转包协议期限为不定期，依照最高人民法院《关于审理涉及农村土地承包纠纷案件适用法律问题的解释》第十七条第一款规定："当事人对转包、出租地流转期限没有约定或者约定不明确的，参照合同法第二百三十二条规定处理。除当事人另有约定或者属于林地承包经营外，承包地交回的时间应当在农作物收获期结束后或者下一耕种期开始前"；《中华人民共和国合同法》第二百三十二条规定："当事人对租赁期限没有约定或者约定不明确，依照本法第六十一条的规定仍不能确定的，视为不定期租赁，当事人可以随时解除合同，但出租人解除合同应当在合理期限前通知承租人"。由于申请人吕某与被申请人朱某签订的书面协议为不定期转包，就算被申请人没有违约，申请人可以随时解除转包协议，但承包地交回的时间应当在农作物收获期结束后或者下一耕种期开始前。

案例二：承包经营权转包、出租、互换、入股等流转发生的纠纷

1. 案情简介

申请人：×县×镇×村第 3 村民小组黄某户。

户主：黄某，男，汉族，50 岁，住×镇×村一街。

被申请人：×县×镇×村第 5 村民小组张某户。

户主：张某，男，汉族，现年 58 岁，家住×镇×村二街。

1998 年，在中间人的介绍下，申请人户主黄某与被申请人户主张某达成口头协议，黄某用本户承包经营的"十份田" 0.82 亩，与张某户承包的"荆竹园"秧田、板田合计 0.82 亩土地互换，换来的"秧田"地块拟申请做宅基地使用。该互换土地行为未报各自小组（发包方）批准。由于黄某户宅基地申请没有获得批准，申请人黄某换来的水田种植一季后摞荒。2010 年申请人黄某提出不再互换该承包地而发生纠纷，经村民委员会调解未果，申请人将换来的板田也摞荒了。由于疏于管理，摞荒地块被建筑和工业垃圾等污染，经有关机构现场勘验评估，培肥地力、恢复生产相关费用需 1 120 元。2014 年 3 月 13 日，申请人黄某向×县农村土地承包纠纷仲裁委员会提出申请，要求仲裁。

2. 当事人诉求及争议焦点

申请人请求裁决：①确认承包土地互换口头协议无效；②被申请人张某户返还互换的"十份田" 0.82 亩土地。

被申请人张某户反请求：若要换回原地，申请人要恢复耕地原状和恢复地力。

本案争议的焦点主要有两个：①该承包土地互换行为是否合法有效？②摞荒土地造成的损失谁承担？

3. 仲裁依据和裁决结果

×县农村土地承包仲裁委员会受理后，依法组成仲裁庭开庭审理并组织调解，但争议双方未能达成一致意见。仲裁庭依照《中华人民共和国农村土地承包法》第三十七条、《中华人民共和国农村土地承包经营权流转管理办法》第三十五条第三款和《中华人民共和国民法通则》第一百零六条、第一百三十四条第（五）、第（七）项的规定，裁决如下。

（1）申请人黄某户、被申请人张某户互换的土地在本季大春收割后，不再互换经营。

（2）申请人黄某户应在本裁决书生效后十五日内，补偿被申请人张某户培肥地力、恢复生产相关费用 1 120 元。

（3）驳回申请人其他仲裁请求。

当事人如不服本裁决，可在收到裁决书之日起 30 日内，向×县人民法院起诉。逾期不起诉的，裁决书即发生法律效力。一方当事人逾期不履行生效的裁决书所确定义务

的；另一方当事人可以向×县人民法院申请强制执行。

4. 案例评析

（1）案由分类。这是一起跨集体经济组织互换土地承包经营权的纠纷。依据当事人主张的民事法律关系的性质，该案件案由分类为农村土地承包经营权互换纠纷。

（2）当事人承包土地互换的法律效力。《中华人民共和国农村土地承包法》第三十七条规定："土地承包经营权采取转包、出租、互换、转让或者其他方式流转，当事人双方应当签订书面合同。采取转让方式流转的，应当经发包方同意；采取转包、出租、互换或者其他方式流转的，应当报发包方备案"。《中华人民共和国农村土地承包经营权流转管理办法》第三十五条第三款规定："互换是指承包方之间为方便耕作或者各自需要，对属于同一集体经济组织的承包地块进行交换，同时交换相应的土地承包经营权"。而该承包土地互换跨越两个村民小组；拟申请为住宅用地，有改变土地所有权和农用地的意图；没有签订书面合同；没有明确互换的期限；且未经各自发包方批准和备案。由于存在这一系列问题，一旦发生争议，其"协议"不受法律保护。在这种情况下，仲裁庭可以直接终止原口头协议的执行，无需再去确认原口头协议是否有效。

案例三：因确认农村土地承包经营权发生的纠纷

1. 案情简介

申请人：×县×镇×村第四经济社陈某某农户。

户主陈某某，男，56 岁，汉族，住×镇×衬×自然村。

被申请人：×县×镇×村第四经济社。

负责人王某，系该第四经济社社长

第三人：×县×镇×村第四经济社陈某农户。

户主陈某，男，52 岁，汉族，住×镇×村×自然村。

1998 年进行第二轮土地承包时，申请人陈某某户与被申请人×村第四经济社签订编号为农地字第 34 号的《×省家庭承包耕地合同》，承包地中包括大域园地块 1.5 亩。2005 年发放《农村土地承包经营权证》时，申请人户的 1812978 号《农村土地承包经营权证》上也有承包大域园地块的记载，与农地字第 34 号《×省家庭承包耕地合同》记载相符。1998 年进行第二轮土地承包时，第三人陈某户的农地字第 25 号《×省庭承包耕地合同书》上没有承包大域园地块的记载，但 2005 年发放给第三人的 1812958 号《农村土地承包经营权证》却记载了承包大域园地块 1.5 亩，且四至坐落与申请人陈某某户的承包地块相同。该"一地两证"出错的原因是，在 2003 年，申请人将该承包地流转给第三人种植，2005 年初，被申请人在填写《农村土地承包缮营权证》领表时，把该地块又填到了第三人户的表上。申请人发现后，担心因流转土地丢失。地承包经营权，故向仲裁委申请仲裁。

2. 当事人诉求及争议焦点

申请人诉求：①要求碗认大域园地块 1.5 亩土地的承包经营权属于申请人而非第三人。②要求被申请人申报更正第三人的 1812958 号《农村土地承包经营权证》。

3. 仲裁调解依据及调解结果

×县农村土地承包纠纷仲裁委员会依法受理后，组建仲裁庭开庭审理并主持调解，三方达成了一致意见，并签署了调解笔录（主文）如下。

根据《中华人民共和国合同法》第八条（依法成立的合同，对当事人具有法律约束力。当事人应当按照约定履行自己的义务，不得擅自变更或者解除合同。依法成立的合同，受法律保护。）《中华人民共和国农村土地承包经营权管理办法》第九条（农村土地承包经营权证登记簿记载农村土地承包经营权的基本内容，农村土地承包经营权证、农村土地承包合同、农村土地承包经营权证登记簿记载的事项应一致。）和第十一条（农村土地承包当事人认为农村土地承包经营权证和登记簿记载错误的，有权申请更正）的规定，三方一致同意：

（1）确认大域园地块1.5亩土地的第二轮承包经营权属于申请人陈某某农户。

（2）申请人陈某某农户同意第三人陈某农户继续按原约定时间和条件转包该大域园地块1.5亩土地。

（3）被申请人×村第四经济社和第三人陈某农户同意尽快向×县人民政府申报更正1812958号《农村土地承包经营权证》。

根据本调解笔录制作的《仲裁调解书》经当事人签收即发生法律效力，任何一方当事人均应严格信守。一方当事人不履行生效的《仲裁调解书》所确定义务的；另一方当事人可以向×县人民法院申请强制执行。

4. 案例分析

（1）案由分类。本案例的案由分类为农村土地承包经营权确认纠纷。

（2）土地承包经营权证和土地承包合同书的效力比较。一般人们都认为政府发放的证书是最权威的，这在日常生活中可以得到印证。如房产证上记载的产权人若与购房合同上的购房人不一致，法律上还是承认以房产证上的记载为准但法律对于《农村土地承包经营权证》的规定却是一个例外。《中华人民共和国农村土地承包法》第二十二条规定："承包合同自成立之日起生效。承包方自承包合同生效时取得土地承包经营权"。《中华人民共和国农村土地承包经营权证管理办法》第二条第一款规定："农村土地承包经营权证是农村土地承包合同生效后，国家依法确认承包方享有土地承包经营权的法律凭证"。可见，取得农村土地承包经营权的合法依据是土地承包合同，而土地承包经营权证只是确认承包方享有承包经营权的法律凭证，因此，如果权证的记载与合同不符，应当按照合同的记载来更正，而不能因为权证为县人民政府所发就服从权证的记载。

5. 提示

（1）当事人若发现他人的《农村土地承包经营权证》所记载的承包地块与本户的《农村土地承包经营权证》的记载有重叠，也可以向本县农村土地承包主管部门反映，要求其核实、更正，同样也能解决问题。土地承包仲裁机构收到类似仲裁申请的，最好也先转县农村土地承包主管部门依职权处理，这样的效率更高，更节约行政成本。

（2）以上已经分析土地承包合同的效力要高于土地承包经营权证，但如果连两户的承包合同记载都有重叠，就应该以效力更高的承包方案的规定为准（譬如是直接延包30年的，就以第一轮承包期的末期现状为准；若是规定先作小调整的，则以调整方案为准）。这是因为《农村土地承包法》第十八条和第十九条明确规定，土地承包合同必须依据经本集体经济组织员的村民（代表）会议 2/3 以上成员同意的承包方案的规定签订。

案例四：承包方有权收回代耕的土地

1. 案例

××省××县农民俞某、屠某是同一村民组农民。俞某自农村实行家庭联产承包责任制时起，就从村集体获得一块 0.9 亩土地的承包经营权。1998 年农村土地二轮承包时，俞某继续承包这块地，并获得了《农村集体土地承包经营权证书》，有效期为 30 年。1999 年，俞某全家外出做生意，将这块承包地交给屠某夫妇代为耕种，并口头约定可随时收回。2004 年，俞某回乡后向屠某夫妇索要这块耕地，但屠某夫妇认为自己耕种这块土地多年，土地承包关系早已发生改变，所以，拒绝了俞某的要求。无奈之下，俞某将屠某夫妇告上法庭，要求他们立即退还耕地。

2. 判决

法院审理后，依法支持了俞某的诉讼请求。

3. 评析

我国《农村土地承包法》规定，耕地的承包期限为 30 年，承包期内发包方不得收回或随意调整承包地。通过家庭承包取得的土地承包经营权可以采取转包、出租、互换、转让或者其他方式流转，流转的主体是承包方，承包方有权依法自主决定土地承包经营权是否流转和流转的方式。承包方如有稳定的非农职业或者有稳定的收入来源的，经发包方同意，可以将全部或者部分土地承包经营权转让给其他从事农业生产经营的农户（双方应签订书面合同），由该农户同发包方确立新的承包关系，原承包方与发包方同发包方在该土地上的承包关系即行终止。

本案中，俞某依法取得了争议土地的承包经营权，因生意繁忙无暇耕种而将承包地临时交给屠某夫妇代为耕种，原、被告之间土地承包经营权的流转属于临时代耕性质，而非经发包方同意后的正式转让，俞某仍是该块土地的承包方，被告屠某夫妇与发包方之间并没有形成新的承包关系。屠某夫妇虽因此取得了该块土地的耕种、收益的权利，但这种权利只是临时的，原告俞某可以随时收回。

案例五：农村妇女土地承包权的保护

1. 案例

××市××某村李某夫妇与村委会签订土地承包合同，取得该村 5 分田的承包权。后其丈夫死亡，李某改嫁他村，村委会遂将其承包土地另行发包给同村村民黄某。李某知晓后，以承包未到期为由要求村委会继续履行合同，遭拒绝后向黄陂区人民法院起诉。

2. 判决

法院经审理判决如下：村委会和黄某的土地承包合同是经过村委会的正当发包程序订立的，黄某是该村村民，具有承包资格，而且已对土地进行了实际耕作，故应确认其所取得的承包权合法有效，但鉴于原告的原承包合同尚未到期，且已对土地进行了实际投入，应予适当的补偿（赔偿原告所受损失）。

3. 评析

本案中李某只能对与之缔约的村委会主张合同权利，只能起诉村委会。村委会实际上已单方违反和李某订立的承包合同，且黄某实际耕作该土地的事实即意味着村委会履行的是和黄某订立的承包合同，所以法院据此判决由黄某取得土地承包经营权，村委会对李某承担违约责任（赔偿其所受损失），在具体法律制度上是有依据的。

土地承包经营权流转纠纷案例

案例一：土地流转合同纠纷

原告王凤英、王凤莲与被告王凤山、王小力土地承包经营权流转纠纷案例

河南省鹿邑县人民法院民事判决书

（2011）鹿民初字第 682 号

原告王凤英，女，汉族，生于 1951 年 3 月 29 日，住鹿邑县太清宫镇太清办事处，村民。

原告王凤莲，女，汉族，生于 1944 年 10 月 7 日，住鹿邑县郑家集乡，村民。

委托代理人杨亚琼，系河南真源律师事务所法律工作者。

被告王凤山，男，汉族，生于 1939 年 1 月 5 日，住鹿邑县太清宫太清办事处，村名。

被告王小力，男，汉族，约 40 岁，住在同上。

原告王凤英、王凤莲与被告王凤山、王小力土地承包经营权流转纠纷一案，本院于 2011 年 2 月 23 日受理后，依法组成合议庭，于 2011 年 5 月 26 日依法公开开庭进行了审理，原告王凤英、王凤莲及其委托的代理人杨亚琼，被告王凤山到庭参加诉讼，被告王小力经传票传唤未到庭，本案现已申请终结。

原告王凤英、王凤莲诉称，二原告与死者王凤彬以及被告王凤山是一母同胞，被告王小力系王凤山之子。王凤彬一生没有结婚，孤寡一人，于 2011 年 2 月 17 日病逝。其生前一直由二原告照顾其生活，二原告为王凤彬治病共花费医疗费 12 000 元，王凤彬于 2010 年 12 月 16 日与二原告订立协议，自愿将其承包的土地 1.714 亩及收益归二原告用以弥补二原告的损失。2010 年 12 月 9 日，鹿邑县太清宫镇办事处与王凤山、王凤彬达成协议将王凤彬原承包的土地交由王凤彬。现二被告以王凤彬死亡为由强占该土地，侵犯了二原告的土地承包经营流转权，要求二被告返还耕地 1.714 亩。

被告王凤山辩称，二原告与王凤彬达成的协议不真实，王凤彬手印不是本人所按，鹿邑县太清宫镇太清办事处的印章是后来加盖的，二原告为王凤彬治病花费医疗费 12 000 元没有证据支持。被告王小力未作答辩。

原、被告提供证据分析及认定如下。

（1）原告方提供王凤彬、王凤英的户口本各一份，证明王凤彬与王凤英系同一家庭成员，原告方具有主体资格接受王凤彬的土地承包经营权的流转。经庭审质证，被告对户口本的真实性及主体资格均无异议，被告王小力未参与庭审质证，视为放弃权利，本院对该组证据予以采信。

（2）原告提供太清宫镇太清办事处主持下王凤彬与王凤英达成的土地承包经营权

流转协议、王凤山与王凤彬达成协议、太清宫镇太清办事处出具证明各一份，证人王凤勤、孙玉珍证人证言各一份，医疗票据35张，证明王凤彬对该争议的1.714亩土地具有独立的承包经营权及该土地的坐落位置（王凤彬承包的集体土地1.7亩，位于太清宫镇余楼村村后1亩，东邻王凤勤，西邻王凤山，在余楼村东南洼0.7亩，东邻王凤勤，西邻王凤山；王凤彬位于该村的宅基地，西邻汲得才，东邻路，南邻汲小坨，北邻王小力，东西宽22.8米，南北宽19.6米和14米。）。该宗土地经太清宫镇太清办事处主持下与王凤山划分清楚，并且该土地以前是按租种的形式让王凤山耕种的。由于二原告为王凤彬治病花费12 000元，2010年12月16日王凤彬在王凤莲、王凤勤的陪同下经证人孙玉珍书写，王凤彬签字、盖章将该争议土地的承包经营权流转给原告王凤英，并经太清宫镇太清办事处盖章确认的事实。经庭审质证，被告对王凤山与王凤彬达成的协议的真实性无异议及太清办事处在其出具的证明上加盖的公章无异议。对其他证据提出异议认为，土地流转协议不真实，手印不是王凤彬本人所按，印章是后来加盖的，王凤山与王凤彬达成的协议中的土地是自己将自己所承包的土地分给王凤彬让其治病用的，太清办事处证明中显示的土地位置不对，两份证言不真实，太清办事处公章是王凤彬死后补盖的，医疗票据花费不真实，不一定花的是二原告的钱。本院经审查认为，二原告提供该组证据，能相互印证形成完整的证据链，被告对三份证据加盖的太清办事处印章均无异议，被告对两份证人证言及医疗花费情况的真实性提出异议，但未提供相关正据加以证明反驳，被告王小力未参与庭审质证，视为放弃权利，本院对原告提供的该组证据予以采信。

（3）被告提供太清宫办事处证明和粮食直补贴各一份，证明该争议的1.714亩土地的承包经营权是被告方的。经庭审质证，原告提出异议认为，该两份证据与王凤彬的土地承包经营权流转没有关联性，太清办事处的证明没有负责人签字，与本案无关。本院审查认为，原告异议有理，本院对被告提供的该组证据不予采信。

根据原、被告提供的证据及庭审陈述，本院对本案事实认定如下。

原告王凤英、王凤莲与死者王凤彬及被告王凤山是一母同胞，被告王小力系王凤山之子2010年12月9日，太清宫镇太清办事处与王凤山、王凤彬达成协议将王凤彬原承包的土地交由王凤彬耕种。2010年12月16日，因二原告为王凤彬治病花费医疗费12 000元，王凤彬在鹿邑县太清宫镇太清办事处主持下，与王凤英达成的土地承包经营权流转协议，自愿将其承包的土地1.7亩归原告王凤英管理使用。王凤彬于2011年农历1月15日病逝。现二被告以王凤彬死亡为由强占该土地，原告方多次要求被告方归还土地，被告方予以拒绝。为此，酿成纠纷，原告诉至本院。另查，1980年国家施行农村承包经营制度时，王凤山与王凤彬为两个家庭承包的集体土地。王凤彬承包1.7亩土地，位于太清宫镇太清办事处余楼村村后1亩，东邻王凤勤，西邻王凤山，在余楼村东南洼0.7亩，东邻王凤勤，西邻王凤山。

本院认为，王凤彬将自己通过家庭承包取得的所有的1.7亩土地承包经营权依法流转给原告王凤英，系其真实意思表示，并经鹿邑县太清宫镇太清办事处加盖印章予以认可，符合法定的土地承包经营权的流转的程序。被告强行占有原告王凤英承包经营的土地，侵犯了原告的土地承包经营权，原告王凤英要求二被告返还土地本院予以支持。原告王凤英要求被告方返还 1.714 亩与鹿邑县太清宫镇太清办事处提供的王凤彬流转给原告王凤英的土地承包数额不一致，本院以鹿邑县太清宫镇太清办事处提供的土地具体数额为准。原告王凤莲与本案无利害关系，要求被告方返还土地，无事实依据，本院不予支持。根据《中华人民共和国农村土地承包法》第十条、第十五条、第三十二条、第三十三条、第三十七条、《中华人民共和国物权法》第三十五条、《中华人民共和国民事诉讼法》第一百三十条之规定，判决如下。

（4）被告王凤山、王小力于判决生效三日内归还原告王凤英土地 1.7 亩。（位于太清宫镇太清办事处余楼村村后 1 亩，东邻王凤勤，两邻王凤山，在余楼村东南洼 0.7 亩，东邻王凤勤，西邻王凤山土地 0.7 亩）。

（5）驳回原告王凤英的其他诉讼请求。

（6）驳回王凤莲的诉讼请求。

案件受理费 100 元由被告方负担。

如不服本判决，可在在判决书送达之日起 15 日内向本院递交上诉状并按对方当事人的人数提出副本，上诉于河南省周口市中级人民法院。

案例二：土地承包经营权是土地流转的前提和基础

1. 裁判要点

土地流转的本质是农户对所拥有的集体土地承包经营权的交易。土地流转能够优化土地资源配置，加快农村土地规模化、集约化的进程。农村土地流转是当前我国村土地制度改革的一项重要课题，也是我国当前快速推进城乡统筹，推进城镇化和工业化的必然要求。基这样的社会背景，土地承包经营权流转合同纠纷不断涌现，人民法院在裁判土地承包经营权流转合同纠纷时，笔者认为应在审查土地承包经营权属的基础上，审查土地流转协议的合法性。如果离开对土地承包经营权属的审查，只注重审查土地流转协议的合法性，就会犯本末倒置的错误。土地承包经营权是土地流转的前提和基础。

2. 基本案情

原告粟华、粟杰诉称：农村土地承包到户后，原告之父粟和与王贵口头协商一致，将粟和从社集体承包的位于本社大堰沟上边的一片桐子林地，与王贵家从社集体承包的位于本社坟坪子的柴山地互换，互换后各自使用，未发生争议。2007 年因政府修水电站，征收土地，开展电站淹没区实物指标调查登记工作时，王贵以其享有坟坪子柴山地承包经营权为由，主张该片土地被征收的补偿费用应登记在其名义下，于是政府将该片地划作争议地，该片争议地在政府作实物指标调查时登记的图斑号分别为第 40 号、41 号、42 号、57 号、58 号。诉请判决确认原、被告之间互换土地的事实成立，图斑号第 40 号、41 号、42 号、57 号、58 号的土地承包经营权属原告享有，该地被征用后的各项补偿费用归原告所有。

原告粟武诉称：图斑号第 42 号、58 号的土地承包经营权是其父粟和从社集体承包所得，并未与王贵互换土地，请求确认他对图斑号第 42 号、58 号的土地享有承包经营权，该地被征用后的各项补偿费用归他所有。

被告王贵辩称：他从未与三原告之父粟和互换土地，三原告侵占他位于本社坟坪子的柴山地数年。原告的诉讼请求不合法，请求法院不予文持。

3. 裁判结果

法院裁定驳回原告粟华、粟杰、粟武的起诉。

4. 裁判理由

法院认为,原告主张其父粟和从本社集体承包大堰沟上边桐子林地的事实,因原告未提供该片林地承包经营权证或林权证,对粟和享有大堰沟上边桐子林地的经营权事实,证据不足,不能认定。被告王贵主张讼争第 40 号、41 号、42 号、57 号、58 号林地属于其享有承包经营权的坟坪子林地的地块,但其提交的自留草山存根记载该片林地的四至边界、面积与本案讼争土地不相一致,不能充分证明本案讼争土地包括在其享有经营权的坟坪子林地内。原告粟武主张图斑号为第 42 号、58 号的两块土地在其享有承包经营权的名为平石板的地块内该地是其父粟和从社集体承包所得,并非与被告王贵交换所得,但粟武提交的自留草山存根记载的四至边界与第 42 号、58 号两块土地的四至边界也不一致,且与王贵的主张相冲突。原、被告均不能提供充分的证据来证明讼争土地的承包经营权属问题,因此,本案讼争的第 40 号、41 号、42 号、57 号、58 号五块土地尚存在权属争议。《中华人民共和国土地管理法》第十六条规定:"土地所有权和使用权争议,由当事人协商解决;协商不成的,由人民政府处理。单位之间的争议,由县级以上人民政府处理;个人之间、个人与单位之间的争议,由乡级人民政府或者县级人民政府处理。当事人对有关人民政府的处理决定不服的,可以自接到处理决定通知之日起 30 日内,向人民法院起诉。在土地所有权和使用权争议解决前,任何一方不得改变土地利用现状。"据此,本案应由人民政府处理,不属于人民法院受案范围。故依照《中华人民共和国土地管理法》第十六条、《最高人民法院关于贯彻执行〈中华人民共和国民法通则〉若干问题的意见(试行)》第九十六条、《中华人民共和国民事诉讼法》第一百四十条第(三)项之规定,作出了上述裁定。

5. 评析

(1) 土地承包经营权流转的主体是承包方。《中华人民共和国农村土地承包法》第三十四条规定:土地承包经营权流转的主体是承包方。承包方有权自主决定土地承包经营权是否流转和流转的方式。据此规定,包括发包方在内的其他任何单位和个人均不得成为土地承包经营权的流转主体。不享有土地承包经营权的人,不具备土地承包经营权流转的主体资格。因此,在审理土地承包经营权流转合同纠纷时,第一步要审查流转主体是否享有该流转土地的承包经营权。在此基础上,审查土地承包经营权流转合同是否遵守《中华人民共和国农村土地承包法》规定的原则,是否具备土地流转合同必备条款,是否遵循合同的报批备案程序,结合本案,原告粟华、粟杰主张其父粟和与王贵互换土地的事实,首要的问题是确定粟和与王贵对各自用以互换的土地是否享有承包经营权。不享有土地承包经营权,就无权流转该土地。

(2) 流转主体对所流转土地享有承包经营权的事实负有证明责任。《最高人民法院关于民事诉讼证据的若干规定》第二条规定:"当事人对自己提出的诉讼请求所依据的事实或者反驳对方诉讼请求所依据的事实有责任提供证据加以证明。"广义的土地流转主体,包括流转方和受让方。流转的客体是土地的示包经营权。从土地互换的角度来看,土地互换的当事人均为流转主体。土地互换的当事人必须对用以互换的土地享有合法的承包经营权。

就本案而言，举证责任的分配情况是：

（1）原告粟华、粟杰主张其父粟和与王贵互换土地，就负有举证证实粟和与王贵对各自用于互换的土地享有承包经营权的证明责任，仅仅举证证实双方存在互换土地的事实是不够的。

（2）原告粟武主张图斑号第42号、58号的土地承包经营权是其父粟和从社集体承包所得，请求法院确认他对图斑号第42号、58号的土地享有承包经营权（继受取得土地承包经营权），粟武负有举证证实粟和对图斑号第42号、58号的土地享有承包经营权的证明责任。

（3）被告王贵主张对图斑号第40号、41号、42号、57号、58号的土地享有承包经营权，并进一步主张三原告侵犯了他的土地承包经营权。被告王贵在否认土地互换事实的同时，提出了新的主张，主张三原告存在侵犯土地承包经营权的事实，被告王贵对其提出的侵权事实负有证明责任。但被告王贵要证明三原告侵权，首先要证明他对被侵权的土地享有承包经营权，仅仅举证证实三原告使用该土地（即存在侵犯土地承包经营权的事实）是不够的。本原告粟华、粟杰主张与王贵互换土地的事实，被告王贵主张三原告侵犯了他的土地承包经营权的事实，但对最为基础的事实，对诉争土地享有承包经营权的事实，均举证不能，原告粟武对其继受取得图斑号第42号、58号土地承包经营权的事实，亦举证不能，而解决本案的关键所在是确认诉争图斑号为第40号、41号、42号、57号、58号土地使用权属，而土地确权不属于人民法院直接受理案件的范畴，依法由人民政府处理，因此人民法院裁定驳回原告起诉。

第二章　益民政策

一、国务院办公厅《关于支持农民工等人员返乡创业的意见》（摘要）

支持农民工、大学生和退役士兵等人员返乡创业，通过大众创业、万众创新使广袤乡镇百业兴旺，可以促就业、增收入，打开新型工业化和农业现代化、城镇化和新农村建设协同发展新局面。

一是降低返乡创业门槛。深化商事制度改革，落实注册资本登记制度改革，优化返乡创业登记方法，简化创业住所（经营场所）登记手续，推动"一址多照"、集群注册等住所登记制度改革。放宽经营范围，鼓励返乡农民工等人员投资农村基本公共工程和在农村兴办各类事业。对政府主导、财政支持的农村公益性工程和项目，可采取购买服务、政府与社会资本合作等方法，引导农民工等人员创设的企业和社会组织参与建设、管护和运营。对能够商业化运营的农村服务业，向社会资本全面开放。制定鼓励社会资本参与农村建设目录，探索建立乡镇政府职能转移目录，鼓励返乡创业人员参与建设或承担公共服务项目，支持返乡人员创设的企业参加政府采购。将农民工等人员返乡创业纳入社会信用体系，建立健全返乡创业市场交易规则和服务监管机制，促进公共管理水平提升和交易成本下降。取消和下放涉及返乡创业的行政许可审批事项，全面清理并切实取消非行政许可审批事项，减少返乡创业投资项目前置审批。

二是落实定向减税和普遍性降费政策。农民工等人员返乡创业，符合政策规定条件的，可适用财政部、国家税务总局《关于小型微利企业所得税优惠政策的通知》（财税〔2015〕34号）、《关于进一步支持小微企业增值税和营业税政策的通知》（财税〔2014〕71号）、《关于对小微企业免征有关政府性基金的通知》（财税〔2014〕122号）和《人力资源社会保障部财政部关于调整失业保险费率有关问题的通知》（人社部发〔2015〕24号）的政策规定，享受减征企业所得税、免征增值税、营业税、教育费附加、地方教育附加、水利建设基金、文化事业建设费、残疾人就业保障金等税费减免和降低失业保险费率政策。各级财政、税务、人力资源社会保障部门要密切配合，严格按照上述政策规定和《国务院关于税收等优惠政策相关事项的通知》（国发〔2015〕25号）要求，切实抓好工作落实，确保优惠政策落地并落实到位。

三是加大财政支持力度。对符合条件的企业和人员，按规定给予社保补贴；具备享受支农惠农、小微企业扶持政策规定条件的纳入扶持范围；经工商登记注册的网络商户从业人员，同等享受各项就业创业扶持政策；未经工商登记注册的，可同等享受灵活就业人员扶持政策。

四是强化返乡创业金融服务。运用创业投资类基金支持农民工等人员返乡创业；加快发展村镇银行、农村信用社和小额贷款公司，鼓励银行业金融机构开发有针对性的金融产品和金融服务；加大对返乡创业人员的信贷支持和服务力度，对符合条件的给予创业担保贷款。

五是完善返乡创业园支持政策。农民工返乡创业园的建设资金由建设方自筹；以土地租赁方法进行农民工返乡创业园建设的，形成的固定资产归建设方所有；物业经营收益按相关各方合约分配。对整合发展农民工返乡创业园，地方政府可在不增加财政预算支出总范围、不改变专项资金用途前提下，合理调整支出结构，安排相应的财政引导资金，以投资补助、贷款贴息等恰当方法给予政策支持。鼓励银行业金融机构在有效防范风险的基础上，主动创新金融产品和服务方法，加大对农民工返乡创业园区基本公共工程建设和产业集群发展等方面的金融支持。有关方面可安排相应项目给予对口支持，帮助返乡创业园完善水、电、交通、物流、通信、宽带网络等基本公共工程。适当放宽返乡创业园用电用水用地标准，吸引更多返乡人员入园创业（表2-1）。

表2-1 鼓励农民工等人员返乡创业三年行动计划纲要（2015—2017年）

序号	行动计划名称	工作任务	实现路径	责任单位
1	提升基层创业服务能力行动计划	加强基层就业和社会保障服务设施建设，提升专业化创业服务能力	加快建设县、乡基层就业和社会保障服务设施，2017年基本实现主要输出地县级服务设施全覆盖。鼓励地方政府依托基层就业和社会保障服务平台，整合各职能部门涉及返乡创业的服务职能，建立融资、融智、融商一体化创业服务中心	发展改革委、人力资源社会保障部会同有关部门
2	整合发展农民工返乡创业园行动计划	依托存量资源整合发展一批农民工返乡创业园	以输出地市、县为主，依托现有开发区和农业产业园等各类园区、闲置土地、厂房、校舍、批发市场、楼宇、商业街和科研培训设施，整合发展一批农民工返乡创业园	发展改革委、人力资源社会保障部、住房城乡建设部、国土资源部、农业部、人民银行
3	开发农业农村资源支持返乡创业行动计划	培育一批新型农业经营主体，开发特色产业，保护与发展少数民族传统手工艺，促进创业	将返乡创业与发展县域经济结合起来，培育新型农业经营主体，充分开发一批农林产品加工、休闲农业、乡村旅游、农村服务业等产业项目，促进农村一、二、三产业融合；面向少数民族农牧民群众开展少数民族传统工艺品保护与发展培训	农业部、林业局、国家民委、发展改革委、民政部、扶贫办
4	完善基础设施支持返乡创业行动计划	改善信息、交通、物流等基础设施条件	加大对农村地区的信息、交通、物流等基础设施的投入，提升网速、降低网费；支持地方政府依据规划，与社会资本共建物流仓储基地，不断提升冷链物流等基础配送能力；鼓励物流企业完善物流下乡体系	发展改革委、工业和信息化部、交通运输部、财政部、国土资源部、住房城乡建设部

（续表）

序号	行动计划名称	工作任务	实现路径	责任单位
5	电子商务进农村综合示范行动计划	培育一批电子商务进农村综合示范县	全国创建200个电子商务进农村综合示范县，支持建立完善的县、乡、村三级物流配送体系；建设改造县域电子商务公共服务中心和村级电子商务服务站点；支持农林产品品牌培育和质量保障体系建设，以及农林产品标准化、分级包装、初加工配送等设施建设	商务部、交通运输部、农业部、财政部、林业局
6	创业培训专项行动计划	推进优质创业培训资源下县乡	编制实施专项培训计划，开发有针对性的培训项目，加强创业培训师资队伍建设，采取培训机构面授、远程网络互动等方式，对有培训需求的返乡创业人员开展创业培训，并按规定给予培训补贴；充分发挥群团组织的组织发动作用，支持其利用各自资源对农村妇女、青年开展创业培训	人力资源社会保障部、农业部会同有关部门及共青团中央、全国妇联等群团组织
7	返乡创业与万众创新有序对接行动计划	引导和推动建设一批市场化、专业化的众创空间	推行科技特派员制度，组织实施一批"星创天地"，为返乡创业人员提供科技服务。充分利用国家自主创新示范区、国家高新区、科技企业孵化器、大学科技园和高校、科研院所的有利条件，发挥行业领军企业、创业投资机构、社会组织等作用，构建一批众创空间。鼓励发达地区众创空间加速向输出地扩展，帮助返乡人员解决创业难题	科技部、教育部

二、贵州省惠民政策

（一）教育惠民政策

（1）学前教育资助。对在经教育行政主管部门审批设立的各级各类幼儿园就读的家庭经济困难儿童，资助保育教育费和生活费，资助标准为500～800元/生·年。

（2）义务教育"三免两补"。三免：义务教育阶段学生免除学费，农村义务教育阶段学生享受免费教科书，农村义务教育阶段寄宿制学生免除住宿费。两补：国家在全省65个连片特困县农村义务教育学校实施营养改善计划（不含县城），补助标准3元/生·天，全年600元/生，同时鼓励其他各县因地制宜开展试点；农村义务教育阶段家庭经济困难寄宿生生活补助为小学1 000元/生·年，初中1 250元/生·年。

（3）普通高中国家助学金。对正式学籍的普通高中全日制在校家庭经济困难学生学习和生活费用进行补助，标准为1 500元/生·年。

（4）中等职业学校国家助学金。对具有中等职业学校全日制正式学籍的在校一、二年级涉农专业学生和非涉农专业家庭经济困难学生；学籍或户籍属集中连片特困地区的所有一、二年级农村学生（不含家住县城的县镇非农学生）进行资助，标准为1 500元/生·年。

（5）中等职业学校免学费。免除我省中等职业学校全日制正式学籍的属于我省户籍的一、二、三年级在校学生学费；外省户籍学生执行国家免学费政策，即公办学校全日制学历教育正式学籍一、二、三年级和民办学校全日制学历教育正式学籍一、二年级在校生中所有农村（含县镇）学生、城市涉农专业学生和城市家庭经济困难学生（艺术类相关表演专业学生除外）。免学费标准为 2 000 元/生·年。

（二）计生服务惠民政策

（1）计划生育家庭奖励制度。①获得《独生子女父母光荣证》的家庭，向独生子女父母一次性奖励费 500～1 000 元，每月发给独生子女保健费 10 元，直到 14 周岁。②农村放弃政策内二孩生育家庭一次性奖励 6 000 元。③农村计生"两户"中，为农业户口的夫妻双方或一方，按规定落实长效避孕节育措施、按时参加生殖健康检查，未满 60 周岁的，每人每年领取不低于 300 元计划生育节育奖。

（2）计划生育家庭保障制度。①农村独生子女家庭和计划生育二女家庭夫妻，年满 60 周岁后，每人每年领取农村部分计划生育家庭奖励扶助金不低于 1 200 元。②参加新型农村养老保险，每年给予不低于 70 元的缴费补贴，计划生育独生子女户或者计划生育二女绝育户，夫妻双方及子女参加新型农村社会养老保险，每年给予不低于 70 元缴费补贴，夫妻年满 60 周岁以后，基础养老金月补贴不低于 120 元。③农村低保家庭成员在其享受基本养老金的基础上，每年按照不低于当地农村低保标准 20% 的比例增发补助。④免缴新农合个人缴费部分，并减免医疗费用个人承担部分的 50%。⑤城镇独生子女家庭纳入最低生活保障的夫妻，年满 60 周岁后，每人每年领取不低于 1 200 元的奖励扶助金。⑥夫妻年满 60 周岁后，优先入住老年公寓和敬老院，并给予每人年均不低于 3 000 元的补贴。⑦在城镇工作一定年限且有稳定收入的，可申请租赁或购买工作地保障性住房，并给予优先照顾。

（3）计划生育家庭救助制度。①独生子女伤残和死亡家庭夫妻，每人每年特别扶助金不低于 2 000 元。独生子女死亡的，一次性发放抚慰金 3 万元；独生子女伤残等级 3 级以上的，一次性发放抚慰金 2 万元；独生子女伤残等级 4 级以下的，一次性发放抚慰金 1 万元。②计划生育节育并发症对象，特别扶助金每人每年领取一级 3 600 元、二级 2 400 元、三级 2 000 元。

（4）计划生育家庭优惠制度。①在危房改造上给予优先优惠。②子女学前教育入学优先，适度减免费用，高中教育优先享受国家助学金每年不低于 1 500 元；子女进入普通高校学习的应给予一次性奖励；扶贫开发提供的资金和物资在帮扶标准基础上提高 30%；种粮、农机、牲畜繁育、家电下乡等在直接补贴标准上提高不低于 30%；饮水安全工程免入户材料费和安装费；划拨宅基地、征地拆迁补偿、分配集体资产和福利时增加一人份额优惠。③对夫妻及子女均为农业户口，计生独女户和二女户中的女孩考试，在参加全国普通高考报考省内院校时给予加 10 分的照顾，参加全省中考时给予加 10 分的照顾。

以上享受政策有一定限定条件，具体情况可咨询当地人口计生部门。

（三）城乡医疗救助

（1）医疗救助对象。农村五保对象、城市"三无"人员、20 世纪 60 年代精减退职老职工、城乡低保对象、家庭经济困难大学生、在乡重点优抚对象、艾滋病人、艾滋病机会感染者、重度精神病人、城乡低收入家庭中的老年人、重度残疾人、重病患者、县级政府规定的其他困难家庭人员。

（2）医疗救助内容。①资助农村五保对象、城市"三无"人员、60年代精减退职老职工、城乡低保对象参加新型农村合作医疗保险或城镇居民基本医疗保险。②对救助对象在定点医疗机构就医，符合基本医疗保险药品目录、诊疗项目目录和医疗服务设施目录的医疗费用，经城镇基本医疗保险或农村合作医疗和大病保险报销后，其个人自付部分再分类，按比例予以住院医疗救助。③医疗救助对象住院医疗发生的符合基本医疗保险药品目录、诊疗项目目录和医疗服务设施目录的医疗费用，先由城镇基本医疗保险、新型农村合作医疗和大病保险报销后，其个人自付部分再分类，按比例予以住院医疗救助。

（四）民政临时救助

（1）临时救助对象。主要指因水灾、交通事故等意外事件，家庭成员突发重大疾病等原因，导致基本生活暂时出现严重困难的家庭，或者因生活必需支出突然增加超过家庭承受能力，导致基本生活暂时出现严重困难的最低生活保障家庭以及遭遇其他特殊困难的家庭。

（2）申请审批程序。以户为单位，由户主向乡镇人民政府或街道办事处提出，乡镇（街道）社会救助经办机构或受委托的村（居）委会受理并如实登记。数额较小的由乡镇（街道）审批，数额较大的由县级民政部门审批。

（五）新农合医疗政策

（1）2014年起全省统一省级新农合定点医疗机构补偿政策。省级Ⅰ类医疗机构（指省级二级（含二级）以下医院）起付线为800元，800元＜医疗费用≤8 000元部分，补偿比例为55%；医疗费用＞8 000元部分，补偿比例为65%。省级Ⅱ医疗机构（指省级三级医院）起付线为1 000元，1 000元＜医疗费用＜8 000元部分，补偿比例为55%；医疗费用≥8 000元部分，补偿比例为65%。

（2）2014年起，农村儿童两病（先天性心脏病、急性白血病）、妇女两癌（乳腺癌、宫颈癌）、终末期肾病、重型精神病、耐多药肺结核、艾滋病机会感染、慢性粒细胞白血病、血友病A、地中海贫血、唇腭裂、肺癌、食道癌、胃癌、结肠癌、直肠癌、急性心肌梗死、脑梗死、Ⅰ型糖尿病、甲亢、老年性白内障、儿童先天性尿道下裂、儿童苯丙酮尿症等24种重大疾病新农合提高报销比例达80%（终末期肾病血透为90%）。

（六）农业惠农政策

（1）农作物良种补贴。棉花每亩补贴15元，水稻、玉米、小麦、油菜每亩补贴10元。县级财政部门将补贴资金随核准面积下达乡镇，由乡镇直接拨付到农户"一折通"账户上。

（2）种粮直补。按1.05元/百千克标准补贴给农民，补贴资金由省级财政直接拨付到农户"一折通"账户上。

（3）综合直补。按35.51元/百千克标准补贴给农民，补贴资金由省级财政直接拨付到农户"一折通"账户上。

（七）畜牧业惠民政策

（1）生猪良种补贴政策。按每头能繁母猪年繁殖两胎，每胎补助20元，每头能繁母猪每年补贴40元。补贴方式为财政资金补贴给良种猪精液提供单位，供精单位按补贴后的优惠价格向养殖者提供精液。

（2）母猪饲养保险政策。能繁母猪保险金额为每头1000元，保费为每头60元，其中，财政补贴48元，投保户每头自付12元，保险期限1年。

（八）林业惠民政策

（1）退耕还林补助标准。①原政策补助年限及标准：退耕还林后，还生态林补助8年、还经济林补助5年、还草补助2年，补助标准为每年239元/亩（毕节市242元/亩）。②完善政策补助年限及标准：现行退耕还林粮食和生活费补助期满后，中央财政安排资金继续对退耕还林农户给予适当现金补助，补助周期为还生态林补助8年、还经济林补助5年、还草补助2年，补助标准为每年134元/亩（毕节市137元/亩）。以上为贵州省2000—2006年实施退耕地造林的补助政策，国家新一轮退耕还林政策调整后将及时公示群众。

（2）中央财政森林生态效益补偿基金。集体和个人所有的国家级公益林补偿标准为每年每亩15元，其中，0.25元用于公共管护支出。

（3）地方公益林森林生态效益补偿基金。地方公益林补偿标准为每年每亩8元，省、市（州）、县（市、区、特区）按4∶3∶3的比例分级安排资金，全额兑现给林权所有者与经营管理者。

（九）农机具购置补贴

（1）补贴种类。对耕整地机械、种植施肥机械、田间管理机械、收获机械等12大类42小类145个品目和贵州省自选的11个品目进行补贴。其中，对水稻插秧机、茶叶机械实行优先补贴。

（2）补贴标准。通用类农机产品补贴额由农业部统一确定，非通用类农机产品补贴额由省农委按不超过此档产品在贵州省近3年平均销售价格的30%确定。一般机具单机补贴限额不超过5万元；挤奶机械、烘干机单机补贴限额可提高到12万元；100马力以上大型拖拉机、高性能青饲料收获机、大型免耕播种机、大型联合收割机、水稻大型浸种催芽程控设备单机补贴限额可提高到15万元；200马力以上拖拉机单机补贴限额可提高到25万元；甘蔗收获机单机补贴限额可提高到20万元；大型棉花采摘机单机补贴限额可提高到30万元。

（3）补贴对象。纳入实施范围并符合补贴条件的农牧渔民、农场（林场）职工、从事农机作业的农业生产经营组织。

（4）补贴数量。同一农民、农场（林场）职工年度内购买补贴机具总数不超过10台，其中，购买统一品目补贴机具总数不超过3台；从事农机作业的农业生产经营组织年度内购买补贴机具总数不超过60台，其中，购买同一品目补贴机具总数不超过20台。补贴对象可以在省域内自主选择购机，允许跨县选择农机补贴产品经销商购机。

（十）农村低保政策

（1）低保对象。持有本省农业户口的农村居民，凡共同生活的家庭成员年人均收入低于当地农村居民最低生活保障标准的，均可享受农村低保。

（2）评定方式。由户主本人或委托乡（镇）、村组织人员向乡（镇）或街道提出书面申请，乡（镇）或街道对申请人家庭收入、财产状况等进行调查核实，根据调查核实情况召开村民或村民代表会议进行民主评议，评议结果张榜公示无异议后报县级民政部门审查批准。

（3）低保待遇。低保金按照共同生活家庭成员人均收入与当地低保标准的差额确定。

（十一）交通惠农政策

对整车合法装载运输鲜活农产品的车辆免收车辆通行费。

（十二）法律援助政策

（1）申请对象。公民为保障自己合法权益有事实证明需要法律帮助，但因经济困难无力支付法律服务费用的，可以向法律援助机构申请法律援助。经济困难的标准按照当地人民政府公布的城乡居民最低生活保障、农村五保供养标准执行。

（2）援助范围。包括依法请求国家赔偿的；请求给予社会保险待遇或最低生活保障待遇的；请求发放抚恤金、救济金的；请求给付赡养费、抚养费、扶养费的；请求支付劳动报酬的；因合法劳动权益受到损害的；因遭受家庭暴力、虐待、遗弃等行为受到损害的；因征地、拆迁使合法权益受到损害的；因假劣种子、农药、化肥以及环境污染使合法权益受到损害的；其他需要申请法律援助的事项等。

（3）援助流程。咨询及申请法律援助—填写法律援助申请表—递交身份证明、申请表等材料—法律援助机构15～25日内审查决定是否给予援助—对援助机构不予援助的，可向同级司法行政部门申请重新审议。

（十三）城乡居民社会养老保险

年满16周岁（不含在校学生）、非国家机关和事业单位工作人员以及不属于职工基本养老保险覆盖范围的城乡居民，可在户籍地参加城乡居民基本养老保险。参保人可以从100元、200元、300元、400元、500元、600元、700元、800元、900元、1 000元、1 200元、1 500元、2 000元等13个档次中选择一个档次缴费，每年一次。按年缴费的，政府给予缴费补贴，补贴标准为：缴费100元至400元的，补贴30元；缴费500元至900元的，补贴60元；缴费1 000～2 000元的，补贴90元。符合政策规定条件领取待遇的参保人，可以按月领取城乡居民基本养老保险养老金。养老金＝基础养老金＋个人账户养老金。其中，基础养老金55元，部分市县有所增加；个人账户养老金为个人账户全部储存额除以139（个人账户养老金计发系数）。

（十四）农村危房改造

（1）改造对象。全省2008年和2013年农村危房摸底统计在册的各类一、二、三级危房。

（2）补助标准。五保户一、二、三级危房，户均补助分别为2.23万元、0.85万元、0.7 万元；低保户一、二、三级危房，户均补助分别为 2.23 万元、0.7 万元、0.65 万元；困难户一、二、三级危房，户均补助分别为 1.23 万元、0.7 万元、0.65 万元；一般户一、二、三级危房，户均补助分别为 0.83 万元、0.7 万元、0.65 万元。

（十五）公共租赁住房（含廉租房）

（1）保障对象。城镇低收入和中等偏下收入住房困难常住人口。包括新就业的大中专院校毕业生和在城市有稳定收入并居住一定年限的外来务工人员等。进城农村独生子女户、进城农村二女绝育户、老年人、优抚对象、鳏寡孤独、残疾人、原国民党退伍人员、见义勇为等符合条件的家庭优先纳入保障。

（2）保障方式。实物配租（售）、租赁补贴。

（3）保障标准。实物配租的单套建筑面积控制在 60 平方米以下，租赁补贴根据属地政府公布的标准发放。

（4）申请方式。按照属地管理原则，由申请人到工作所在市（州）、县（市、区、特区）、乡（镇、街道、社区）或在住房保障部门进行申请。

（十六）农业保险

按照"政府引导、市场运作、自主自愿、协同推进"的原则，农业保险责任范围本着简便易行的原则，以保大灾为主。保险责任以基本覆盖发生较为频繁和易造成较大损失的灾害风险。保险人按照保险合同的约定负责赔偿。

具体每亩保费承保金额 = 每亩保费总额 × 相应比例。玉米保额 300 元/亩，费率 6‰。油菜保额 400 元/亩，费率 4‰。马铃薯保额 400 元/亩，费率 4‰。能繁母猪保额 1 000 元/头，费率 6‰。育肥猪保额 500 元/头，费率 6‰。林业每亩保额 500 元，保险费率：林木火灾险不超过 2‰，综合险不超过 3‰。

种植业以旱灾、洪水、内涝、风灾、雹灾、低温、凝冻、病虫害为主要保险责任。（水稻、玉米、油菜、马铃薯）保费补贴：中央 40%，省 25%，市 4.5%，县 10.5%，农户 20%。

养殖业以重大病害、自然灾害、意外事故所导致的保险个体直接死亡为主要保险责任。能繁母猪保费补贴：中央 50%，省 12%，市 9%，县 9%，农户 20%。育肥猪保费补贴：中央 10%，省 4%，市 3%，县 3%，农户 80%。

林业以火灾保险责任为主。火灾保险责任是指因火灾直接造成保险林木死亡以及因火灾施救造成的保险林木死亡，保险人按照保险合同的约定负责赔偿的责任。公益林保费补贴：中央 50%、省 30%、市 6%、县 14%，投保人不承担。商品林保费补贴：中央 30%、省 25%、市 7.5%、县 17.5%，投保人 20%。

种植业保险期限为承保公司出据保单之日至作物收获。保险签约截止期：水稻、玉米 7 月 10 日之前，油菜 12 月底，马铃薯春季为 4 月底，秋季为 9 月底；理赔最后截止玉米 8 月底，水稻 9 月底前，油菜为 5 月底前，马铃薯春季为 6 月底前，秋季为 10 月底前。养殖业能繁母猪保险期限为以承保公司出据保单之日至次年当月次日，育肥猪保险期限为以承保公司出据保单之日至出售育肥猪日，理赔期限为定损后 10 日内。森林保险以承保公司出据保单之日至次年当月次日，理赔期限为定损后 10 日内。理赔资金通过"一卡通"支付给受灾农户，各项理赔资金必须在规定的理赔截止日期前赔付。

三、息烽县 2015—2017 年农机购置补贴实施方案

根据《贵州省 2015—2017 年农机购置补贴实施方案》的要求，结合我县实际，制定《息烽县 2015—2017 年农机购置补贴实施方案》。

（一）总体要求

以转变农机化发展方式为主线，以调整优化农机装备结构、提升农机化作业水平为主要任务；以推进主要农作物关键环节机械化为重点，协调发展设施农业、畜牧业、渔业、林果业及农产品初加工业机械化。

（二）实施范围及资金安排

（1）实施范围。农机购置补贴政策实施范围覆盖全县所有乡镇。

（2）补贴资金安排。根据上级采用的因素法，确定我县补贴资金数量。上年剩余资金可结转下年使用，连续两年未用完的结转资金，按《预算法》有关结余资金规定处理。

（三）补贴机具及补贴标准

（1）补贴机具种类。补贴机具有耕整地机械、种植施肥机械、田间管理机械、收获机械、收获后处理机械、农产品初加工机械、排灌机械、畜牧水产养殖机械、动力机械、设施农业设备和其他机械等十一大类 43 小类 104 品目。

补贴机具须在明显位置固定有生产企业、产品名称和型号、出厂编号、生产日期、执行标准等信息的永久性铭牌。不得使用纸质打印、不干胶粘贴等临时铭牌。全省年度补贴种类范围保持一致，县级农机化主管部门不得随意缩小补贴机具种类范围。

优先审核办理购置水稻插秧机、谷物收获机械申请手续，满足申请者的需求。

（2）补贴标准。中央财政农机购置补贴资金实行定额补贴，即同一种类、同一档次农业机械在省域内实行统一的补贴标准。一般机具每档次农机产品补贴额原则上按不超过该档产品上年平均销售价格的 30% 测算，单机补贴额不超过 5 万元；挤奶机械、烘干机单机补贴额不超过 12 万元；100 马力以上大型拖拉机、高性能青饲料收获机、大型免耕播种机、大型联合收割机、水稻大型浸种催芽程控设备单机补贴额不超过 15 万元；200 马力以上拖拉机单机补贴额不超过 25 万元；玉米小麦两用收割机按单独的玉米收割割台和小麦联合收割机分别补贴。

（四）补贴对象及补贴机具数量

（1）补贴对象。补贴对象为从事农业生产的个人和农业生产经营组织。农业生产经营组织指农村集体经济组织、农民专业合作经济组织、农业企业和其他从事农业生产经营的组织，优先考虑农民、家庭农场和农民合作社等，对已经报废老旧农机并取得拆解回收证明的补贴对象和计生户，可重点优先补贴。在申请人数较多而补贴资金不足时，按照公平公正公开的原则，采取购机者易于接受的方式确定补贴对象。

（2）补贴机具数量。个人年度内购买补贴机具总数不超过 10 台，其中，购买同一品目补贴机具总数不超过 3 台。农业生产经营组织年度内购买补贴机具总数不超过 60 台，其中，购买同一品目补贴机具总数不超过 20 台。

补贴对象可以在省域内自主购机，允许跨县选择农机补贴产品经销商（以下简称"经销商"）购机。按照权责一致原则，补贴对象应对自主购机行为和购买机具的真实性负责，承担相应风险。

（五）补贴方式及操作程序

（1）补贴方式。在全县范围内实行"自主购机、定额补贴、县级结算、直补到卡"的补贴方式。补贴对象自主购机，经销商出具销售发票，购机者到县级农机化主管部门办理补贴申请，县级农机化主管部门受理申请并进行告知，乡镇经公示补贴对象无异议后整理结算资料，报县级农机主管部门初步审核，县级财政部门根据乡镇提供的发放名册将补贴资金兑付到购机者指定的银行账户。

获得农机购置补贴须由购机者提出申请，由县级农机化主管部门会同财政部门组织审核确定。购机者和农机产销企业分别对其提交的农机购置补贴相关申请资料和购买机具的真实性承担法律责任。县级农机化主管部门、财政部门按职责分工对农机购置补贴材料的合规性审核结果负责。

（2）操作程序。补贴对象自主购机──→申请补贴──→县级农机主管部门录入基本信息，打印告知书──→乡镇公示补贴对象──→乡镇整理结算资料──→县财政结算补贴资金。

①自主购机：补贴对象在省域内自主选择经销商，谈价议价，自主购机。经销商出具发票，发票需注明购机者姓名和所售机具的名称、型号、数量、总价、销售日期，发票备注栏须注明完整的生产企业名称和机具出厂编号。补贴对象购置多种机具时，每张发票只能体现一家生产企业具体某个型号的产品。

②申请补贴：

a. 申请。购机者向县级农机化主管部门提出补贴申请，并提供发票复印件一份。购机者是个人的，需出示购机发票、本人二代身份证和银行账户信息；购机者是组织的，需出示购机发票、组织机构代码证或工商营业执照和银行账户信息。

b. 录入。县级农机化主管部门通过贵州省农机购置补贴辅助管理软件系统（以下简称软件系统）录入购机者个人基本信息（姓名、性别、家庭住址、乡镇、村、身份证号码等）、机具基本信息（机具大类、小类、品目、分档、型号、数量、补贴金额、生产企业、出厂编号等）和购机信息（经销商名称、购机总价、购机日期、发票号码等），形成贵州省农机购置补贴申请受理告知书（以下简称告知书，见附件2）。

c. 打印告知书。县级农机化主管部门打印告知书一式4份（补贴对象、乡镇农业服务中心、县级农机化主管部门、县级财政部门各1份），并由购机者自行填入联系电话和银行账户信息。购机者确认告知书内容无误后，签字、摁手印，县级农机化主管部门和财政部门审核盖章确认或刊刻启用"××县农机购置补贴领导小组审核专用章"，审核盖章确认。

③公示补贴对象：乡镇农业服务中心填写农机购置补贴申请公示表（以下简称公示表，见附件2），通过农机购置补贴信息公开专栏（或网络）张贴公示7天。

④结算补贴资金：乡镇经公示无异议后，收集资料（包括告知书、发票复印件）报县级农机化主管部门初步审核，县级农机主管部门协助县级财政部门结算补贴资金。县级农机化主管部门通过软件系统分批次生成农机购置补贴结算明细表和农机购置补贴

结算汇总表（以下简称明细表、汇总表，见附件2），并汇总整理补贴资金结算纸质资料（包括明细表和汇总表），初步审核结算资料的规范性，报县级财政部门结算补贴资金。县级财政部门对农机化主管部门报来资料的完整性、规范性、真实性、准确性审核无误后，将补贴资金通过涉农补贴'一折通账户'或购机者指定的银行账户兑付给购机者，并通过软件系统同步点击确认结算。

购机者提交补贴申请后，县级农机化主管部门和乡镇应在15个工作日内完成审核，并告知公示。县级财政部门收到县级农机化主管部门的资金结算申请及相关资料后，应在7个工作日内提出补贴支付意见。同意支付的，在7个工作日内发放补贴资金；不同意支付的，及时向农机化主管部门说明理由，并退回相关资料。

（六）工作职责

（1）县级农机化主管部门的职责。县级农机化主管部门是农机购置补贴政策的实施主体，主要负责牵头制定农机购置补贴实施方案并按操作程序办理补贴手续；宣传农机购置补贴政策，及时公布农机购置补贴信息，归纳上报信息简报；协助财政部门做好补贴资金兑付；受理和上报各方的举报和投诉；整理和保管农机购置补贴档案资料；监督和管理县域内补贴产品经销商。

（2）乡镇农业服务中心。负责对购机情况进行核实；公示、整理和保管乡镇农机购置补贴档案资料。

（3）县级财政部门的职责。县级财政部门负责结算和兑付补贴资金，参与制定本地农机购置补贴政策实施方案并监督实施；及时兑付补贴资金，并将兑付情况通报农机部门。

（七）确定农机补贴产品经销商

经销商必须经工商、税务部门注册登记，取得经销农机产品的营业执照，具备一定的人员、场地和技术服务能力等条件。农机生产企业自主设定经销商资质条件，自主确定经销商并向社会公布。根据"谁确定、谁负责"的原则，农机生产企业应督促经销商守法诚信经营、严格规范操作、强化售后服务，加强对经销人员的培训，并对经销商的经销行为承担相应责任。

除直销企业外，经销商要在户外悬挂"农业机械购置补贴产品经销商"标志，醒目位置公示所经营农机补贴产品的名称、型号、标准配置、销售价格、补贴标准、生产企业及"三包"内容，接受社会各界的监督；销售时必须及时向购机者提供全额购机发票，必须如实填写"三包"凭证。

（八）贵州省农机购置补贴机具种类范围

（十一大类34小类104品目）

1. 耕整地机械

（1）耕地机械。

①翻转犁；

②旋耕机；

③耕整机（水田、旱田）；

④微耕机;

⑤田园管理机;

⑥开沟机（器）;

⑦深松机;

⑧联合整地机。

（2）整地机械。

①圆盘耙;

②驱动耙;

③起垄机;

④灭茬机;

⑤平地机（含激光平地机）。

2. 种植施肥机械

（1）播种机械。

①条播机;

②穴播机;

③小粒种子播种机;

④根茎类种子播种机;

⑤水稻（水旱）直播机;

⑥免耕播种机;

⑦旋耕播种机。

（2）育苗机械设备。

①秧盘播种成套设备（含床土处理）;

②种子处理设备（采摘、调制、浮选、浸种、催芽、脱芒等）。

（3）栽植机械。

①油菜栽植机;

②水稻插秧机;

③甘蔗种植机。

（4）施肥机械。

①施肥机（化肥）;

②撒肥机（厩肥）;

③中耕追肥机;

④配肥机。

（5）地膜机械。

①地膜覆盖机;

②残膜回收机。

3. 田间管理机械

（1）中耕机械。

①中耕机;

②培土机。

（2）植保机械。

①动力喷雾机（含担架式、推车式机动喷雾机）；

②喷杆式喷雾机（含牵引式、自走式、悬挂式喷杆喷雾机）；

③风送式喷雾机（含自走式、牵引式风送喷雾机）。

（3）修剪机械。

茶树修剪机。

4. 收获机械

（1）谷物收获机械。

①自走轮式谷物联合收割机（全喂入）；

②自走履带式谷物联合收割机（全喂入）；

③半喂入联合收割机；

④割晒机。

（2）玉米收获机械。

①背负式玉米收获机；

②自走式玉米收获机（含穗茎兼收玉米收获机）；

③自走式玉米联合收获机（具有脱粒功能）。

（3）花卉（茶叶）采收机械。

采茶机。

（4）籽粒作物收获机械。

油菜籽收获机。

（5）根茎作物收获机械。

①薯类收获机；

②甘蔗收获机；

③甘蔗割铺机。

（6）饲料作物收获机械。

①青饲料收获机；

②牧草收获机；

③割草机；

④搂草机；

⑤捡拾压捆机；

⑥压捆机；

⑦饲草裹包机。

（7）茎秆收集处理机械。

①秸秆粉碎还田机；

②高秆作物割晒机。

（8）蔬菜收获机械。

果类蔬菜收获机。

5. 收获后处理机械

（1）剥壳（去皮）机械。

干坚果脱壳机。

（2）干燥机械。

①粮食烘干机；

②油菜籽烘干机；

③果蔬烘干机；

④热风炉。

（3）仓储机械。

简易保鲜储藏设备。

6. 农产品初加工机械

（1）碾米机械。

碾米机。

（2）果蔬加工机械。

①水果分级机；

②水果打蜡机；

③果蔬清洗机。

（3）茶叶加工机械。

①茶叶杀青机；

②茶叶揉捻机；

③茶叶炒（烘）干机；

④茶叶筛选机。

7. 排灌机械

（1）水泵。

①离心泵；

②潜水泵。

（2）喷灌机械设备

①喷灌机；

②微灌设备（微喷、滴灌、渗灌）。

8. 畜牧水产养殖机械

（1）饲料（草）加工机械设备。

①青贮切碎机；

②铡草机；

③揉丝机；

④压块机；

⑤饲料粉碎机；

⑥饲料混合机；

⑦饲料搅拌机；

⑧颗粒饲料压制机。

（2）畜牧饲养机械。

①孵化机；

②喂料机；

③送料机；

④清粪机（车）；

⑤水帘降温设备。

（3）畜产品采集加工机械设备。

①挤奶机；

②贮奶罐；

③冷藏罐。

（4）水产养殖机械。

①增氧机；

②网箱养殖设备。

9. 动力机械

拖拉机。

①轮式拖拉机（不含皮带传动轮式拖拉机）；

②手扶拖拉机；

③履带式拖拉机。

10. 设施农业设备

连栋温室设施设备。

①加温系统（含燃油热风炉、热水加温系统）；

②灌溉首部（含灌溉水增压设备、过滤设备、水质软化设备、灌溉施肥一体化设备以及营养液消毒设备等）。

11. 其他机械

（1）废弃物处理设备。

①固液分离机；

②沼液沼渣抽排设备；

③病死畜禽无害化处理设备。

（2）精准农业设备。

农业用北斗终端（含渔船用）。

（九）贵州省农机购置补贴申请受理告知书（表2-2）

表2-2 贵族省农机购置补贴申请受理告知书

购机方式：　　　　　　　　　　　　　　　　　告知书编号：

申请者基本情况	姓名/组织			购机者身份		
	性别/性质		身份证/组织机构代码证号			
	乡镇		村		联系电话	
	地址					
	银行账号					
购置机具基本情况	机具大类		补贴额（元）		国家补贴	
	机具小类				省级补贴	
	机具品目				市级补贴	
	分档名称				县级补贴	
	机具型号				单台补贴小计	
	功率				补贴额合计	
	购机时间		购机总价			
	购机数量（设备类实际数量）					
	生产企业					
	经销商					

出厂编号［发动机号］
_____

_____

发票号码

备注	

说明：

1. 本告知书一式3份，签字、盖章有效，申请者、县级农机化主管部门、县财政部门各1份

2. 联系电话和银行账号由购机者手工填入

3. 购机者对表中信息的真实性负责，不得进行虚假申请

4. 管理部门盖章可使用县级领导小组印章或农机购置补贴审核专用章

5. 贵州省____县农机购置补贴政策咨询电话：_____；补贴资金结算咨询电话：_____

申请者　　　　　　　　县级农机化主管部门　　　县级财政部门
签字、手印　　　　　　　（盖章）　　　　　　　　（盖章）
日期：　年 月 日　　日期：　年 月 日　　日期：　年 月 日

（十）农机购置补贴申请公示表（表2-3）

表2-3 农机购置补贴申请公示表

发布单位：　　　　　　　　公示期：　　年　月　日至　　年　月　日

序号	姓名	住址	购机名称	购机数量（台）	享受中央补贴额（元）	备注
……						

注：经初步审核，决定对以上人员（组织）购机补贴申请予以批准，现面向社会公示，欢迎监督。若有异议，请于_____年__月__日前致电_____

（十一）农机购置补贴结算明细表（参考格式）（表2-4）

表2-4　农机购置补贴结算明细表

（单位：元、台）

实施县：

姓名	地址	身份证号码	告知书编号	购机日期	机具名称	机具品目	机具型号	生产企业	数量	农机设备设施类实际数量	销售价格	国补金额	省补金额	市补金额	县补金额	出厂编号发动机号	发票号
……																	
合计																	

（十二）农机购置补贴结算汇总表（参考格式）（表2-5）

表2-5 农机购置补贴结算汇总表

实施县：（盖章）　　　　年　月　日　　　　（单位：元、台）

县别	国家级农机补贴			省级农机补贴			市级农机补贴			县级农机补贴			补贴资金合计
	主机数量	机具数量	补贴资金	主机数量	机具数量	补贴资金	主机数量	机具数量	补贴资金	主机数量	机具数量	补贴资金	
本次结算合计													
……													

（十三）＿＿＿＿＿县（市、区）农机购置补贴受益对象信息表（表2－6）

表2－6 ＿＿＿＿＿县（市、区）农机购置补贴受益对象信息表

公告单位： 公告时间： 年 月 日

序号	所在乡（镇）	所在村	购机者姓名	机具品目	购买机型	生产企业	购机数量（台）	单台补贴额（元）	总补贴额（元）
……									
合计	—	—	—	—	—	—		—	

（十四）贵州省农机质量投诉情况表（表 2-7）

表 2-7 贵州省农机质量投诉情况表

填报单位：（盖章）　　　　　填报人：　　　　　　　　　　　　填报日期：　　　年　　月　　日

序号	投诉日期	投诉人基本信息			被投诉产品基本信息				投诉内容	投诉要求	处理结果	备注
		姓名	地址	联系电话	产品名称	型号	经销商	生产企业				

注：1. 此表由市、县农机化主管部门独立填写，市级汇总后报送省农委
　　2. 已经处理完毕的投诉案件必须填报
　　3. 处理结果包含是否处理完毕、是否调解成功以及挽回的经济损失等

四、自主创业扶持政策

一是申领范围：本市城镇登记失业人员和农村劳动者、非本市户籍且办理居住证、就业失业登记证的城镇登记失业人员和农村劳动者在本市创业的，可申领自主创业奖励资金。

二是申领条件：上述人员于 2009 年 1 月 1 日后办理了私营企业、个体工商户营业执照或持有相关部门出具的有效资质证明，首次自主创业并吸纳 1 人（含 1 人）以上就业、签订劳动合同、参加社会保险、有固定营业场所，并正常经营 3 个月以上。其中，营业执照或资质证明的有效期限在 1 年以上。原已享受我市农民返乡创业帮扶资金的，不再享受自主创业奖励资金。

三是补贴标准：对符合申领条件的人员，按工商营业执照法定代表人 4 000 元的标准给予一次性自主创业奖励。同一法定代表人的不同经济实体不能再次享受自主创业奖励资金。

（一）场租补贴

1. 申领范围

本县城镇登记失业人员和农村劳动者、非本县户籍且办理居住证、就业失业登记证的城镇登记失业人员和农村劳动者在本市创业的，可申领自主创业经营场所租金补贴。

2. 申领条件

上述人员于 2009 年 1 月 1 日后办理了私营企业、个体工商户营业执照，在各类集贸、商贸市场等租用摊位、门面从事个体经营，且签订的租用摊位协议期限在 1 年以上。

3. 补贴标准和期限

（1）拨付标准。对符合申领条件的人员，按每项目每月最高不超过 300 元标准给予经营场所租金补贴，其中，对实际月租金低于 300 元的据实拨付。

（2）扶持期限。经营场所租金补贴期限最长不超过 12 个月，对距法定退休年龄不足 1 年的，经营场所租金补贴最长计算至法定退休年龄月份。自主创业人员在享受经营场所租金补贴期间，纳入自谋职业就业管理。

（二）自主创业奖励和场租补贴的申领时限

（1）为发挥两项奖补政策引领劳动者创业示范作用，两项奖补政策实行限期申领。凡 2014 年 1 月 1 日后首次创业者申领两项奖补政策的，须在工商注册登记之日起 18 个月内按要求申领，逾期不予受理。

（2）2009 年 1 月 1 日至 2013 年 12 月 31 日期间首次创业，且未享受过两项奖补政策的创业者申领两项奖补的，须在 2014 年 12 月 31 日前申领，逾期不予受理。

（三）返乡创业扶持

1. 申领范围

持有本县农业户籍外出务工后返乡创业的农民工。

2. 申领条件

（1）申领返乡创业帮扶资金的人员须在年满 20 周岁以上、女 55 周岁以下、男 60

周岁以下，2000 年以后曾离乡外出务工半年以上的返乡农业户籍人员，并持有县或乡（镇）就业服务机构审核认定的外出务工证明；

（2）申领返乡创业帮扶资金的人员未违反国家计划生育政策；

（3）申领返乡创业帮扶资金的人员自筹资金在 3 万元以上、50 万元以下，经村委会核实后由乡（镇）人民政府出据自筹资金的证明材料；

（4）申领返乡创业帮扶资金的人员有明确的创业项目且正在实施。

3. 补贴标准

对符合申领条件的人员，按每项目 3 000 元标准给予返乡创业补贴。

（四）税收扶持政策

（1）自主创业税收减免政策人员范围。在人力资源和社会保障部门公共就业服务机构登记失业半年以上的人员、"零就业家庭" 或享受城市居民最低生活保障家庭劳动年龄内的登记失业人员、毕业年度内高校毕业生，持《贵州省就业失业登记证》从事个体经营（除建筑业、娱乐业以及销售不动产、转让土地使用权、广告业、房屋中介、典当、桑拿、按摩、网吧、氧吧外）的。

（2）扶持标准。对持《贵州省就业失业登记证》（注明 "自主创业税收政策" 或附着《高校毕业生自主创业证》）人员从事个体经营（除建筑业、娱乐业以及销售不动产、转让土地使用权、广告业、房屋中介、典当、桑拿、按摩、网吧、氧吧外）的，在 3 年内按每户每年 8 000 元为限额依次扣减其当年实际应缴纳的营业税、城市维护建设税、教育费附加和个人所得税。对符合条件从事个体经营的高校毕业生，自 2013 年 1 月 1 日至 2015 年 12 月 31 日，对年应纳税所得额低于 6 万元（含 6 万元）的小型微利企业，其所得减按 50% 计入应纳税所得额，按 20% 的税率缴纳企业所得税。

（五）创业培训

1. 创业培训模式

SIYB 项目是国际劳工组织针对微小企业量身定做的培训课程，专门培养潜在和现有的小企业创办者，使他们有能力创办切实可行的企业，提高现有企业的生命力和盈利能力。SIYB 培训包括《产生你的企业想法》（GYB）、《创办你的企业》（SYB）、《改善你的企业》（IYB）、《扩大你的企业》（EYB）4 个培训模块。

2. 享受创业培训补贴的对象

有创业愿望和培训需求的各类城乡劳动者，均可享受创业补贴培训政策。GYB、SYB 培训已纳入政府补贴培训项目，IYB、EYB 培训为有偿培训。

3. 创业培训报名须知

凭本人身份证、《就业失业登记证》或《户口簿》（户籍证明原件）或《居住证》与本人身份相关的证件、近期免冠一寸照片，到户口所在地或常住地劳动保障所，申请填写《创业培训申请表》。

由当地人力资源和社会保障部门审核后，符合条件的可自行选择或由人社部门统一推荐到创业培训定点机构参加学习，学员与培训机构签订代为申请培训补贴协议，培训合格后，由定点培训机构向当地劳动保障部门申请培训补贴。

（六）职业技能鉴定相关政策

1. 职业技能鉴定补贴的对象

（1）在筑高等学校、技工学校（中等职业学校）学生，在校期间参加职业技能鉴定可享受一次性鉴定补贴。

（2）下岗失业人员。持《失业证》的人员。

（3）农村劳动力。身份为农村户口的人员。

（4）经人力资源部门认定的就业困难人员。

2. 所需资料料

（1）本人《身份证》（原件、复印件）或户籍证明，在校生需提供学籍证明。

（2）小二寸免冠近照4张。

（3）填写职业技能鉴定申请表一张。

（4）其他需要提供的资料。

3. 补贴标准

一类工种200元/人、二类工种160元/人、三类工种120元/人。

（七）职业技能培训相关政策

1. 培训对象

凡是有培训就业愿望，在劳动年龄的登记失业人员、农村劳动者、毕业学年的高校学生、城乡未继续升学的初（高）中毕业生等符合职业技能培训补贴政策的人员，参加劳动预备制培训学员年龄可放宽至15周岁。每人每年只能享受一次职业培训补贴，当年已参加技能培训的，可以参加创业培训。

（1）对农村劳动者和城镇登记失业人员，重点开展初级职业技能培训，使其掌握就业的一技之长；

（2）对城乡未继续升学的初高中毕业生，鼓励其参加1~2个学期的劳动预备制培训，提升其技能水平和就业能力；

（3）对企业在岗职工开展职业技能培训和技能提升培训；

（4）对毕业学年高校学生开展创业培训和就业能力培训；

（5）对有创业要求和培训愿望、具备一定创业条件的城乡各类劳动者以及处于创业初期的创业者开展创业培训；

（6）对退役士兵开展职业技能培训；

（7）对农村劳动者及农村实用人才开展农村实用技术培训；

（8）对其他特殊群体开展职业技能培训。

2. 培训类别及时间

（1）技能培训。技能培训实行长短结合，培训时间一般为实际培训天数至12个月，具体培训课时结合国家职业技能标准或行业标准需达到的规定课时，在合理范围内核定。其中：劳动预备制培训时间为6~12个月；订单或定向培训时间，结合用人单位和就业岗位需求合理确定；其他技能培训时间一般不少于15天，培训期间每天培训课时不超过8个，一个月以上的培训，每月应安排学员至少休息2天。

（2）创业培训。GYB培训时间3天，SYB、IYB培训时间10天。

（3）就业能力培训。一般不超过 3 天（24 个课时），由高校学生所在的高校根据实际和要求组织开展。

（4）企业在岗职工技能培训。根据企业需求进行培训，但最短不能少于 15 天。

3. 补贴标准

（1）书本资料费。50 元/人。按实际培训人数拨付给培训机构。

（2）教学课时（含耗材）费。每课时分别为 3 元/人、4 元/人和 5 元/人。其中，在贵州省职业技能培训工种中列为一类的培训工种，教学课时（含耗材）费为 5 元/人·课时；列为二类的培训工种，教学课时（含耗材）费为 4 元/人·课时；列为三类的培训工种，教学课时（含耗材）费为 3 元/人·课时。

（3）场地和食宿费。20 元/天·人。按实际审核的天数计算并拨付给培训机构。

4. 所需资料

（1）本人《身份证》、户口册及复印件，城镇登记失业的人员需提供《就业失业登记证》及复印件。

（2）小二寸免冠近照 4 张。

（3）填写职业技能培训申请表 4 张。

（4）其他需要提供的资料。

（八）社会保险补贴政策

1. 补贴对象

（1）公益性岗位聘用人员。

（2）灵活就业的就业困难人员。

（3）经认定符合享受社会保险补贴政策的企业的职工。

2. 社会保险补贴险种

（1）公益性岗位聘用人员社会保险补贴险种为养老保险、医疗保险、失业保险、工伤保险、生育保险。

（2）从事灵活就业的就业困难人员社会保险补贴险种为养老保险、医疗保险。

（3）经认定符合享受社会保险补贴政策的企业，吸纳的就业困难人员享受养老保险、医疗保险和失业保险等社会保险补贴。

3. 补贴期限

除对距法定退休年龄（除国家另外有规定外，男年满 60 周岁，女年满 55 周岁）不足 5 年的就业困难人员可延长至法定退休年龄外，其余人员最长不超过 3 年，以初次核定其享受社保补贴时年龄为准。

4. 补贴标准

（1）公益性岗位聘用认定为就业困难对象人员就业的，社会保险补贴按我市上年度在岗职工月平均工资的 60% 为基数，按单位缴纳部分的 100% 予以补贴。

（2）从事灵活就业的就业困难人员社会保险补贴按个人缴费的 2/3 进行补贴。

（3）经认定符合享受社会保险补贴政策，并吸纳就业困难人员就业的企业，社会保险补贴按有关规定执行。

（九）失业保险金申领政策

1. 申领对象

（1）按照规定参加失业保险，所在单位和个人已按照规定履行缴费义务满 1 年的。

（2）非本人原因中断就业的。

（3）已办理失业登记，并有求职愿望的。

2. 失业人员领取失业保险金的期限

（1）累计缴费时间满 1 年不满 2 年的，领取失业保险金的期限为 3 个月。

（2）累计缴费时间满 2 年不满 3 年的，领取失业保险金的期限为 6 个月。

（3）累计缴费时间满 3 年不满 4 年的，领取失业保险金的期限为 9 个月。

（4）累计缴费时间满 4 年不满 5 年的，领取失业保险金的期限为 12 个月。

（5）累计缴费时间满 5 年不满 6 年的，领取失业保险金的期限为 14 个月。

（6）累计缴费时间满 6 年的，领取失业保险金的期限为 15 个月；以后每增加 1 年，领取失业保险金的期限增加 1 个月，但最长不超过 24 个月。

（7）失业人员重新就业后再次失业的，缴费时间重新计算，领取失业保险金的期限可以与前次失业应领取而尚未领取的失业保险金的期限合计计算，但最长不得超过 24 个月。

3. 申领失业保险金的时限

失业人员应持失业前所在单位为其出具的终止或解除劳动关系的证明及个人缴费登记卡，自终止解除劳动关系之日起 60 日内到指定的社会保险经办机构办理失业登记。失业保险金自办理失业登记之日起计算。

4. 所需资料

（1）原所在单位出具的终止或解除劳动合同关系证明原件（需说明 终止或解除劳动关系或解除劳动关系的原因并加盖单位公章）。

（2）本人有效身份证、户口册、《就业失业登记证》原件及复印件各两份。

（3）原单位及个人在户籍所在地社会保障机构按规定缴纳失业保险费的相关证明（加盖征收失业保险费的社会保险机构公章）一份。

（4）贵阳银行存折首页复印件一份。

（5）个人档案。

（6）其他需要提供的资料。

（十）公共就业服务相关政策就业失业登记

1. 服务对象

（1）就业登记对象。本县行政区域内的机关、事业单位、企业、社会团体、个体经济组织和民办非企业单位等各类用人单位（以下统称用人单位）招用的依法形成劳动关系的劳动者和通过个体经营、灵活就业形式实现就业的劳动者。

（2）失业登记对象。凡在法定劳动年龄内，有劳动能力，有就业要求，处于无业状态的本县城镇户籍人员、在城镇常住地稳定就业满 6 个月的农村进城务工人员和其他非本县户籍人员。具体包括下列人员：①年满 16 周岁，从各类学校毕业、肄业的；②从机关、事业、企业单位等各类用人单位失业的；③个体工商户业主或私营企业业主停业、破产停止经营的；④承包土地被征用，符合各市（州、地）及以上人民政府规定条件的；⑤城镇复员退伍军人申请自谋职业的；⑥城镇刑满释放、假释、监外执行或解除劳动教养的；⑦在城镇常住地稳定就业满6个月以上的农村进城务工人员和其他非本市户籍失业人员；⑧法律、法规规定的其他失业人员。

2. 所需资料

（1）就业登记。

①用人单位招用的人员，由用人单位在其就业之日起30日内到属地公共就业服务机构填写《贵州省就业失业登记表》（以下简称《登记表》），凭以下材料，办理就业登记：一是劳动者和用人单位签订的劳动合同文本或者用人单位开具劳动者在单位就业的证明；二是劳动者本人的有效身份证复印件；三是一寸近期同底免冠彩色照片3张；四是农村进城务工人员和其他非本省户籍人员，须提交其在城镇常住地的居（暂）住证明复印件。

②个体经营者、灵活就业人员在其实现就业之日起30日内由本人凭以下材料到公共就业服务机构填写《登记表》，办理就业登记。在户籍地就业的本市城镇户籍人员，在户籍所在地办理；不在户籍地就业的本市城镇户籍人员、农村进城务工人员和其他非本省户籍人员，在城镇常住地办理。一是本人有效身份证复印件；二是一寸近期同底免冠彩色照片三张；三是个体经营者，须提供工商营业执照副本复印件或相关证明；四是灵活就业人员，须提供社区居委会出具的证明或劳动保障协理员及灵活就业人员签字的证明。五是农村进城务工人员和其他非本省户籍人员，须提交其在城镇常住地的居（暂）住证明复印件。

（2）失业登记。失业人员凭以下材料到公共就业服务机构填写《登记表》。本县城镇户籍人员，在其户籍所在地办理；在城镇常住地稳定就业满6个月的农村进城务工人员和其他非本县户籍人员失业后，在城镇常住地办理。①本人有效身份证复印件；②一寸近期同底免冠彩色照片3张；③学校毕（肄）业且未就业的，凭毕业证书或学校毕（肄）业证明登记；④与用人单位解除（终止）劳动关系的，凭原单位出具的解除（终止）劳动关系证明登记；⑤从事个体经营、开办私营企业或民办非企业的人员，凭工商行政部门或民政部门出具的停业证明登记；⑥城镇复员退伍军人，凭相关部门出具的相关证明或证件登记；⑦城镇刑满释放、假释、监外执行和解除劳动教养人员，凭司法（公安）部门证明登记；⑧在城镇常住地稳定就业满6个月的农村进城务工和其他非本市户籍人员、凭城镇常住地的居（暂）住证明登记；⑨其他失业人员凭相关证明登记。

（3）公共就业服务机构审查其所持资料是否符合就业失业登记条件。

（4）符合就业失业登记条件的人员，由公共就业服务机构工作人员将其《登记表》信息录入贵州省劳动就业管理信息系统，并将信息打印到《就业失业登记证》上，发给劳动者本人。

（十一）职业介绍

（1）息烽县就业局、各乡镇人力资源和社会保障服务中心、新华社区社会事务部是息烽县的公共就业服务机构，免费为用工单位和劳动者搭建招聘、求职平台，并提供各类招录信息。负责职业指导、就业推荐、岗位信息收集、用工信息的发布等工作。

（2）用工单位根据生产、经营需要，需通过公共就业服务机构招聘各类人才、技术工人、普通工人等时，须提供单位简介、营业执照、机构代码证、所招聘岗位名称、用工要求、待遇等资料。

（3）求职人员有求职需求时，须提供本人身份证、学历证书、个人简历、一寸免冠照片、求职登记表等资料。

（十二）小额担保贷款

小额担保贷款是指为解决各类扶持对象自谋职业和自主创业以及吸纳安置各类扶持对象的企业自有资金不足，经贷款担保机构进行担保，由经办银行在规定的额度和期限内发放并由政府给予一定贴息扶持的政策性贷款。

1. 小额担保贷款扶持的对象

小额担保贷款的扶持对象主要是指户籍在息烽县行政管辖范围内（外地户籍人员在我县创业的，需要提供暂住证）、法定劳动年龄以内，诚实信用、具有完全民事行为能力，在我县行政区域内从事个体及合伙经营等自主创业行为的下列人员（以下称"扶持对象"）以及吸纳安置扶持对象的企业（国家明文限制的行业除外）。

（1）持《再就业优惠证》和《就业失业登记证》的失业人员。

（2）复员退役军人。

（3）就业困难人员。

（4）应届大、中专毕业生。

（5）失地农民和返乡创业的农民。

（6）符合现行小额担保贷款政策的城镇和农村妇女。

2. 申请小额担保贷款的额度

扶持对象从事个体经营及合伙经营申请的小额担保贷款，其担保贷款的人均最高额度不超过8万元；符合条件的妇女合伙经营和组织起来就业的，人均贷款最高额度不超过10万元；对通过小额担保贷款扶持成功创业，符合小额担保贷款续贷条件，需提供第二次小额担保贷款扶持的，可视其经营扩大和带动就业人数（5人以上），贷款额度根据个人信用和实际创业成果评估确定，创业项目贷款最高额度不超过30万元。

符合申请组合式小额担保贷款条件的企业，根据其吸纳安置的扶持对象申请人人数及企业实际需求等相关情况，在每人0.3万~5万元的幅度内确定贷款额度（最高不超过200万元）。

符合申请劳动密集型小企业小额担保贷款条件的企业，根据企业实际招用扶持对象人数合理确定小额担保贷款额度，单次申请贷款额度超过200万元的按其吸纳安置扶持对象人数控制在人均5万元以下。

上述具体贷款担保额度根据借款人（用款人）的生产经营规模、个人信用、实际创业成果评估和其提供的反担保的能力予以确定。

3. 申请小额担保贷款的期限

小额担保贷款的最长期限不得超过2年。如出现特殊情况按期归还贷款有困难的，可申请展期一次，展期期限最长不得超过1年。

4. 申请小额担保贷款的贴息

对从事个体及合伙经营、组合式小额担保贷款的微利项目（微利项目指国家限制行业以外的商贸、服务、生产加工、种养殖等各类经营项目），人均贷款额度在 8 万元（含 8 万元）以内的由中央和省级财政给予全额贴息；人均贷款额度超过 8 万元的部分由借款人（用款人）承担。符合条件的妇女贷款从事个体及合伙经营的微利项目，由中央财政全额贴息。对符合条件的劳动密集型小企业发放的小额担保贷款，贷款额度在200 万元以内（含200 万元）的按人民银行公布的贷款基准利率的50％予以贴息，贴息资金由中央和同级财政各负担一半，其余部分由企业承担。利息由借款人（用款人）支付给经办银行，财政贴息后另行返还。展期不贴息。

（十三）行政收费减免扶持

对在贵州县创业的各类人员，从事个体经营，除国家限制的行业（包括建筑业、娱乐业以及销售不动产、转让土地使用权、广告业、房屋中介、桑拿、按摩、网吧、氧吧等）外，免交工商部门收取的个体工商户注册登记费（包括开业登记、变更登记、补换营业执照及营业执照副本）、个体工商户管理费、集贸市场管理费、经济合同鉴证费、经济合同示范文本工本费、验照费、经纪人岗位合格证工本费、经纪人资格办证工本费、经纪人佣金行政管理费；税务部门收取的税务登记证工本费；卫生部门收取的卫生监测费、卫生质量检验费、预防性体检费、卫生许可证工本费、（民办）医疗机构评审费、注册登记费、设置审批费、《食品卫生监督管理系统》IC 卡工本费、健康合格证工本费、卫生知识培训收费；民政部门收取的民办非企业单位登记费（含证书费）；人社部门收取职业资格证书工本费；公安部门收取的治安联防费、暂住证工本费、租赁房屋许可证工本费；交通部门收取的交通规费、磁卡工本费、公路客货运及运输管理费缴讫证塑封费；国家规定的其他涉及个体经营的登记类、证照类和管理类收费。

（十四）微型企业扶持政策

1. 扶持对象及范围

微型企业扶持对象应同时具备下列条件。

（1）不属于国家禁止经商办企业的人员。

（2）具有本省户籍（含集体户口）或来筑居住一年（含一年）以上并取得居住证的外省户籍人员。

（3）无在办企业。

扶持对象创办微型企业，可采取个人独资企业、合伙企业、有限责任公司中的任一组织形式。扶持对象与他人创办合伙企业或有限责任公司的，其出资比例不得低于全体投资人出资总额的50％。创办的微型企业应符合《关于印发中小企业划型标准规定的通知》（工信部联企业［2011］300 号）微型企业划分标准，并安排 5 人及以上人员（含创业者）就业，且实际货币投资达到10 万元。

重点扶持从事加工制造、科技创新、创意设计、软件开发、居民服务（便民服务）、民族手工艺品加工、特色食品生产等生产型、实体型微型企业。从事国家限制类、淘汰类产业的微型企业不列入扶持范围。

2. 扶持政策

从息烽县实际出发，采取"3 个 20 万元"的扶持措施大力扶持创业对象发展创业。即在投资者出资达到 10 万元后，政府给予 10 万元补助，20 万元的税收奖励，20 万元额度的银行贷款支持。每年扶持 150 户微型企业。

（1）财政补助政策。创办的微型企业，在实际货币投资达到 10 万元，并经审核合格后，由县人民政府财政部门给予 10 万元补助。

（2）税收奖励政策。符合扶持条件的微型企业除享受国家和我省对微利企业及特定行业、区域、环节的税收优惠政策外，县财政部门按照微型企业实际缴付的所有税收中省级及以下地方留存部分总额进行等额奖励，总计不超过 20 万元。

（3）融资与担保政策。符合扶持条件的微型企业有贷款需求的，可以自有财产抵押、税收奖励为质押或信用贷款等方式，到当地银行或担保机构申请 20 万元额度的银行贷款或担保支持。

（4）其他扶持政策。符合扶持条件的微型企业，还可以申请享受市工商、财政、金融办、工业和信息化、发展改革、人力资源和社会保障、商务、审计、科技、农业、国税、地税等政府相关部门和贵阳银行、贵阳农村商业银行等相关金融机构对微型企业的其他扶持政策（具体以相关单位的配套政策为准），以及享受行政事业性零收费政策（即所有涉及微型企业创办的管理类、登记类、证照类等行政事业性收费全部免收）。鼓励支持对符合规定的住房进行"住改商"（按产业分类严格审批），积极发展规定行业类型的微型企业；结合城镇化战略的实施，加快推进农村房屋确权工作，鼓励支持农民利用自有房屋、山林、土地等作为质押，以贷款、参股等多种方式发展微型企业。

（十五）社会保险补贴

社会保险补贴扶持范围为大龄、身有残疾、享受最低生活保障、连续失业一年以上、"零就业家庭"成员、被征地农民等就业困难人员。对就业困难人员灵活就业后申报就业并缴纳社会保险费的，按已缴纳社会保险费的 2/3 给予补贴，其中，在公益性岗位就业的，按单位已缴纳社会保险费的全额给予补贴。

（十六）创业补贴资金

我县登记失业人员中就业困难人员（大龄、身有残疾、享受城市最低生活保障、长期失业者、"零就业家庭"、被征地农民）首次自主创业的，经认定可享受政府提供的 500～1 000 元一次性创业补贴资金帮扶。

（十七）享受失业保险待遇人员创业

对我县享受失业保险待遇期间的人员自主创业，凭其工商营业执照或其他有效证明，经认定可一次性领取其尚未领取的失业保险金。在创业期间未一次性领取失业保险金的，可继续享受应享受的失业保险待遇，直至期满。

（十八）高校毕业生创业就业扶持政策

1. 高校毕业生求职补贴申领办法

（1）从 2013 年起，贵阳市户籍经县级人力资源社会保障部门认定的就业困难高校毕业生和非本市户籍享受最低生活保障家庭应届高校毕业生进行失业登记的，可在毕业离校前申请一次性求职补贴。一次性求职补贴标准为500元/人。

（2）申请求职补贴应提交以下资料。①身份证及复印件；②《就业失业登记证》或高校毕业生家庭享受城乡居民最低生活保障的证明材料；③个人银行账户。

2. 贵阳市中小微企业和民营经济组织吸纳高校毕业生就业的社会保险补贴和一次性奖励补贴申领办法

（1）从2013年起，贵阳市中小微企业和民营经济组织吸纳持有《就业失业登记证》的应届高校毕业生就业、与之签订1年以上劳动合同、缴纳社会保险费并进行劳动用工备案的，可向用人单位所在地的区（市、县）公共就业服务机构申请吸纳高校毕业生就业的社会保险补贴和一次性奖励补贴。

（2）社会保险补贴实行先缴后补、按季结算，即由吸纳就业的中小微企业、民营经济组织和个人缴纳社会保险费用后，用人单位按季度向所在地的区（市、县）公共就业服务机构申请社会保险补贴。社保补贴标准按上一年在岗社会平均工资的60%计算，个人缴纳部分由人力资源社会保障部拨付用人单位，后由用人单位统一返还给个人。补贴范围为基本养老保险、基本医疗保险、失业保险、生育保险和工伤保险单位及个人缴纳部分。补贴期限为企业吸纳高校毕业生就业当月起的12个月。

一次性奖励补贴标准为每吸纳1人就业奖励1 000元，由用人单位在吸纳应届高校毕业生就业满12个月时申领。

（3）申请社会保险补贴和一次性奖励应提供以下资料。①工商部门认定为中小微企业的证明及复印件；②工商营业执照及复印件；③社会保险补贴申请名单及一次性奖励补贴申请名单；④与高校毕业生签订的劳动合同及工资发放明细；⑤社会保险经办机构提供的缴费明细；⑥应届高校毕业生的身份证、毕业证、《就业失业登记证》及复印件；⑦用人单位银行账户。

3. 高校毕业生一次性创业奖励和经营场所租金补贴申领办法

（1）从2013年起，在筑高校毕业生在毕业学年（即从毕业前一年7月1日至次年7月1日）及贵阳我市户籍的高校毕业生毕业后24个月内，自主创业并带动1人及以上就业、与其签订1年以上劳动合同并缴纳社会保险费、连续正常经营3个月以上的，可申领5 000元的一次性创业奖励。创业经营场所符合规划、安全和环保要求，签订租用协议在1年以上且实际经营半年以上的，可申请每月300元的经营场所租金补贴，经营场所实际租金高于300元的，按300元补贴；低于300元的，据实补贴，补贴期限最长为3年。经营场所租金补贴实行先交后补，半年审定拨付1次。多个经济实体的同一法定代表人只能享受一次自主创业奖励和经营场所租金补贴。原已享受我市自主创业奖励资金和经营场所租金补贴的高校毕业生，不再享受高校毕业生一次性创业奖励和经营场所租金补贴。

（2）申请一次性创业奖励或经营场所租金补贴的高校毕业生，可在创业经营所在地的社区服务中心或乡镇劳动保障所提出申请，填写《贵阳市高校毕业生一次性创业补贴申请表》和《贵阳市高校毕业生创业经营场所租金补贴申请表》，并提供以下资料：①身份证及复印件；②高校毕业生在毕业前创业的，需提供由所在高校出具的在校就读创业证明原件及复印件；毕业后创业的，需提供本人《毕业证书》和《就业失业登记证》及复印件；③一寸免冠近照 4 张；④工商营业执照及复印件；⑤经营场所的房屋产权证明或房屋租赁合同及复印件；⑥缴纳经营场所租金凭证及复印件（申请经营场所租金补贴需提供）；⑦招用人员《劳动合同》、工资发放花名册和社会保险缴费凭证及复印件（申请一次性创业奖励需提供）；⑧在银行开设的账户。

（3）领取创业经营场所租金补贴后，因经营困难等原因中止自主创业的，应及时注销工商营业执照，到本人户口所在地社区服务中心或乡镇劳动保障所备案，并申请重新办理失业登记。社区服务中心、乡镇劳动保障所应在规定时限内，完成对申请人材料的审查，录入劳动就业服务信息系统，并及时为申请人重新办理失业登记。

4. 高校毕业生就业小额担保贷款申请办法

（1）从 2013 年起，在筑高校毕业生在毕业学年（即从毕业前 1 年 7 月 1 日至次年 7 月 1 日）及贵阳市户籍高校毕业生毕业后 24 个月内自主创业的，可到经营项目所在社区服务中心、乡镇劳动保障所或区（市、县）小额贷款担保机构申请就业小额担保贷款，贷款额度最高为 20 万元，具体贷款担保额度根据借款人的生产经营规模、个人信用、实际创业成果评估和其提供的反担保能力确定。

（2）就业小额担保贷款最长期限为 2 年。如出现特殊情况按期归还贷款有困难的，可申请展期 1 次，展期期限为 1 年。

5. 高校毕业生职业技能培训及创业培训补贴办法

（1）从 2013 年起，在筑高校毕业生在毕业学年（即从毕业前 1 年 7 月 1 日至次年 7 月 1 日）及贵阳市户籍高校毕业生毕业后 24 个月内，有培训需求的可向所在学校、户籍所在社区服务中心、乡镇劳动保障所或人力资源社会保障部门认定的政策性补贴定点培训机构报名参加职业技能培训（企业拟招用的人员可向企业报名参加上岗前培训）和创业培训，学校应将报名参加培训人员名单报所在区（市、县）人力资源社会保障部门。参加培训的高校毕业生可按规定享受相应的培训补贴（汽车驾驶员工种除外）。

（2）报名参加职业技能培训和创业培训应提供以下资料。①本人身份证及复印件；②学校出具的学籍证明（需盖学校公章）或毕业证书及复印件。

6. 高校毕业生职业技能鉴定补贴申请办法

从 2013 年起，在筑高校、技工学校和中等职业学校毕业生在毕业学年（即毕业前 1 年 7 月 1 日至次年 7 月 1 日）及贵阳市户籍高校毕业生毕业后 24 个月内，参加职业技能鉴定的，可按规定享受职业技能鉴定补贴。

7. 高校毕业生就业见习生活补贴申请办法

（1）在筑高校毕业生在毕业学年（即从毕业前 1 年 7 月 1 日至次年 7 月 1 日）及贵阳市户籍的高校毕业生毕业后 24 个月内，可向我市就业见习基地（单位）和人力资源社会保障部门申请就业见习。

（2）人力资源社会保障部门审核同意并下达派遣文件后，见习基地（单位）与高校毕业生及市人才交流中心签订《贵阳市高校毕业生就业见习协议书》，并组织岗前培训。

（3）高校毕业生见习期为 6 个月。见习基地（单位）在见习期满后可向人力资源社会保障部门申报高校毕业生见习生活补贴。见习期间的生活补助标准为当年贵阳市最低工资标准的 60%，同时为每名见习生缴纳 300 元的人身意外伤害保险和住院医疗商业保险。见习期满，见习基地（单位）留用高校毕业生、与其签订 1 年以上劳动合同并缴纳社会保险费的，按每人 500 元的标准给予奖励。

（4）申报就业见习补贴应提供以下资料。①《高校毕业生见习生活补助申请表》；②见习生本人签名的《贵阳市高校毕业生见习生活补助发放花名册》原件或生活补助发放相关证明材料；③见习基地（单位）名称、开户银行及账号；④《贵阳市高校毕业生就业见习鉴定表》；⑤《贵阳市高校毕业生就业见习协议书》。

（5）申报留用奖励应提供以下资料。①《贵阳市见习高校毕业生留用奖励申请表》；②劳动合同及复印件；③留用 2 个月后的工资发放花名册及复印件；④缴纳社会保险费的凭证。

8. 未就业高校毕业生人事档案托管补贴办法

（1）从 2013 年起，贵阳市未就业高校毕业生应将个人人事档案送交市、区（县、市）人力资源和社会保障行政部门所属人才服务机构统一管理，并免收其人事档案托管费。

（2）贵阳市人事档案托管补贴标准为 3 元/人·月，按季度申报，每人最长补贴期限为毕业后的 24 个月。毕业生在此期间内就业的应及时通知人才服务机构，同级人力资源和社会保障部门终止其人事档案托管补贴。

（3）人才服务机构申请人事档案托管补贴，应提交申请人事档案托管补贴报告，并按以下两种情况向同级人力资源和社会保障部门提供相应资料。

①对于高校批量向人才服务机构移交的毕业生档案，机构应提供高校移交的学生档案花名册并加盖学校公章（验原件收复印件）；

②对于高校以机要及其他方式移交至人才服务机构的毕业生档案，公共就业服务机构应将毕业生档案信息录入档案管理系统，并提供由档案管理系统生成的毕业生档案信息清单。

9. 基层就业、参加基层项目活动和自主创业的高校毕业生人事关系及档案补贴政策

（1）人事关系及档案补贴对象。

①参加国家和省、市有关部门设立的基层就业项目。

②到贵阳市行政区域内中小微企业就业。

③自主创业。

（2）人事关系及档案补贴申报程序。属于以上范围的高校毕业生，可根据本人的实际情况，由本人或就业单位持其人事档案、身份证、毕业证、服务协议（或营业执照、合伙协议）、劳动合同等相关资料到人才服务机构申请办理人事代理手续或托管个人人事档案。人才服务机构在规定的服务期、创业期内免收人事关系及档案费。

（3）人事关系及档案补贴标准及申报程序。①从 2013 年起，在规定范围的高校毕业生人事关系及档案补贴标准为 10 元/人·月，每季度申报。②人才服务机构对属上述范围的高校毕业生提供人事代理后，可向同级人力资源和社会保障行政部门申请人事关系及档案补贴，并提供以下资料：a. 高校毕业生毕业证书及身份证复印件；b. 属参加

基层就业项目的，应提供基层就业服务协议复印件；c. 属自主创业高校毕业生，需提供营业执照复印件；d. 人才服务机构与高校毕业生签订的人事代理协议复印件；e. 人才服务机构提供申请人事关系及档案补贴的花名册。

10. 高校毕业生失业补助金申领办法

（1）从2013年起，贵阳市户籍应届高校毕业生进行失业登记并持有《就业失业登记证》、经公共就业服务机构职业介绍2次以上非本人意愿在毕业当年年底仍未就业的，可于毕业后的第二年1~6月向生源地的区（市、县）人力资源社会保障部门申领失业补助金。

（2）失业补助金标准为高校毕业生生源地失业保险金标准的90%，但不得低于同级民政部门规定的最低生活保障标准。领取期限最长为6个月。

（3）符合失业补助金申领条件的应届高校毕业生申领失业补助金，应提供以下资料。①身份证及复印件；②毕业证书及复印件；③公共就业服务机构出具的职业介绍依据；④《就业失业登记证》及复印件。

（4）高校毕业生在领取失业补助金期间就业的，应向区（市、县）人力资源社会保障部门申报，并从就业当月起停止领取失业补助金。未如实申报的，经查实责令其退回就业后所领取的失业补助金。

（十九）息烽县进一步扶持就业创业政策就业扶持政策

（1）中小微企业和民营经济组织，吸纳持有《贵州省就业失业登记证》的应往届（毕业3年内的）高校毕业生，签订1年以上劳动合同并按规定缴纳社会保险的，按每人1 000元标准给予一次性奖励。吸纳应往届（毕业3年内的）高校毕业生就业，并与其签订1年以上的劳动合同和缴纳社会保险费的，按规定给予1年的社会保险补贴（含个人缴纳部分），所需经费从就业专项资金或同级财政资金列支。

（2）对吸纳"零就业家庭"、农村"零转移就业家庭"成员，息烽籍应往届（毕业3年内的）高校毕业生、刑释人员、社区矫正人员、戒毒康复人员、残疾人（5~10级伤残）、被征地农民、复员退伍军人等就业困难人员就业，并与其签订1年以上劳动合同的中小微企业和民营经济组织，按每吸纳1名人员申请5万元小额担保贷款，最高不超过200万元，享受财政50%贴息补助。

（3）对吸纳安置戒毒康复人员就业的"阳光工程"企业实施经费补助。与每个社区戒毒、社区康复人员签订1年以上的劳动合同，安置就业100人以上的财政一次性补助经费30万元。安置就业在50~100人的，财政一次性补助经费15万元。对分散安置社区戒毒、社区康复人员就业且1年以上，就业人数不足50人的，由县级财政连续3年按每人每年1 000元的标准补助安置企业。

（4）商贸、服务型企业（国家、省限制的行业除外）、劳动就业服务企业中的加工型企业和街道社区具有加工性质的小型实体，在新增的岗位中，当年新招用持《贵州省就业失业登记证》（注明"企业吸纳税收政策"）的人员，与其签订一年以上劳动合同和缴纳社会保险费的，在3年内按实际招用人数以每年4 800元的定额标准依次扣减营业税、城市维护建设税、教育费附加和企业所得税。其他人员定额标准为每人每年4 000元，可上下浮动20%。

（5）充分发挥公益性岗位在就业岗位援助工作中的托底机制作用，对就业困难人员实施就业援助。各乡镇、新华社区和机关事业单位，要拿出部分资金，合理开发一定的公益性岗位，对城镇"零就业家庭"、回家高校毕业生、刑释人员、戒毒康复人员、被征地在70%以上（含70%）的失地农民和其他就业困难对象进行托底安置。对安置就业困难对象的单位，按息烽县的最低工资标准的60%给予岗位补贴，并全额补贴单位承担部分的社会保险费，补贴时间最长不超过3年，所需资金从就业专项资金中或同级财政列支。

（6）对有就业愿望的人员免费提供技能培训，以增强其市场就业竞争能力。

（二十）创业扶持政策

（1）县、乡镇两级人民政府、社区和相关部门必须简化程序，提高效率，为我县劳动者自主创业、自谋职业提供全方位的便利和服务。县政府每年举办一次创业就业先进典型事迹表彰会，对成功创业的先进个人和提供就业岗位较多的企业进行表彰，给予精神和物质上的奖励。

（2）成立息烽县创业扶持专家志愿小组，成员由县工商、工信、发改、国土、农业、质监、财政、人社、卫生、环保、金融等部门的专门技术人员组成，对创业者提出的创业项目随时进行可行性评估，提出创业指导意见，为创业者在创业项目的选定、企业用地的选址等方面提供更科学、更合理的建议。

（3）放宽市场准入条件。凡是国家法律法规未禁止的行业和区域，一律对创业人员进行开放。一是放宽个体工商户再投资登记条件，在名称不相同的情况下，允许同一个体工商户申请人在同一登记机关管辖区域内申请多个个体工商户登记。二是放宽企业经营场所登记条件。未取得产权证的经营场所，可提交房管部门、居委会或村委会、开发区管委会等出具的使用证明或房屋购买合同；征用或租赁土地作为经营场所的企业，提交土地使用证明文件或县以上土地管理部门出具的批准文件。将住宅改变为经营性用房的，在设立（开业）或住所（经营场所）变更登记时，除提交住所使用证明外，还应当提交《住所（经营场所）登记表》和住所（经营场所）所在地居民委员会或业主委员会出具的有利害关系的业主同意将住宅改变为经营性用房的证明文件。三是推行个体经济试营业制度，对申请从事个体经营的符合法律规定条件的人员，除国家明确限制的特殊行业和需要前置审批的经营范围外，到辖区工商分局备案后允许试营业6个月，在试营业期内可以不办理工商登记，6个月后如需要继续经营的，工商部门予以登记。

（4）返乡创业帮扶。凡属于持有本县农业户籍外出务工后返乡创业的农民（年满20周岁、女在50周岁以下、男在60周岁以下，2000年以后外出务工半年以上，完善了相关计划生育手续，有正在实施的具有一定规模且带动就业较多的创业项目），可申请3 000元的返乡创业帮扶资金。

（5）自主创业奖励扶持。本县城镇登记失业人员和农村劳动者、非本县户籍且办理居住证、就业失业登记证的城镇登记失业人员和农村劳动者在本县创业，并带动1人以上就业的，可申领4 000元的自主创业奖励。

从2013年1月1日起，高校毕业生和失地70%以上（含70%）的农民自主创业并带动就业，与员工签订 1 年以上劳动合同并缴纳社会保险费，连续正常经营 3 个月以上的，给予 5 000 元的一次性创业补贴（创业补贴和自主创业奖励只能选择申请一个种类）。

（6）场租补贴。本县城镇登记失业人员和农村劳动者、非本县户籍且办理居住证、就业失业登记证的城镇登记失业人员和农村劳动者在本县创业符合申领条件的，可申领自主创业经营场所每月 300 元，不超过 3 600 元的场租补贴。

高校毕业生自主创业，租赁的创业场所符合规划、安全和环保要求的，可给予经营场所租金补贴，每月实际租金高于 300 元的，按 300 元补贴，低于 300 元的，据实补贴，补贴期限最长不超过 3 年。

（7）小额担保贷款。在息烽县行政管辖范围内、法定劳动年龄以内、诚实信用、具有完全民事行为能力，在息烽县行政区域内从事个体及合伙经营等自主创业行为的以及吸纳安置对象就业的企业（国家明文限制的行业除外），符合政策规定的，可以申请就业小额担保贷款（个体工商户申贷金额在 8 万～10 万元，组合式贷款、劳动密集型企业申请贷款额度最高不超过 200 万元）。

（8）微企扶持。对创办微小型企业的创业人员，符合奖励扶持政策规定的，享受微型企业免费 SYB 创业培训和"3 个 20 万元"等创业扶持政策。

（9）社会保险补贴。被认定为就业困难对象的人员，实现灵活就业的，可按已缴纳社会保险费的 2/3 给予社会保险补贴。其中，在公益性岗位就业的，对单位缴纳的社会保险费全额给予补贴，个人缴纳部分不给予补贴。补贴期限为 3 年，首次申请社会保险补贴时距法定退休年龄不足五年的，可以申请补贴到退休年龄。

（10）税收减免扶持。①自主创业税收减免政策人员范围：在人力资源和社会保障部门公共就业服务机构登记失业半年以上的人员、"零就业家庭"或享受城市居民最低生活保障家庭劳动年龄内的登记失业人员、毕业年度内高校毕业生，持《贵州省就业失业登记证》从事个体经营（除建筑业、娱乐业以及销售不动产、转让土地使用权、广告业、房屋中介、典当、桑拿、按摩、网吧、氧吧外）的。②扶持标准：对持《贵州省就业失业登记证》（注明"自主创业税收政策"或附着《高校毕业生自主创业证》）人员从事个体经营（除建筑业、娱乐业以及销售不动产、转让土地使用权、广告业、房屋中介、典当、桑拿、按摩、网吧、氧吧外）的，在 3 年内按每户每年 8 000 元为限额依次扣减其当年实际应缴纳的营业税、城市维护建设税、教育费附加和个人所得税。对符合条件从事个体经营的高校毕业生，自 2013 年 1 月 1 日至 2015 年 12 月 31日，对年应纳税所得额低于 6 万元（含 6 万元）的小型微利企业，其所得减按 50% 计入应纳税所得额，按 20% 的税率缴纳企业所得税。

（11）有关证照费用减免。对在我县创业的各类人员，从事个体经营，除国家限制的行业（包括建筑业、娱乐业以及销售不动产、转让土地使用权、广告业、房屋中介、桑拿、按摩、网吧、氧吧等）外，免交工商部门收取的个体工商户注册登记费（包括开业登记、变更登记、补换营业执照及营业执照副本）、个体工商户管理费、集贸市场管理费、经济合同鉴证费、经济合同示范文本工本费、验照费、经纪人岗位合格证工本费、经纪人资格办证工本费、经纪人佣金行政管理费；税务部门收取的税务登记证工本费；卫生部门收取的卫生监测费、卫生质量检验费、预防性体检费、卫生许可证工本费、（民办）医疗机构评审费、注册登记费、设置审批费，《食品卫生监督管理系统》IC 卡工本费、健康合格证工本费、卫生知识培训收费；民政部门收取的民办非企业单位登记费（含证书费）；人社部门收取职业资格证书工本费；公安部门收取的治安联防费、暂住证工本费、租赁房屋许可证工本费；交通部门收取的交通规费、磁卡工本费、公路客货运及运输管理费缴讫证塑封费；国家规定的其他涉及个体经营的登记类、证照类和管理类收费。

（12）高校毕业生失业补助金扶持。对持息烽户籍，经县级人力资源和社会保障部门认定，毕业当年底未就业并进行失业登记的应届高校毕业生实行失业补助金制度，按户籍所在地失业保险金标准的 90% 发放失业补助金（不低于民政部门规定的最低生活保障标准），领取期限最长不超过 6 个月，所需资金从就业专项资金中列支。

（13）高校毕业生求职补助扶持。从 2013 年起，经县级人力资源和社会保障部门认定的息烽县就业困难高校毕业生和享受最低生活保障家庭应届毕业生，签订 1 年以上就业合同的，按每人 500 元的标准发放一次性求职补助，所需资金从就业专项资金中列支。

（14）社区戒毒和社区康复人员自主创业帮扶。社区戒毒和社区康复人员自主创业的，由县、乡两级财政连续 3 年按每人每年 1 000 元标准给予帮扶，由禁毒部门帮助办理小额贷款，最高金额为 30 000 元，贴息最长不超过 3 年（每人仅限申请 1 次）。

（15）跟踪服务。对已创业的人员，各责任单位要建立跟踪服务机制。要定期进行回访，帮助优惠扶持政策的兑现，解决生产经营出现的困难和问题，使其做大做强。

（16）重点帮扶。对城镇"零就业家庭"、回家高校毕业生、刑释人员、戒毒康复人员、被征地农民、返乡农民工等重点就业困难人员创业的要重点帮扶，在优惠政策上要重点考虑，优先办理。

（二十一）培训扶持政策

（1）技能培训。一是根据劳动者的培训愿望，对青壮年劳动力、重点人群积极开展以电工、焊工、厨师、泥工、家政服务、计算机操作、汽车驾驶、美容美发等为主的技能培训；二是加大与发达地区的劳务合作，组织农村富余劳动力和新成长劳动力实行订单式培训，促进劳动者就业；三是开展乡土人才培训，对返乡创业农民、未外出劳动力有针对性地开展农村实用技术培训，提高他们就地创业能力；四是对未继续升学的初高中毕业生，鼓励、引导其参加 9 + 3 教育培训计划，提升技能水平和就业能力；五是继续加强与贵航技工学校、息烽开磷磷煤化工学院的配合，对被征地农民中的青年劳动力、新成长劳动力进行培训，解决被征地农民的就业问题。

（2）创业培训。一是对有创业意愿的人群扎实办好以 SYB 培训为主的各类创业培训，提高创业能力；二是加大资金投入，为城镇"零就业家庭"、回家高校毕业生、刑释人员、戒毒康复人员、被征地农民和返乡农民工免费提供创业实训条件（表 2 - 8）。

备注：凡符合相关扶持政策条件的复员退伍军人、社区戒毒康复人员等群体优先予以扶持。

表2-8 息烽县各级公共就业服务机构一览表

机 构 名 称	电 话
息烽县就业局	87726755
息烽县小额贷款担保中心	87721590
永靖镇人力资源和社会保障服务中心	87726711
小寨坝镇人力资源和社会保障服务中心	87764568
温泉镇人力资源和社会保障服务中心	87781366
养龙司镇人力资源和社会保障服务中心	87771257
九庄镇人力资源和社会保障服务中心	87651802
西山镇人力资源和社会保障服务中心	87620216
石硐镇人力资源和社会保障服务中心	87630806
青山苗族乡人力资源和社会保障服务中心	87610006
流长乡人力资源和社会保障服务中心	87690757
鹿窝乡人力资源和社会保障服务中心	87670300
新华社区社会事务部	87614516
息烽县农业局	87725465
息烽县农业培训办	87723565
永靖镇农业综合服务中心	87728967
小寨坝镇农业综合服务中心	88400053
温泉镇农业综合服务中心	87781984
养龙司镇农业综合服务中心	87771006
九庄镇农业综合服务中心	87651428
西山镇农业综合服务中心	87620089
石硐镇农业综合服务中心	87630003
青山苗族乡农业综合服务中心	87610119
流长乡农业综合服务中心	87690418
鹿窝乡农业综合服务中心	87670031

五、息烽县"三良工程"第二个五年计划实施方案

为继续巩固息烽县"三良工程"实施五年来所取得的成果,进一步提高种植水平,减轻农民负担,促进农业增效、农民增收。经县委、县政府研究,决定启动"三良工程"第二个五年计划。为确保此项工作的顺利开展,特制定本实施方案。

(一)指导思想和目标任务

1. 指导思想

以实施"三良工程"作为开展党的群众路线教育实践活动的重要载体,采取地企联合的方式,对按照"良种、良肥、良法"标准种植农作物的农户实行良种、良肥补

助和种植技术指导，实现全县农民农业生产水平进一步提高，增收能力进一步增强，为与全市在 2015 年同步实现小康目标提供有力保障。

2. 目标任务

从 2014—2018 年度，每年投入资金 2 200 万元，实施"良种、良肥、良法"推广面积 20 万亩，其中，按计税面积向农户无偿补助良肥 4 000 吨，对农户种植的水稻、玉米无偿补助良种 22 万千克。进一步强化新品种、新技术的推广普及力度，确保全县农民的技术水平和农作物的种植水平高于周边区域，确保全县农民人均纯收入增速保持全市第一，绝对值实现排位前移的目标。

（二）组织机构和工作职责

为确保此项工作全面落实到位，取得实效，成立由县委书记、县人民政府县长任组长的息烽县"三良工程"领导小组，负责对此项工作的领导、协调和推进。

工作职责：负责计划安排，组织实施，资金保障，物资供应等方面的统筹领导，保证整个工作顺利推进。领导小组下设办公室在县农业局，由陈曦、李世祥两名同志兼任办公室主任，杨朝宏、欧阳洪武（特邀）两名同志兼任办公室副主任，抽调相关人员具体办公，负责各项协调工作。领导小组下设良肥调运组、良种采运组、技术指导组、宣传工作组、督查工作组、联乡工作组。

（三）补助原则、范围、操作方式

1. 补助原则

（1）坚持乡镇为主的原则。

（2）坚持"三良"同步的原则。

（3）坚持公开自愿的原则（乡镇、村、组自愿参与）。

（4）坚持总量控制的原则。

（5）坚持安全运行的原则。

（6）坚持以承包人为主的原则。

2. 补助范围及标准

（1）良肥补助。良肥采用开磷集团生产的高塔硝硫基复合肥（或测土配方肥），补助范围为全县农户承包范围内规范种植的农作物，以承包证上的计税面积为补助依据，每户每年补助面积不超过承包证上的计税面积，每年每亩补助高塔硝硫基复合肥（N：P：K = 15：15：15）20 千克。

（2）良种补助。在计税面积范围内对农户种植的水稻、玉米实行实物补助，水稻每亩补助良种 1 千克、玉米每亩补助良种 1.5 千克；农户自愿参与，不进行货币补助。

3. 操作方式及程序

（1）每年 3 月 1 日前，各村以召开群众会等方式将"三良工程"政策宣传到户，指导农户向村委会按"三良工程"实施方案规定申报种植面积、所需良肥数量、良种品种及数量，由村造册统计上报乡镇审核，乡镇政府签字盖章后报县"三良工程"领导小组办公室。

（2）县"三良工程"领导小组办公室在 3 月 5 日前将所需良肥数量送"开磷"农工部安排生产和组织调运。所需种子由县"三良工程"领导小组选择与相对有实力、能提供质优价廉的种子企业签订"供种协议",并在每年3月10日前运输到指定地点,由乡镇政府组织发放。

4. 核查及处理

每年每季作物种植结束后由乡镇进行自查,并将情况报县"三良工程"领导小组办公室备案后。县"三良工程"领导小组办公室再进行抽查,并建立管理档案:凡出现水稻种植不采用两段育秧栽培的;玉米、油菜种植不采用育苗移栽的;在25°以上的坡耕地种植的;将补助的物资卖给他人的;果蔬不按技术要求栽种的;以户为单位,从次年起取消对该户的"三良工程"补助。

(四)工作要求

(1)提高认识,认真履职。各乡镇和县直有关工作部门要切实提高对推广"良种、良肥、良法"生产方式,促进农业增效、农民增收重要性的认识,要把实施"三良工程"作为开展党的群众路线教育实践活动的重要内容来抓,要在政策宣传、良种、良肥调运发放等方面充分发挥各部门的协调配合作用。各帮村单位和驻村工作组要把实施"三良工程"作为重要的帮村驻村工作任务。全县各级各部门要尽职尽责,全力配合,确保"三良工程"的顺利实施,让人民群众真正得实惠。县农业局要配合乡镇做好良法推广工作,配合财政部门做好资金测算和筹集工作。实行乡镇主要领导负责制,乡村两级要组织开展政策宣传、农户申报面积、良种、良肥数量的核实、发放、督促检查等工作。

(2)加强宣传,搞好培训,办好示范。农业局要配合乡镇印制政策和种植技术宣传资料发放到户,认真开展好政策的宣传和种植技术的指导培训工作,做到良种推广、良法传授、物资发放"三到户"。同时,县农业局和各乡镇每年分别办水稻、玉米规范化种植示范点各1个,面积100亩以上,各村办示范点各1个,面积50亩以上。

(3)严格纪律,加强督查。为确保推广工作顺利开展,实现"公平、公开、公正",真正把好事办好、实事办实,让群众满意。在工作中要做到"两公示"、"三到户"、"五不准"。两公示:种植面积和物资发放以村为单位张榜公示,公示时间不得少于3天。"三到户":良种推广、良法传授、物资发放"三到户"。五不准:不准调整补助标准;不准截留、挪用三良物资;不准拖延物资发放时间;不准在肥料发放工作中向农民收取任何费用;不准弄虚作假、优亲厚友。

县督办督查局、县监察局要加强对补助工作落实情况的督促检查,并将检查情况在全县范围通报。发现在兑现补助过程中弄虚作假、虚报冒领等违规纪的,及时交由相关部门从严追究相关负责人的责任。

(4)完善档案资料,实现规范管理。县三良工程领导小组办公室要统一制作相关工作表册发放到乡镇,各乡村两级必须使用统一的表册,并严格认真填制和层层审核把关,确保在物资发放过程中形成的档案在资料上体现的农户、经办人、审核领导签字等手续的真实和规范,不得出现无故代签、漏签、数据不准不实、计量单位不统一等现象。工作中形成的文件、会议纪要、表册、工作总结等档案资料要合理归类,做到档案健全完善、规范管理,以备核查。

(5)认真总结,不断完善。县三良工程领导小组办公室和各乡镇要在督促检查、深入了解实施情况、群众意见建议的基础上，认真总结存在的问题和取得的成效、经验，撰写好年度工作总结，通过总结展现实施"三良工程"在开展党的群众路线教育实践活动中，扶贫攻坚，农业技术推广提高，农业增效，农民增收等方面取得的成效。并吸取和纠正上年工作中的不足和问题，更好地推进下一年度的工作。

六、息烽县"四在农家·美丽乡村"创建攻坚计划（2015—2017 年）摘要

（一）规划布局

重点打造"一核两带四连线"。一核即：围绕息烽县红岩葡萄种植示范园区，连接工业园区和小寨坝、永靖两个示范小城镇，挖掘黔商文化、佛教文化等，打造林丰—柏香山—鹿窝（西山镇）—红岩—大寨—潮水—老贵遵高速公路沿线为核心的示范圈。两带即：围绕省级 100 个旅游景区之一的息烽露营度假基地，依托息烽集中营旧址，挖掘红色文化，打造黎安—新萝—立碑—猫洞—阳朗示范带；围绕息烽县蔬菜现代生态高效农业（扶贫）示范园区，依托"半边天"文化，进一步挖掘土司文化和龙马文化，打造高坡—灯塔—幸福—堡子示范带。四连线即：围绕小寨坝至流长、鹿窝公路沿线，挖掘长征文化、流长阳戏、移民搬迁等文化，打造以中心集镇为节点和沿江美丽移民乡村为特色的示范线；围绕西山至九庄公路沿线，挖掘长征文化、洞穴文化，打造以中心集镇为节点和红色文化为特色的示范线；围绕青山公路、石硐至猫场公路，挖掘苗族风情，打造以中心集镇为节点和苗族文化为特色的示范线；围绕养龙司至温泉公路，挖掘温泉文化，开发温泉旅游、森林旅游，打造以温泉文化和丛林风貌为特色的示范线。

（二）总体目标

紧紧围绕"产业美、精神美、环境美、生态美"四大主题，持续推进"四在农家·美丽乡村"基础设施建设六项行动计划，结合美丽乡村"提高型"示范点创建、农村住宅环境综合整治、示范小城镇建设、旅游景区建设等工作，因地制宜打造一批布局合理、功能完善、安全舒适、环境优美、乡情浓郁、凸显特色的示范点，逐步形成示范带及示范线，联动形成示范圈，探索出一条具有息烽特色的山区农村建设新路子。2015 年，实现"普及型"创建点覆盖 80% 以上的行政村，建成美丽乡村"提高型"示范点 18 个以上，"升级型"精品点 4 个以上；2017 年，实现"普及型"创建点行政村全覆盖，建成美丽乡村"提高型"示范点 32 个以上，"升级型"精品点 12 个以上，完成美丽乡村"一核两带四连线"的建设，实现美丽乡村"四美"目标。

一是产业美方面：全县建成 3 个现代高效农业示范园区，总产值达到 12 亿元。2015 至 2017 年，息烽县红岩葡萄种植示范园区全省排名分别达到 60 名、50 名、40 名以内，全市排名分别达到 5 名、4 名、3 名以内；息烽县蔬菜现代生态高效农业（扶贫）示范园区全省排名分别达到 80 名、65 名、50 名以内，全市排名分别达到 7 名、6 名、5 名以内；息烽县肉鸡现代生态高效循环农业示范园区全省排名分别达到 100 名、80 名、60 名以内，全市排名分别达到 19 名、15 名、10 名以内；确保 3 个农业示范园区到 2017 年进入省级重点农业示范园区行列。全县蔬菜播种面积 30 万亩次，建成无公害蔬菜基地 9 万亩，发展果树基地 20 万亩，实现年出栏生猪 15 万头，2015—2017 年肉禽出栏数量分别为：1 000 万羽、1 200 万羽、1 500 万羽；培育省级农业产业化经营龙头企

业1家以上，成立农民合作社达到19家以上，发展蔬菜种植大户100家以上，发展家禽养殖专业户1 750家以上；大力发展村集体经济组织，2015年新型农村集体经济组织实现盈利，全县基本消除农村集体经济组织经营性收入"空壳村"；2016年全县村级集体经济不断发展，100%的村集体经济年纯收入达到2万元以上；2017年全县村级集体经济不断壮大，100%的村集体经济年纯收入达到5万元以上。建成休闲农业与乡村旅游示范点8个，打造乡村旅游精品示范点2个以上，开发打造地方特色旅游产品3种，打造精品乡村客栈15家以上。

二是精神美方面：每年建成1～2个农民文化家园（包含文化墙建设），建设1个特色民族文化村寨；组织652场农业、科普文化知识等宣讲活动，雨露计划每年共培训4 000人次；实现所有乡（镇）综合文化站、文化信息资源共享工程基层点和农民体育健身工程全覆盖；实现所有村综合文化室全覆盖；实施村级农民体育健身工程35个，实现所有行政村拥有农村公共体育健身场地；实施农村电影公益放映工程，每个行政村平均每月能看上一场公益电影；20户以下自然村（寨）实现广播电视全覆盖；实现60%的行政村建成文明村（寨），80%的农户获得星级文明户称号；小学生、初中学生辍学率分别控制在1.8%和2.8%以内，九年义务教育巩固率达95%以上，基本普及高中阶段教育；乡（镇）以上中小学校实现"宽带网络校校通"、"优质教育资源班班通"和"网络学习空间人人通"全覆盖。

三是环境美方面：新增8个行政村通客运，继续巩固村通油（水泥）路、通客车，建串户路100千米，实现组组通公路及串户路的目标；建设"五小"工程1 000处，新增机井15口，发展农村耕地灌溉面积9 700亩，实施渠道工程45千米，解决农村饮水安全人口31 028人；完成小康房建设1 200户，农村住宅环境综合整治6 000户，农村危房改造6 281户；新建、扩建100/35千伏线路19.4千米，新建及改造10千伏及以下线路327.55千米，新增配变容量13.545兆伏，完成一户一表改造5.5万户，增设便民服务网点51个；新建33个移动（电信）信号塔，全面实现行政村"村村通宽带"，所有自然村通电话，设置161个村级邮件接收场所；"提高型"示范点有一块文化小广场（包括：广播站、小舞台、宣传栏、运动设施等）、一个便民服务中心（包括：卫生室、农家超市、警务室、金融服务点、农家书屋等）；大力实施天网工程，民主法治村和平安村寨创建率达100%。

四是生态美方面：完成村寨绿化15 000平方米，文化娱乐场所新铺草坪3 000平方米，种植景观树木9 000株，石漠化土地减少0.8万亩，林地植被恢复0.6万亩，新增特色精品果林3.9万亩，到2017年实现森林覆盖率达到53%；"提高型"示范点房前屋后、村寨道路、河道、空地等可绿化地绿化率达60%，群众对环境保护满意率达到85%以上；新增高标准基本农田2.32万亩；耕种收综合机械化水平达到34%，良种推广及主要技术覆盖率达到100%，产地农产品安全例行监测总体合格率达到100%，农业科技进步贡献率达到51%以上，肥料、农药利用率均比2010年提高6%以上，有机肥使用量提高30%以上，高效低毒低残留农药推广使用面积达到90%以上，规模化畜禽养殖排泄物综合处理利用率达到95%以上，农作物秸秆综合处理利用率达到80%以上；实施农村清洁工程6个，新添垃圾箱200个以上，安装太阳能路灯1 953盏，实现农村公厕行政村基本全面覆盖，农村卫生厕所普及率达到 45%，村寨生活污水收集处理率不低于 50%（"提高型"示范点不低于 70%）。到 2017 年力争创建 100 个生态文明村寨，把 50% 以上的家庭创建为生态文明家庭。

（三）加强组织领导

成立"四在农家·美丽乡村"创建攻坚计划（2015—2017 年）工作领导小组，县四大班子主要领导任组长，领导全县"四在农家·美丽乡村"创建各项工作。领导小组下设综合协调指挥部、督办督查指挥部、规划建设指挥部、资金整合指挥部、产业发展指挥部、项目推进指挥部、基层组织建设指挥部、乡风文明建设指挥部和一个领导小组办公室。

（四）强化资金整合

创造性地整合运用好扶贫开发、交通水利、烟水配套、农村危房改造、生态移民、水库移民、环境综合治理、基础设施六项行动计划、一事一议财政奖补、土地治理（包括农发项目、高标准农田建设、土地治理整理、石漠化治理、巩固退耕还林成果）等各项资金。各相关部门要严格按照规划的美丽乡村创建示范点项目，全力以赴抓好项目的立项、申报和资金争取，坚决杜绝项目申报上的"各自为政"，凡是涉农项目资金申报，均要向县财政局备案审查，该向示范点集中而不集中的，要坚决调整，统筹安排。积极运用市场机制吸引各类社会资金、经济实体参与建设，充分发挥财政资金"四两拨千斤"的杠杆作用，撬动社会投资。探索建立驻县企业帮扶联系示范点创建模式，推进落实"工业反哺农业、城市支持农村"的方针。构建多渠道、多元化和多层次的融资体系，集中力量，共同发力，打造我县美丽乡村示范点升级版。

（五）强化文化内涵

文化是美丽乡村创建的灵魂，要注重对历史文化的挖掘提炼和对新兴文化的创建培育。一要深入挖掘历史文化。要围绕以西望山为核心的佛教文化，与明王朝历史相关的龙马、盟誓碑、御赐城名等历史典故，养龙司的土司文化、"半边天"文化，团圆山的陨石文化、底寨的黔商文化、青山的苗族文化、流长的阳戏文化，尤其是以集中营、玄天洞、大塘渡、祖师观战斗遗址等为代表的享誉国内的红色文化，努力挖掘其历史、人文、经济等方面的价值，把文化提炼出来，构建文化主题村寨，使每个示范点都拥有自己特定的文化符号和标志，从而提升美丽乡村建设的整体品位。二要积极培育新兴文化。充分利用道德讲堂、村级远教站点、文化墙等载体，大力宣传社会主义核心价值观，培育和传播乡贤文化，弘扬家庭美德和社会公德，帮助群众树立正确的核心价值导向。经常开展文化下乡活动，组织优秀影片下乡放映、优秀戏剧进村巡回演出，把精品图书送到农家书屋，让健康有益的文化作品与农民"零距离"接触。组织文化工作者和文艺爱好者深入农村"接地气"，打造富有时代特色的农村文化产品，充分发挥先进文化在文明新风尚倡导活动中的引领作用，让广大农民在潜移默化中受到教育和熏陶，让美丽乡村形美人更美。

（六）强化群众主体作用

建立健全"党政引导、村组自治、部门服务、整合资金"的运行机制，组织发动农民群众自主自愿地开展创建活动，充分发挥农民群众在美丽乡村建设中的主体作用，保证其知情权、参与权、选择权，引导其在资金、劳动力等方面主动投入，提升政府的服务引导作用，避免政府大包大揽，一包到底，构建起"政民共建"的良好工作格局，共同推进美丽乡村创建工作。一要做好群众工作。组织乡（镇）村干部、驻村干部深入群众之中，抱着一颗真心、诚心，讲事实、摆道理，开展宣传动员工作。切实加大群众工作力度，以跑断腿、磨破嘴的工作态度做好群众思想工作，宣传好美丽乡村建设工作的目的和意义。二要解放干群思想。组织基层干部和农民群众到美丽乡村创建工作开展较好的地方参观学习，亲身感受美丽乡村的魅力，开阔眼界，解放思想，转变"等靠要"的观念，激发群众发展的信心和决心，充分调动其参与创建的积极性。三要抓好示范带动。强化示范引领作用，充分发挥党员干部在助推美丽乡村建设中的先锋模范作用，在各村培育党员示范户，引导其率先发展，让群众看到美丽乡村创建带来的实实在在的变化，以身边人影响带动身边人的方式，引导农民从"要我干"向"我要干"转变，共同助推"四在农家·美丽乡村"创建活动健康快速发展。

（七）强化长效管理

建立健全美丽乡村长效管理机制，确保美丽乡村创建点管理有序，运行正常。一要建立"村民自治"管理队伍。村支两委干部牵头，村民组组长、党员户、文明户及先进模范户等共同参与，组建一支乡风文明建设志愿者服务队，负责美丽乡村建设各项事务的日常管理，并对思想观念转变较慢的群众做工作，带动其尽快参与到美丽乡村建设中来，构建"村民自治"的创建格局。二要建立长效管理制度。积极探索基础设施建设、村庄环境整治、公共服务等长效管理制度，建立和完善《村规民约》，加强村庄卫生保洁、垃圾收集、污水处理、路灯照明、用水设施、村道养护等方面的管理，确保美丽乡村创建点村容整洁，公共基础设施得到良好运用。三要建立长效管护基金。加大各部门参与建设和管理美丽乡村的力度，县、乡（镇）财政每年都要预算一定的资金，整合各项支农、惠农资金项目，作为美丽乡村后续管护资金。同时，积极引导社会资金和民间资本投入美丽乡村建设与管理，鼓励农民投资投劳，共同建设和管护好美好家园，让美丽乡村"青春常驻"。

七、息烽县加快推进都市现代农业发展实施意见

为深入贯彻党的十八大、中央和省委、市委农村工作会议精神，落实省委书记赵克志"2·13"重要讲话内容，根据《贵州省关于加快推进现代山地高效农业发展的意见》、《贵阳市都市现代农业发展规划（2014—2020年）》和《贵阳市关于全面深化农村改革加快推进都市现代农业发展的实施意见》，结合我县实际，提出如下实施意见。

（一）整体思路

牢牢把握"加速发展、加快转型、推动跨越"的主基调，守住发展和生态"两条底线"，紧紧围绕市委提出的"1+3+5"都市现代农业发展思路，以"服务城市、发展农业、繁荣农村、富裕农民"为宗旨，以园区为平台、市场为导向、标准体系建设为抓手，大力发展葡萄、蔬菜、肉鸡三大主导产业，狠抓地方特色优势产业，延长产业链，拓展农业发展空间，构建产业美、精神美、环境美、生态美的都市现代农业，促进

息烽农村经济快速健康发展，与全市同步在全省率先全面建成小康社会。

（二）发展目标

依托息烽良好的气候条件、丰富的自然资源、优越的区位和交通优势、古老的民俗风情、传统的农耕文化、独特的自然人文景观，进一步推进高效农业园区建设，完善都市现代农业产业经营、支撑、扶贫和保障体系，加快农业现代化进程，打造贵阳市农产品重要保供基地和农旅一体深度融合示范基地，促进"三农"协调发展，实现农业强、农村美、农民富。到 2017 年，农业增加值突破 15 亿元，农民人均可支配收入突破 1.5 万元。农业科技贡献率达 60% 以上，农产品加工转化率达 50%，现代农业占比达 40%，休闲农业（乡村旅游）收入占农民总收入的 20% 以上。

（三）总体布局

按照"两带三园三区"总体规划，优化粮油、中药材、虫茶产业，建设标准化菜园、果园、茶园和畜禽养殖场、水产品健康养殖场，形成布局合理、产业集群、地方特色凸显的都市现代农业。

"两带"：

——都市现代农旅特色产业观光带。依托新萝温泉、息烽集中营、红岩"葡萄沟"、西山"虫茶"、西山"贡米"、青山"四月八"，在永靖、小寨坝、西山、青山等乡（镇）沿贵遵高速公路打造都市现代农旅特色产业观光带。

——都市休闲养生特色产业示范带。依托息烽温泉、养龙司"半边天"文化、流长红色文化、鹿窝精品水果、九庄纸房贡米，在温泉、养龙司、流长、鹿窝、九庄、石硐等乡（镇）沿都格高速公路打造都市休闲养生特色产业示范带。

"三园"：

——保供蔬菜示范园。在养龙司镇幸福、灯塔、堡子等村，建成设施农业、科技观光、品种研发等为一体的万亩标准化蔬菜示范园。

——红岩葡萄示范园。在小寨坝镇红岩、潮水、大寨，鹿窝乡西安，西山镇鹿窝等村，建成种苗繁育、品种试验、产品加工、观光旅游为一体的万亩标准化葡萄示范园。

——肉鸡养殖示范园。在九庄镇鸡场、鲁仪衙、腰寨和鹿窝乡华溪等村，建成品种繁育、科技展示为一体的千万羽标准化肉鸡养殖示范园。

"三区"：

——"菜篮子"发展区。以蔬菜示范园为核心，建成保供及特色蔬菜产业区。重点在乌江低海拔河谷地带发展万亩次早熟蔬菜，南山山脉高海拔地区发展万亩夏秋冷凉蔬菜，息九公路沿线发展万亩特色蔬菜，带动全县蔬菜产业发展。

——"果盘子"发展区。以葡萄示范园为核心，建成以葡萄、核桃为主的干鲜果产业区。重点在永靖、青山、石硐、九庄等中高海拔地区发展以核桃为主的干果产业，在小寨坝、西山、鹿窝、流长、养龙司、温泉等中低海拔地区发展以葡萄为主的鲜果产业，带动全县梨、猕猴桃、枇杷等精品果业发展。

——"肉案子"发展区。以肉鸡养殖示范园为核心，重点在九庄、鹿窝、青山、石硐、永靖发展优质肉鸡产业和特色肉鸡产业，带动全县畜牧业发展。

（四）重点工作

1. 构建都市现代农业产业体系，着力培育优势主导产业

按照工业化、生态化、市场化理念和"两带三园三区"的整体布局，大力发展都市现代农业，从主要拼资源、拼消耗的粗放经营，向特色数量质量效益并重转变、注重提高竞争力、注重农业技术创新、注重可持续集约发展转变，着力提高资源利用率、土地产出率和劳动生产率。依靠土壤、空气和水等优质资源，以及红色旅游、品牌文化等特色，拓展农业功能，推进3次产业融合发展，实现三大主导产业的专业化、标准化、规模化和集约化生产，努力打造全市农产品的保供基地。

——着力培育蔬菜产业。依托龙头企业，整合资源，推行蔬菜标准化种植，大力发展设施蔬菜，提升绿色有机蔬菜占比，打造地方特色蔬菜品牌。完善蔬菜园区"四大中心"（"半边天"文化中心、现代农业展示中心、科研中心和蔬菜加工冷藏配送中心）建设，提升蔬菜产业生产水平，把品质升上去。依托现有堡子"半边天"等文化，挖掘农耕文化，大力发展乡村旅游业，建成集品种研发、科技示范、农耕体验、农业观光为一体的蔬菜示范园。以"公司＋合作社＋农户"模式带动发展次早熟蔬菜、夏秋冷凉蔬菜和特色蔬菜，把规模提上去。到2017年建成优质蔬菜种植示范基地10个，蔬菜标准园10个，发展蔬菜种植大户100户以上，种植蔬菜30万亩（次），年产无公害蔬菜达45万吨，产值达9亿元。

——着力培育葡萄产业。围绕"息烽红岩葡萄"国家地理标志保护产品，完善种繁中心、展示中心、培训中心、检测中心等建设，深入开展新品种、新技术、新工艺、新产品的研发，推广生态化、标准化、精细化的栽培技术，打造地方特色精品水果，发展葡萄酿酒加工及葡萄系列产品研发，提高葡萄的精深加工率。充分利用葡萄文化节、潮水河自然风光，建成葡萄产业与乡村旅游融合发展的葡萄示范园，延长葡萄产业链，带动全县果树产业的发展。建成以中高海拔青山苗族乡核桃为核心的干果产业区和以中低海拔红岩葡萄为核心的鲜果产业区。到2017年建成果树种植示范基地10个，果树标准园10个，发展果树种植大户100户以上，优质果树种植面积达20万亩，推动年产2 000吨葡萄酒厂达产，果品产量2.5万吨，产值达2亿元。

——着力培育肉鸡产业。依托息烽特驱家禽养殖有限公司，以"公司＋合作社＋农户"及"六统一"模式发展，大力发展标准化、规模化、生态化肉鸡养殖和集团化、精细化的肉鸡加工。完成基因库、交易中心、培训中心、检测化验中心、肉鸡加工厂等设施建设，建成集品种研发、科技示范、产品展示为一体的肉鸡养殖示范园，带动周边乡（镇）发展优质肉鸡养殖，促进特色肉鸡产业的发展。到2017年完成肉鸡无公害产地、产品认证，建成标准化养殖小区20个，发展养殖示范户600户以上，年出栏优质肉鸡1 400万羽，产值达6亿元。

2. 构建都市现代农旅发展体系，大力发展特色观光农业

按照"农促旅、旅带农、农旅结合"的发展思路，围绕"两带"布局，依托红色旅游、黔商文化、民俗文化、山水田园风光，以"四在农家·美丽乡村"建设为抓手，以"望得见山、看得见水、记得住乡愁"为纽带，大力发展特色观光农业，做到"四季有花、四季有果"。重点将"黎安—阳朗"片区打造成集特色农业、健康养生、红色

旅游为一体的息烽黎阳农旅休闲示范园区；将"小桥河—青山—石硐—猫场"公路沿线，打造成以中心集镇为节点、苗族文化为特色、核桃和猕猴桃为主的农业产业民俗风情乡村旅游区；将"林丰—柏香山—金星—鹿窝（西山镇）"打造成生态旅游、休闲度假、佛教文化为一体的农旅互动体验区；将"红岩—大寨—潮水"打造成休闲娱乐、水上观光、鲜果采摘、田园风光为一体的乡村旅游区。将"高坡—灯塔—幸福—堡子"打造成蔬菜创意种植、民俗风情、娱乐休闲、农事体验为一体的互动发展综合区；围绕息烽温泉，打造以温泉文化和丛林风貌、葡萄、柑橘、蓝莓等水果采摘为特色的生态旅游示范区；依托前奔梨、鹿窝精品水果、红军烈士陵园和乌江峡自然景观，将"九庄—鹿窝—流长"打造成红色旅游、田园风光、民俗文化为一体的休闲观光旅游区。到 2017 年建成休闲观光农业和乡村旅游示范点 8 个以上，其中，精品示范点 2 个以上，农家乐 100 家以上，带动就业 5 000 人。

3. 构建农业基础设施保障体系，助推都市现代农业快速发展

按照统筹规划、分工协作、集中投入、整体推进的思路，推进高标准农田建设，配套完善园区机耕道、生产便道、排灌沟渠、供水供肥管网、小水池（窖）、仓储设施等，构建"田成方、渠成网、路相连、旱能灌、涝能排、车能进、货能出"的农业基础设施保障体系，夯实农业发展基础。到 2017 年全县实现水、电、路、网覆盖率达95% 以上，农机总动力达22.3 万千瓦，农田作业综合机械化水平达 40%；主导产业发展区水、电、路、网覆盖率达 100%，综合机械化水平达60% 以上。

——完善农业基础设施建设。深入推进"四在农家·美丽乡村"基础设施建设六项行动计划。一是狠抓农田水利建设，建立"小水利、大市场"的小型水利工程良性运行长效机制；以水清、岸绿、景美为目标，加大对河渠、山塘、水库的生态治理和保护；加大田间灌排等配套建设，完善田间灌溉体系，解决水源入田入土问题。二是整合通村路、进组路、串户路、机耕道、生产便道等建设项目，重点抓好三大产业园、特色产业区路网建设，提高路网的覆盖率和畅通率。三是不断完善电网、通讯网工程，搞好产业区电力、通讯设施建设，加大对园区已建电网和通讯网的改造提升；新建电网、通讯网一律绕开园区和主要产业区（或埋于地下），逐步消除产业核心区"蜘蛛网"的现象。

——提高农业装备化水平。积极完成主导产业示范园区的喷滴灌、畜禽标准化圈舍、冷链物流、加工设备、全自动养殖设备、渔业设施以及物联网等建设。强化病虫害田间观测和土壤墒情监测，积极推广农机新技术、新机具，加强农机购置补贴和机械化示范建设，拓展机械化作业和服务领域，推广农机与农艺相融合，实现农业标准化生产，提高耕、种、收等环节的农业装备和作业水平。

——加强耕地保护和质量建设。严格保护耕地规划红线，落实耕地保护政策，抓好农业综合开发、高标准农田、中低产田改造、连片土地治理等建设，大力推广测土配方施肥，普及秸秆腐熟还田和增施有机肥，不断提高土壤质量。

——实施生态保护工程。依托现有林带、湖泊河流、山体，努力打造东部山脉、西望山—团圆山山脉、乌江峡谷山脉和九庄谷地、永靖—养龙司谷地，以及乌江流域为主的"一流域两谷地三山脉"山水格局，形成息烽特有的绿色生态板块。加快封山育林、

退耕还林、植树造林步伐，加大裸露山体、撂荒土地专项治理力度，积极探索生态效益、社会效益与经济效益协调发展的石漠化综合治理产业化发展模式，实施好绿色息烽建设3年行动计划，到2017年全县森林覆盖率达到55%。大力开展环境绿化美化，发展园艺农业。积极开展农村垃圾、污水处理，加快改厕进度，治理畜禽粪便污染，不断改善村寨卫生环境。加强农村节能减排工作，鼓励发展循环农业，积极发展太阳能等新型能源。

4. 构建新型农业经营主体培育体系，激活都市现代农业发展活力

坚持和完善农村基本经营制度，推进家庭经营、集体经营、合作经营、企业经营等方式创新，建立新型农业经营主体培育激励机制。充分利用"3个20万"微型企业扶持等政策，大力培育农业企业、专业合作社、家庭农场、专业大户等新型农业经营主体。到2017年市级以上龙头企业达12家，产值25亿元；农民专业合作组织达200家（其中市级以上示范社达15家），家庭农场50家以上，农业专业大户1 000户以上。

——充分发挥龙头企业在都市现代农业发展中的带动力。坚持"扶优、扶强"的原则，对已经认定的市级以上农业龙头企业和带动能力强的农业企业，从政策、项目、资金等方面加大扶持力度，帮助企业解决人才、技术、资金、产品市场拓展等问题。增强招商主动性和精准性，力争引进国内500强和行业龙头企业2家以上。培育一批经营机制好、产品竞争力强、辐射带动面广的农业企业，引导农民以承包地和集体以集体土地折价参股的方式发展股份制企业，使企业与农民结成利益共同体，提升都市现代农业的产业化发展水平。

——发展和壮大新型农业经营主体。开展新型农业经营主体认定工作，对符合条件的农民专业合作社、家庭农场和专业大户等新型农业经营主体优先安排项目资金给予支持，农业政策性补贴向新型农业经营主体倾斜。设立新型农业经营主体培育扶持奖励基金，制定新型农业经营主体扶持奖励办法，对规模化、标准化生产和带动能力强的新型农业经营主体给予奖励和扶持，支持新型农业经营主体扩大生产规模、改善生产条件、提高生产水平。

——不断壮大村级集体经济。开展县直单位、企业结对扶持创建村级集体经济组织活动，加大财政投入力度，大力支持村集体参股或控股组建具有独立法人资格的有限责任公司、合作社或合伙企业等新型村级集体经济实体，盘活村集体"三资"（资金、资产、资源），鼓励村级集体经济组织与农业企业、农技服务组织开展多种形式的联营与合作，采用"公司＋村集体＋合作社＋农户"的产业化经营模式发展村级集体经济，以分红或获取服务费用等方式增加村级集体经济收入。2015年新型农村集体经济组织实现盈利，基本消除农村集体经济组织经营性收入"空壳村"；2016年100%的村集体经济年纯收入达2万元以上；2017年100%的村级集体经济组织收入达到5万元以上。

5. 构建农产品质量安全体系，打造特色农业品牌

认真落实农产品质量安全"四个最严"的要求，加强农产品质量安全监管。坚持严格执法和推进标准化生产两手抓，"产出来"和"管出来"两手硬，全面提升农产品质量安全监管能力和水平。

——加大对无公害绿色有机农产品的培育。大力推进农业标准化体系建设，建成绿

色食品原料生产基地和无公害农产品示范区，建立健全县、乡（镇）、基地质量监测体系，严格农产品产地准出、市场准入制度，建立农产品质量跟踪和追溯体系，确保农产品抽检合格率达100%，严禁出现农产品质量安全事故。加大"三品一标"认证力度，推进农产品品牌建设，对新型农业经营主体申报、创建获得"三品一标"证书的给予奖励，确保2017年三大主导产业无公害农产品比例达到70%以上，绿色、有机食品实现"零"突破。

——健全农产品市场物流体系，实现产加销耦合。建立农产品品牌保护体系，拓宽农产品销售渠道，提高农产品的商品率，实现农产品的提质增效。一是加大农业品牌推荐力度。充分利用互联网、农博会、农交会、电视报刊等多种形式，加强对农产品品牌推介，扩大品牌知名度和产品市场占有率。二是拓展农产品销售渠道。积极引导和支持农民专业合作社、家庭农场、专业大户与农产品加工企业联姻，为企业提供农产品加工原料，借用企业的营销渠道，解决农民销售问题。大力发展电子商务，采取"农超对接"、"农校对接"、"农社对接"等方式搭建产销平台，推进农产品直采直供销售，提升农业生产效益。

6. 构建扶贫开发体系，促进同步实现小康

按照结对帮扶、产业扶贫、危房改造、扶贫生态移民、教育培训、基础设施建设"6个到村到户"实施精准扶贫，2015年完成5个贫困乡（镇）"减贫摘帽"成果巩固提升和30个贫困村"减贫摘帽"、2 182人贫困人口减贫。

——深入实施精准扶贫。完善建档立卡贫困人口进退动态管理机制，实行精确管理，切实做到应扶尽扶，应保尽保。按照开发式、救助式扶贫，摸清底数，找准对象，分类登记建档立卡，实现精准识别；按照专项扶贫、行业扶贫、社会扶贫"三位一体"精准扶贫，落实专项扶贫资金项目，加快整村推进、产业扶贫和就业促进；按照水、电、路、讯、房、寨"六项行动"要求，积极推进贫困乡村基础设施建设，提升公共服务水平。

——积极创新扶贫开发机制。继续实施精准扶贫，巩固扶贫开发成果，抓好新常态下扶贫开发战略谋划和机制创新，根据省市扶贫开发政策，加强扶贫开发模式创新，探索变扶贫项目资金到户为扶贫资本、收益到户的扶贫开发模式，强化产业扶贫与农村集体经济组织创建相结合，从而带动贫困农户持续稳定增收。

（五）保障措施

1. 强化组织保障

——成立领导机构。坚持"县级牵头，部门负责，乡（镇）落实"的原则，成立以县委书记、县长任组长，县委副书记、常务副县长任常务副组长，分管副县长任执行副组长，相关部门及乡（镇）负责人为成员的工作领导小组。各乡（镇）要成立相应工作领导小组，抽调3人以上工作能力强的干部组建都市现代农业发展办公室，落实都市现代农业建设的具体工作，形成县、乡（镇）、村三级联动的共建格局。

——建立联席会议制度。为更好更快推进都市现代农业发展，全面掌握工作推进状况，及时协调解决发展中遇到的困难和问题，建立月通报、季调度，重大事项现场办公的联席会议制度，为都市现代农业提供保障。

2. 强化政策保障

县财政每年预算 500 万元资金，设立新型农业经营主体培育奖励扶持基金。

——落实涉农项目直补政策。充分发挥农业经营主体的主观能动性，采取"先建后补"、"以奖代补"的方式支持新型农业经营主体实施涉农项目。

——建立新型农业经营主体激励机制。一是建立土地流转奖励机制，开展年度考核评定，对流转土地上规模、生产加工销售带动力强的新型农业经营主体给予奖励；二是建立新型农业经营主体认定机制，对认定为农业产业化龙头企业、农民专业合作社示范社、示范性家庭农场、优秀专业大户进行表彰和奖励。

——建立"三品一标"创建激励机制。积极鼓励新型农业经营主体开展"三品一标"申报认证工作，将农产品品牌创建工作纳入乡（镇）和部门绩效考核体系，对完成目标任务较好的单位给予奖励；对新获得无公害绿色有机农产品和地理标志产品的申报主体进行表彰和奖励；对新创建著名商标、驰名商标等品牌的新型农业经营主体给予奖励；对无公害农产品复查换证、绿色农产品续展、有机农产品再认证，视其产品发展规模、营销状况、质量管理、生产过程控制、产品质量监测等方面，通过考核评定后，给予项目资金支持。

——建立都市现代农业园区创建奖励机制。以产业为支撑，积极创建都市现代农业示范园区，对入选县级以上观摩会的示范园区，县财政一次性奖励乡（镇）10 万元，对创建都市现代农业园区考核合格给予 5 万元的奖励，对园区建设做出突出贡献的单位和个人给予表彰奖励。

——积极探索政府购买公共服务。建立以政府为主导、科技为支撑、农民为主体、社会积极参与的"四位一体"农业公共服务购买机制，采取与科研院所、企业合作，政府购买公共服务，全面提升农技推广体系水平，完善农产品质量安全监管网络，全力推进都市现代农业快速发展。

3. 强化制度保障

——深入推进农村改革。坚持以深化农村产权制度改革和农村经营制度改革为重点，扎实开展农村产权制度改革，建立规范有序的产权流转机制。开展农村集体建设用地使用权制度改革，盘活农村闲置土地；推进全县农村土地承包经营确权登记颁证工作，建立农村土地承包经营权管理长效机制，到 2017 年土地确权登记颁证率达 98% 以上；扎实开展农田水利设施产权制度改革和创新运行管理机制，建立农业灌溉用水量控制和定额管理制度，促进水利设施向农业主导产业区和特色产业区聚集。

——建立土地流转制度。进一步完善县、乡（镇）、村三级农村土地承包经营权流转服务网络体系和信息平台建设，切实做好农村土地承包经营权流转规范化管理和服务，制定耕地撂荒治理措施，根本遏制农村土地撂荒问题，在"赋能"上取得新突破。到 2017 年，农村土地流转机制得到更进一步完善，累计备案登记流转土地 2.5 万亩以上。

——建立新型农业经营主体诚信制度。开展诚信教育活动，提高经营主体、广大农民和乡村干部的信用意识，推进新型农业经营主体信用体系建设，通过信息采集、信用等级评定、信息应用和共享机制，培育良好资信等级和信誉度高的农业经营主体，提升经营主体在市场中、农民中的形象。对良好资信、信誉度高的农业经营主体给予项目资金、贷款贴息等扶持，降低融资成本，扩大融资范围，促进经营主体不断发展壮大。

——探索农业投资利益联结机制。一是建立健全农业农村资源的市场化配置机制，多渠道增加对"三农"的投入；二是创新投入机制，改进投入方式，建立农业发展投资有限公司和农业产业担保公司，盘活农业资产，搭建政银企融资合作平台，采取直接担保和联动担保方式，引导社会和金融资金向现代农业和农村发展集聚，加快农业发展；三是稳步推进土地经营权、林权、农村房屋产权抵押融资试点，积极探索粮食作物、经济作物、牲畜生产及配套设施抵押融资模式，推进都市现代农业发展；四是积极探索土地承包经营权、农村集体资产、资源折价入股，发展股份制经营，开展农村集体资产股份制改革，量化农村集体资产，创新融资方式和利益联结机制；五是新型农业经营主体通过集中生产，统一管理，采取联营与合作的方式与农户签订利益合作分成协议，创新利益联结方式，促进都市现代农业发展。

4. 强化科技保障

——落实科研经费。县乡级财政设立都市现代农业发展科技基金，业务部门积极向省市申报农业科技项目，鼓励涉农企业承担农业科技项目，鼓励带技术、带资金的农业专家和企业进行科技合作，鼓励在职农技干部领（创）办农业经济实体或从事农业规模化、标准化生产经营。

——加大与科研院校合作。围绕主导产业，促进龙头企业与高等院校、科研机构共同研发产业关键技术，至少与3家科研院校签订农业科技合作协议，引进新技术5项以上，加快科研院校的成果转化，加大主导品种、主推技术的示范推广力度。吸引高等科研院校硕士生、博士生到我县开展课题研究及社会实践活动，邀请高校专家授课，为农业生产服务。

——加大农业专家库建设。加快培养引进农业科技人才，组建高级职称以上的农业专家15名以上，形成支撑科技专家团队，完善平台体系建设，主要负责推进对农业发展中的全局性、长期性、综合性问题进行战略研究、对策研讨，提供科学的咨询论证意见。为新型农业经营主体在现代农业生产中遇到技术难题提供咨询服务，及时解决技术难题。

——加大良种引进培育力度。继续实施"三良工程"，加强动植物新品种选育和良种推广繁育，加大核桃、葡萄、猕猴桃等优良水果的引进和培育，加强生猪、肉鸡等纯种、良种的引进，改良本地畜禽血统，提高生产能力。

——加大农业科技推广。持续加大农业科技投入，确保财政农业科技投入增幅明显高于财政经常性收入增幅。完善农业科技创新机制，有效整合科技资源，推动产学研、农科教紧密结合，重点支持生物技术、良种培育、高产创建、精深加工、产品安全、节水灌溉、新型肥药、疫病防控、循环农业等关键领域科技创新。全面贯彻贵阳市关于基层技术人员管理办法，加强基层农技推广体系建设，健全乡（镇）农业技术推广、动植物疫病防控、农产品质量安全监管等公共服务机构，确保每个乡（镇）有专人从事种植业、养殖业和农产品质量安全等技术服务和监管工作，落实工资倾斜和绩效工资政策。加快农业机械化，拓展农机作业领域，提高农机服务水平。扩大农业农村公共气象服务覆盖面，提高农业气象服务和农村气象灾害防御科技水平。

——加大科技培训力度。派送人员到科研院校进修学习，提高农业科技人员服务能力。依托"新型职业农民"、"雨露计划"等培训工程，采取"集中教室讲理论、田间现场讲操作"的模式，通过科技人员直接到户、良种良法直接到田、技术要领直接到人，造就一大批有文化、懂技术、会管理、善经营的新型职业农民队伍，逐步实现农民执证上岗，使之成为发展都市现代农业的依靠力量。到2017年，培训新型职业农民人员0.5万人。

5. 强化执法保障

加大农产品质量安全监管力度，完善县乡农产品质量安全监管监测体系建设，并逐步向村级延伸，实现农业投入品、农产品产地环境、生产过程、收储运环节全程监管，做好农产品生产档案监管，确保农产品质量安全可追溯。进一步强化农业生产安全，确保都市现代农业快速健康发展。

6. 强化监督考核

成立以县委副书记任组长、分管副县长任副组长的考核工作领导小组，将都市现代农业纳入县委、县政府年终综合目标考核，实行目标动态管理。制定县直部门和乡（镇）都市现代农业目标任务分解表，明确责任，细化目标，督查跟踪进度，严格责任追究，注重过程和结果考核。

第三章　产业化经营

一、农产品质量安全

《中华人民共和国农产品质量安全法》第八条规定国家引导、推广农产品标准化生产，鼓励和支持生产优质农产品，禁止生产、销售不符合国家规定的农产品质量安全标准的农产品。

按照《国务院关于加强食品等产品质量安全监督管理的特别规定》第十六条规定，逐步建立并推行农产品质量安全诚信制度，督促各生产经营者按照法律、法规的要求从事生产经营，对涉及农产品质量安全的违法行为进行记录，必要时通过媒体予以公布，进行失信惩戒；对有多次违法行为记录的生产经营者，要从严从重查处，该吊销其许可证照的要坚决吊销。因此，生产者要做到诚信生产、自觉接受监督。

（一）农业标准化

农业标准化是指运用"统一、简化、协调、优选"的标准化原则，对农业生产的产前、产中、产后后全过程，通过制定标准和实施标准和实施管理。

（二）农业标准的分类

1. 农业技术标准

农业技术标准是对农业标准化领域中需要协调统一的技术事项制定的标准。农业技术标准是一个大类，主要分为以下几种。

（1）基础性技术标准。基础性技术标准是对一定范围内的标准化对象的共性因素，如名词术语、符号代号、技术通则等作出规定，在一定范围内作为制定其他技术标准的依据和基础，具有普遍的指导意义。

（2）农产品标准。为了保证农产品的适用性，对农产品应达到的某些或全部要求而制定的标准以及农业生产过程中使用的设备所作的技术规定。

（3）生产技术标准。主要包括良种培育、繁育技术标准，农业病虫草管理及疫情疫病防治标准及农业生产过程中的栽培（饲养）技术标准。

（4）农艺、农产品加工技术标准。根据农业产品标准要求，对产品的加工工艺方案、工艺过程的程序、工艺的操作方法等所作的规定。农艺、农产品加工技术标准对保证和提高农产品质量，提高农产品生产附加值具有重要意义。

（5）检验检疫标准。是对农产品质量、安全，病虫害检疫和试验方法所作的规定。

（6）设施标准。是对农村能源、水利等农业生产设施所作的技术规定。

（7）环境保护标准。是为保护环境和生态平衡，对农业生产的环境条件、污染物排放等方面所作的技术规定。

（8）包装、标志、储运标准。为了保障农产品及其加工品在贮藏、运输和销售中的安全和科学管理的需要，以包装的有关事项为对象所制定的标准。

2. 农业管理标准

农业管理标准是对农业标准化领域中需要协调统一的管理事项所制定的标准。

农业管理标准内容的核心部分是对管理目标、管理项目、管理程序、管理方法和管理组织所作的规定。农业管理标准是在总结已有的科学管理的成果和实践经验的基础上，运用标准化的原则和方法制定的。

3. 农业工作标准

农业工作标准是对农业企业（生产单位）生产管理范围内需要协调统一的工作事项所制定的标准。

农业工作标准主要是对工作的责任、权利、范围、质量要求，程序、效果、考核办法等所制定的标准。工作标准一般包括以下内容。

（1）工作目的和范围。

（2）工作的构成和程序。

（3）工作的责任和权利。

（4）工作的质量要求和效果。

（5）工作的检查和考评。

（6）与相关工作的协作和配合。

（三）农业标准的分级

我国标准分为四级。国家标准、行业标准、地方标准和企业标准。上级标准是下级标准的依据，下级标准是上级标准的补充。

（1）农业国家标准。对需要在全国范围内统一的农业技术要求，制定国家标准。强制性的代号为 GB，推荐性的代号为 GB/T。

（2）农业行业标准。对没有国家标准，又需要在全国某个农业行业范围内统一的技术要求，制定行业标准。强制性的代号为××，推荐性的代号为××/T。

（3）农业地方标准。对没有国家标准和行业标准，但需要在省、自治区、直辖市范围内统一下制定的标准。强制性的代号为 DB××，推荐牲的代号为 DB××/T。

（4）农业企业标准。在农业企业（单位）范围内，对需要协调统一的技术要求、管理要求和工作要求所制定的标准。Q/YYY 中 Q 表示企业标准，YYY 为企业（单位）的汉语拼音字母或阿拉伯数字或两者兼用。

（四）农业生产全程标准化技术要点

1. 保障农产品安全

保障农产品产地环境安全，杜绝在已经受到污染的区域生产食用农产品和农产品基地建设。

（1）不得在有毒有害物质超过国家规定标准的区域生产、捕捞、采集食用农产品。

（2）不得在有毒有害物质超过国家规定标准的区域建立农产品生产基地。

2. 实行农业投入品档案管理

（1）严格按照规定的技术要求和操作规程进行农产品生产。

（2）科学合理地使用符合国家要求的农药、兽药、肥料、饲料及饲料添加剂等农业投入品，防止对农产品产地造成污染。

（3）加强用药安全管理，实行农药专人负责保管制度，建立农药统一购买、发放、使用登记制度和剩余农药回收等制度，确保农药安全使用。

3. 建立田间档案，推行良好农业规范标准

按照《中华人民共和国农产品质量安全法》的要求，积极推行建立田间档案。执行农产品质量可追溯制度。农产品生产者实施良好农业规范标准，种植前对生产基地产地环境的土壤、灌溉水、大气进行综合分析评价，确保种植环境安全达标，种植过程对种子、肥料、农药实行动态监督，建立详细的出入库制度和使用档案，严格控制农药使用间隔期，保证了生产全过程每个环节都有详细记录，并且关注了人员健康和农业可持续发展。

4. 实行包装标志，树立品牌

各种标志是实现农产品质量追溯的重要表现形式。在质量管理中强化产品认证和包装标志，创新使用双商标管理，即实行证明商标＋企业商标的母子商标的管理模式。

5. 推进产地准出和市场准入制度建设

在产地实行产品质量检测，产品检测合格证后方能流出产地。在批发市场、农贸市场开辟农产品专销区，对持有"两卡"的产品优先进入。

6. 生产者承担农产品销售前的检测责任

农产品生产企业和农民专业合作经济组织，应当自行或者委托检测机构对农产品质量安全状况进行检测；经检测不符合农产品质量安全标准的农产品，不得销售。

（五）农业生产管理档案

种植业生产档案（表2－9至表2－26）

表2－9　种子购买记录

日期	种子名称	生产商	生产日期	零售商	购买量	现有库存	仓库管理员

表2－10　种子使用记录

日期	种子名称	生产商	出仓日期	播种日期	田块编号	亩使用量	播种人员

表2－11　肥料购买记录

日期	肥料名称	生产商	生产日期	零售商	购买量	现有库存	仓库管理员

表 2 – 12　肥料使用记录

肥料名称	生产商	出仓日期	使用日期	作物名称及田块编号	每亩使用量（千克）	生产主管

表 2 – 13　农药购买记录

日期	农药名称	农药登记号	生产商	生产日期	零售商	购量	现有库存	仓库管理员

表 2 – 14　农药使用记录

日期	农药名称	生产商名称	农药登记号	生产日期	零售商	使用作物及田块编号	每亩使用量（千克）	生产主管

表 2 – 15　施肥

日期	肥料名称	数量	操作人

表 2 – 16　病虫草害防治

日期	药剂名称及稀释倍数	使用方法	操作人

表 2 – 17　收获

日期	摘要	操作人

表2-18 畜禽养殖场养殖档案生产记录（按日或变动记录）

圈舍号	时间	变动情况				存栏数	备注
		出生	调入	调出	死淘		

注：（1）圈舍号：填写畜禽饲养的圈、舍、栏的编号或名称。不分圈、舍、栏的，此栏不填。（2）时间：填写出生、调入、调出和死淘的时间。（3）变动情况（数量）：填写出生、调入、调出和死淘的数量。调入的需要在备注栏注明动物检疫合格证明编号，并将检疫证明原件粘贴在记录背面。调出的需要在备注栏注明详细的去向。死亡的需要在备注栏注明死亡和淘汰的原因。（4）存栏数：填写存栏总数，为上次存栏数和变动数量之和

表2-19 饲料、饲料添加剂和兽药使用记录

开始使用时间	投入产品名称	生产厂家	批号/加工日期	用量	停止使用时间	备注

注：（1）养殖场外购的饲料应在备注栏注明原料组成。（2）养殖场自加工的饲料在生产厂家栏填写自加工，并在备注栏写明使用的药物饲举添加剂的详细成分

表2-20 消毒记录

日期	消毒场所	消毒药名称	用药剂量	消毒方法	操作员签字

注：（1）时间：填写实施消毒的时间。（2）消毒场所：填写圈舍、人员出入通道和附属设施等场所。（3）消毒药名称：填写消毒药的化学名称。（4）用药剂量：填写消毒药的使用量和使用浓度。（5）消毒方法：填写熏蒸、喷洒、浸泡、焚烧等

表2-21 免疫记录

时间	圈舍号	存栏数量	免疫数量	疫苗名称	疫苗生产厂	批号（有效期）	免疫方法	免疫剂量	免疫人员	备注

注：（1）时间：填写实施免疫的时间。（2）圈舍号：填写动物饲养的圈、舍、栏的编号或名称。不分圈、舍、栏的此栏不填。（3）批号：填写疫苗的批号。（4）数量：填写同批次免疫畜禽的数量，单位为头、只。（5）免疫方法：填写免疫的具体方法，如喷雾、饮水、滴鼻点眼、注射部位等方法。（6）备注：记录本次免疫中未免疫动物的耳标号

表 2 - 22　诊疗记录

时间	畜禽标志编码	圈舍号	日龄	发病数	病因	诊疗人员	用药名称	用药方法	诊疗结果

注：（1）畜禽标志编码：填写 15 位畜禽标志编码中的标志顺序号，按批次统一填写。猪、牛、羊以外的畜禽养殖场此栏不填。（2）圈舍号：填写动物饲养的圈、舍、栏的编号或名称。不分圈、舍、栏的此栏不填。（3）诊疗人员：填写做出诊断结果的单位，如某某动物疫病预防控制中心。执业兽医填写执业兽医的姓名。（4）用药名称：填写使用药物的名称。（5）用药方法：填写药物使用的具体方法，如口服、肌内注射、静脉注射等

表 2 - 23　预防检测记录

采样日期	圈舍号	采样数量	监测项目	监测单位	监测结果	处理情况	备注

注：（1）圈舍号：填写动物饲养的圈、舍、栏的编号或名称，不分圈、舍、栏的此栏不填。（2）监测项目：填写具体的内容如布氏杆菌病监测、口蹄疫免疫抗体监测。（3）监测单位：填写实施监测的单位名称，如：某某动物疫病预防控制中心。企业自行监测的填写自检。企业委托社会检测机构监测的填写受委托机构的名称。（4）监测结果：填写具体的监测结果，如阴性、阳性、抗体效价数等。（5）处理情况：填写针对监测结果对畜禽采取的处理方法。如针对结核病监测阳性牛的处理情况，可填写为对阳性牛全部予以扑杀。针对抗体效价低于正常保护水平，可填写为对畜禽进行重新免疫

表 2 - 24　病死蓄禽无害化处理记录

日期	数量	处理或死亡时间	畜禽标志编码	处理方法	处理单位（或责任人）	备注

注：（1）日期：填写病死畜禽无害化处理的日期。（2）数量：填写同批次处理的病死畜禽的数量，单位为头、只。（3）处理或死亡原因：填写实施无害化处理的原因，如染疫、正常死亡、死因不明等。（4）畜禽标志编码：填写 15 位畜禽标志编码中的标志顺序号，按批次统一填写。猪、牛、羊以外的畜禽养殖场此栏不填。（5）处理方法：填写《畜禽病害肉尸及其产品无害化处理规程》GB16548 规定的无害化处理方法。（6）处理单位：委托无害化处理场实施无害化处理的填写处理单位名称；由本厂自行实施无害化处理的由实施无害化处理的人员签字

标志编码： **表 2-25 种畜个体养殖档案**

品种名称		个体编号	
性别		出生日期	
母号		父号	
种畜场名称			
地址			
负责人		联系电话	
种畜禽生产经营许可证编号			

种畜调运记录		
调运日期	调出地（场）	调入地（场）

种畜调出单位（公章）　　经办人　　年　月　日

表 2-26 畜禽销售记录

日期	圈舍号	数量 （头、只、箱）	日龄	销售去向	经手人 （签字）	备注

（六）生产中质量安全风险影响因素

农产品质量安全风险按环节分为生产链风险和非生产链风险，按行为分为人为风险和非人为风险，按认知程度分为已知风险和未知风险，按风险真实性分为真实风险和虚幻风险。农产品质量安全风险具有隐蔽性、易发性、差异性、外部性和危害后果不可逆等多维特点。影响农产品质量安全的主要因素：

（1）生产环境的污染。生产环境污染主要来源于产地环境的土壤、空气和水。

（2）生产过程中造成的污染。农产品在生产过程中造成污染主要表现为过量使用化肥、农药、兽药、添加剂和违禁药物造成的有毒有害物质残留超标。

（3）有害生物入侵污染。指农产品在种植、养殖过程中遭受致病性细菌、病毒和毒素入侵的污染。在入侵动植物的有害生物中，多数可以预防和治疗，只有极少数人畜共患的有害生物才威胁人类的身体健康，如禽流感、猪链球菌、口蹄疫、寄生线虫、疯牛病等。有害生物也是造成农产品不安全的重要因素。

（4）人为增加的污染。农产品收获或加工过程中混入有毒有害物质，导致农产品受到污染。有些商贩在农产品采收、保鲜、贮藏、加工、运销过程中，人为地加入一些防腐剂、保鲜剂、催熟剂、着色剂等化学药剂。甚至有少数不法奸商为获取经济利益的最大化，在农产品中加入有毒有害物质坑害消费者。

（七）生产中农产品质量安全风险自救

（1）农产品质量安全突发事件发生后，有关单位和个人应当采取控制措施，第一时间向所在地县级人民政府农业行政主管部门报告；

（2）积极配合有关部门，采取合理措施降低农产品质量安全风险事件的危害和损失。

二、农产品商标注册和质量认证

商标是商品的生产者、经营者在其生产、制造、加工、拣选或者经销的商品上或者服务的提供者在其提供的服务上采用的，用于区别商品或服务来源的，由文字、图形、字母、数字、三维标志、声音、颜色组合，或上述要素的组合，具有显著特征的标志，是现代经济的产物。在商业领域而言，商标包括文字、图形、字母、数字、三维标志和颜色组合以及上述要素的组合，均可作为商标申请注册。经国家核准注册的商标为"注册商标"，受法律保护。商标通过确保商标注册人享有用以标明商品或服务，或者许可他人使用以获取报酬的专用权，而使商标注册人受到保护。

商标通过确保商标注册人享有用以标明商品或服务，或者许可他人使用以获取报酬的专用权，而使商标注册人受到保护。我国商标法规定，经商标局核准注册的商标，包括商品商标、服务商标和集体商标、证明商标，商标注册人享有商标专用权，受法律保护，如果是驰名商标，将会获得跨类别的商标专用权法律保护。

（一）商标注册

1. 注册商标途径

目前，申请商标注册有两种途径：一是商标申请人亲自到商标局注册大厅办理，提交注册申请；另外，就是委托工商总局商标局备案的专业代理机构代办。

2. 申请商标注册 4 个步骤

商标查询—商标形式审查（10 天左右，下发受理通知书，商标可使用）—商标实质审查（9 个月左右）—商标公告（3 个月）—领取注册证。

3. 已注册的商标侵权的解决办法

根据《中华人民共和国商标法》第三十九条规定，对侵犯注册商标专用权的，被侵权人可以向县级以上工商行政管理部门要求处理，也可以直接向人民法院起诉。

（二）农产品地理标志是一种特殊的商标

1. 含义

农产品地理标志，是指标示农产品来源于特定地域，产品品质和相关特征主要取决于自然生态环境和历史人文因素，并以地域名称冠名的特有农产品标志。

2. 农产品地理标志的保护

我国 2002 年 12 月修改的《中华人民共和国农业法》第二十三条规定："符合规定

产地及生产规范要求的农产品可以依照有关法律或者行政法规的规定申请使用农产品地理标志"。

《中华人民共和国商标法》第十六条商标中有商品的地理标志，而该商品并非来源于该标志所标示的地区，误导公众的，不予注册并禁止使用；但是，已经善意取得注册的继续有效。

前款所称地理标志，是指标示某商品来源于某地区，该商品的特定质量、信誉或者其他特征，主要由该地区的自然因素或者人文因素所决定的标志。

（三）三品一标

无公害农产品、绿色食品、有机农产品和农产品地理标志统称"三品一标"。

"三品一标"是政府主导的安全优质农产品公共品牌。

"三品一标"具有推进农业标准化生产、提高农产品质量安全水平、促进农业增效和农民增收的示范带动作用。

1. 无公害农产品质量认证

无公害农产品是指有毒有害物质控制在安全允许范围内，符合《无公害农产品广东省地方标准》的农产品，或以此为主要原料并按无公害农产品生产技术操作规程加工的农产品。

全国统一无公害农产品标志标准颜色由绿色和橙色组成。标志图案主要由麦穗、对勾和无公害农产品字样组成，麦穗代表农产品，对勾表示合格，橙色寓意成熟和丰收，绿色象征环保和安全。标志图案直观、简洁、易于识别，涵义通俗易懂。

无公害农产品标志使用申请人的条件：

（1）生产单位或个人应提供以下材料。

①使用无公害农产品标志的申请报告。申请报告应包括：申请单位的基本情况、产品种类名称、作业区域、规模，以及产品执行无公害农产品标准的情况；

②生产技术规范；

③法定检验机构出具近半年之内的农产品基地环境测试报告和农产品安全质量抽检报告。

（2）经销单位或个人应提供以下材料。

①使用无公害农产品标志申请报告。申请报告应包括：申请单位的基本情况、经销规模、产品来源、产品种类及名称、产品执行无公害农产品标准的情况。

②法定检验机构出具近半年之内的抽检报告。

③产品质量安全控制措施。

④工高营业执照。

无公害农产品认证程序：

凡符合无公害农产品认证条件的单位和个人，可以向所在地县级农产品质量安全工作机构（简称"工作机构"）提出无公害农产品产地认定和产品认证申请，并提交申请书及相关材料。

县级工作机构自收到申请之日起10个工作日内，负责完成对申请人申请材料的形式审查。符合要求的，报送地市级工作机构审查。

地市级工作机构自收到申请材料、县级工作机构推荐意见之日起 15 个工作日内（直辖市和计划单列市的地级工作合并到县级一并完成），对全套材料（申请材料和工作机构意见，下同）进行符合性审查。符合要求的，报送省级工作机构。

省级工作机构自收到申请材料及推荐、审查意见之日起 20 个工作日内，完成材料的初审工作，并组织或者委托地县两级有资质的检查员进行现场检查。通过初审的，报请省级农业行政主管部门颁发《无公害农产品产地认定证书》，同时将全套材料报送农业部农产品质量安全中心各专业分中心复审。

各专业分中心自收到申请材料及推荐、审查、初审意见之日起 20 个工作日内，完成认证申请的复审工作，必要时可实施现场核查。通过复审的，将全套材料报送农业部农产品质安全中心审核处。

农业部农产品质量安全中心自收到申请材料及推荐、审查、初审、复审意见之日起 20 工作日内，对全套材料进行形式审查，提出形式审查意见并组织无公害农产品认证专家进终审。终审通过符合颁证条件的，由农业部农产品质量安全中心颁发《无公害农产品证书》。

2. 绿色食品的认证

绿色食品在中国是对具有无污染的安全、优质、营养类食品的总称。是指按特色生产方式生产，并经国家有关的专门机构认定，准许使用绿色食品标志的无污染、无公害、安全、优质、营养型的食品。类似的食品在其他国家被称为有机食品、生态食品或自然食品。

绿色食品标志是由绿色食品发展中心在国家工商行政管理总局商标局正式注册的质量证明标志。

绿色食品标志由三部分构成，即上方的太阳、下方的叶片和中心的蓓蕾，标志为正圆形，意为保护、安全。A 级标志为绿底白字，AA 级标志为白底绿字。该标志由中国绿色食品协会认定颁发。

绿色食品应具备的条件：

（1）产品或产品原料产地必须符合绿色食品生态环境质量标准。

（2）农作物种植、畜禽饲养、水产养殖及食品加工必须符合绿色食品生产操作规程。

（3）产品的包装、贮运必须符合绿色食品包装贮运标准。

（4）产品必须符合绿色食品标准。

绿色食品标志使用权申请人的条件：《绿色食品标志管理办法》第五条中规定："凡具有绿色食品生产条件的单位和个人均可作为绿色食品标志使用权的申请人"。

申请人应符合下列条件：

（1）申请人必须要能控制产品生产过程，落实绿色食品生产操作规程，确保产品质量符合绿色食品标准；

（2）申报企业要具有一定规模，能承担绿色食品标志使用费；

（3）乡、镇以下从事生产管理、服务的企业作为申请人，必须要有生产基地，并直接组织生产；乡、镇以上的经营、服务企业必须要有隶属于本企业，稳定的生产基地；

（4）申报加工产品企业的生产经营须一年以上；

（5）下列情况之一者，不能作为申请人。

①与中国绿色食品发展中心及各级绿色食品委托管理机构有经济和其他利益关系的。

②能够引致消费者对产品（原料）的来源产生误解或不信任的企业，如批发市场、粮库等。

③纯属商业经营的企业。

④政府和行政机构。

3. 有机产品的认证

有机产品（Organic product）是根据有机农业原则和有机产品生产方式及标准生产、加工出来的，并通过合法的有机产品认证机构认证并颁发证书的一切农产品。

中国有机产品标志、中国有机转换产品标志。获得有机产品或有机转换产品认证的，应当在获证产品或者产品的最小销售包装上，加施中国有机产品或中国有机转换产品认证标志。但是，初次获得有机转换产品认证证书一年内生产的有机转换产品，只能以常规产品销售，不得使用有机转换产品认证标志及相关文字说明。

获证产品在使用中国有机产品认证标志同时，还应当在获证产品或者产品的最小销售包装上，标准该枚有机产品认证标志的其唯一编号（有机码）和认证机构名称或者其标志。

中国的有机产品标志：形似地球，象征和谐、安全，圆形中的"中国有机产品"和"中国有机转换产品"字样为中英文结合方式，既表示中国有机产品与世界同行，也有利于国内外消费者识别；标志中间类似种子图形代表生命萌发之际的勃勃生机，象征了有机产品是从种子开始的全过程认证同时昭示出有机产品就如同刚刚萌生的种子，正在中国大地上苗壮成长；种子图形周围圆润自如的线条象征环形的道路，与种子图形合并构成汉字"中"，体现出有机产品植根中国，有机之路越走越宽广。同时，处于平面的环形又是英文字母"C"的变体，种子形状也是"O"的变形，意为"China Organic"；转换产品认证标志的褐黄色：代表肥沃的土地，表示有机产品在肥沃的土壤上不断发展；有机产品认证标志的绿色：代表环保、健康，表示有机产品给人类的生态环境带来完美与协调。橘红色代表旺盛的生命力，表示有机产品对可持续发展的作用。

有机产品特点：利用生态学的原理，强调产品出自良好的生态环境；对产品实行"从土地到餐桌"全程质量控制；有机农产品是纯天然、无污染、安全营养的商品。

认证基本要求：

（1）生产基地在最近 3 年内未使用过农药、化肥等违禁物质。

（2）种子或种苗来自于自然界，未经基因工程技术改造过。

（3）生产基地应建立长期的土地培肥、植物保护、作物轮作和畜禽养殖计划。

（4）生产基地无水土流失、风蚀及其他环境问题。

（5）作物在收获、清洁、干燥、贮存和运输过程中应避免污染。

（6）从常规生产系统向有机生产转换通常需要两年以上的时间，新开荒地、撂荒地需至少经 12 个月的转换期才有可能获得颁证。

（7）在生产和流通过程中，必须有完善的质量控制和跟踪审查体系，并有完整的生产和销售记录档案。

有机产品认证工作程序：

（1）申请。申请者向中心提出正式申请，填写申请表，签订有机产品认证合同，填写有机产品认证基本情况汇总表，领取认证书面资料清单，申请者承诺书等文件，申请者按《有机产品》GB/T 19630.1-4—2005要求建立：有机质量管理体系，过程控制体系、追踪体系。

（2）考察基地和现场检查。中心根据申请者提供的项目情况，确定检查时间，一般2次检查：初评1次、现场检查1次。

（3）签订有机产品认证合同。①申请者与认证中心签订认证合同，一式二份；②向申请者提供育机认证所需材料的清单；③申请者交纳认证所需费用；④指定内部检查员；⑤所有材料均使用书面文件、电子文档各一份，寄或E-mail给中心。

（4）申请评审。①中心技术推广部组织专家对申请者提交材料进行评审；对申请者进行综合审查；②做出受理或不受理意见。

（5）文件审核。申请者提交审核所需的文审材料（资料清单中所列的除原始记录以外的其他材料）后，中心审核部指派检查组长，并向申请者下达有机产品认证检查任务通知书，检查组长做出文审结论。

（6）实地检查评估。①认证中心确认申请者认证所需费用；②派出有机产品检查组实地检查；③检查组取得申请者文件材料，依据《有机产品》GB/T19630.1-4-2005，对申请者的质量管理体系、生产过程控制体系、追踪体系以及产地环境、生产、仓储、运输、贸易等进行评估，必要时需对、产品取样检测。

（7）编写检查报告。①检查组完成检查后，按认证中心要求编写检查报告；②该报告在检查完成1周内将申请者文件材料、文档资料、电子文本交中心审核部。

（8）审查评估。中心审核部根据申请者提供的基本情况汇总表和相关材料及检查组长的检查报告进行综合审核评估，编制颁证评估表，提出评估意见交技术委员会审议。

（9）技术委员会决议。技术委员会定期召开技术委员会专家会议，对申请者基本情况调查表和检查组的检查报告及颁证评估意见等材料进行全面审查，做出颁证决议。

（10）颁发证书。根据技术委员会决议，认证中心向符合条件的申请者颁发证书，获得有条件颁证的申请者要按认证中心提出的意见改进并做出书面承诺。

（11）有机产品标志使用。根据《有机产品认证管理办法》和《有机产品认证实施规则》办理有机产品标志使用手续。

4. 农产品地理标志的认证

农产品地理标志登记申请应符合下列条件。

①称谓由地理区域名称和农产品通用名称构成。

②产品有独特的品质特性或者特定的生产方式。

③产品品质和特色主要取决于独特的自然生态环境和人义历史因素。

④产品有限定的生产区域范围。

⑤产地环境、产品质量符合国家强制性技术规范要求。

农产品地理标志登记申请人的条件：农产品地理标志登记申请人为县级以上地方人民政府根据下列条件择优确定的农民专业合作经济组织、行业协会等组织。

农产品地理标志申请人需提交材料：符合农产品地理标志登记条件的申请人，可以向省级人民政府农业行政主管部门提出登记申请，并提交下列申请材料一式 3 份：

①登记申请书。

②申请人资质证明。

③农产品地理标志产品品质鉴定报告。

④质量控制技术规范。

⑤地域范围确定性文件和生产地域分布图。

⑥产品实物样品或者样品图片。

⑦其他必要的说明性或者证明性材料。

省级农业行政主管部门可以确定工作机构承担农产品地理标志登记管理的具体工作。

三、农产品市场变化趋势分析

（一）未来中国农产品消费的增长空间

中国主要农产品消费和农业发展仍将处于增长阶段。目前，中国农产品供求平衡关系从"基本平衡、丰年有余"进入"基本平衡、结构短缺"阶段。

总体上看，未来农产品消费仍有很大增长空间，主要农产品消费保持持续增长趋势，但不同农产品的需求增长将有所分化，人均消费有增有减，部分农产品消费达到峰值，一些农产品消费加快增长。

（二）未来中国农产品市场趋势预测

（1）中国经济增长变化要影响城乡居民收入水平增长和农村消费市场发育等。由于中国人口和劳动力供求关系的变化，未来社会分配结构有望改善。

（2）总人口将继续增长，但人口增长率回落，年均增长为 0.4%。人口增长意味着对各种农产品消费的普遍增加，尽管口粮等人均食用消费下降，但食用消费需求总量不一定下降，仍有可能保持基本稳定。

（3）城市化率持续提高，到 2022 年提高到 60.8%。这意味着未来十年中国仍处于城市化快速发展阶段，中国城乡居民的食物消费结构不同，城市化率的提高将推进食物消费结构升级，畜产品和水产品需求将保持快速增长趋势，同时，粮食需求总量扩大。

（4）价格因素。国家对农产品消费价格放开并进行调节，农产品消费价格上涨温和，保持过去十年的基本趋势。价格变化的影响，一方面农产品消费价格增长将抑制城乡居民食品消费的增长；另一方面农产品消费价格增长幅度回落，不同农产品之间的消费比价发生变化，推动农产品消费结构加快转型。

（三）未来农产品消费变化趋势

（1）中国粮食消费量将持续快速增长。

（2）中国畜产品和水产品消费将快速增长。

（3）预测中国农产品消费仍将保持快速增长态势。

（4）主要的影响因素是国民经济持续增长，城市化发展较快，城乡居民收入加快增长，农产品消费价格将保持低增长趋势，人均食品消费结构持续改变。

（5）总体上看，未来中国主要农产品的生产和需求都将继续增长，但消费增长更快，农产品供求总体上是偏紧的，部分产品存在较大缺口。短期内，农产品的供求形势比较好，市场供应比较充足。

四、农产品市场信息收集与调查分析

产品市场调查是指在一定地区，一定时间内对消费者需求的产品及其评价进行的调查。

全面性。收集信息时尽量全面，不仅要收集直接反映市场交易活动的信息，还要收集与市场供求关的信息。

准确性。收集信息力求准确，能真实地反映事物的本来面目，避免误听误信，造成决策失误。

针对性。收集信息有较强的针对性，紧紧围绕农户经营需要去收集信息，节省收集信息的时间和消耗。

时效性。收集信息力求迅速，有较强的时间观念。因为反映市场变动的信息常常是转瞬即逝，及时抓住信息才能不错过机会，才有希望在竞争中取胜。

产品品种调查。就是指对市场所需产品品种的市场调查。重点了解市场需要什么品种？需要数量是多少？农户自己生产的产品品种是否适销对路？

产品质量市场调查。产品质量市场调查包括产品内在质量市场调查，如消费者对产品品质，产品性能的要求以及产品对消费者满足程度的市场调查。产品外观质量调查，如产品纯度，颜色，体积大小等的要求。产品包装装潢质量调查，主要是调查消费者对包装装潢，商标的评价，产品的售后服务质量调查。

产品价格调查。产品价格是影响需求和消费者购买行为的重要因素，适当的价格能提高商品的竞争能力和市场占有率。农户就是要通过市场调查获得所生产经营产品的价格信息，及时调整生产经营计划，确定自己的价格策略。在进行产品价格市场调查时，农户要了解哪些因素影响价格变化。影响产品价格变化的因素主要有：产品供求状况、竞争状况、心理因素。

产品发展市场调查。产品发展调查主要包括两方面内容：一是产品生命周期调查，即了解哪些产品处于试销期？哪些产品处于发展期？哪些产品处于饱和期？哪些产品处于滞销期？处于试销期的产品，消费者不太了解，产品利润少或亏本。处于发展期的产品，销售量迅速增长，利润大幅度上升。处于饱和期的产品，竞争加剧，产品价格开始下降。处于滞销期的产品，供过于求，价格下跌。二是新产品发展市场调查，即为了改进所经营的产品品种所作的调查，调查内容主要包括：消费者需要什么新产品，新品种？需要的迫切程度和普遍程度如何？市场上有没有类似的新产品？其销售状况和发展趋势如何？新产品，新品种的经济效益如何？这些方面的调查对农户确定自己投入水平，生产规模和产品，技术的更新换代等都有十分重要的作用。

你也许已经有了几个自己农业项目的可能想法，认真思考每一个想法，从中选出最合适于你的想法。回答以下四个问题并分析每一个企业想法，他们将帮助你做出选择。

一是顾客

（1）你怎么知道你所在的地区对你计划办厂的企业需求？

（2）谁将是这个企业的顾客？

（3）会有足够的顾客吗？

（4）顾客有能力购买你的产品或服务吗？

二是竞争对手

（1）你要创办的企业是你居住地区同类企业中唯一的一家吗？

（2）如果有其他类似的企业，你如何才能成功地与他们竞争？

三是资源和要求

（1）你如何才能提供顾客需要的高质量的产品或服务？

（2）你从哪里获得资源来创办这个企业？

（3）你从哪里得到创办这个企业的建议和信息？

（4）企业需要设备、厂房或合格的员工吗？

（5）你认为你能够得到满足这些要求所需要的资金吗？

四是你的技能、知识和经验

（1）你对这个农业的产品或服务了解多少？

（2）你有哪些技能、知识和经验能够帮助你经营这个农业项目？

（3）为什么你认为这个企业会盈利？

（4）你能想想未来 10 年中自己一直经营这个企业吗？

（5）你的素质和能力在多大程度上合适经营这个企业？

（6）你确定对这种类型的企业真感兴趣？并愿意投入大量的时间和精力使企业获得成功？

通过与顾客、供货商和企业界人士的交谈，你能够搜集到那些影响你的企业想法的因素。你可安排一非正式的讨论并进行观察，或者安排正式的访问和会谈。虽然访问比较费时间，但通过实地调研，你已经像一名成功的企业人士那样开始行动了，而且当你创办企业时，你在访问过程中交往的那些人对你也会很有用。

一是交谈对象

与谁交谈，这取决于你的想法和调研领域，如果你考虑创办一家零售店，你就需要与其他商店的老板交谈，不论他们是你的竞争对手还是开办同类商店的人。也许你应该去另一个城镇与你的间接竞争对手交谈。你还需要与你将来的供货商交谈，以便查明价格、库存和运输的有关情况。

如果你考虑生产一种产品，你需要了解这种产品如何制作以及对设备和厂房的要求。你应该与你的原料供应商交谈，还应该与那些卖给你工具和机器的人交谈。

无论你有什么想法，你都必须与潜在的顾客交谈，顾客的看法对于你知道自己是否有一个好的想法至关重要。你需要问自己有关企业想法的第一个问题就是：谁会购买你的产品或服务？

换言之，谁将是你的顾客？年轻人、老年人、富人、穷人、男人还是女人？他们来自城市还是农村？然后你必须找一些潜在的顾客并与他们交谈，通过与不同类型的人交谈，力求获得不同顾客的代表性信息。

如果你的产品是面对所有人群，你一定要与各类人士交谈，包括男人、女人、年轻人、老年人、中年人、富人和穷人。如果你准备向某一类顾客销售产品或服务，例如，中年妇女，你应该尽量去发现他们当中的不同之处（不同的民族、职业及街区）。至少要与10位顾客交谈。不要忘了记下他们的详细情况（年龄、性别、收入水平等）。

二是关键信息提供者

我们称那些很有用的交谈对象为"关键信息提供者"。这些人对你计划进入企业领域知之甚多，或者对你的潜在顾客非常了解。他们可能是大公司的采购人员，或者是一些机构的行政人员，也可能是政府机构的人员，在政府机构里监管一个特定的产业。他们也可能是大公司的经理，了解市场的总体情况，或者是群团组织工作人员。如果你们接近其中一个关键信息提供者，他们就可能帮你引见更多的关键信息提供者。

三是面谈

通过面谈向对方介绍你和你的企业想法，同时搜集相关的信息。对你的想法做正面的介绍，说明为什么它是顾客需要的。这是你尝试推销自己的企业想法的第一次机会。

随身带上一些纸和纸板夹，把此人说的话记下来，不要用书本或大本子。当然，你要问问对方是否介意你做笔记，如果有人介意，你应努力记住他们说过的内容，然后尽快把这些内容记下来。

带一张问题清单去问问题，但要让交谈自然地进行，用一个话题引出另一个话题，你绝对想不到你能学到什么东西。

不要问那些可以用"是"或"否"来简单回答的问题，而要问一些开放式的问题，比如谁？什么？为什么？哪里？何时？如何等。

例如，不要问"你对这个产品满意吗？"对于这样的问题为了得到更好的回答，要问"你对这个产品的满意度如何？"

别担心连续的问问题。

每次提问只问一个问题。例如，你在运输上花多少钱？

重复对方的回答，确定你正确地理解了他们所说的内容。

四是问顾客的问题

针对你的产品或服务在本地区是刚上市还是早已上市，你要问不同的问题。

（1）对于已经上市的产品，你的问题可以包括。

①你在哪里购买这种产品或服务？

②你还可以从哪些地方买到这种产品或服务？

③你为什么从那里购买？

④你多长时间买一次？

⑤你是用什么价格买的？

⑥你认为你买的产品或服务的质量如何？

⑦你觉得还有什么地方需要改进吗（样式、包装）？

⑧你知道还有谁计划提供这种商品或服务吗？

（2）如果这是一种新上市的产品或服务，你应该问顾客是否愿意购买这种产品或服务，他们多长时间购买一次。

五是问供货商、批发商和竞争对手的问题

（1）如果你打算开一家零售店，你需要与你的供货商交谈。你可以问他们。

①很容易拿到产品吗？

②供应有保证吗？

③能拿到什么质量的货？

④什么价格？

⑤需要什么样的库存、包装及维护？

（2）在原料批发商那里，你需要了解的是哪些。

①购买一定数量的原料要付多少钱？

②供应有保证吗？

③还有谁供应这些原料？

④这些原料在库存、运输或使用方面有什么特殊要求？

（3）你可以问竞争对手同样的问题。因为供货商和实力雄厚的竞争对手常常对市场有全面的了解。你可以问他们一些问题：

①你认为人们多长时间购买一次这样的产品，买多少？

②有多少竞争对手已经在提供我打算生产的产品？

③对这种产品的需求（即人们购买的数量）是不变的，还是会在一年当中不断地变化（人们在某个时间可能对某种产品的需求要多一些，例如，冬天买毛毯，新年时买奢侈品，种植前买肥料）？

④你认为人们还需要什么？

⑤你认为未来的趋势如何？

六是问关键信息提供者的问题

问关键信息提供者什么问题，很大程度上取决于这些人是谁。你选择他们是因为其对市场或产品有一些专门知识，同时，他们也许是你的主要客户。你问供货商的问题也可以用在这里：

（1）这个企业对人们有什么用？

（2）你认为人们需要什么这样的产品或服务？

（3）你认为促使人们购买这样的产品或服务的最重要的因素是什么（质量、样式、价格、可靠性）？

（4）你认为这个企业会随着时间的推移而不断壮大吗？

（5）未来的趋势如何？

（6）人们对该产品的需求在一年中一直都保持稳定还是会有变化？

（7）人们对产品有某些方面的需要，这些需要是不是要么根本无法实现，要么很难实现？

（8）你认为人们还需要什么？

七是发展环境的分析评估

（1）宏观环境。

①政治环境分析。

②经济环境分析。

③政策、法律环境分析。

④社会环境分析。

⑤科技环境分析。

⑥地理和气候环境分析。

（2）微观环境。

①区域环境分析。

②区域购买力分析。

③区域人口状况分析。

④产品或服务需求和供应调查与分析。

（3）农业的行业环境分析。

①行业经济特性分析。

②行业竞争力量分。

③行业中的变革驱动。

④行业中竞争地位。

⑤行业的关键成。

⑥分析农业项目选择的模型。

八是未来前景与竞争压力分析

①农业项目内部环境分析。

②农业项目内部资源分析。

③农业项目能力分析。

④农业项目核心能力分析。

九是核心竞争力分析

（1）什么是农业项目的核心竞争力。核心竞争力必须符合6个标准，即是"偷不去、买不来、拆不开、带不走、流不掉和变不了"只有符合这6个条件的因素才是企业核心竞争力。其他因素都不可能成为核心竞争力。技术、人才都可以转移，可以变动，但核心价值却不行，正如你可以抢走一个人的一切，但却抢不走他的精神一样。创造一种凝聚人心的核心价值观，并始终不移地信奉它，是一个企业获取核心竞争力的根本法则。

（2）核心竞争力的识别标准。企业核心竞争力的识别标准有4个。

①价值性：这种能力首先能很好地实现顾客所看重的价值，如能显著地降低成本、提高产品质量，提高服务效率，增加顾客的效用，从而给企业带来竞争优势。

②稀缺性：这种能力必须是稀缺的，只有少数的企业拥有它。

③不可替代性：竞争对手无法通过其他能力来替代它，它在为顾客创造价值的过程中具有不可替代的作用。

④难以模仿性：核心竞争力还必须是企业所特有的，并且是竞争对手难以模仿的，也就是说它不像材料、机器设备那样能在市场上购买到，而是难以转移或复制。这种难以模仿的能力为企业带来超过水平的利润。

（3）识别竞争力的3个测试。

①为企业提供通向广阔的多样化市场的潜在通道。

②使企业能够从生产顾客所需产品中获得巨大汇报。

③竞争者难以复制。

④构建核心竞争力。

核心竞争力的构建是通过一系列持续提高和强化来实现的，它应该成为企业的战略核心。从战略层面来讲，它的目标就是帮助企业在设计、发展某一独特的产品功能上实现全球领导地位。

企业高管在战略业务单元SBU（Strategic Business Unit）的帮助下，一旦识别出所有的核心竞争力，就必须要求企业的项目、人员都必须紧紧围绕这些竞争核心。

企业的审计人员的职责就是要清楚围绕企业竞争核心的人员配置、数量以及质量。肩负企业核心竞争力的人员应该被经常组织在一起，分享交流思想、经验。

十是农业项目的优劣势（SWOT）分析

1. 劣势（SWOT）分析的概述

SWOT（Strengths Weakness Opportunity Threats）分析法，又称为态势分析法或优劣势分析法，用来确定企业自身的竞争优势（strengths）、竞争劣势（weakness）、机会（opportunity）和威胁（threats），从而将公司的战略与公司内部资源、外部环境有机地结合起来。EMBA、MBA等主流商管教育均将SWOT分析法作为一种常用的战略规划工具包含在内。

（1）SWOT是一种分析方法，用来确定企业本身的特点。

优势（S）	劣势（W）
机会（O）	威胁（T）

（2）SWOT分析的步骤。

①罗列自己的优势和劣势，可能的机会和威胁。

②优势、劣势与机会、威胁相组合，形成SO、ST、WO、WT策略。

③对SO、ST、WO、WT策略进行甄别和选择，确定自己目前应该采取的具体战略和策略。

当然，SWOT分析法不是仅仅列出四项清单，最重要的是通过评价公司的强势、弱势、机会、威胁。

（3）最终得出以下结论。

①在自己现有的内外部环境下，如何最优地运用自己的资源；

②如何建自己的未来资源。

2. 怎样验证你的农业项目构思

（1）优势和劣势是分析存在于内部的你可以改变的因素。

优势是指你的长处。

劣势是指你的短处。

（2）机会和威胁是你需要了解存在于外部的你无法施加影响的因素。

（3）机会是指周边地区存在的对你有利的事情。

威胁是指外部环境存在对你不利的事情。

切记：

你必须运用 SWOT 分析法对自己的构思进行独立分析，并独立做出判断。

不要依老师或专家，老师或专家只能告诉你如何进行分析，最终的判断（决策）必须由你自己做出。

五、价格变动与农产品的定价方法

当前农业生产者的收益特点是：赚三年、赔三年、不赔不赚又三年。农产品价格一头连着农民，一头连着消费者，如何找到市场这个平衡点？

农产品市场价格涨涨跌跌是正常现象，大大小小的波动几乎每年都有发生，也常常成为人们热议的话题。综观世界各国农产品市场以及我国不同时期和不同农产品市场，农产品价格无不存在着程度不同的波动。价格波动是农产品市场运行的属性，虽然可以进行人为干预而影响其波动程度，但是，通常不可能完全避免。

对于农产品价格波动各方要理性看待，不要过于敏感，在市场经济体制下，一定范围内的价格波动，是市场机制发挥作用的基础，有利于调整市场价格供求。但是，过于剧烈的波动则会对经济发展产生不利影响。

（一）价格波动的基本规律

（1）价值决定价格。在其他条件不变的情况下，商品的价值量越大，价格就越高；商品的价值量越小，价格就会越低。所以价格与价值成正比例关系。

（2）供求关系与价值没有关系。因为商品的价值量是由生产该商品的社会必要劳动时间决定的，耗费的社会必要劳动时间越多，商品的价值量越大；耗费的社会必要劳动时间越少，商品的价值量越小。而且商品生产完后，价值量就不会再变化了。

（3）价格受供求关系的影响。价格会围绕价值上下波动。当商品供不应求时，商品的价格会上涨；供过于求时，商品的价格会下跌。

（二）当前农产品价格波动的特点

（1）农产品价格的波动幅度逐步增大。

①我国农业已进入高成本、高价格、高补贴时代。农产品价格上涨，是我国工业化、城镇化发展到一定阶段的必然。

②农产品平稳涨价有其必要性和合理性，符合农民对冲务农成本增加的合理诉求，有利于保护农民的生产积极性。

③农产品价格整体呈现底部逐年抬高趋势，也就是老百姓感觉到的农产品越来越贵。

④农产品价格的波动程度有显著差别，除粮食外其他农产品价格的波动幅度出现上升趋势。

（2）农产品价格周期波动性增强。

①农产品价格每年都会出现中等以上幅度的波动，既有季节性波动，也有周期性波动；

②农产品价格，特别是蔬菜、水果和猪肉有很强的、有规律的周期波动性。

（三）农产品价格波动的主要原因

（1）农业生产和经营的信息不对称性。农业分散经营的体制性弊病造成农业生产和经营的严重信息不对称性。

十一届三中全会后，在农村逐步推行了家庭联产承包责任制，这造成了农业经营的分散。其一方面，调动了农民生产的积极性，使农民扑下身子像对待亲儿子那样对待起自家的"自留地"，促进了农业生产力的巨大发展；另一方面，由于农业的分散经营和土地经营权的分散，也限制了农业的规模经营。弱小的农户很难及时掌握市场的供求信息，并作出恰当的反映。

（2）主管部门对各方面信息反应的滞后性。主管部门对农业生产、经营各方面信息反应的滞后造成了农产品始终处于大幅度上涨或下跌的波动局面。物价的适当波动是合理的，是市场这只"看不见的手"在充分发挥着调配资源的作用。但价格的剧烈波动必然不利于市场的健康发展，这就是市场失灵的问题。这个时候，就需要政府发挥调节作用。

（3）政策性因素。改革开放以来，在宏观经济发展中我国加大对农业的政策倾斜，如改革农产品流通体制，尤其是1994年国家粮食收购价格上调42.0%。近年来，针对农业效益低下、农民增收困难、城乡居民收入差距拉大等问题，国家出台了取消农业特产税、农业税，以及对农民进行种粮直补、农资补贴等扶持政策。这些促进了农产品价格的恢复性上涨。

可以说今年农产品价格上涨是我国农产品价格长期在低价位徘徊的正常复归，是对惠农政策的积极反应。

（4）农业生产成本在逐年增加。这几年，农业生产须臾不可或缺的种子、化肥、农药、农膜等价格一涨再涨，农业生产成本也随之不断提高。另外，农民工工资的提高，也可以说从某种意义上增加了农业生产的劳动力成本。

事实上，与10年来的房价成倍翻番，水电煤气价格、上学看病费用不同程度上涨相比，部分农产品价格上涨似乎是小巫见大巫了。

（5）国际市场的影响。农产品价格变动趋势同产品国际贸易度紧密相关，市场决定生产。在全球一体化进程不断加快的今天尤其是我国加入WTO后，国际市场的变动不可避免的会影响到国内市场农产品的价格。

（6）人民币升值和物价全面上涨。人民币升值不仅使农产品出口成本增加，而且大量外汇兑成人民币在国内流通，势必推动农产品价格上涨；同时，近年来尤其是今年价格上涨的不仅是农产品，房价、燃气、油价等的上涨，也带动了其他产品价格的普遍上涨；尤其是农资价格上涨，势必带动农产品价格上涨。

（7）销售渠道的不畅。农产品生产出来以后关键是销售，但在我国的一些地区却出现了由于销售渠道不畅，增产不增收的问题。2006年10月，西安市阎良区、临潼区蔬菜生产基地的秋芹菜正值收获时节。但由于收菜的外地客商数量减少，农民又急于腾地种小麦，芹菜销售价格由9月的每千克0.8元左右骤降到10月的0.16元左右，一些无法收回成本的菜农只能忍痛将芹菜毁弃在田里。

（四）农资及农产品价格信息获取渠道

电视、广播、报纸是农民了解农产品价格信息的主要渠道，农产品的主要途径是电视台，其次是报纸、收音机，再次是电话、乡村公示栏、口传，最后是计算机网络，农民最满意的服务方式是手机短信。

（五）制定合理的农产品价格

1. 怎样了解你的顾客

（1）了解你的顾客，首先要明确这几个问题。

①谁是你的市场。

②你的市场有多大。

③你的市场能让企业赢利。

（2）现在你要运用这些市场信息来使你的顾客满意。为了既使你的顾客满意，又能提高企业的销售量，实现企业赢利，你需要了解：

①你的顾客想要什么样的产品或服务。

②你的顾客愿意接受什么样的价格。

③你的企业应该设在什么地点，以便你能够接触到顾客。

④你能够利用什么样的促销方法来让顾客了解，并吸引他们购买你的产品或服务。

以上这些内容被称市场营销组合的4个要素。这4个要素的英文单词都是以字母P打头：产品（Product）、价格（Price）、地点（Place）和促销（Promotion），因此很容易记住。

如果说企业和顾客之间隔着一条河流，那么市场营销组合的4个要素就像过河用的四块踏脚石。

为了接触到顾客，提高企业的销售量，你需要学习并运用市场营销组合的全部4个要素。

这4个要素缺一不可，必须充分运用每一个要素，忽略任何一个都会使你在试图接触市场时遇到风险，使你的企业陷入困境，甚至可能会倒闭。

2. 提供适合顾客需求的产品或服务

现在市场上各种产品的竞争很激烈，有各种各样的竞争方式，要是想赢得更多的机会，服务的竞争将是所有竞争中的关键。

顾客需要什么样的产品，你就提供什么样的服务，超值的服务可以让你赢得更多的顾客。

你没有什么权力说顾客什么，因为顾客就是卖家的上帝。顾客需要的，就是希望你能给他们提供更多更好的服务。买家选择你产品唯一的关键就是看你的服务是否做到很好，因为买家买的不仅是你的产品，更是你的服务，你做不到最好，你失去的顾客将更多。

顾客需要的，即使你没有，也同样能提供好的服务，显然这样顾客对你的信任值就更加大。也许你还没有意识到很多细节方面的服务，那也是很重要的，那部分是超值的服务，你做到了吗？

3. 制定顾客觉得物有所值的价格

一个企业应当采用高价策略赚钱还是靠低价薄利多销来赢利，不能一概而论。每个企业应针对自己的产品和业务特点，制定恰当的定价策略。初创企业产品/商品的常用定价方法：

（1）成本加利润。

（2）随行就市，参照竞争对手的价格。

（3）根据顾客的期望值。

（4）吉利数字。

（5）非整数。

（6）高价策略。

（7）薄利多销。

六、农产品销售渠道的分析与选择

（一）中国农产品销售市场的特点

（1）农产品各种销售渠道体系初步建立。形成多形式多渠道的格局，逐步形成了由"生产者或代理商—农产品批发市场—社区菜市场（向超市过渡）—消费者"以及由"生产者或者代理商——农产品经销公司—超市—消费者"构成的农产品物流主渠道。形成了从生产、收购、流通加工、运输、储存、装卸、搬运、包装、配送到销售一整套组织环节。

（2）增值服务水平较低。主要表现在农产品分类与分类包装、农产品加工、农产品配送、特种农产品仓储与管理等增值服务水平较低。

（3）物流主体逐渐向多元化发展。主要有国有商业企业、供销社，农产品物流业中的民营企业、股份制企业等各类企业。同时，还有农村生产经营大户、专业协会、农民经纪人、专业合作经济组织等均得到了较快发展。

（4）农产品物流信息体系初步建立。在农村广播、电视、电话等传统媒体发布农产品信息基本得到普及，部分地区的农产品销售主体已配备了电脑，建立了自己的网页，并成立了农村经济信息中心和农业专业性网站。

（5）农产品批发市场发展较快。据统计显示，全国不同类型、不同规模的农产品批发市场数量已达到 4 500 余家，从年交易额情况看，全国年交易额亿元以上（含亿元）的市场接近 900 家。广东省深圳市农产品股份有限公司是我国最大的农产品批发市场经营集团，旗下共有 32 家大型农产品综合批发市场和大宗农产品网土交易市场。据我会统计数据显示，2012 年该集团下属的批发市场（含网上交易市场）农副产品年交易总量超过 2 400 万吨，年交易总额超过 1 400 亿元。单体批发市场中，北京新发地农产品交易市场交易额最高，年交易总量约为 1 000 万吨，年交易总额约为 360 亿元。

基础设施建设方面，据不完全调查统计，建有信息网络及信息发布系统的市场约占81%，设有农产品质量检验检测室的市场约占77%，拥有垃圾分类收集和处理站的市场约占61%，建有电子监控系统的市场约占43%，建有卫生消毒间的市场约占37%，配备污水处理设施的市场约占33%，其中，信息网络及信息发布系统、农产品质量检验检测实验室的配备率较高，而配备污水处理设施的市场比例最低。

（二）农产品销售渠道的分析与选择

1. 专业市场销售

即通过建立影响力大、辐射能力强的农产品专业批发市场来集中销售农产占专业市场销售以其具有的诸多优势越来越受到各地的重视。

（1）具体而言专业市场销售具有以下优点。

①销售集中、销量大：对于分散性和季节性强的农产品而言，这种销售方式无疑是一个很好的选择。农民主要就是通过专业批发市场把优质的产品销往各地。

②对信息反应快，为及时、集中分析、处理市场信息，做出正确决策提供了条件。

③能够在一定程度上实现快速、集中运输，妥善储藏，加工及保鲜。解决农产品生产的分散性、地区性、季节性和农产品消费集中性、全国性、常年性的矛盾。

（2）在现实运作中专业市场还存在以下问题。

①市场管理矛盾突出、市场体系不健全。在一些专业销售市场，市场销售主体—农民经纪人在从事购销经营活动中，一手压低收购价，一手抬高销售价。不仅农民利益受损，而且往往造成当地市场价格信号失真，管理混乱。此外，税费管理政出多门、标准不一等问题，也在一些地区存在着。

②信息传递途径落后、对市场信息分析处理能力差。在有些专业销售，市场信息传递很大程度上仍依赖于口头传递和电话交流，缺乏网络等交互性强的覆盖范围大的工具；对市场信息不能实现集中处理。

③市场配套服务设施不健全，不能有效实现市场功能延伸。

（3）针对以上问题在建设专业市场过程中可采取以下改善措施。

①注重对市场经营者的资格审定，培养合格的农产品经纪人，并进行后续培训指导。

②建立统一高效的市场管理体系，分清政府、管理者和经营者的职权和关系。

③健全信息体系。建议由政府建立信息交互平台，构建农产品销售网站，选拔优秀经纪人为网站搜集资料；同时，注意对市场信息进行集中处理，做好市场预测。

（4）在农产品批发市场建设过程中，注重市场功能的完善和多种服务设施的配套。

2. 销售公司销售

即通过区域性农产品销售公司，先从农户手中收购产品，然后外销。农户和公司之间的关系可以由契约界定，也可以是单纯的买卖关系。这种销售方式在一定程度上解决了"小农户"与"大市场"之间的矛盾。在发展农业的过程中，依托各乡主导产业，大力发展各类销售公司，有效地解决了农产品销售难的问题。

（1）从实践来看通过销售公司销售农产品具有以下优点。

①有效缓解"小农户"与"大市场"之间的矛盾。农户可以专心搞好生产，销售

公司则专职从事销售，销售公司能够集中精力做好销售工作，对市场信息进行有效分析、预测。

②销售公司具有集中农产品的能力，这就使得对农产品进行保鲜和加工等增值服务成为可能，为农村产业化的发展打下良好基础。

（2）从实际运作过程来看，通过销售公司销售农产品主要还存在以下问题。

①风险高：特别是就通过契约和合同来确立农户与公司关系的模式而言，由于组织结构相对复杂和契约约束性弱等原因，使得这种模式具有较大风险。如当农产品供大于求，合同价格大于市场价格时，公司不按合同价格收购契约户农产品。反过来当农产品供不应求时，市场价格高于合同价格，农户不按合同向签约公司交售产品，导致公司利益受到损失。

②行政干预在一些地方存在，特别是在国有制流通企业改制过程中，还存在"拉郎配"等行政干预行为，使得销售公司不能正常运作。

③销售公司和农户之间缺乏有效的法律规范。

（3）可以采取以下办法解决上述问题。

①探索新的组织模式。如"公司＋合作社＋农户"或"公司＋大户＋农户"等模式，寻找有效规避风险的途径。同时，公司和农户之间也可以通过专用性资产投资，相互参股经营，成本预付或收益预付等方式提高双方毁约的成本。

②转变政府职能。政府应主要通过税收、信贷等杠杆调节经济问题，减少直接行政干预；同时应通过"助强扶优"和政策倾斜扶植一批有影响力的"龙头企业"。促进本地资源优化，加快农业发展。

③加快法制建设，完善农村经济法规。同时应加强对参与主体特别是农户的法制教育。

3. 合作组织销售

即通过综合性或区域性的社区合作组织，如流通联合体、贩运合作社、专业协会等合作组织销售农产品。购销合作组织为农民销售农产品一般不采取买断再销售的方式，而是主要采取委托销售的方式。所需费用，通过提取佣金和手续费解决。购销合作组织和农民之间是利益均沾和风险共担的关系。

（1）销售渠道的优点。

①既有利于解决"小农户"和"大市场"之间的矛盾，又有利于减小风险。

②购销组织也能够把分散的农产品集中起来，为农产品的再加工、实现增值提供可能，为产业化发展打下基础。

（2）从现实运作情况来看，通过合作组织销售农产品主要存在以下问题。

①合作组织普遍缺乏作为市场主体的有效法律身份，不利于解决销售过程中出现得法律纠纷。

②农民参加合作组织的自愿、自主意识不强。各类合作组织的形成动因主要是行政力量的撮合。

③由于合作组织普遍缺乏资金，很难有效开拓市场。

④合作组织缺乏动力、决策风险较高。

（3）针对以上问题可以采取以下措施加以改善。

①完善农村经济法规，确立合作组织的明确身份。

②对农民进行引导，引导其加入合作组织，在引导过程中不能采取强制性措施，应主要通过示范作用促使其自愿加入。

③政府应对有发展潜力的在资金和人力方面给合作组织以支持和帮助，同时合作组织自身也应该注意资金的积累。

④引入竞争机制：如成立多于一个的同类合作组只，促使合作组织之间竞争，更好开展工作。合作组织在决策过程中决策层应与成员进行必要的协调与沟通，以减少决策风险。

4. 销售大户销售

在改革开放的大潮中，在农村涌现了许多靠贩运和销售农产品发家致富的"能人"。把农产品收购集中，然后源源销往各地；也有的是联系外地客商前来农产品生产地直接收购。

（1）从实践来看，这种销售渠道具有适应性强、稳定性好的特点。

①适应性强：能够适应各种农产品的销售，集中把当地农产品销往各地。浙江绍兴地区出现的销售大户，不仅解决了农产品销售难的问题，而且繁荣了当地经济。

②稳定性好：由于销售大户的收益直接取决于其销量，这就充分调动了"大户"们的积极性，他们会想尽各种办法，如定点销售与零售商利润分成等方式来稳定销量。

（2）作为个体农产品销售主体，在市场操作过程中往往遇到以下问题。

①信息不畅：由农户转化而来的销售大户，很难在市场信息瞬息万变的今天，对市场信息进行有效的搜集、分析、处理作好市场预测。

②风险较高：对于进行农产品外运的大户来说，会遇到诸多困难，如天气、运输、行情等。

③"大户"对市场经济知识缺乏较深了解，销售能力有限。

（3）针对实际存在的问题可以采取以下措施加以改善。

①政府完善信息体系，对大户进行必要的信息指导。

②引导大户进行商业投保。即"大户"交纳一定的保险费给保险公司，保险公司根据实际情况进行保险。

③采取聘请专家指导，举办培训班，定期召开经验交流会等办法提高销售大户的销售能力。

5. 农户直接销售

即农产品生产农户通过自家人力、物力把农产品销往周边地区。近年来农民在售农产品过程中，较多采取了这种销售渠道销售，取得了很好的效果。

（1）这种方式作为其他销售方式的有效补充，具有以下优点。

①销售灵活：农户可以根据本地区销售情况和周边地区市场行情，自行组织销售。这样既有利于本区农产品及时售出，又有利于满足周边地区人民生活需要。

②农民获得的利益大：农户自行销售避免了经纪人、中间商、零售商的盘剥，能使农民朋友获得实实在在的利益。

（2）但这种销售渠道的不足在于以下几点。

①没有定价权：农户自己直接销售的价格都是买家说了，农户只能被动地接受买家定的价格。

②销量小：农户主要依靠自家力量销售农产品，很难形成规模。

③销量不稳定：尽管从长期来看可以避免"一窝蜂"现象，但在短期，很可能出现某地区供大于求、价格下跌的状况，损害农民利益。

④一些农民法律意识、卫生意识较差，容易受到城市社区排斥。

（3）针对以上问题可以采取一些措施加以弥补。

①设立农产品直销点。农户也应该学习一定的市场销售技巧，通过成立直销点以及与零售商建立良好关系来保证稳定的销量。

②加强对农户的教育，帮助他们树立法律意识、环保意识、市场意识。

6. 网络销售和促销

即通过计算机互联网络进行销售。这种销售方式作为一种新兴的销售方式，在东南沿海一些发达地区得以应用，取得了一定的效果。随着互联网络的普及，可以预见这种销售渠道会显得越发重要。

（1）现阶段来看这种销售渠道具有以下优点。

①宣传范围广：可以使更多的客商了解农产品生产地区的农产品供给情况，这样通过适当的宣传、组织为大幅提高销售量提供了可能。

②信息传递量大、信息交互性强：通过互联网可以使各地客商充分了解本地区农产品信息，促使其购销行为发生。

③节约交易费用：一方面客商不必为了解行情，来到农产品产地，为其节约费用，这样会促使交易行为发生；另一方面，各销售主体也不必为搜集信息东奔西跑，节约销售成本。

（2）从大范围来看，在现阶段网络销售还有以下困难。

①网络基础薄弱：至今很多地区没有一家具有影响力的农产品信息网站。

②网络知识普及率低：在一些地区很多农民经纪人根本就没见过电脑。

③我国电子商务和网络销售处于起步阶段，缺乏完善的法律、法规来约束和规范网上交易行为。同时，在很多县区缺乏有良好信誉的销售主体。

（3）就以上问题应该采取以下措施加以改善。

①政府在政策、资金及人力上对网络发展给予支持。同时，各地应抓住农业信息网建设的机遇在较短的时间里，建立具有区域性影响力的农产品销售网站。

②加大信息化宣传力度，积极普及网络知识，增强广大干部、群众的网络意识和信息意识。

③政府在政策上给网络销售主体以支持，帮助其树立知名度，解决货物发送等问题。

7. 构建和完善农产品销售渠道关键点

（1）农产品品牌化问题。随着人民生活水平的提高，人们对于农产品的消费也有向优质和名牌倾斜的趋势。名牌产品对于扩大销售量，提高产品附加值，衍生家族品牌都将起到重要作用。而销售过程又和品牌的树立存在直接的关系，所以各销售主体应树立"全局"意识，共同树立和维护本地农产品品牌。

①保证产品质量：不要为了眼前利益和局部利益销售劣质产品而不惜损害长远利益和全局利益。

②突出产品特色：只有具有特色的产品才能在市场上站稳脚跟，各销售主体应协调行动，共同宣传本地农产品特色。

③注重品牌保护：由政府出面建立全过程的品牌管理体系，作好品牌名称决定、商标保护等。

（2）"入世"对我国农产品销售的影响及农产品销售渠道的相应调整。由于我国农产品生产规模小、技术水平低、产品质量较差，尤其大田类农产品的竞争力很低，难以和国外质量好、价格低的农产品进行竞争。因此可以预见国外农产品将对我国农产品市场形成巨大冲击。但同时我们也应该看到"入世"会扩大我国农产品对外销售空间，在融入世界的过程中我们也可以利用国内、国外两种资源、两种市场，提高我国农产品销量，加快我国农业发展。为了一做好我国农产品外销工作，有必要对一些农产品的销售渠道进行调整。

①改变农产品进出口业务主要由省级外贸公司承担的局面，成立县级外贸公司，并使其成为承担农产品进出口业务的主体。农产品进出口业务主要由省级外贸公司承担的销售模式弊端在于：有好货源的乡就重点扶持，没好货源的乡就放弃不管；农民的一些信息很难反应到省级外贸公司；省级外贸公司也不可能对全省每个乡都很了解。而县级外贸公司则比较贴接近农户，与乡级单位和农户进行沟通比较容易。

②延伸相关销售渠道，采取多种方式提高销量。沿海地区应设立农产品对外销售窗口。同时，通过补偿贸易、契约贸易和期货贸易等多种形式稳定和提高农产品销量。

（3）摆正政府角色，转变政府职能。在构件和完善农产品销售渠道过程中，在进行农产品销售过程中，政府主要应提供服务，其中关键的是抓好信息体系、市场体系、质量标准体系、政策法规体系和农村金融体系的建设。

（三）构建农业产业链经营管理模式

农业产品产业链是指农产品从原料、加工、生产到销售等各个环节的关联。目前，与产业链相关的还有价值链、生产链、供应链、商品链等不同概念。此外，产业链没有空间集聚的概念。产业集群的概念则要比产业链的概念丰富得多，它既包括产业间的联系，还包括产业及其他相关机构间的联系，而且还强调空间的集聚。

农业产业链是推动我国社会主义新农村建设的重要途径，它的建设有利于提高农业产业的组织化程度和农产品的增值能力，能适应农业牛产规模化、专业化和市场化的时代要求，并促进农产品的标准化生产和产品质量安全，从根本上扭转我国农业生产的分散、粗放、劣势地位。另外，农业产业链的区域延伸将会沟通城乡两个相对封闭的地域，打破我国长期以来固有的城乡二元化体制。产业链经营是现代农业的主要特征，是现代农业相互竞争的主要手段，现代农业之间的竞争主要是基于产业链之间的竞争。

1. 农业产业链与农业产业化的区别及联系

从农业产业链与农业产业化的定义来看，两者之间是有区别的。农业产业链侧重于反映产业之间的关系，考察其联系效应、相互作用的方式和程度，同时，也涵盖价值的形成和增值过程；而产业化的实质是通过市场功能主体相关环节的联合，对农业产供销、农工商实行企业内部化或合同式经营，减少交易费用，增强市场竞争力，使参与主体合理分享交易利益，它侧重于强调在农业产供销一体化过程中，实现农业增效和农民增收。

农业产业链和产业化均以农业生产和农产品为核心，同时涉及农产品的加工和销售，因而两者之间是密切联系和相互作用的。一方面，产业链是产业化的前提和基础。产业化把生产、加工、销售各个分散和独立的环节纳入一体化的生产经营体系，是基于这些环节之间客观存在着的联系，若环节之间本身毫无联系，不具备供需关系，则一体化成为无本之木；另一方面，实施产业化经营，可以克服有些产业链松散和脆弱的状态，使产业链稳定和规范，确保产业链各环节主体的价值得以实现，并能拉长和拓展产业链，使产业链质量、功能得以增强。

2. 我国农业产业链的构成及特点

现代农业产业链是一种新型产业组织方式，它是一个规模巨大、结构复杂的网状要素系统，贯通农业产前、产中和产后 3 大领域，包括各种农产品的物流链、信息链、价值链、组织链 4 大链条，链接产前、生产、加工、流通、消费 5 大环节。其中，由 5 大环节构成产业链主链，每个环节又包含若干次级链。同时，组成链条的每个环节都对应农业生产领域不同的功能，实施这些功能的主体包括企业、合作社或农协、专业的社会化服务机构以及农户等。

我国的农业产业链是在家庭联产承包责任制的基础上，通过非农产业的带动和市场引导，产前、产中和产后的各环节的有效联结而成。近年来，全国各地因地制宜，发挥各自的优势，形成了各式各样的组织形式，其主要特点如下。

（1）组织形式多样化，组织结构趋于理。在各种形式中，"龙头"带动型居于主导地位，而中介组织带动型无论从绝对量还是从相对量都呈现出增长态势，特别是中介组织中的专业合作组织带动型的比重增加显著。

（2）地域发展不平衡，东部发展较快，中西部地区发展正在提速。

（3）利益联结方式的多样化，目前主要是合同、合作和股份合作 3 种方式。

（4）产业分布广泛，但主要偏向产业链条长、附加值高的农产品。

由于我国各地的农业产业链组织的形成条件、市场发育程度、地域经济发展水平存在着较大差异，农业产业链的组织形式必将以多种组织模式和发展类型同时并存，因此，实行农业产业链管理要因地制宜，因部门（行业）、产品而异，寻求最适合的组织形式。随着农民组织化程度的提高，专业合作组织带动型必将成为农业产业链重要的甚至是主要的组织载体和发展类型。由合作经济的本质所决定，农民的专业合作社是担当利益共同体最便捷的组织形式，它最能体现产业链组织的利益结构。

3. 农业产业链的组织形式

（1）龙头企业带动模式。其典型形态为"公司＋基地＋农户"，是以公司或集团企业为主导，以农产品加工、运销企业为龙头，重点围绕一种或几种产品的生产、销售，与生产基地和农户实现有机的联合，形成"风险共担，利益共享"的产业链组织。

（2）中介组织带动模式。其典型形态为"合作经济组织＋农户"，主要以社会合作经济组织、专业合作经济组织、供销合作社等为中介，带动农户从事专业生产，将生产、加工、销售有机结合，实施一体化经营。其特点在于：各种合作经济组织充当中介，为农户提供产前、产中、产后服务，为龙头企业提供收购、粗加工等服务，降低了农户、企业之间的交易费用，使双方之间的联结程度更为紧密，利益分配更趋合理。

（3）专业市场带动模式。其典型形态为"市场＋基地＋农户"，以生产者与专业市场经营组织间通过合同形成较稳定的购销关系，是一种以专业市场或专业交易中心为依托，根据农业生产的区位优势，发展传统产业，形成区域性主导产品，建立农产品批发市场，沟通产销联系的农业产业链组织形式。

（4）其他模式。主要指农业综合企业、各级农业服务体系或科研教育等事业单位以契约关系为农户提供社会化服务所形成的农业产业链组织。在该模式中，科技带动型居主导地位。

根据产业链功能主体不同的联结方式，将中高档猪肉产业链组织模式分为四大类，即合同契约组织模式、混合组织模式、纵向一体化组织模式以及混合纵向一体化组织模式，其中每一大类组织模式又包含了若干种不同的模式。

合同契约组织模式指产业链各功能主体由不同的利益主体独资或控股投资，且各利益主体之间无任何股权联系，完全以合同契约联结。混合组织模式指产业链部分功能主体之间以资产为联结纽带，而与其余功能主体之间以合同契约联结。纵向一体化组织模式指产业链功能主体的资产完全置于某一个功能主体控制之下，或者虽然没有完全置于某一个功能主体控制之下，但该利益主体参与了产业链各功能环节的投资，各环节功能之间仍以资产为纽带联结。混合纵向一体化组织模式指某一利益主体以独资、控股或参股的形式参与了产业链各环节的投资经营，而又与其他利益主体在某一（些）功能环节以合同契约联结。

4. 农业产业链经营的发展之道

产业链整合，专业化分工是农业产业链发展之道，加快农业产业化经营，提高农业专业化分工水平，延伸和拓展农业产业链，是发展现代农业，促进农民增收、农业增效的重要途径。但长期以来，我国农民经营规模小、组织化程度低、农业产业链上的农户与农业企业的纵向分工协作关系极不稳定、农民收入和农民效益低下、农业产业竞争力弱等问题严重制约着我国农业的发展和"三农"问题的有效解决。在这种情况下，必须加强农业产业链纵向关系的治理，构建高效稳定的农业产业链纵向分工协作体系，实现大市场与小农户的真正对接，充分发挥产业链上各个环节经营主体的核心竞争优势，达到吃干榨尽农业产业链的每一环的价值。

农业分工的深化促进了农业产业链的产生和延伸，形成了农业产业链纵向分工协作关系。从农产品原料的投入、农产品的田间生产与管理，再到农产品的深加工和最终产品的市场供应，最终农产品的生产过程是一个复杂的社会系统工程。农业产业链纵向分工带了分工的经济性和专业化效益的提升，但另一方面，随着分工的深化，也引起纵向交易费用的增加。这要求农业产业链上下游环节的农户与农业企业之间建立有效的纵向分工和协作关系，以较低交易费用，提高交易效率，进一步促进分工的发展，以更好地实现农产品的价值创造和价值增值过程。

七、农产品市场营销

(一) 不同时期的产品销售策略

一件新产品自开发过程到结束，从投入市场开始到被淘汰为止，均有一个投入、成长、成熟至衰老的过程，这一过程被称为产品生命周期。因此，它包括：投入期（介绍期）、成长期、成熟期、衰退期。不同时期所产生的利润是不同的。

1. 导入期（介绍期）的特征与营销策略

导入阶段指新产品首次正式上市的最初销售时期。这一阶段的主要特征是：产品技术、性能不够完善；生产批量小，试制费用大，产品成本高；用户对产品不太了解，销售量少，需做大量广告，推销费用较大；企业利润较少或无利润，甚至亏损；市场竞争者较少等。根据这些特征，企业营销的重点是提高新产品的生命力，使产品尽快地为用户所接受，促使其向发展期过渡。导入阶段一般有四种可供选择的策略。

一是高价高促销策略。即以高价格和高促销费用推出新产品，以便先声夺人，迅速占领市场。采用这一策略的市场条件是：已经知道这种新产品的顾客求新心切，愿出高价；企业面临潜在竞争者的威胁，急需尽早树立名牌等。

二是高价低促销策略。即以高价格、低促销费用来推出新产品。通过两者结合，以求从市场上获取较大利润。实施这种策略的市场条件是：市场容量相对有限；产品确属名优特新，需求的价格弹性较小，需要者愿出高价；潜在竞争的威胁不大等。

三是低价高促销策略。即以低价格和高促销费用来大力推出新产品。这种策略可使产品以最快的速度进入市场，并使企业获得最大的市场占有率。采用这一策略的市场条件是：市场容量相当大；需求价格弹性较大，消费者对这种产品还不甚熟悉，却对价格十分敏感；潜在竞争比较激烈等。

四是低价低促销策略。即以低价格和低促销费用推出新产品。低价目的是使消费者能快速接受新产品，低促销用能使企业获得更多利润并增强竞争力。实施这一策略的市场条件是：市场容量较大；消费者对产品比较熟悉且对价格也较敏感；有相当多的潜在竞争者等。

2. 成长期（发展期）的特征与营销策略

发展期的主要特征是：产品基本定型且大批量生产，成本大幅度下降；消费者对产品已相当熟悉，销售量急剧上升，利润也随之增长较快；大批竞争者纷纷介入，竞争显得激烈等。在这一阶段，企业可考虑采用如下策略。

一是提高产品质量；

二是开拓新市场；

三是树立产品形象；

四是增强销售渠道功效；

五是选择适当时机降低价格，即可吸引更多消费者，又可打击竞争者。

3. 成熟期的特征与营销策略

这一阶段的主要特征是：销售量虽有增长，但已接近和达到饱和状态，增长率呈下降趋势；利润达到最高点，并开始下降；许多同类产品和替代品进入市场，竞争十分激烈等。

成熟期的经营，情况较为复杂，应从经营者和产品的实际出发。对于实力不很雄厚或产品优势不大的，可采用防守型策略，即通过实行优惠价格、优质服务等，尽可能长期地保持现有市场。对于无力竞争的产品，也可采用撤退型策略，即提前淘汰这种产品，以集中力量开发新产品，求东山再起。如实力雄厚，产品仍有相当竞争力，则应积极采取进攻型策略。进攻型策略往往从以下3方面展开。

一是产品改革策略。指通过对产品的性能、品质等方面的明显改良，以保持老用户，吸引新顾客，从而延长成熟期，甚至打破销售的停滞局面，使销售曲线又重新扬起。

二是市场再开发策略。即寻求产品的新用户，或是寻求新的细分市场，使产品进入尚未使用过本产品的市场。

三是营销因素重组策略。指综合运用价格、分销、促销等多种营销因素，来刺激消费者购买。如降低价格、开辟多种销售渠道、增加销售网点、加强销售服务、采用新的广告宣传方式、开展有奖销售活动等等。

4. 衰退期的特征与营销策略

衰退期的特征主要是：替代品大量进入市场，消费者对老产品的忠实度下降；产品销售量大幅度下降，价格下滑，利润剧减；竞争者纷纷退出市场等。对此，企业采取的策略往往有：

一是收缩策略。即缩短战线，把企业的资源集中使用在最有利的细分市场，最有效的销售渠道和最易销售的品种、款式上，以求从最有利的因素中获取尽可能多的利润。

二是持续策略。由于在衰落阶段许多竞争者相继退出市场，而市场上对此产品还有一定需求，因此，生产成本降低的企业可继续保持原有的细分市场，沿用过去的营销组合策略，将销售量维持在一定水平上，待到时机合适，再退出市场。

三是撤退策略。当产品已无利可图时，应当果断及早地停止生产，致力于新产品的开发。否则，不仅会影响利润收入，占用有限的资源，更重要的是会影响的声誉，在消费者心中留下不良的形象，不利于今后的产品进入市场。

（二）常用的农产品市场营销策略

（1）高品质化策略。随着人们生活水平的不断提高，以农产品品质的要求越来越高，优质优价正成为新的消费动向。要实现农业高效，必须实现农产品优质，实行"优质优价"高产高效策略。把引进、选育和推广优质农产品作为抢占市场的一项重要策略。淘汰劣质品种和落后生产技术，打一个质量翻身打仗，以质取胜，以优发财。

（2）低成本化策略。价格是市场竞争的法宝，同品质的农产品价格低的，竞争力就强。生产成本是价格的基础，只有降低成本，才能使价格竞争的策略得以实施。要增强市场竞争力，必须实行低成本低价格一策略。领先新技术、新品种、新工艺、新机械。减少生产费用投入，提高产出率；要实行农产品的规模化，集约化经营，努力降低单位产品的生产成本，以低成本支持低价格，求得经济效益。

（3）大市场化策略。农产品销售要立足本地，关注身边市场，着眼国内外大市场，寻求销售空间，开辟空白市场，抢占大额市场。开拓农产品市场，要树立大市场观念，实行"大市场细分化"策略，定准自己产品销售地域，按照销售地的消费习性，生产适销对路的产品。

（4）多品种化策略。农产品消费需求的多样化决定了生产品种的多样化，一个产品不仅要有多种品质，而且要有多种规格。引进、开发和推广一批名、特、优、新、稀品种，以新品种，引导新需求，开拓新市场。要根据市场需求和客户要求，生产适销对路。各种规格的产品，如螃蟹要生产大规格的蟹，西瓜要生产小个子的瓜。要实行"多品种、多规格、小批量、大规模"策略，满足多层次的消费需求，开发全方位的市场，化解市场风险，提高综合效益。

（5）反季节化策略。因农产品生产的季节性与市场需求的均衡性的矛盾带来的季节差价，蕴藏着巨大的商机。要开发和利用好这一商机，关键是要实行"反季节供给高差价赚取"策略。实行反季节供给，主要有三条途径：一是实行设施化种养，使产品提前上市；二是通过储藏保鲜，延长农产品销售期，变生产旺季销售为生产淡季销售或消费旺季销售；三是开发适应不同季节生产的品种，实行多品种错季生产上市。实施反季节营销策略。要在分析预测市场预期价格的基础上，搞好投入——产出效益分析，争取好的收益。

（6）嫩乳化策略。人们的消费习惯正在悄悄变化，粮食当蔬菜吃，玉米要吃青玉米，黄豆要吃青毛豆，蚕豆要吃青蚕豆，猪要吃乳猪，鸡要吃仔鸡，市场出现崇高嫩鲜食品的新潮。农产品产销应适应这一变化趋向，这方面发展潜力很大。

（7）土特化策略。改革开放以来，各地从国外引进不少农业新品种，其产量高，但与国内的土特产品相比品质。口味较差，一些洋品种已不能适应市场追求优质化的需求，大掉身价。人们的消费需求从盲目崇洋转向崇尚自然野味。热衷土特产品，蔬菜要吃野菜，市场要求搞好地方传统土特产品的开发，发展品质优良。风味独特的土特产品，发展野生动物。野生蔬菜，以特优质产品抢占市场，开拓市场，不断适应变化着的市场需求。

（8）加工化策略。发展农产品加工，既是满足市场的需要，也是提高农产品附加值的需要，发展以食品工业为主的农产品加工是世界农业发展的新方向、新潮流。世界发达国家农产品的加工品占其生产总量的90%，加工后增值2～3倍；我国加工品只占其总量的25%，增值25%，增值30%；我国农产品加工潜力巨大。

（9）标准化策略。我国农产品在国内外市场上面临着国外农产品的强大竞争，为了提高竞争力，必须加快建立农业标准化体系，实行农产品的标准化生产经营。制定完善一批农产品产前、产中、产后的标准，形成农产品的标准化体系，以标准化的农产品争创名牌，抢占市场。

（10）名牌化策略。一是要提高质量，提升农产品的品位，以质创牌；二是要搞好包装，美化农产品的外表，以面树牌；三是开展农产品的商标注册，叫响品牌名牌，以名创牌；四是加大宣传，树立公众形象，以势创牌。要以名牌产品开拓市场。

（三）农产品价格策略

1. 农产品价格的特点

农产品价格有其自身特点、变动规律；了解农产品价格的变动规律，了解农产品价格的变动因素，是运用价格手段进行农产品促销工作的基础。农产品价格与工业品价格相比，有以下几个特点。

（1）变动频繁。

（2）变动幅度大。

（3）地区差异大。

（4）低价位性。

2. 农产品价格的变动规律

农产品市场价格是经常变动的，但这种变动又是有规律可循的，这就是农产品价格的季节变动规律和周期变动规律。

（1）季节变动规律。农产品价格季节变动的规律性主要是由农产品季节性生产规律所决定的。

（2）周期变动规律。农产品的生产和收获具有周期性，这决定了农产品价格变动带有周期性。

3. 影响农产品定价的因素

目前，影响价格变动的因素，主要有以下几方面。

（1）国家经济政策。虽然国家直接管理和干预农产品价格的种类已经很少，但是国家政策，尤其是经济政策的制定与改变，都会对农产品价格产生一定的影响。

（2）农业生产状况。农业生产状况影响农产品价格。

（3）市场供需。绝大部分农产品价格的放开，受到市场供需状况的影响。市场上农产品供求不平衡是经常的，因此，必然引起农产品价格随供求变化而变化。

（4）流通因素。自改革开放以来，除粮、棉、油、烟叶、茶叶、木材以外，其他农副产品都进入各地的集贸市场。因当前市场法规不健全，导致管理无序，农副产品被小商贩任意调价。同时，农产品销售渠道单一，流通不畅通，客观上影响着农产品的销售价格。

4. 农产品差价

（1）地区差价。它是指同一种农产品，在同一时期、不同地区的销售价格或收购价格的差异。

（2）季节差价。它是指同一种农产品，在同一地区、不同季节的销售价格或收购价格的差异。

（3）质量差价。它是指同一种农产品，在同一时期、同一市场上因产品质量不同而形成的销售价格或收购价格的差异。

（4）购销差价。它是指同一种农产品，在同一时期、同一产地购进价格与销售价格之间的差额。

（5）批零差价。它是指同一种农产品，在同一时期、同一地区批发价格与零售价格之间的差额。

（四）农产品流通渠道策略

所谓农产品流通，就是指商品农产品从生产领域运动到消费领域全过程的总和。农产品流通渠道，就是指农产品从生产领域到消费领域运动的路线。由于各种农产品的品种特点、生产位置、生产规模、消费方式等方面的区别，农产品流通渠道是不同的。

1. 农产品流通渠道的结构

根据农产品从生产者到消费者手中经过的环节的多少不同，农产品流通渠道一般可以划分如下五种基本流通渠道。

生产者——生产者。生产者自己直接食用或使用。

生产者——消费者。

生产者——零售商——消费者。生产者将农产品先出售给零售商，再由零售商出售给消费者，中间经过一道零售环节，这属于一种短渠道结构。城镇内消费性强的农产品多采用这种流通渠道。

生产者——批发商——零售商——消费者。生产者先将农产品出售给批发商，批发商再转卖给零售商，最后由零售商出售给消费者。这是供应大城市消费者较常采用的一种流通渠道。

生产者——收购商——批发商——零售商——消费者。生产者先将农产品出售给收购商，收购商转卖给批发商，批发商再转卖给零售商，最后由零售商出售给消费者。

2. 农产品流通渠道策略

流通渠道的策略主要是解决如何选择合适的流通渠道形式和中间商的问题。

（1）普遍性流通渠道策略。即生产者通过所有的中间商，广泛销售自己产品的策略。由于大多数农产品及其加工品是人们日常的生活必需品，具有同质性特点，因此绝大多数生产者普遍采取这种策略。采取这种策略，可以加宽市场面，便于消费者购买。

（2）选择性流渠道通策略。即在一定地区或市场内，生产者有选择地确定少数几家中间商销售自己的商品，而不是把所有愿意经营这种产品的中间商都纳入自己的流通渠道中来。这种策略更适宜于一些名牌产品的销售。这样做，有利于调动中间商的积极性，同时能使生产者集中力量与之建立较密切的业务关系。

（3）专营性销售渠道策略。即在特定的市场内，生产者只使用一个声誉好的批发商或零售商推销自己的产品。这种策略多适用于高档的加工品或试销新产品。由于只给一个中间商经营特权，所以既能避免中间商之间的相互竞争，又能使之专心一致，推销自己的产品。

3. 农产品的流通环节

（1）农产品流通的三大基本环节。

农产品收购。它一般是指收购商在产地直接从生产者手中购买农产品的活动。

农产品批发。它是指农产品流通过程中的集散环节。批发活动及其场所称为批发市场。

农产品零售。它是指农产品直接销售给最终消费者的环节，它是零售商与最终消费者之间的交易。

（2）农产品流通的附属环节。

①农产品等级评定：农产品等级评定实际上是对农产品内在质量、外观质量和包装质量等作出检验结论。

②农产品加工：它是指农产品根据实际需求，对农产品进行重新制造，改变它的物理的或化学的性质。

③农产品储藏：它是指商品农产品离开生产过程，尚未进入消费领域之前，在流通过程中形成的停留。

4. 寻求与企业订单农业

（1）订单农业的概念。订单农业是指农产品订购合同、协议，也叫合同农业或契约农业。签约的一方为企业或中介组织包括经纪人和运销户；另一方为农民或农民群体代表。订单农业具有市场性、契约性、预期性和风险性。订单中规定的农产品收购数量、质量和最低保护价，使双方享有相应的权利、义务和约束力，不能单方面毁约。因为订单是在农产品种养前签订，是一种期货贸易，所以也叫期货农业。农民说："手中有订单，种养心不慌"。不过，订单履约有一段生产过程，双方都可能碰上市场、自然和人为因素等影响，也有一定的风险性。但比起计划经济和传统农业先生产后找市场的做法，订单农业则为先找市场后生产，可谓市场经济的产物，是一种进步。

（2）订单农业的主要形式。

①农户与科研、种子生产单位签订合同，依托科研技术服务部门或种子企业发展订单农业。

②农户与农业产业化龙头企业或加工企业签订农产品购销合同，依托龙头企业或加工企业发展订单农业。

③农户与专业批发市场签订合同，依托大市场发展订单农业。

④农户与专业合作经济组织、专业协会签订合同，发展订单农业。

⑤农户通过经销公司、经纪人、客商签订合同，依托流通组织发展订单农业。

（3）发达国家订单农业启示。

①订单农产品的价格确定是订单农业的核心问题：借鉴发达国家的成功经验，在确定合理的订单农产品价格过程中，我国订单农业有益的改革措施是：在市场建设方面，应加快建立和完善区域农产品流通市场，提高农产品流通的效率；同时建立和完善农产品期货市场，利用其套期保值功能和价格发现功能，为确定合理的农产品价格提供参考；加快国际、国内农产品信息网络建设，即时准确地提供农产品供求信息、价格信息；转变政府职能，由原先的直接参与订单农业向完善市场和信息服务转变；充分发挥农业协会、商业协会等中介组织的作用，遵循利润共享。风险共担的原则，协商形成合理的农产品订单价格。

②通过专用性资产投入，降低违约风险：专用性资产的投入在防止订单农业双方违约上起着重要的作用。农户由传统的农业生产向订单农业生产转移本身就意味着专用性资产的投入（农产品、耕作方式的改变），因此相应地要求农产品购买者也应有一定的专用资产投入。从订单的形式来看，发达国家签订订单的主体是农户和涉农公司，这一订单是建立在生产领域的合作。出于违约成本的考虑，专用性资产投入的订单双方都倾向于长期合作，违约的概率相对较小。我国流通组织、中介组织在与农户订订单时不需

专用性资产的投入，往往还利用订单向农户高价销售劣质种子、化肥，利用农业订单损害农户的利益。农户与生产性组织签订的订单其履约率要高于和非生产性组织签订的订单，基于这一推论，农户在与非生产性组织签订订单时，需要严格明确关于违约的诸项条款。

③加强多方合作，带动农户发展订单农业：我国农户数量众多，单个农户的生产经营规模很小，这是我国发展订单农业与发达国家在订单参与者方面的显著区别。众多农户采取小规模分散经营的方式，加大了涉农公司技术指导和质量控制的难度，引起涉农公司管理成本和运输成本增加。因此，为了带动我国众多农户参与订单农业进而分享订单农业带来的福利，必须加强政府、涉农公司、公共组织和流通组织多方协作，做好订单农业中农户的组织、协调和管理工作。

（五）农产品促销策略

1. 农产品促销的作用

（1）提供信息情报，调动中间商的积极性。

（2）刺激需求，引发购买欲望。促销活动能引发消费者的购买欲望，创造需求。

（3）增强竞争力，扩大市场占有率。

2. 促销组合

促销组合是为了以最小的成本投入，获取最大的经济效益，我们需要对各种不同的促销活动进行有机组合，使全部促销活动互相配合，协调一致，最大限度地发挥整体效果，从而顺利实现促销目标。它包括4种方式：广告、营业推广、公共关系、人员推销。

（1）广告。广告是指广告主有偿地使用特定的媒体向大众传播商品或劳务的信息，以促销商品或服务为目的的一种信息传播手段。

（2）营业推广。营业推广是企业运用各种短期诱因，鼓励购买或销售企业产品或服务的促销活动组成的，又叫销售促进。营业推广的工具如下。

①针对消费者的主要有：样品、优惠券、付现金折款、特价包装、礼品券、赠品印花、馈赠等。

②针对中间商的主要有：价格折扣、推广津贴、承担促销费用、产品展览、销售竞赛等。

③针对推销人员的主要有：销售提成、销售竞赛、提供培训学习机会、精神奖励等。

（3）公共关系。公共关系指为了使社会广大公众对本企业及本产品有好感，在社会上树立盛誉，选用各种传播手段，向广大公众制造舆论而进行的公开宣传的促销方式。目标是提高知名度，加深产品印象，激励全体员工。

（4）人员推销。人员推销的管理决策。组建销售队伍；培训推销人员；建立推销人员的激励机制；制订推销人员报酬制度；制定推销人员的考评办法。

3. 农产品销售技巧

销售技巧指在产品销售中灵活运用销售方法，将营销科学变为营销艺术，创新性更加突出。下面举几个例子。

（1）转变用途。通过转变农产品用途达到促销的目的。某市郊农民种了3亩秦冠苹果，每千克只能卖0.6元左右，一亩地收入1 000多元。后来转变用途，将果树苗租给城里的中小学生，将果园变为学生了解生物、熟悉生物、参与劳动的场所，亩收入超过1万元。

（2）创造需求。某新的农产品本来没有需求，通过引导，创造出该农产品的需求。九十年代初，中国人很少买玫瑰花，通过引导，中国人学会了过情人节，习惯了送玫瑰花，从而拉动了玫瑰花的销售。

（3）富售于乐。在休闲娱乐中将农产品卖给销售者。陕西一果农通过让消费者在果园里自采自吃，不仅将水果卖出去了，而且收入增加了1倍。北京一农民让消费者从种到收的各环节均可参与，然后再吃自己生产的农产品，收入增加了10倍。

（4）引导消费者。通过引导消费者的消费方式，将农产品卖出好价钱。杨凌一农业公司通过将蔬菜装箱，并引导消费者形成一种新的概念"送礼送蔬菜"，结果，蔬菜不仅卖出去了，而价格是原来的五六倍，甚至十倍。

（六）农产品销售方法

（1）网络信息法。通过在网上搜集和发布信息，销售农产品。陕西一农民通过在网上获得的信息，向越南、泰国、俄罗斯销售秦冠苹果7 600吨。河南一公司通过在网上发布信息，一年售出苹果1.7万吨。

（2）信息平台法。可以是企业网站，博客，商务平台的商铺，这就是你的根据地，最开始要做的就是把你的根据地打理好，从版面，内容上来整理。

（3）网络推广法。农产品销售如何推广呢？主要有，论坛推广、微博推广、qq群推广。还可以做搜索引擎排名，不过要花钱的。

（4）论坛推广。主要是在一些农业论坛，生活论坛，地方论坛。微博主要是要注重内容更新与互动。qq群推广就不用说了，加一些农产品销售的qq群，自己宣传就可以了。

（5）对比法。就是将不同质量的农产品放在一起，用不同的价格进行销售，以满足不同收入水平的消费者，并实现优质优价。2004年，杨凌某公司用对比法将自己生产的鲜桃在西安超市以每千克20元的价格销售一空，获得了较好的经济效益。

（6）价格法。通过制定合理的价格促进农产品销售。农产品价格是否合理可运用公式 $E = [(Q2 - Q1)/Q1]/[(P2 - P1)/P1]$ 测算，Q1为第一天销售量，Q2为第二天的销售量，P1为第一天的平均价格，P2第二天的平均价格。当 $E > 1$ 时，说明价格过高，应降价销售，$E < 1$ 时，说明价格过低，应提高价格销售。

（7）品尝法。通过让消费者品尝认可，将农产品卖出去。

八、制定农产品的生产经营计划

（一）生产效益分析

1. 成本、利润保本分析

利润＝收入－成本＝（销售单价×销售量）－（固定成本总额＋单位变动成本×销售量）

通过分析生产成本、销售利润和产品数量这三者的关系，掌握盈亏变化的规律，指导出企业选择能够以最小的成本生产最多产品并可使企业获得最大利润的经营方案。

2. 对生产投资进行成本效益分析的步骤

（1）确定新项目中的成本。

（2）确定额外收入的效益。

（3）确定可节省的费用。

（4）制定预期成本和预期收入的时间表。

（5）评估难以量化的效益和成本。

（二）农业生产前的市场调查及决策

1. 市场调查的意义及作用

农产品市场调查即根据农产品生产经营者市场调查的目的和需要，运用一定的科学方法，有组织、有计划地收集、整理、传递和利用市场有关信息的过程。其目的在于通过了解市场供求发展变化的历史和现状为管理者和经营者制定政策、进行预测、作出经营决策、制订计划提供重要依据。

（1）了解消费者需求。通过对消费者消费态度、行为的研究、了解消费者对某种产品或服务的需求，能充分考虑消费者的意见，最大限度满足消费者需求。

（2）进行目标市场分析实现准确市场定位。要稳固占领市场，提高市场竞争力，必须了解竞争对手的产品目前的价格情况、营销策略等，分析细分市场状况，寻找适合自己发展的目标市场，恰当进行产品定位，这样才可以知己知彼，在竞争中占有优势。

（3）发现市场空缺和市场机会。市场竞争环境下的企业，必须不断地寻找新的利润增长点，因此企业需要通过市场调查了解消费者现实需求与理想需求之间的差距，了解市场动态，发现市场空缺，准确把握市场机会。

2. 农产品市场调查的内容

农产品市场调查的内容十分广泛，具体内容要根据调查和预测的目的以及经营决策的需要而定，最基本的内容有以下几个方面。

（1）市场环境调查。

（2）消费者需求情况调查。

（3）生产者供给情况调查。

（4）销售渠道的通畅情况调查。

（5）市场行情调查。

3. 农产品市场调查的步骤

农产品市场调查是一项复杂而细致的工作，为了提高调查工作的效率和质量，达到既定的调查目的，在进行农产品市场调查时，必须制定完善的调查计划，并加强组织领导，以保证农产品市场调查有目的、有计划、有步骤地进行，避免安排不周使调查流于形式。

4. 农产品市场调查的方法

（1）访问调查法。指调查者通过口头、电讯或书面方式向被调查者了解情况、搜集资料的调查方法。按调查与被调查接触方式的不同，可分为面谈调查、德尔菲法、邮寄调查、电话调查。

①面谈调查：根据调查提纲直接访问被调查者，当面询问有关问题，既可以是个别面谈，也可以群体面谈。

②德尔菲法：于1964年由美国兰德公司首创并用于调查预测的一种集体的、间接的书面调查方法。它主要通过以下程序进行：确定调查题目—挑选若干名相关的专家—制定调查表—将调查表和有关背景材料及要求寄发选中的专家，对专家的初步意见进行归纳和整理，提出下轮调查要求，再寄给专家征求意见，如此反复3～5次。

③邮寄调查：将设计好的调查问卷表寄给被调查者，要求被调查者填妥后寄回的一种调查方法。

④电话调查：由调查人员根据事先确定的抽样原则，抽取样本，用电话向被调查者询问，以搜集有关资料的一种调查方法。

（2）观察法。调查者在现场对被调查者的情况直接观察、记录，以取得市场信息资料的一种调查方法。它不是直接向被调查者提出问题要求回答，而是凭调查人员的直观感觉或是利用录音机、照相机、录像机和其他器材，考察、记录被调查者的活动和现场事实，以获得必要的信息。例如，在城市集贸市场调查中，对集贸市场上农副产品的上市量、成交量和成交价格等情况进行观察。

（3）试验法。在给定条件下，通过试验对比，对市场经济中某些变量之间的因果关系及其发展变化过程加以观察分析的调查方法。在市场调查中主要用于市场销售实验，它是先进行一项商品推销的小规模实验，然后分析该商品促销是否值得大范围推广。例如，农业企业生产新产品或者老产品改变质量、包装、价格时，均可以通过实验调查法，来了解市场对商品的评价和商品对市场的适应性。

（4）互联网搜索法。通过互联网有针对性地搜索所需信息的方法。

（三）预测你的农产品市场销售

1. 利用信息预测农产品市场销售

（1）收集农产品市场信息时注意的原则。

①广泛性原则：即收集信息时尽量全面，不仅收集直接反映市场交易活动的信息，还要收集与市场供求有关的信息。

②准确性原则：即收集信息力求准确，能真实地反映事物本来面目，避免误听误信，造成决策失误。

③针对性原则：即收集信息有较强的针对性，紧紧围绕农户经营需要去收集信息，节省收集信息的时间和耗费。

④及时性原则：即收集信息力求迅速，有较强的时间观念。其次，对收集的信息要进行分析，包括对信息的鉴别、筛选、综合、析义、推导等工作，从而掌握市场变化的动向。

（2）农产品市场预测的主要内容。

①信息鉴别：可将不同渠道获得的同一时期信息对照比较，或者将同一渠道获得的不同时期的信息加以对照比较，判明信息的真伪。例如，某农产从他人那里得知某种农

产品在批发市场上价格上涨，但又同时通过电话联系，知道了价格已经回落，就可以判断所听传言不准确，避免盲目经营。

②信息筛选：剔除信息中那些不需要的多余的内容，抓住实质内容，例如某农户通过收听广播，得知某大城市自选农特产品热销的报道，联想起自己经营的特产——芋头，立即与自选市场挂钩，将产品全部销售出去。

③信息综合：从一两条信息中往往只能看到市场交易活动的一个侧面，只有对多种信息进行综合分析，才能掌握市场动态。例如，某饲养肉鸡专业户从广播中得知大豆出口量增加的信息，又从市场调查中了解到肉鸡价格趋升，综合这些信息判断饲料价格可能会上升，立即购买了一些较便宜的肉鸡饲料贮存起来。当饲料价格上涨时，便得到了理想的经济收益。

④信息析义：把收集的信息逐层深入分析，从原始信息中得到真正有利用价值的信息。例如，某农户从新闻报道中得知北方数省迅速发展蔬菜大棚的信息，联想到蔬菜大棚增多后，向北方运销鲜菜的成本高，难以与当地大棚鲜菜竞争，但北方蔬菜大棚增多后，肯定对蔬菜种子的需求量增加，故改为经营蔬菜良种，果然取得了较好的效益。

⑤信息推导：经营者运用自己丰富的知识和经验，寻找重要的市场机会。例如，某县一个养牛专业户，从一次偶然的机会中得知省外贸部门组织出口活牛，他立即抓住这一机会，数次到省有关部门介绍自己养牛的情况，邀请参观自己创办的牛场，争取出口许可，并以优质低价竞争，终于成为该省出口活牛第一大户。

2. 常用的预测销售方法

意见收集法：收集某方面对某问题的看法，加以分析作为预测。此法主观性较大。

（1）高级主管的意见。这种方法首先由高级主管根据国内外经济动向和整个市场的大小加以预测。然后估计企业的产品在整个市场中的占有率。

（2）推销员、代理商与经销商的意见。由于这些人员最接近顾客，所以此种预测是很接近市场状况，更由于方法的简单，不需具备熟练的技术，所以也是中小企业乐意采用的方法之一。此种预测方法虽然有很大的好处，但也有很危险的一面。

3. 假设成长率固定的预测法

这种销售预测的公式是：明年的销售额＝今年的销售额×固定增长率

对未来的市场经营变化不大的企业，这种预测方法很有效。若未来的市场变化难以确定，则应再采取其他预测方法，以求互相比较。

4. 时间数列分析法（趋势模式法）

影响时间数列预测值的因素基本上可归纳为下列几种。

（1）长期趋势。是一种在较长时间内预测值呈渐增或渐减的现象，例如随着时间的增长，人口也跟着增加。

（2）循环变动。又称为兴衰变动，是一种以一年以上（或3、4年或5、6年）较长时间为周期的反复变动。

（3）季节变动。是一种以一年为周期的反复的变动。例如汽水在寒冷的1~3月里销售量很低，而在炎热的6~8月里销售量很高，这种变化是季节变动的现象。

5. 相关分析法

掌握了业界的各种指数后，将会发现某种产品的销售指数和其他指数之间有密切关联，而且发现有些指标具有一定的领先性，就可以设立一个和因素相关的方程式，以预测未来，这时相关分析就有很大的作用。

6. 产品生命周期预测法

产品在开拓期（介绍期）、成长期、成熟期、衰退期的销售量和利润，一般均有规律可循。

如在成长期开始稍稍降价，以扩大销售量。在衰退期销售额大大降低，这时应以价格作为的主要的竞争工具等等。

九、观光农业的开发经营

（一）观光农业的意义

观光农业是都市农业的重要组成部分，因它的多功能性、高科技性、可持续性、及重要的社会示范性而成为现代农业发展的一面伟大旗帜，成为地区农业经济发展状况的重要标志，成为实现农业现代化发展农村经济的重要桥梁，它对农村经济的发展所起的作用与意义是非凡的，是巨大的。

（1）可以提高农业的比较利益。

（2）开拓新的旅游空间和领域。

（3）优化农业产业结构。

（4）吸纳农村剩余劳动力。

（5）消除城乡差别、促进城乡交流。

（6）提高劳动者素质。

（7）改善生态环境。

（二）观光农业的开发

观光农业项目的实施运用要以正确的思路理念策略为指导，才能让园区发挥真正的效益，达到社会效益、生态效益、经济效益皆具的综合效益。

（1）开发理念。观光农业最显著的特点就是绿色和参与，因此，开发区观光农业在开发理念上应以市场需求为导向，以可持续发展战略方针为指导，要突出农业特色，体现绿色休闲。通过科学规划、合理布局、精心设计、有序开发、在市民心目中形成"观光农业"的思维定势。

（2）开发目标。根据园区农业、旅游业发展现状及开发优势，其观光农业的发展目标应是以促进园区经济发展为目的，以农业景观、农业生产活动、乡村民俗等为主要内容，建立起一批不同类型、不同特色，具有观光、休闲、体验、度假、健身、教育、科技示范多种功能的观光农业项目，使园区成为当地市民乃至域外游客丰富农业知识、交流农业经验、体验农事活动与民风民俗、享用农耕成果、利用田园环境休闲健身的多功能农业观光区。

（3）开发策略。

①产品策略：首先，在产品开发上应立足丰富的资源基础，实行多元化策略，以适

应不同层次的需求；其次，在众多的农业旅游产品中，要精心打造出一批"精品"、"绝品"，以形成较大的影响力和持久的吸引力；最后，产品的开发应与农事活动和节庆活动结合起来，并注意不断提高产品的文化内涵。

②价格策略：对一般的观光产品，可以采取低价位以吸引客源，对特种观光农业产品，可采取高价位以提高产品品位，增加收入；在旅游淡旺季采取不同的价格，以分流旺季游客，吸引淡季游客。

③形象策略：在开发过程中要注意整体形象的树立，在经营过程中要注意形象的维持、扩大和升华。园区观光农业的开发，应把人工设施与田园风光协调搭配，把农事活动和旅游活动紧密结合，创造出天高云淡、谷果飘香的环境效果，营造返璞归真、恬淡休闲的人文氛围，并通过一系列具体的物质形象设计和宣传口号，进一步加深旅游者对园区观光农业的整体印象。

（三）观光农业的类型

观光农业通过国内外几十年的发展历史，现已形成了多种类型的农业观光模式，现列举一些类型供大家参考，但是，为了实现功能多样化、效益综合化、运营的稳定化、最好多种类型皆具、多种模式并具。

（1）观光农园。指开放成熟的果园、菜园、花圃、茶园等，让游客入内摘果、拔菜、赏花、采茶，享受田园乐趣。

（2）市民农园。市民农园是由园区提供农地，让市民参与耕作的园地。一般将园区规划为若干小区，分别出租给城市居民，用以种植花草、蔬菜、果树或经营家庭农艺，但管理必须由园区统一规划管理及技术指导。

（3）农业公园。农业公园是按照公园的经营思路，把农业生产场所、农产品消费场所和休闲旅游场所相结合，把当地农业景观作为基础的综合性观光游览区。

（4）教育农园。教育农园是兼顾教育功能和农业生产的农业经营形态。农园中所栽植的作物、饲养的动物以及配备的设施极具教育内涵。

（5）休闲农场。这是一种综合性的休闲农业区，游客不仅可以观光、采果、体验农作、了解农民生活、享受乡土情趣，而且可以住宿、度假、游乐。

（6）森林旅游。伴随着回归自然浪潮的兴起，以林木为主的大农业复合生态群体——森林公园和风景区以其多变的地形、辽阔的林地、优美的林相和山谷、奇石、溪流成为人们回归自然、避暑、科学考察和进行森林浴的理想场所。

（7）农村留学。农村留学主要是让从小在城市里长大的学生利用寒暑假到农村体验生活，参与农场作业、农村社区活动等。

（8）民宿农庄。将废弃或多余的农舍加以改造，提供给都市休闲度假者住宿，称之为"民宿"。一个农场就是一个很好的休闲度假场所，加之农场景观优雅秀丽，更具有吸引都市人的魅力。

（9）民俗旅游。民俗旅游指选择具有地方或民族特色的农庄，利用农村特有的民间文化和地方习俗作为观光农业活动的内容，让游客充分享受浓郁的乡土风情和浓重的乡土气息。

（10）农业科技园。农业科技园是农业旅游与科技旅游相结合的产物。它把农业与现代科技相结合，在科技引导生产的同时，向游人展示现代科技的无穷魅力。

（四）观光农业的项目与内容

（1）蔬菜观光园。随着观光农业发展，蔬菜品种已由传统的餐桌蔬菜发展为现在的观光蔬菜，它的色彩果型植株特异，而具较高的观赏价值，颇受人们的喜爱，作为观光园蔬菜品种的搭配应以观赏为重点，先把近年选育的优良观光蔬菜品种介绍如下。

①观赏瓜类：观赏瓜类中以观赏南瓜品种最多，如金童南瓜、五女南瓜、东升南瓜、大吉南瓜、仙菇南瓜、佛手南瓜等。其他观赏瓜类还有观赏蛇瓜、观赏佛于瓜，观赏老鼠瓜、观赏小葫芦、观赏长柄葫芦等。

②观赏茄果类：观赏茄果类中最著名的是观赏辣椒，其品种多样，常见栽培的有辣椒、小米辣椒、五彩椒、灯笼椒、象牙椒，指天椒等。其他品种有非洲红茄、人参果等。

③观赏甘蓝类：观赏甘蓝中最常见栽培的为羽衣甘蓝，其他品种还有抱子甘蓝、球茎甘蓝、红孔雀、白孔雀等。

④观赏蔬菜类：观赏蔬菜类的品种很多，许多品种还是近年来开发出的野菜，如东风菜、紫背菜、人仙菜、藤三七、土人参、猫须菜、观音菜；进口品种有红叶牛菜、红君达菜、红菜头等。另外，在生态观光园中食用仙人掌、四棱豆、黄秋葵等近年来也较流行。

（2）果树观光园。观光园果树品种的选择以观花与赏果相结合，并且达到一年四季花果飘香，发展奇珍异果赏欣心悦目的新品种为重点，摒弃千篇一律的大众水果，藤本、木本，草本，高冠低丛相结合，栽培技术独特而有创新，不同沿袭传统栽培方式，让游人看后有耳目一新之感，如草地果园模式、根域栽培模式、大棚反季模式、乔灌木的棚架牵引整枝模式、错落生态组合模式等等。通过综合筛选，以下品种可作观光果树品种：草地果园品种以早熟油桃、芭蕾苹果、蓝莓、钙果等品种为主。

棚架牵引整枝模式以外观优美的美人指，里扎马特品种为主，也可栽培如水晶梨等，营造人在棚下走，果在头上挂的生态体验。

大棚反季栽培以章姬草莓、大棚油桃、樱桃为主。

根域控制栽培模式以乔灌木的果树品种如桃梅李杏枇杷杨梅柑橘等为主。

特色水果型黑番茄以气雾栽培为主。

（3）特菜野菜采集园。野菜园建设能让游客了解认识更多的野菜品种，并结合农活体会可让游客找到采菊东篱下，悠然见南山的采撷野菜之乐趣。适于该地发展的野菜品种有：明日叶、马兰头、天绿香、苋菜、荠菜、蕨菜、水芹菜等。这些野菜以其独特的风味与营养颇受游客的欢迎，可让游客在观光之余，把大自然的赏赐带回家。

（4）生态餐厅。生态餐厅是针对现代温室效益低下而推出的温室与餐饮有机结合的新模式、新概念，它具有以下特点："流水绕幽木，小径通亭台"——匠心独具的内部造型，外加全体通透的外观设计，霎时间将人与自然的距离拉至最近；您可以在浅斟小酌之余，坐看云卷云舒，日落星起：全心体会健康、休闲、用餐的田园情调，另外利用园区生产的各种无公害产品，让游客品尝到最新鲜的瓜果蔬菜。

（5）高新示范区。高新示范区是园区的核心区，对于展示我国当前农业的高新技术成果及让游客了解认识未来农业的发展模式，具有很好的引导教育作用。该区主要以数字化智能化自动化农业的运用为重点、再结合遥感农业与信息农业，充分表现了计算机技术及各项物理技术、信息技术在农业生产上的运用前景。如植物非试管快繁、植物水生诱变、智能化养殖、植物工厂、温室环境的计算机管理等等。通过这个区的参观增强游客对我国农业的信心，认清与发达国家的差距，增进民族自尊心与民族精神。

（6）植物王示范区。该区采用先进的栽培技术，使植物的生长潜能得到超常规的发挥，展示出植物生长的巨大生理潜能，让游客惊叹，令游人驻足。单株结万果的番茄，数米高的彩椒、能挂 3 000 ~ 5 000 根的黄瓜树、株挂 50 ~ 100 个瓜的西瓜王、网纹甜瓜王等。主要采用深液流栽培技术与计算机环境最优化技术，让植物的基因得到最优化的表达。通过该区参观，为游客树立一种新的植物认识观，让他们更热爱科技，热爱自然。

（7）植物生境观光区。利用环境模拟技术，对全国各地的气候进行模拟，有热带、有温带、有沙漠、有洼地、有山丘、有平原、有河流、有丛林各种各样的生态环境，然后栽培各种不同生境的珍奇特植物品种，让游客一览我国不同气候不同地区所形成的不同植被，对于认识植物及了解植物的进化与起源具有很好的教育作用。

（8）农产品大卖场。立足园区产品及结合地方特色，形成一个能为游客提供购买场所的大卖场，如特色的瓜果蔬菜，花卉盆景、奇石古玩以及地方名特产等。令游客在观光休闲之余还能把收获带回家让亲人朋友共享。

（9）狩猎垂钓区。栽培各种牧草营造草原风光，放养各种野兔、麋鹿、孔雀、鸵鸟、野鸡等，供游人驱逐捕猎，从中获取乐趣与野外健身。营造人工湖泊，放养各种名贵的淡水鱼，供游人享受垂钓之乐，体会"孤舟蓑笠翁，独钓寒江雪"的人生意境。

（10）农活体验区。该区主要对当地市民开放，对园区进行土地的规范化的田园区划，一般以半分地为一区，市民在园区统一规划与技术人员统一指导下进行农事活动，让市场体验到植物生长的整个过程及亲自收获产品的喜悦心情，即可利用节假日进行农活健身，又可掌握各种农业知识与收获成果。

（11）科教培训区。园区建设以高科技为核心，以高效益为支撑点，必定会引来全国各地前来学习观摩的各界人士，开展技术培训，推广高新技术，对于提高园医管理人员素质及进行技术交流意义重大，另外，对于园区的品牌宣传也起到推波助澜之作用。

（12）中小学科普教育。园区以植物的不同科属为区划，让中小学生对植物分类有充分的了解，对植物的生态演变有了真实认识。并展示农业生产的各种传统与现代的农具，让中小学生了解我国农业生产的发展史，让他们为科技发展的迅猛而惊叹，更增强学生学习科学热爱自然的兴趣。

农业观光园作为一种新型的公园形态与旅游方式，所以规划所涉领域极广，它是农学、林学、牧学、水产学、农业经济学、生态学、民俗学、旅游学以及风景园林等多学科的综合体现，是按照公园的经营思路，把农业生产场所、产品消费场所和休闲旅游场所结合于一体。在功能上建立蔬菜区、水果区、花卉区、高新区、服务区等区域兼具的综合农业公园。在利用方式上，是在园内将某一农作物的观赏、采摘、制品及其有关的品评、写作、绘画和摄影等活动融为一体，提高公园的经营效率，丰富游览乐趣，增加园区收入。所以说观光农业是一项各技术各学科各领域高度集成的现代农业新模式，它的开发是现代农业的标志，是现代农业的引领与展示，是地区农业科技发展程度的综合体现。

十、品牌打造与保护

（一）打造品牌的简要步骤

（1）明确产品理念和准确的市场定位。

这里需要明确的有如下内容。

①我准备生产什么样的产品？

②我的产品属于什么档次的呢？

③产品针对的消费群体是怎样的？

④我的产品与其他产品相比有何差异化？

⑤我的产品的核心竞争力是什么？

⑥明确顾客的消费心理，消费心智模式。

⑦细分目标客户群，才能更加准确的定位。

（2）明确产品的设计风格和要树立的企业形象，制定 CIS 系统。

（3）假设一切都很顺利，资金到位，技术也过硬，我们生产的产品完全符合我们对产品定位时的要求。

（4）制定详细可行的营销计划、阶段性的目标。

（5）在企业实行营销策略的同时，配合进行广告宣传策略，制定详细的企业形象、产品宣传计划，配合着营销工作扩大企业的影响力。

（6）要时刻留意并考虑品牌的延伸，为品牌的未来发展设定好道路。可以考虑扩大品牌涉及的行业领域，延伸、扩展品牌的文化内涵。最重要的是产品一定要与时俱进，要不断地革新、创新、不断地推出新产品，如果一个企业不具备自主研发的能力，那么这个企业就不具备竞争力。

（7）注重品牌管理，品牌维护的工作。在产品不断推陈出新的过程中，一定要保持产品的理念和风格的一致性，不能偏离轨道。在售后服务、销售现场、服务态度、企此公关在企业运作的过程中，任何一个环节都要传递出一致性，保持和维护品牌的完整，这就是品牌管理工作的重要使命和意义所在。

（8）最后一点，一个好的品牌一定要具有公益性，能创造社会价值，或者成为振兴民族的栋梁。

（二）建立农产品品质的差异性

名牌是指社会公众通过对产品的品质和价值认知而确定的著名品牌。名牌对企业来说具有获利效应、促销效应、竞争效应、乘数效应和扩张效应。要创立农产品品牌，并使之形成名牌，需要建立农产品品质的差异：产品品质的差异性是建立品牌的基础，如果是同质的农产品，消费者就没有必要对农产品进行识别、挑选。随着科学技术的发展，只有在农产品品质上建立差异性！才能建立起真正的农产品品牌，农民朋友们可以从以下方面来建立产品品质的差异性。

1. 品种优化

不同的农产品品种，其品质有很大差异，主要表现在色泽、风味、香气、外观和口感上，这些直接影响消费者的需求偏好。不同的农产品品种，决定了不同的有机物含量和比例；如蛋白质含量及其比例，氨基酸含量及其比例、糖类的含量及其比例，有机酸的含量及其比例，其他风味物质和营养物质的含量及其比例等。这些指标一般由专家采用感官鉴定的方法来检测；当优质品种推出后，得到广大消费者的认知，消费者就会尝试性购买；当得到认可，就会重复购买；多次重复，就会形成对品牌的忠诚。

在农产品创品牌的实际活动中，农产品品种质量的差异主要根据人们的需求和农产品满足消费者的程度，即从实用性、营养性、食用性、安全性和经济性等方面来评判。如水稻，消费者关心其口感、营养和食用安全性。水稻品种之间的品质差异越大，就越容易促使某种水稻以品牌的形式进入市场，得到消费者认可。

2. 生产区域优化

许多农产品种类及其品种具有生产的最佳区域。不同区域地理环境、土质，温湿度、日照等自然条件的差异，直接影响农产品品质的形成、许多农产品，即使是同一品种，在不同的区域其品质也相差很大。例如，红富＋苹果，陕西、山西的苹果的品质优于辽宁苹果，辽宁苹果优于山东苹果，山东苹果优于黄河古道的苹果。从种类来说，东北小麦的品质优于江南小麦，新疆维吾尔自治区西瓜优于沿海西瓜。中国地域辽阔，横跨亚热带、温带和寒带，海拔高度差异也很大，各地区已初步形成了当地的名、特、优农产品，如浙江龙井、江苏碧螺春、安徽砀山梨、山东鸭梨、四川脐橙、新疆哈密瓜、金乡大蒜等。因此，因地制宜发展当地农产品生产，大力开发当地名、优、特产品的生产，从而创立当地的名牌农产品。

3. 生产方式优化

不同的农产品生产方式直接影响农产品品质，如采用有机农业方式生产的农产品品质较差。采用受工业污染的水源灌溉严重影响农产品品质，也严重影响卫生质量。生产中采用各种不同的农业生产技术措施也直接影响产品质量，如农药选用的种类、施用量和方式，这直接决定农药残留量的大小；还有如播种时间、收获时间、灌溉，修剪，嫁接，生物激素等的应用，也会造成农产品品质的差异。

4. 营销方式优化

农产品要成为品牌商品进入市场，必须经过粗加工、精加工、包装。运输等一系列商品化处理，并对农产品的品质予以检验。同时，要建立农产品的生产，加工质量标准体系，开拓营销网络，实行规模化经营。另外，市场营销方式也是农产品品牌形成的重要方面，包括从识别目标市场的需求到让消费者感到满意的所有活动，如市场调研、市场细分、市场定位、市场促销、市场服务和品牌保护等。提高农产品营销能力，有助于扩大农产品品牌的影响，有助于提高农产品在市场上的地位和份额。所以，营销方式是农产品品牌发展的基础，而品牌的发展又进一步提高了农产品竞争力。

（三）积极进行农产品商标注册和保护

没有品牌，特色农产品就没有市场竞争力；没有品牌，特色农产品就不能卖出好价钱。商标是农产品的一个无形资产，对提升农产品品牌效益和附加值有着不可估量的作用。商标对很多人特别是农民朋友来说，也许是一个很空泛很抽象的概念。但它对农产品的实际意义和作用我们无法否认：它可以促进农业产业结构调整、提高农产品的市场知名度、占有率，加快农业产业化进程，增加农民收入。商标是商品生产者和经营者为使其产品与其他同类或相似产品相区别而附加在产品上的标记，它由文字、图形成其组合而成。由于商标具有辨别功能、广告功能和质量标示功能，所以，商标已成为参与市场竞争的锐利武器。注册商标是农产品取得法律保护地位的唯一途径。没有法律地位的农产品终究要被他人侵蚀、淘汰。然而一旦名牌商标被他人抢注或冒用，不但商标价值大打折扣，更重要的是会损害名牌产品的形象，影响企业的声誉。因此，农产品生产企业在创立名牌的同时，应积极进行商标注册，使之得到法律的保护，获得使用品牌名称和品牌标记的专用权。

（四）搞好市场营销、促进名牌形成

"好酒不怕巷子深"的时代已一去不复返，再好的商品如果不进行强有力的宣传，将难以被社会公众认知，更难成为有口皆碑的名牌。提高产品的知名度和美誉度，促进名牌的形成，可以从以下3个方面着手：第一，加大广告投入，选择好的广告媒体。广告是企业采用向消费者传递产品信息的最主要的方式。广告需要支付费用，一般来说投入的广告费用越多，广告效果更好，要使优质农产品广为人知，加大广告宣传的投入是必要的。可利用广告媒体如报纸、杂志、广播、电视和户外路牌等来传播信息。第二，改善公共关系，塑造品牌形象。通过有关新闻单位或社会团体，无偿地向社会公众宣传、提供信息，从而间接地促销产品，这就是公共关系促销。公共关系促销较易获得社会及消费者的信任及认同，有利于提高产品的美誉度、扩大知名度。第三，注重产品包装，提升产品身价。进口的泰国名牌大米，如金象、金兔、泰香、金帝舫等，大多包装精致。而我国许多农产品却没有包装，有些即使有包装也较粗糙，这不利于名牌的拓展。包装能够避免运输、储存过程中对产品的各种损害，保护产品质量；精美的包装还是一个优秀的"无声推销员"，能引起消费者的注意，在一定程度上激起购买欲望，同时还能够在消费者心目中树立良好的形象，抬升产品的身价。

（五）依靠科技、打造品牌

科技是新时期农业和农村经济发展的重要支撑，也是农产品优质、高效的根本保证。因此，创建农产品品牌，需要在产前、产中、产后各环节全方位进行科技攻关，不断提高产品的科技含量。一是围绕市场需求，在农作物、畜禽、水产的优良、高效新品种选育上重点突破，促进品种更新换代，以满足消费者不断求新的需求；二是围绕新品种选育，做好与之相配套的良种良法的研究开发与推广工作，要着力解决降低动植物产品药残问题，保证食品卫生安全，以消除进入国际市场的障碍；三是围绕产后的保鲜、储运、加工、包装、营销等环节，开展相应的技术公关，加大对保鲜技术的研究，延长产品的时效，根据消费者购买力和价值取向设计开发不同档次的产品，逐渐形成一个品牌、多个系列，应用现代营销手段扩大品牌知名度，培育消费群体，提高市场占有率；四是围绕"入市"，注重技术引进，积极引进国外新品种、新技术、新工艺，并通过技术嫁接，推动国内品牌的建设。

十一、成本核算及控制、生产效益的分析

《中华人民共和国合同法》订立合同主体资格的规定

第九条 当事人订立合同，应当具有相应的民事权利能力和民事行为能力。当事人依法可以委托代理人订立合同。

第十条 当事人订立合同，有书面形式、口头形式和其他形式。法律、行政法规规定采用书面形式的，应当采用书面形式。当事人约定采用书面形式的，应当采用书面形式。

第十一条 书面形式是指合同书、信件和数据电文（包括电报、电传、传真、电子数据交换和电子邮件）等可以有形地表现所载内容的形式。

第十二条 合同的内容由当事人约定，一般包括以下条款。

（1）当事人的名称或者姓名和住所。

（2）标的。

（3）数量。

（4）质量。

（5）价款或者报酬。

（6）履行期限、地点和方式。

（7）违约责任。

（8）解决争议的方法。当事人可以参照各类合同的示范文本订立合同。

第十三条 当事人订立合同，采取要约、承诺方式。

第十四条 要约是希望和他人订立合同的意思表示，该意思表示应当符合下列规定。

（1）内容具体确定。

（2）表明经受要约人承诺，要约人即受该意思表示约束。

第十五条 要约邀请是希望他人向自己发出要约的意思表示。寄送的价目表、拍卖公告、招标公告、招股说明书、商业广告等为要约邀请。

商业广告的内容符合要约规定的，视为要约。

第十六条 要约到达受要约人时生效。

第十七条 要约可以撤回。撤回要约的通知应当在要约到达受要约人之前或者与要约同时到达受要约人。

第十八条 要约可以撤销。撤销要约的通知应当在受要约人发出承诺通知之前到达受要约人。

第十九条 有下列情形之一的，要约不得撤销。

（1）要约人确定了承诺期限或者以其他形式明示要约不可撤销。

（2）受要约人有理由认为要约是不可撤销的，并已经为履行合同作了准备工作。

第二十条 有下列情形之一的，要约失效。

（1）拒绝要约的通知到达要约人。

（2）要约人依法撤销要约。

（3）承诺期限届满，受要约人未作出承诺。

第二十一条　承诺是受要约人同意要约的意思表示。

第二十二条　承诺应当以通知的方式作出，但根据交易习惯或者要约表明可以通过行为作出承诺的除针。

第二十三条　承诺应当在要约确定的期限内到达要约人。要约没有确定承诺期限的，承诺应当依照下列规定到达：

（1）要约以对活方式作出的，应当即时作出承诺，但当事人另有约定的除外。

（2）要约以非对话方式作出的，承诺应当在合理期限内到达。

第二十四条　要约以信件或者电报作出的，承诺期限自信件载明的日期或者电报交发之日开始计算。信件未载明日期的，自投寄该信件的邮戳日期开始计算。要约以电话、传真等快速通讯方式作出的，承诺期限自要约到达受要约人时开始计算。

第二十五条　承诺生效时合同成立。

第二十六条　承诺通知到达要约人时生效。承诺不需要通知的，根据交易习惯或者要约的要求作出承诺的行为时生效。

采用数据电文形式订立合同的，承诺到达的时间适用本法第十六条第二款的规定。

第二十七条　承诺可以撤回。撤回承诺的通知应当在承诺通知到达要约人之前或者与承诺通知同时到达要约人。

第二十八条　受要约人超过承诺期限发出承诺的，除要约人及时通知受要约人该承诺有效的以外，为新要约。

第二十九条　受要约人在承诺期限内发出承诺，按照通常情形能够及时到达要约人，但因其他原因承诺到达要约人时超过承诺期限的，除要约人及时通知受要约人因承诺超过期限不接受该承诺的以外，该承诺有效。

第三十条　承诺的内容应当与要约的内容一致。受要约人对要约的内容作出实质性变更的，为新要约。有关合同标的、数量、质量、价款或者报酬、履行期限、履行地点和方式、违约责任和解决争议方法等的变更，是对要约内容的实质性变更。

第三十一条　承诺对要约的内容作出非实质性变更的，除要约人及时表示反对或者要约表明承诺不得对要约的内容作出任何变更的以外，该承诺有效，合同的内容以承诺的内容为准。

第三十二条　当事人采用合同书形式订立合同的，自双方当事人签字或者盖章时合同成立。

第三十三条　当事人采用信件、数据电文等形式订立合同的，可以在合同成立之前要求签订确认书。签订确认书时合同成立。

第三十四条　承诺生效的地点为合同成立的地点。采用教据电文形式订立合同的，收件人的主营业地为合同成立的地点；没有主营业地的，其经常居住地为合同成立的地点；当事人另有约定的，按照其约定。

第三十五条　当事人采用合同书形式订立合同的，双方当事人签字或者盖章的地点为合同成立的地点。

第三十六条　法律、行政法规规定或者当事人约定采用书面形式订立合同，当事人未采用书面形式但一方已经履行主要义务，对方接受的，该合同成立。

第三十七条 采用合同书形式订立合同，在签字或者盖章之前，当事人一方已经履行主要义务，对方接受的，该合同成立。

第四十二条 当事人在订立合同过程中有下列情形之一，给对方造成损失的，应当承担损害赔偿责任：

（1）假借订立合同，恶意进行磋商。

（2）故意隐瞒与订立合同有关的重要事实或者提供虚假情况。

（3）有其他违背诚实信用原则的行为。

第十三条 当事人在订立合同过程中知悉的商业秘密，无论合同是否成立，不得泄露或者不正当地使用。泄露或者不正当地使用该商业秘密给对方造成损失的，应当承担损害赔偿责任。

十二、农业生产成本分析与控制

（一）农业生产主要成本费用

1. 种子费

指实际播种使用的种子、种苗、秧苗等支出。自产的以及企业或他人无偿提供的种子（种苗）按正常购买期市场价格计算，购入的种子按实际购买价格加运杂费计算。种子精选、消毒等种子处理过程中耗费的人工计入用工数量，消毒药剂计入农药费，耗用的其他材料计其他直接费用。属于生产者自行育苗所支付的人工、肥料、农药及塑料薄膜等支出，应分别计入作物成本的有关项目中，不计入种子费，以免重复。

2. 化肥费

（1）化肥费。指实际施用的各种化肥的费用。化肥包括氮肥、磷肥、钾肥、复混肥以及钙肥、微肥、菌肥等其他肥料。其中，复混肥包括复合肥和混配肥，复合肥是指用化学方法合成的含两种以上营养元素的化肥，混配肥是指用机械混合的方法加工而成的、含两种以上营养元素的化肥；其他化肥包括钙肥（如生石灰、消石灰）、微肥、菌肥、土壤调理剂。植物生长调节剂计入化肥中的"其他化肥"项目。

（2）化肥费的计算方法。购买的化肥按照实际购买价格加运杂费计算，政府部门、企业或他人无偿或低价提供的化肥按正常购买期当地市场价格计算。

3. 农家肥费

指实际施用的农家肥的支出。农家肥包括粪肥、厩肥、绿肥、堆肥、饼肥、沤肥、泥肥、沼气肥等。

（1）购买的农家肥按照实际购买价格加运杂费计算。

（2）生产者自积的人粪尿和饲养畜禽的粪肥、厩肥等，按市价计算。难以采集到当地市场价格的，由市或县级成本调查机构规定折算得的价格。各市县农家肥作价高低相差很大的地区，建议在省、自治区、直辖市范围内作适当统一规定，供调查时参考使用。

（3）绿肥按种植成本（包括物质费用和人工）计算，沤肥按沤制成本（包括沤制用的原料和人工）计算。

（4）自产饼肥（包括售料返饼）按市场价格计算，难以采集到当地市场价格的，由市县成本调查机构规定统一的折算价格。

（5）自制菌肥按成本作价。

4. 农膜费

指生产过程中实际耗用的棚膜、地膜（包括微膜、包装膜等其他膜）等塑料薄膜的支出，按实际购买价格加运杂费计算。其中，地膜一次性计入，棚膜一般按两年分摊计算，实际使用年限不足或超过两年的棚膜可按实际使用年限分摊计算。

5. 农药费

指生产过程中实际耗用的杀虫剂、杀菌剂等化学农药的费用。购买的农药按实际购买价格加运杂费计算，自产的农药按市场价或成本价作价。除草剂、抗生素等计入此项。

6. 租赁作业费

指生产者租用其他单位或个人机械设备和役畜进行作业所支付的费用，包括机械作业费、排灌费和畜力费三项。使用自有机械设备和耕畜作业时，在某些情况下也视同租赁作业，按照租赁作业市场价格进行核算计入租赁作业费。

7. 机械作业费

指生产者租用其他单位或个人的拖拉机、播种机、收割机等各种农业机械（不包括排灌机械或设施）进行机耕、机播、机收、脱粒和运输等作业时发生的费用，按实际支付的费用计算。

8. 排灌费

指生产者租用其他单位或个人的排灌机械或设施对作物进行排灌作业所支付的费用以及水费支出。

水费包括生产者直接向水利工程供水单位购买灌溉用水的实际支出、集体统一向水利工程供水单位购买灌溉用水后分摊到生产者受益耕地上的实际支出以及以其他方式分摊的水费支出。有些地区预收"水资源费"、"水费"、"抽水电费"等费用，但实际并未引水灌溉的，不作为水费，应列入成本外支出进行核算。

9. 畜力费

畜力费指生产过程中租赁他人耕畜进行作业时所发生的实际支出。畜力费的计算方法如下。

（1）外雇耕畜作业的，按照下列情况分别核算。

①既雇佣耕畜又雇佣人工进行作业的，畜力费按实际支付的费用计算（用实物折抵的，按当时该实物市场平均价格进行计算，下同）。

②只雇佣耕畜，由生产者自己役使作业的，畜力费按雇佣耕畜的实际支出计算，役使耕畜作业的人工计入家庭用工。

（2）使用自有耕畜作业的，按照下列情况分别核算。

①拥有耕畜数量较少的生产者，耕畜及耕畜作业费用按照使用自有耕畜作业天数和略低于当地耕畜租赁平均市场价格计入畜力费。当地没有耕畜租赁价格的，由市县成本调查机构按照当地习惯规定统一的畜力折算价格。同时，购买及饲养耕畜所发生的一切

费用、使用自有耕畜作用时所发生的人工均不再计入相关项目，以免重复计算。

②拥有耕畜数量较多的生产者，耕畜及耕畜作业费用不计入畜力费，而应按照其费用支出类型分别计入不同项目：

a. 役使耕畜作业的人工，支付工资的人工计入雇工天数，不支付工资的人工计入家庭用工天数。

b. 当年饲养耕畜的饲料费和饲料加工费、医疗费等按照种植业各品种作业量分摊计入其他直接费用，饲养耕畜用工按照各品种作业量分摊后，支付工资的人工计入雇工天数，不支付工资的人工计入家庭用工天数。

c. 耕畜购入原值按只用年限分摊，计入折旧。自繁自育仔畜转为耕畜的，其原值按照转为耕畜时的市场价格进行计算。

10. 燃料动力费

指生产过程中直接耗费的各项燃料、动力和润滑油的支出。

11. 技术服务费

指生产者实际支付的与该产品生产过程直接相关的技术培训、咨询、辅导等各项技术性服务及其配套技术资料的费用。不包括购买的农业技术方面的书籍、报刊、杂志等费用及上网信息等费用（这些费用应计入管理费中）。

12. 工具材料费

指当年购置的小件农具、工具、用具的费用及用于育苗、防寒、防冻、防晒及支撑（如竹竿、木条等）等用途的低价值材料（不包括农膜和塑料大棚骨架，农膜单独记入农膜项目，塑料大棚骨架作为固定资产进行核算）的费用，如锄头、镰刀、犁、耙、木杆、铁丝、草帘、遮阳瓦、防雨篷等。价格低的，可以一次摊销，价格高的可以按使用年限摊销。具体标准由各省、自治区、直辖市自定。

13. 修理维护费

修理维护费，指当年修理或维护农机具、各项生产设备和生产用房等发生的材料支出和修理费用。应由多业或多品种共同分摊的费用，按照产值或工作量分摊。大修理费按照预计下一次大修理之前的年限平均摊销。生产者自己修理的用工计入家庭用工。

14. 其他直接费用

指与生产过程有关的但不能计入相关费用指标的其他支出，如蚕茧生产过程中所发生的小蚕共育费、购买桑叶的支出等。

15. 固定资产折旧

指标解释：固定资产是指单位价值在一百元以上，使用年限在 1 年以上的生产用房屋、建筑物、机器、机械、运输工具、役畜、经济林木、防护林、堤坝、水渠、机井、晒场、大棚骨架以及其他与生产有关的设备、器具、工具等。

购入的固定资产按购入价加运杂费及税金等计价；自行营建的按实际发生的全部费用计价。

固定资产按分类折旧率计算折旧。种植业务类固定资产参考折旧率为：生产专用房和永久性栏棚8%，水渠、晒场、机井等建筑物10%，机械、动力、运输、排灌等机械设备类12.5%，大中型农具和器具20%，役畜按实际可役用年限确定，经济林木（果树、桑树、茶树等）10%（或按实际挂果或采摘年限确定），其他固定资产折旧率均按20%计算。

各品种应分摊的固定资产折旧一般按各品种播种面积比例分摊，不同作物作业量相差较大的，按作业量比例分摊。

生产者使用自有机械设备（设施）或耕畜作业且已按照视同租赁作业进行核算的，该机械设备（设施）和耕畜不计提固定资产折旧，以免重复计算。

农业企业的固定资产折旧按照其会计报表数据核算分摊。

16. 保险费

指生产者实际支付的农业保险费，按照保险种类分别或分摊计入有关品种。

17. 管理费

生产者为组织、管理生产活动而发生的支出，包括与生产相关的书籍、报刊费、差旅费、市场信息费、上网费、会计费（包括记账用文具、账册及请人记账所支付的费用）以及上缴给上级单位的管理费等。

农业企业的管理费按照其会计报表数据核算分摊。一些地区的村级集体或农场采用承包到户、统一管理的经营方式，收缴的管理费往往含有集体或农场统一负担的用于购买种子、施肥、排灌、施药等生产费用支出或者统一支付税金，这些支出应当计入相应的费用指标，并从管理费中予以扣除。

18. 销售费

指为销售该种产品所发生的运输费、包装费、装卸费、差旅费和广告费等。生产者自己及其家庭成员在销售产品过程中发生的用工计入家庭用工，不得折价计入销售费；雇用他人销售产品的，支付的费用计入销售费，其用工不予核算。

19. 成本

指生产过程中直接使用的劳动力的成本。包括家庭用工折价和雇工费用两部分。

20. 用工数量

用工数量（日）=各类劳动用工折算成中等劳动力的总劳动小时数÷8小时=家庭用工天天数+雇工天数

核算用工数量应当注意以下几点：①认真调查核实劳动用工的实际小时数，不能按出工次数计算。一天出工一小时的，只能按一小时计算。不能出工一次就算为一天；②对于劳动能力明显弱小的老人和孩子，应当按其相当于中等劳动力的比例折算其劳动时数，不能简单地按照出工时数计算；③长期雇工的用工天数应当按照实际劳动小时数折成标准劳动日，不能按日历天数简单计算；④雇工的销售用工不能计入用工数量。

21. 雇工费用、雇工天数、雇工工价

雇工费用是指因雇佣他人（包括临时雇佣工和合同工）劳动（不包括租赁作业时由被租赁方提供的劳动）而实际支付的所有费用，包括支付给雇工的工资和合理的饮食费、招待费等。短期雇工的雇工费用按照实际支付总额计算；长期雇请的合同工（一个月以上），先按照该雇工平均月工资总额（包括工资及福利费等）除以30天计算得出其日工资额，再根据其从事该产品生产的劳动天数计算得到其雇工费用。

雇工天数是指雇用工人劳动的总小时数按照标准劳动日折算的天数。其计算公式为：

雇工天数 = 雇用工人劳动总小时数/8 小时

雇工工价是指平均每个雇工劳动一个标准劳动日（8 小时）所得到的全部报酬（包括工资和合理的饮食费、招待费等）。

雇工工价 = 雇工费用/雇工天数

22. 家庭用工折价、劳动日工价

家庭用工是指生产者和家庭成员的劳动、与他人相互换工的劳动以及他人单方无偿提供的劳动用工。

家庭用工天数是指家庭劳动用工折算成中等劳动力的总劳动小时数按照标准劳动日折算的天数。

家庭用工天数 = 家庭劳动用工折算成中等劳动力的总劳动小时数 ÷ 8 小时

家庭用工折价是指生产中耗费的家庭劳动用工按一定方法和标准折算的成本，反映了家庭劳动用工投入生产的机会成本。

家庭用工折价的计算公式为：

家庭用工折价 = 劳动日工价 × 家庭用工天数

劳动日工价是指每个劳动力从事一个标准劳动日的农业生产劳动的理论报酬，用于核算家庭劳动用工的机会成本。

劳动日工价的计算公式为：

某地某年劳动日工价 = 本地上年农村居民人均纯收入 × 本地上年每个乡村从业人员负担人口数 ÷ 全年劳动天数（365 天）

每乡村从业人员负担人口数 = 乡村人口数 ÷ 乡村从业人员数

23. 土地成本

土地成本，也可称为地租，指土地作为一种生产要素投入到生产中的成本，包括流转地租金和自营地折租。

流转地租金指生产者转包他人拥有经营权的耕地或承包集体经济组织的机动地（包括沟渠、机井等土地附着物）的使用权而实际支付的转包费、承包费（或称出让费、租金等）等土地租赁费用。

自营地折租指生产者自己拥有经营权的土地投入生产后所耗费的土地资源按一定方法和标准折算的成本，反映了自营地投入生产时的机会成本。

流转地租金按照生产者实际支付的转包费或承包费净额计算。转包费或承包费净额是指从转包费或承包费中扣除该土地应当承担的税金，统一收取的机械和排灌作业、技术服务、病虫害防治等与生产相关的直接生产费用（税金及收取的生产费用应计入相应指标项目）后的余额。

24. 成本外支出

指生产者缴纳的属于公益事业性质的一事一议支出和按土地摊派的与直接生产过程无关的费用（如有些地区收取的"共同生产费"，用于筹集水利建设资金、防洪保安基金，与直接生产过程无关，应计入成本外支出）以及一些地区尚未取消的两工支出和其他摊派性支出。

生产者及其家庭成员的生活消费支出不得计入成本外支出。核算两工支出时，直接出资代劳的按照实际出资额计算，出工的按照出工天数和当地雇工工价计算。成本外支出只在种植业产品间分摊，饲养业产品不分摊成本外支出。种植业各品种成本外支出一般按播种面积分摊，品种之间产值相差较大的可按产值分摊。

25. 生产成本

指直接生产过程中为生产该产品而投入的各项资金（包括实物和现金）和劳动力的成本，反映了为生产该产品而发生的除土地外各种资源的耗费。其计算公式为：

每亩生产成本＝每亩物质与服务费用＋每亩人工成本

每50千克生产成本＝每亩生产成本÷每亩产值合计×每50千克主产品平均出售价格

26. 总成本

指生产过程中耗费的资金、劳动力和土地等所有资源的成本。其计算公式为：

每亩总成本＝每亩生产成本＋每亩土地成本＝每亩物质与服务费用＋每亩人工成本＋每亩土地成本

每50千克总成本＝每亩总成本÷每亩产值合计×每50千克主产品平均出售价格

27. 净利润

指产品产值减去生产过程中投入的资本、劳动力和土地等全部生产要素成本后的余额，反映了生产中消耗的全部资源的净回报。其计算公式为：

净利润＝产值合计－总成本

28. 现金成本

指生产过程中为生产该产品而发生的全部现金和实物支出，包括直接现金支出和所消耗的实物折算为现金的支出（如自产种子可以按照市场价格折算为一定数额的现金）以及过去的现金支出应分摊到当期的部分（如折旧）。其计算公式为：

每亩现金成本＝每亩物质与服务费用＋每亩雇工费用＋每亩流转地租金

每50千克现金成本＝每亩现金成本÷每亩产值合计×每50千克主产品平均出售价格

29. 现金收益

指产品产值减去为生产该产品而发生的全部现金和实物支出后的余额，反映了生产实际得到的收入（包括现金收入和实物折算为现金的收入）。其计算公式为：现金收益＝产值合计－现金成本

30. 成本利润率

反映生产中所消耗全部资源的净回报率。其计算公式为：

成本利润率（％）＝净利润÷总成本×100

（二）生产成本核算的方法

1. 种植业成本计算

（1）大田作物生产成本的计算。需要计算其生产总成本、单位面积成本和主产品单位产量成本。

某种作物的生产总成本，就是该种大田作物在生产过程中发生的生产费用总额，这

一成本指标由农业生产成本叫细账直接提供。

某种大田作物的单位面积成本，即公顷成本，就是种植 1 公顷大田农作物的平均成本。其计算公式如下：

某种作物单位面积（公顷）成本 = 该种作物生产总成本 ÷ 该种作物播种面积

某种大田作物的丰产品单位产量成本，也叫每千克成本。

大田作物在完成生产过程后，可以收获主、副两种产品。为了计算主产品单位成本，需从全部生产费用中扣除副产品价值。每千克成本的计算公式如下：

某种作物产品单位产量（千克）成本 =（该种作物生产总成本副产品价值）÷该种作物主产品产量

公式中的副产品价值，又称副产品成本，可采用估价法或比例分配法予以确定。

牧草成本计算：草地单位面积（公顷）成本 = 种草生产总成本 ÷ 种草总面积

干草单位产量（KG）成本 = 种草生产成本 ÷ 干草总产量

（2）蔬菜生产成本的计算。露天栽培蔬菜的成本计算。对大宗的各主要的露天栽培蔬菜，应按照每种蔬菜设置明细账，单独核算每种蔬菜的生产成本，其费用汇集、成本计算指标和计算方法与大田作物相同。对于小量的和次要的露天栽培蔬菜，可合并计算其生产成本。

保护地栽培蔬菜的生产成本计算。

就是利用温床和温室进行蔬菜栽培。一般是先用温床育苗，然后移栽至温室。保护地栽培蔬菜的生产总成本，包括直接计入蔬菜生产成本的费用，需要分配的温床和温室费用以及其他间接费用。

一是直接计入蔬菜生产成本费用，是指耗用的种子、肥料、农药、生产工人的工资及福利费等；

二是温床、温室的费用，是指温床、温室的发热材料费、燃料费、供水费、管理温床和温室的工人工资及福利费、温床和温室的折旧费、修理费等；

三是其他间接费用，是指保护地栽培蔬菜应负担的制造费用等。

温床和温室费用应按照各种蔬菜占用的温床格日数或温室平方米日数，分配计入各种蔬菜的生产成本。

温床格日数，是指某种蔬菜占用温床格数和在温床生长日数的乘积。温室平方米日数，是指某种蔬菜占用温室的平方米数和在温室生长日数的乘积。按格日数或平方数日数分配温床、温室费用的计算公式如下：

某种蔬菜应分配的温床（温室）费用 = 温床（温室）费用总额 ÷［实际使用的格日（平方米日）总数 × 该种蔬菜占用的格日（平方米日）］

（3）特种园艺栽培。应按种植栽培方式、生产管理和生产规模确定核算方法。灵芝、花卉的生产、管理、销售不同于其他行业，有其特殊性。

目前，灵芝、花卉成本核算的会计账务处理的差异较大，如何准确、合理、便捷地对灵芝、花卉成本进行核算，为管理者提供及时、准确、真实的会计信息，以适应当前市场经济发展的需要，是提高灵芝、花卉业务经济效益的新课题。应结合灵芝、花卉业产品形态的不确定性、鲜活性、数量变化性，在调查研究的基础上综合分析，确定品种、分类、分级、动态成本核算的方法，小型木本花卉可以视同草本花卉。

小规模种植灵芝、花卉，生产成本可以按"单株"、"单盆"管理核算；大面积种植灵芝、花卉，生产成本可以仿照"保护地栽培蔬菜的生产成本核算"的方法，计算产品单位产量（千克）成本。

（4）种植业生产成本计算的特殊问题。多年生作物生产成本计算。是指人参、剑麻等作物，特点是生长期长，可一次收获和多次收获。

一次收获的多年生作物如人参等，应按生长期内各年累计的生产费用计算成本，其成本计算方法可采用分批法或品种法，生产期内各年累计的生产费用即为其总成本－总成本扣除副产品价值，除以主产品产量，即为主产品单位成本。

多次收获的多年生作物如剑麻等，在未提供产品以前的累计费用，按规定比例，摊入投产后各年产出产品的成本。

2. 养殖业成本计算

（1）存在的问题

①成本的不确定性：养殖业受自然规律和经济规律的影响，在产品质量和价格上存在不确定性；劳动时间和生产时间存在明显的不一致性；管理体制错综复杂，生产经营中具有商品性和自给性结合的特点。因而在产品成品核算上存在主动不确定性。

②生产周期长，资金回收慢：养殖业具有明显的周期较长的特点，一般来说，牛猪需要半年左右，鸡蛋需要近2年，如果需要留作种用，则会更长，奶牛的牛产周期则在7~9年以上。生产周期长决定了投入的长期性，资金占用的长期性，因而导致资金回收较慢。

③产品销售具有季节性，资金占用量较大：相当比重的养殖业产品都具有明显的季节性，因而在生产销售的旺季通常会呈现出资金占用量大的特点。比如公牛冻精在春秋季节达到旺季，那么全年产出的产品就必须进行储存，由此导致设备比如液氮和液氧罐大量费用的支出。

④动物疫病影响较大，造成生产和销售的不稳定：我国养殖业在发展中，由于食物、天气、种苗上存在的问题，都可能造成动物疫病的发生和大范围传播，从而导致成本的大幅度提升。尤其是中小规模、管理不善的养殖场最容易受到波及，而一旦受到波及，往往会面临毁灭性打击，导致存栏、出栏数量大大减小。目前，各种疫苗的滥用，各类种苗的杂交等都加剧了疫情的严重性，部分疫情情况复杂、治疗缓慢，缺乏有效的治疗措施，对养殖业影响深远。

⑤养殖业规模不均衡，缺乏统一、规范的核算方式：我国养殖业经过多年的发展，虽然初步完成了从分散到集约再到规模的转变，但是大多数地区在规模上仍然呈现出明显的不平衡性，因而在实际管理中，往往出现集约程度高、现代感强的大、中规模管理规范，成本核算各项收支情况明细。而小规模的养殖场多呈现出粗放式管理，多数没有建立规范的核算方式，不能严格执行国家颁布的相关核算法则和规定。

（2）养殖成本核算管理。

①确定成本核算对象：养殖业在成本核算管理中首先应确定合理的管理对象，依据实际生产情况选用核算方式，比如是分群核算还是混群核算。参照会计核算中的相关规

定，在条件允许的情况下，应尽可能采用分群饲养管理以及分群核算成本，根据企业的实际生产情况，对于畜禽按照种类和年龄等分成相应的群类，然后分群归集生产成本，最终计算出产品的成本。如果分群不能实现的话，则可以通过混群饲养管理以及混群核算成本来进行，也即是根据畜禽的种类划分结合种类归集的生产费用实现对成本的计算。科学、合理的归集是成本核算的基本前提，也是对成本管理和控制的重要依据。

②准确核算：通常来说，企业养殖业的成本范围以及构成都可以通过养殖成本项目的细化设置来体现出来，因而项目划分是否合理就成为了核算科学的重要影响因素。养殖业在实际核算中应该根据计算对象来设置尽可能明细化的项目，根据项目设置相应的专栏，然后计入到相关的产品费用中，如人工费、材料费以及制造费等。

③收支的相互配比：企业在核算成本时，应该把一定的会计期间产生的费用成本和相关的受益进行有机结合，也即是通常所说的建立收入和相关成本费用的相互配比关系。举例来说，水电费用和药品费用等都不能直接成为品种归集的费用，因而可以依据相关的比例分配方法或者准则，将其分配到相应的养殖品种。这种配比方法能够对养殖业每一阶段每个品种的成本进行准确计算。

（3）成本核算应遵循的原则。

①收入与支出配比：养殖业在核算养殖成本时，应将一定会计期间费用成本，与有关的收益相结合。即收入与相关的成本费用应当相互配比。如工资、水电、药品等不能明确直接进行品种归集的费用，可按一定的分配方法和标准，配比到不同的养殖品种中。用配比性原则进行成本核算，能准确地计算出一个时期的养殖成本和每个品种的成本。

②权责发生制：目前在养殖业中，由于生产经营活动及其经营体制、组织管理方式的不同，有的养殖企业执行的是企业会计制度；也有一些养殖单位是事业单位的下属，实行的是事业单位的企业化管理，这些养殖单位会计制度实行的是收付实现制，即收入与费用的确认均以资金是否收到或支出为标准。因此，在进行养殖成本核算时，收付实现制不能正确反映当期的实际收入和成本费用，具有局限性。

③划分收益性与资本性支出：收益性支出是指发生的与养殖生产有关（包括直接的和间接的费用支出等）的支出。资本性支出是指那些一次购置并长时间使用的耐用资产消耗（如在建工程，建筑物及各种设备购置等）以及无形资产的开发支出。划分收益性与资本性支出的意义在于确定哪些费用支出应当计入当期成本，哪些支出不应当计入当期成本，只有这样才能科学地计算出各品种的养殖成本。

④核算周期的确定：由于养殖专业性较强，养殖生产要经过育苗、繁殖、培育、投入放养等过程，其生产周期一般在1~2年或以上，具有培育周期长的特点，因此，养殖的成本计算期从购入幼苗或育苗开始，不入库的鲜活产品，计算到销售为止；入库的成品成本，则计算到入库为止。其成本计算期一般应与生产周期相一致。

（4）做好成本预测管理。

①推行健康养殖成本核算，获取最大养殖收益：所谓健康养殖，是根据养殖品种的生态和生活习性建造适宜养殖的场所；选择和投放品质健壮、生长快、抗病力强的优质苗种，采用合理的养殖模式、养殖密度，通过科学管水、科学投喂优质饲料、科学用药

防治疾病和科学管理，促进养殖品种健康、快速生长的一种养殖模式。

②发展特种养殖，节约成本，规避市场、效益风险：近年来，随着产业结构的不断调整，特种养殖以其良好的养殖效益和市场前景越来越受到众多养殖户的青睐。有的地区还将特种养殖作为增加产值、提高效益的重要途径，很多养殖者为此走出了常规养殖的圈子而致富。为了保证特种养殖能够健康发展，从财务成本预测管理的角度应把握好以下几点：

预测发展趋势和可行性　实践证明，特种养殖成本较高，产品销售价格较贵，消费对象较特别，产品市场弹性较小。市场起伏大、价格波动大，养殖少时赚钱多，养殖多了就可能会亏本。因此，在养殖某种特种产品时，要认真分析市场的需求和容量，预测发展的趋势和可行性。应事先了解如下信息：一般居民的日常消费量和节日消费量；附近饭店和宾馆需求量；附近大中城市的销售量；外贸出口的销售量和可能发展的销售量。应以销定产，切忌盲目上马，一哄而上。

充分考虑饲料供应的品种和数量　特种养殖中的饲料供应相当关键，同时这也是降低养殖成本、提高经济效益所必须重视的问题。许多特种养殖产品需要动物性饲料，因此，养殖某一特种品必须考虑动物饲料的来源和可供应量，当然，还必须考虑到饲料成本，饲料供应要因地制宜，饲料来源不足时，应以饲定产。

考虑稳定的苗种来源　特种养殖苗种的选择是养殖成败的关键。一般特种养殖苗种成本较高，因此，要尽可能选择自繁的养殖品种或能获得稳定苗源的养殖品种，以达到降低直接成本的目的。同时要充分利用当地的条件优势，利用当地的各种优势，养殖一些别处无法养殖的稀有品种或地方稀有品种。

搞好综合经营　目前，很多特种养殖品种在养殖技术上尚未完全过关，销售渠道也没有完全理顺，因此，养殖单一品种一旦失败，经济上的损失就无法弥补。因此，进行特种养殖时必须注意加强成本核算，重视投入与产出的关系，重视经济效益。只有这样，特种水产养殖才有发展的生命力和空间。

十三、一亩田（集团）介绍

一亩田农产品商务平台是2011年9月农业部市场与经济信息司为实现《全国农业农村信息化发展"十二五"规划》的总体目标而倡议设立的。旨在将政府信息化服务功能延伸，用政府与市场相结合的方式收集、整理、发布农产品价格数据，最终为全国农业从业者提供最快捷、最全面的农产品价格数据服务。"一亩田"通过深入挖掘研究农产品价格数据，帮助中国农村中小企业、个体经纪人、农村专业合作社更好地了解全国农产品价格信息、走势。目前，每天早晚两次的数据更新量达到30多万条，品类包括畜牧养殖、生鲜果蔬、粮油种植、鲜活水产、林业苗木、中医药材、特种养殖等涵盖33个省份的1 500种细分农产品种类。是中国农产品价格数据量最大，数据质量最规范，更新频度最快，也是与农业生产实际紧密最结合的应用平台。全国每天有4万农业从业者使用"一亩田"各项服务。我们的目标是带动农村重点行业和区域经济的发展，为农民增加财富收入，为企业之间提供更专业的信息服务。

主要产品包括一亩田网站、一亩田手机 APP、三位一体的网店以及与百度合作的一亩田直达号。目前，一亩田 APP 平台每日交易数据更新量达 30 多万条，品类包括生鲜果蔬、畜牧养殖等领域 1.1 万个品种，覆盖 31 个省市 1 945 个县市，并在全国 30 多个主流城市建立了服务网络。在过去 10 个月内，一亩田集团平台流水累计突破 100 亿元。

一亩田模式是我国互联网＋农业的创新典型，一端服务批发商和采购商，一端服务农民和产地，通过移动互联网、大数据和能力，以及线上线下的撮合服务，帮助产地农民实现农产品产销对接，缓解农产品卖难和卖价低等传统难题。

一亩田愿景：创造农业新文明

一亩田使命：为人们找到每一亩田地上的农产品

一亩田目标：为农民增收，为市民减负

核心价值观：以诚为实、荣辱与共、开放进取、成就客户

2015 年 1 月，一亩田正式启动名为"村晖行动"的农村战略，已和国内 50 个县市达成战略合作，业务覆盖 30 000 个自然村。预计未来 3 年内，投入 50 亿元人民币，建立 1 000 个县域合作示范区，业务覆盖 25 万个自然村，对接国内 200 个城市，提高农产品进城的流通效率。

（一）农产品价格查询

一亩田即推出农产品行情数据服务《今日行情》，从农产品生产、流通、批发销售人士的现实使用环境出发，以简短的文字实时推送全国行情信息。客户可以通过电脑或者一亩田手机版随时查询《今日行情》，包括主要农产品品类（包括畜牧养殖、生鲜果蔬、粮油种植、鲜活水产、林业苗木、中医药材、特种养殖等），产地信息及销地价格行情。供应商可以通过价格行情找到价格最好的市场，甚至于可以在运输途中临时改变销售目的地。同样采购商不但可以找到最有竞争力的产地，而且可以利用同一农产品不同批发市场之间的差价获利。

（二）移动互联网应用

一亩田推出了手机 APP，即一亩田手机版，解决农业从业者随时随地行情查询、发布供应、完成采购等需求。一亩田正是看中了移动终端时代的这一便捷性，让农产品的供需双方能够在手持终端上实时获取农产品价格信息、交易信息、供需信息、流转信息等。

（三）贸易对接业务

一亩田是中国最专业的农产品第三方撮合交易服务机构。拥有众多具有长期农产品流通经验的专家组成的团队，一方面组织人员对用户发布信息进行审核；另一方面也对接买卖双方，撮合交易。

一亩田农产品旗舰店覆盖全国 30 个省市自治区省级一级批发市场及重点城市的二级批发市场。与此对应，一亩田在各重要农产品产地开设产地办事处，办事处同当地的一亩田会员保持密切的联系，每天都提供大量的供应信息，也可以根据采购商的需要，免费找货和免费帮助客户去产地看货。采购商可以获得有竞争力的产品报价，以及更多高质量的供应商。

（四）大数据业务

一亩田是农产品流通大数据的先行者。基于一亩田在数据处理和分析积累方面的经验，以及横跨产销两地的分支机构，一亩田逐渐汇聚了大量可分析数据，并以此为基础开展了大数据研究。

"神农图"是为打造全国最权威的农产品大数据平台，同时也反映出了全国农业电子商务化的程度，帮助各级政府直观了解各地农业交易数据。神农图县域版主要为县级领导提供决策参考，主要展示未来一个月区域内即将上市、滞销和畅销的农产品信息，以及历史交易数据（价格、品种和流向）。

一亩田针对农产品流通大数据的研究，使农业生产者、农产品经纪人，各级相关管理部门，农业研究机构及研究者等对实时农产品流通都有了一个更深的了解。

（五）县域产业带

2015 年，中央一号文件再次强调支持电商、物流、商贸、金融等企业参与涉农电商建设。一亩田县域产业带旨在拓宽县域农产品销路，提升县域特色农产品品牌知名度，助力农民增收。利用农产品流通大数据为县政府和农业从业者决策参考，提升县域农业整体发展水平。

自 2014 年实行县域产业带战略以来，截至 2015 年 4 月 30 日，一亩田集团已与河南焦作、云南红河等全国 53 个市县达成战略合作，合作省包括贵州等 5 个，深度合作包括县域培训、贸易对接、"有一味"特色农产品推荐计划。

（六）一亩田研究院

一亩田集团研究院是开展农业产业化、农业信息化、农业市场化等主题研究的专门机构，将打造中国农产品数据中心、中国现代农业案例中心，为中国现代农业发展提供智库服务。2015 年 5 月 30 日，在"中国农村互联网金融论坛"上，一亩田研究院《2015 中国农村互联网金融报告》正式发布。

（七）大客户服务

一亩田以独有的网上交易平台和供应链管理结合的模式，服务于大型商超及连锁餐饮。

以与餐饮连锁企业乡村基餐饮管理有限公司（简称"乡村基"）为例，2014 年 12 月 9 日，乡村基与一亩田在重庆举行了"创新采购模式 共建食材绿色通道"为主题的战略合作签约仪式。通过本次战略合作，乡村基借助一亩田设立于全国的门店及办事处网络优势和电子商务大数据资源，加上乡村基现已建成的大型中央加工厨房和高效的物流配送的体系，以此来打造"从农场到餐桌"（From farms to tables）采购供应新模式，实现降低运营成本、优化采购周期、把实惠让给顾客、让顾客吃到放心安全餐目的。双方将围绕"创新采购模式 共建食材绿色通道"为主题，以"新思维、新流通、新起点"为宗旨，联合双方资源优势，加强供应管理，降低采购成本，最终让利于民。

（八）政府合作开创互联网＋农业新模式

"一亩田产业带"项目是一亩田在县域合作领域的重要举措。一亩田焦作产业带将依托一亩田在农产品电子商务、农产品大数据领域的资源优势，提升焦作地区农业信息化水平，促进当地农业经济发展。根据协议，双方围绕"普及农产品电商、拓宽农产品销路"为目标，打造一个"农产品销售有渠道，农产品流通有追溯"的电商体系，共同推动焦作地区农业电商的发展。主要内容包括：为焦作建设农产品电商平台，打造包括四大怀药、博爱姜、延陵大葱等农副产品产业集群；对焦作农业经营者进行移动电商培训，提高经营者的电子商务意识和能力；引入优质采购资源进行农产品贸易对接，逐步提升农产品区域竞争力；通过农产品流通大数据分析，为政府的农业产业规划和转型升级提供决策参考。一年内，该项目拟带动焦作地区 50% 以上的农业经营者熟练使用移动电商，3 年内，帮助当地农产品销量提升 20%，年销售额突破 30 亿元。

（九）农科院大数据联盟

2014 年 10 月 29 日，一亩田与中国农业科学院农业信息研究所（简称"信息所"），联合发起成立"中国农产品大数据联盟"。

在国家连续 11 年一号文件聚焦农业发展、农业经济面临深刻变化的形势下，农业信息化已成为现代农业的制高点。如何深入挖掘并有效整合散落在各处的农产品生产和流通数据，进行专业分析解读，为农产品生产和流通提供高效优质的信息服务，以提高农业资源利用率和流通效率，保障食品安全，成为有关政府部门、信息研究机构、专家学者关注和研究的重要方向。

中国农业科学院农业信息研究所所长许世卫表示，农产品大数据是长期性、综合性和复杂性的系统工程，是重要的国家战略需求，也是基础性和战略性的科技创新领域。推进我国农产品大数据建设，需要社会各方面的广泛参与，联合协作，需要大力加强原始科学创新，促进关键技术创新和集成，需要相关研究和管理力量瞄准农业农村经济社会可持续发展的重大需求，探索和掌握科学规律，提供理论依据和技术支撑，总结适合模式并积极推广应用。

（十）农产品百度直达号

一亩田作为专业的农产品电子商务平台，在 2014 百度世界大会上正式向社会发布了首家中国农产品直达号。

线下一亩田已经建立了庞大的分销渠道。与 3 000 家超市、两万个经销商建立了紧密深入的合作，可完成日均交易额 1 000 万人民币，并保持高速增长。不管是找货还是卖货，还是农产品滞销，只要@一亩田，便会在第一时间得到最专业的优质服务。一亩田直达号的推出，目的是让各地农产品贸易人在手机上百度"@一亩田"，足不出户就能一键发布采购、供应，查询实时更新的价格信息，并可以直接参与交易下单，结合地图功能能通过 LBS 定位，查看距离最近的供求信息。产地的经纪人、种植户，百度"@一亩田"就能直接参与报价；批发商也可以直接看到各产地最新供应行情信息、下单采购，不用再为好的货源而苦恼。在一亩田的线上生态圈里，直达号是除网站、手机客户端（APP）之外的最有效补充。

附　件

附件1 息烽县涉农项目"先建后补"管理办法（试行）

第一章 总 则

第一条 为建立涉农项目管理机制，充分调动项目实施单位实施涉农项目的积极性和主动性，有效发挥财政资金引导和杠杆作用，加快都市现代农业发展，特制定本办法。

第二条 "先建后补"项目是指新型农业经营主体（以下简称项目实施单位）作为项目实施主体自主建设，项目建成后由其使用、管护、受益，财政再给予补助的方式。

第三条 "先建后补"项目包括：由项目实施单位投资为主，财政补助为辅的涉农项目；由财政全额投资，未达到项目招投标要求的涉农项目；对农业生产种苗（种子、种畜禽）、饲料、肥料等生产投入品补助性项目；经批复"先建后补"的其他涉农项目。

第四条 "先建后补"项目原则上应是技术含量低、建设难度小、易于准确计量和控制且无安全隐患的工程。

第五条 "先建后补"项目要充分发挥项目实施单位在项目建设中的主体作用，按照自愿申报、合同约定、自主建设、验收决算（审计）、定额补助的基本要求，标准化建设和精细化管理，有效提高项目资金使用效益。

第六条 "先建后补"项目管理要遵循以下原则

（1）引导投入原则。实施单位必须具有主动、自愿投入涉农项目的积极性，鼓励项目实施单位加大投入，提高项目建设标准和质量。

（2）计划管理原则。项目建设内容必须在立项批复和计划安排的范围内实施，凡不在项目区范围以及不在计划安排之列的建设内容不予补助。

（3）任务完成原则。项目建设内容必须符合项目可行性研究报告、实施方案（初步设计）所规定的目标任务和建设标准，不得因"先建后补"降低工程设计标准。

（4）保证质量原则。建设中管理部门应加强监督，确保"先建后补"项目建设质量。

（5）诚实守信原则。项目实施单位具有一定的经济基础，积极性高、诚实守信，无不良记录。

第二章 项目管理

第七条 "先建后补"项目申报。"先建后补"项目实行自愿申报。项目申报时要提供自愿投入的资金额度和保证如期完工的承诺书。

第八条 "先建后补"项目审核。县财政局、县农业局要对申报的项目重点审查项目实施单位是否具备"先建后补"项目资金自筹能力和项目建设技术能力。对不具备"先建后补"项目建设条件的项目实施单位不予批复。

第九条 "先建后补"项目方案编制。项目实施单位按照项目批复计划编制项目实施方案。

（1）项目实施方案。要明确涉农补助项目建设内容、项目工程的建设规模和设计参数、项目设备类型和规格、投资预算、财政补助资金的建设内容、项目资金构成与筹措、项目先行建设资金保障情况和组织运行方案等。

（2）项目实施方案要经县级主管部门审核。

第十条 "先建后补"项目协议（合同）签订。项目主管部门和项目实施单位要根据项目实施方案的目标任务，签订项目协议（合同）书。

第十一条 "先建后补"项目监管。项目采取县、乡共同监管制度，明确专人负责项目监管，加强对"先建后补"项目的督查和指导。

第十二条 "先建后补"项目调整、变更和终止。项目批复后，原则上不能调整。

（1）项目实施过程中确需调整建设内容的，调整建设内容相应的资金额不能超过项目资金规模的20%；

（2）项目实施单位未按照合同要求实施的，项目主管部门有权对实施单位实施的项目进行终止，并变更项目实施单位和实施地点。

第十三条 "先建后补"项目验收。项目实施单位按照项目协议（合同）书自行组织项目建设，项目竣工后，书面申请主管部门进行验收。

第十四条 "先建后补"项目决算（审计）。由县财政局或县审计局根据项目投资额度对项目进行决算或审计。

第十五条 "先建后补"项目补助。项目通过决算或审计后，按照项目实施协议（合同）书兑现项目补助资金。对决算或审计认定项目投资规模达不到计划和协议（合同）要求的，根据决算或审计结果进行补助资金调减。

第十六条 "先建后补"项目移交管护。项目实施单位作为项目管护主体，建立健全各项运行管护制度，保证项目正常运转，发挥长期效益。

第三章　职责划分

第十七条 强化对"先建后补"项目的服务、指导和监督管理，尊重项目实施单位在项目建设中的法人地位和主体作用，充分调动项目实施单位的积极性和主动性。

第十八条 "先建后补"项目责任单位职责划分。

县财政局：负责对项目资金进行监管，出具决算报告。

县审计局：负责完成项目审计工作，出具审计报告。

项目主管部门：负责指导项目实施单位编制项目实施方案，签订项目协议（合同）书，指导和督促项目建设，组织项目验收。

项目涉及乡（镇）：负责组织"先建后补"项目申报，做好项目实施过程中的协调和监督管理等工作。

第四章　附　　则

第十九条　本办法由县都市现代农业领导小组办公室负责解释。

第二十条　本办法自印发之日起施行。

附件2 息烽县新型农业经营主体认定及管理办法（试行）

第一章 总 则

第一条 为加快培育新型农业经营主体，进一步推进都市现代农业发展，结合我县实际，制定本办法。

第二条 本办法所称新型农业经营主体认定是指县级农业产业化龙头企业认定、农民专业合作社示范社认定、示范性家庭农场认定、优秀专业大户认定。

第三条 本办法所称新型农业经营主体管理是指新型农业经营主体备案登记、组织认定、运行监测和年度考核及扶持奖励，包括未通过认定的新型农业经营主体备案登记及组织认定；已通过认定（包括获得市级以上农业产业化龙头企业、农民专业合作社示范社、星级家庭农场、优秀专业大户）的新型农业经营主体的运行监测、年度考核及扶持奖励。

第四条 新型农业经营主体的认定和管理，坚持公开、公平、公正、公信的原则。认定和管理所采用的标准为引导性标准和行业规范，不干预新型农业经营主体的生产经营自主权，实行动态管理机制。

第五条 县农业产业化领导小组办公室是新型农业经营主体认定工作的组织管理部门，负责对新型农业经营主体的备案登记、组织认定、评审、运行监测、年度考核等工作。

第二章 申报和认证

第一节 申报条件

第六条 申报县级产业化龙头企业应符合下列基本条件：

县级产业化龙头企业是指在本县注册，以农产品生产、加工或流通为主业，通过合同契约、保护价收购、股份分红、利润返还和直补等方式，与农户建立"风险共担、利益共享"的利益联结机制，带领农户进入市场，促进农产品生产、加工、销售有机统一，并经县农业产业化领导小组办公室审核认定命名的农业产业化企业。

申报县级农业产业化龙头企业，主营产品符合国家法律规定、国家产业政策、环保政策、农业发展规划及发展现代生态农业导向，在息烽县同行业中企业规模、产品质量、产品科技含量、产品市场占有率、带动农民等处于前列，并达到以下条件。

（1）企业经营规模。

种植企业：基地面积500亩以上，固定资产500万元以上，年销售收入500万元以上，带动农户 300 户以上；

养殖企业：固定资产 500 万元以上，年销售收入 500 万元以上，带动农户 200 户以上；

农产品加工企业：企业固定资产规模 2 000 万元以上，近 3 年年均销售收入 1 000 万元以上，带动农户 500 户以上；

市场流通企业：固定资产总额 1 000 万元以上，年交易额 5 000 万元以上；

招商引资企业：从省内外引进的优强企业，投资农业产业化资金总额 5 000 万元以上。

（2）企业效益。企业资产报酬率应高于同期银行贷款利率，销售利润率 2% 以上，企业申报前两年内无欠税、欠工资、欠社会保险金、欠折旧、亏损等不良记录。

（3）企业负债与信用。企业资产负债率应低于 65%，企业银行信用等级在 A 级以上（含 A 级），无不良诚信记录。

（4）产品质量安全。食用农产品及加工产品生产企业按无公害、绿色、有机食品等技术规范组织生产，农产品生产企业具备快速检测能力，流通企业具备质量安全检测条件。申报企业农产品检测合格率 100%。

农产品生产和加工企业在当年产品抽检中添加或使用违禁药品的，不得申报。

（5）需要前置条件的企业提供相应证明材料。

第七条　县级农民专业合作社示范社申报条件

1. 基本条件

（1）经工商部门注册、农业部门备案，运行一年以上。需提供合作社营业执照、组织机构代码证、税务登记证、开户许可证，固定办公场所及标志照片。

登记事项发生变更，能依法及时办理变更登记。

（2）合作社章程符合国家农业部、国家林业局示范文本要求，并通过合作社全体成员表决。

2. 经济实力

（1）入社成员均应出资；

（2）出资总额 80 万元以上；

（3）固定资产 40 万元以上；

（4）年经营收入 120 万元以上。

3. 带动能力

（1）完整的成员名册和带动农户名册；

（2）种植业合作社成员 100 人以上，带动非成员户 300 户以上；

（3）畜禽养殖业合作社成员 30 人以上，带动非成员户 100 户以上；

（4）农机作业合作社成员 20 人以上，带动非成员户 60 户以上；

（5）其他产业及类型合作社成员 50 人以上，带动非成员户 60 户以上。

4. 管理规范

（1）财务制度、分配制度、会议制度、培训制度、社务公开等制度健全，职责分工明确，档案管理规范完整；

（2）成员（代表）大会每年至少召开一次，理事会、监事会每季度至少召开一次，成员培训每年不少于两次。会议决定的事项有记录，出席会议人员和参加培训成员有签名；

（3）执行农民专业合作社财务会计制度，单独建账核算，准确、及时、完整编制会计报表，账务公开；

（4）建立成员账户，成员出资、股金、公积金份额、交易情况等记录准确无误，60%以上的可分配盈余按交易量（额）比例返还给成员。

5. 产品质量安全及服务要求

（1）广泛推行标准化生产和服务，有严格的技术规程，建立完善的生产、包装、储藏、加工、运输、销售、服务等记录，产品质量可追溯。

（2）在同行业农民合作社中产品质量、科技含量处于领先水平，获得质量标准认证，并在有效期内（不以农产品生产加工为主的合作社除外）。

（3）在年度检测中农产品检测合格率100%；

（4）土地流转使用黔工商合〔2010〕5号通知的合同文本。

（5）成员收入高于本县域内同行业非成员农户收入的30%以上。

6. 社会声誉良好

（1）遵纪守法，社风清明，诚实守信，无不良诚信记录。

（2）未发生生产（质量）安全事故、环境污染、损害成员利益等严重事件。

第八条 县级示范性家庭农场申报条件

经营范围符合息烽县农业产业发展规划，并相对集中连片，推广新品种，采用新技术，以家庭为单位进行经营管理的家庭农场。

1. 基本条件

（1）具有息烽县农业户籍，家庭收入80%来源于农业。

（2）有备案登记的规范名称，注册或备案资金不少于5万元。

（3）有与生产经营相适应的固定场所。土地流转使用黔工商合〔2010〕5号通知的合同文本，流转期限不低于5年。

（4）家庭成员主要劳动力不少于2人。

（5）实施财务核算管理，收支记录规范；

（6）在本县范围内，没有同时领办合作社，没有注册登记专业大户，没有注册登记企业。

2. 经营规模及科技水平

（1）经营粮食类的家庭农场，年度经营种植面积100亩以上，年度投入资金不少于10万元。

（2）经营水果、中药材、茶叶、花卉苗木类的家庭农场，水果种植面积200亩以上，中药材、茶叶种植面积100亩以上，花卉苗木种植面积50亩以上，年度投入资金10万元以上。

（3）经营蔬菜类的家庭农场，年度种植蔬菜不少于50亩和150亩次，年度投入资金10万元以上。

（4）经营生猪、羊的家庭农场，年出栏生猪（羊）300 头（只）以上，年度投入资金 10 万元以上。

（5）经营家禽类的家庭农场，年出栏家禽 5 万羽以上，存栏蛋禽 2 万羽以上，年度投入资金 10 万元以上。

（6）水产养殖家庭农场，精养池塘 2 亩以上，水库养殖 30 亩、河道养殖 15 亩以上，大鲵、冷水鱼等特种水产养殖面积 1 亩以上，流水养殖面积 1 亩以上，稻田生态水产养殖 10 亩以上，苗种培育面积 10 亩以上。年度投入资金 10 万元以上。

3. 效益较好

具有先进的管理方式，土地产出率较高、经济效益较好，对周边农户具有明显示范带动作用，产品至少达到无公害农产品质量要求并基本实现订单化生产。

4. 养殖类家庭农场须具备完善的粪污处理设施并达到环保要求。

第九条 县级优秀农业专业大户申报条件。

农业专业大户指从事某一种类农产品生产、具有一定生产规模和专业种养水平的个人。

1. 基本条件

（1）经注册或备案登记规范名称，注册或备案登记资金不少于 10 万元。

（2）具有与生产经营相适应的固定场所。土地流转使用黔工商合〔2010〕5 号通知的合同文本，流转期限不低于 10 年。

（3）实施财务核算管理，收支记录规范。

（4）在本县范围内，没有同时注册登记家庭农场、公司企业和领办合作社。

（5）制定有标准化生产制度，实行标准化生产，科学管理。

2. 经营规模

（1）粮油种植面积 200 亩以上。

（2）蔬菜种植面积 100 亩以上。

（3）水果种植面积 300 亩以上，中药材、茶叶种植面积 200 亩以上，花卉苗木种植面积 100 亩以上。

（4）畜禽养殖养殖类：生猪年出栏 500 头以上、肉牛年出栏 200 头以上、山羊年出栏 500 只以上，蛋禽存栏 2 万羽以上，肉禽年出栏 10 万羽以上。

（5）水产养殖中，精养池塘 3 亩以上，水库养殖 50 亩以上，河道 30 亩以上，大鲵、冷水鱼等特种水产养殖面积 2 亩以上，流水养殖面积 2 亩以上，稻田生态养殖 20 亩以上，苗种培育面积 15 亩以上。

3. 科技水平

良法覆盖率 100%，农产品安全合格率 100%，畜禽排泄物综合利用率 98% 以上，农作物秸秆综合利用率 90% 以上。

4. 经营效益

专业大户收入应以主业收入为主，净收入占总收益的 90% 以上，年收入 10 万元以上。

5. 生态环境卫生

注重改善生态环境，污水排放无污染，晒场干净，道路整洁，厕所除臭无蚊虫。在一村一品示范村镇的专业大户优先认定。

6. 示范带动能力

专业大户经营管理水平较高，在村寨周围群众中的口碑好，示范带动力强。

第二节 申报、程序及认定

第十条 申报材料

（1）息烽县新型农业经营主体申报表；

（2）工商营业执照或备案登记表等相关证明；

（3）新型农业经营主体情况介绍及年度计划；

（4）企业和专业合作社提供会计报表，家庭农场和大户提供收支记录；

（5）提供经营规模证明材料；

（6）提供新型农业经营主体法人及从业人员身份证明材料；

（7）新型经营主体生产经营相关制度；

（8）提供产销对接的相关证明材料；

（9）产品认证（无公害农产品、绿色食品、有机食品，地理标志产品）的相关证明材料；

（10）其他证明材料。

第十一条 申报程序和认证

（1）申报人按照本办法第十条要求准备材料后向所在乡（镇）农业中心提出申请。

（2）乡（镇）农业中心对申报人所报材料进行审核、筛选，经乡（镇）人民政府签署意见后上报县农业产业化领导小组办公室。

（3）县农业产业化领导小组办公室对乡（镇）报送材料进行汇总和审核，提出初审意见。

（4）县农业产业化领导小组办公室组织县农业、财政、市场监管、审计、工信、商务等部门进行评审，提出评审意见报县农业产业化领导小组，县农业产业化领导小组办公室会同相关部门进行实地考察、审查、综合评价，提出认定意见。

（5）县农业产业化领导小组召开专题会议审议，审定后在县人民政府网站上进行公示，公示期为7个工作日。

（6）公示有异议的，由县农业产业化领导小组办公室汇同县相关部门进行核实，提出处理意见。

（7）获市级以上农业产业化龙头企业的自动认定为县级龙头企业，获市级以上农民专业合作社示范社的，自动认定为县级示范社，获市级以上星级家庭农场、优秀专业大户的，自动认定为县级示范性家庭农场、优秀专业大户。

（8）公示无异议的，由县农业产业化领导小组办公室发文公布、颁发证书，并在县政府网站上公布认定的新型农业经营主体名录。

第三章 监测和管理

第十二条 建立新型农业经营主体运行监测和管理制度，对认定的县级新型农业经营主体和获得市级以上认定的新型农业经营主体情况进行综合评价。

第十三条 县农业产业化领导小组办公室要加强对新型农业经营主体的调查研究，跟踪了解新型农业经营主体的生产经营情况，研究完善相关政策，解决发展中遇到的突出困难和问题。

第十四条 经认定的县级农业产业化龙头企业或获得市级以上认定的农业产业化龙头企业按季度报送监测报表和报告；经认定的农民专业合作社示范社、示范性家庭农场和优秀专业大户按半年和年度报送监测报表和报告，上级另有规定的，按上级规定执行。

第十五条 对认证的新型农业经营主体实行年度考核，新型农业经营主体填写《息烽县新型农业经营主体年度考核表》，附年度工作总结、年度财务报表或收支记录，于次年1月底前报县农业产业化领导小组办公室，由县农业产业化领导小组办公室组织有关部门开展年度考核工作。

第十六条 年度考核工作按照新型农业经营主体的必备条件和发展要求，重点检查生产经营情况，凡年度考核达不到新型农业经营主体条件的，取消新型农业经营主体县级龙头企业、农民专业合作社示范社、示范性家庭农场、优秀专业大户称号。

第十七条 出现下列情况的，取消新型农业经营主体资格：

（1）新型农业经营主体在申报和复审过程中提供虚假材料或存在舞弊行为的，一经查实，已经认定的新型农业经营主体取消资格，并在3年内不得再申报。

（2）新型农业经营主体因经营不良，资不抵债而破产或被兼并的，取消新型农业经营主体资格。

（3）新型农业经营主体经营中违反国家产业政策，存在违法违纪行为的，取消新型农业经营主体资格，并在3年内不得再申报。

（4）新型农业经营主体发生重大生产安全事故和重大质量安全事故的，取消新型农业经营主体资格，并在3年内不得再申报。

（5）新型农业经营主体不按规定要求按时提供年度考核材料，拒绝参加年度考核，取消其资格。

第四章 待 遇

第十八条 对认定的县级新型农业经营主体，优先推荐评选市级及市级以上龙头企业、农民专业合作社示范社、星级家庭农场、优秀专业大户。

第十九条 符合条件的，优先安排申报扶贫、水土保持、产业基地、农业综合开发、农田基本建设、农业产业化经营、现代高效农业示范园区建设、农产品储藏加工、产销对接、产品认证、产地认定、商标注册、贷款贴息、培训等项目。

第二十条 符合条件的，优先保证涉农惠农扶持政策，优先提供金融信贷支持；优先享受农业科技推广等各项配套服务；优先享受政府农业保险补助政策。

第二十一条 优先推荐参加全国、全省农产品交易会及博览会等展示展销活动。

第二十二条 经认定的新型农业经营主体，纳入《息烽县发展新型农业经营主体奖励资金管理暂行办法》管理，并按该办法进行奖励。

第五章　附　　则

第二十三条 本办法由农业产业化领导小组办公室负责解释，自印发之日起施行。

附表1　息烽县新型农业经营主体申报表

新型农业经营主体概况	经营主体名称		法人或户主姓名	
	地址		联系电话	
	总投资		年度投资	
	主业及主要产品		营业执照证号或备案登记号	
	总收入（万元）	销售收入（万元）	净利润（万元）	从业人数（人）
	产业类型		生产规模（亩、头、羽）	

乡（镇）意见：	县农业产业化领导小组办公室意见：
（盖章）负责人签字　年 月 日	（盖章）负责人签字　年 月 日

注：产业类型指粮食、水果、中药材、茶叶、蔬菜、生猪、禽类、水产养殖、农产品加工、流通等

附表2 息烽县新型农业经营主体年度考核表

(_____ 年度)

<table>
<tr><td rowspan="7">新型农业经营主体</td><td colspan="2">主体名称</td><td></td><td colspan="2">法人或户主姓名</td><td></td></tr>
<tr><td colspan="2">住　址</td><td></td><td colspan="2">联系电话</td><td></td></tr>
<tr><td colspan="2">总投资</td><td></td><td colspan="2">年度投资</td><td></td></tr>
<tr><td colspan="2">主业及主要产品</td><td></td><td colspan="2">营业执照证号
或备案登记号</td><td></td></tr>
<tr><td>总收入
（万元）</td><td></td><td>销售收入
（万元）</td><td></td><td>净利润
（万元）</td><td></td><td>从业
人数
（人）</td></tr>
<tr><td>产业
类型</td><td></td><td colspan="2">生产规模
（亩、头、羽）</td><td></td><td></td><td></td></tr>
</table>

<table>
<tr><td>年度经营情况</td><td></td></tr>
</table>

<table>
<tr><td>乡（镇）意见：

（盖章）负责人签字
　　　　　年 月 日</td><td>县农业产业化领导小组办公室意见：

（盖章）负责人签字
　　　　　年 月 日</td></tr>
</table>

附件3 息烽县新型农业经营主体诚信经营评定办法（试行）

第一章 总 则

第一条 为适应农业综合配套金融改革的需要，创造良好的信用环境，提升农业经营主体在市场中、社会中的诚信度，解决经营主体融资难问题，助推都市现代农业发展，制定本办法。

第二条 评定工作遵循实事求是、客观公正、注重实绩、科学方便的原则。

第三条 通过认定的息烽县新型农业经营主体适用本办法。

第四条 都市现代农业发展领导小组办公室负责新型农业经营主体信用管理工作。

第二章 信用信息采集

第五条 采集征信记录。属于家庭农场和农业专业大户的，采集农场主和农业专业大户户主的个人征信记录。属于企业和示范社的，如果企业和示范社在银行办理了贷款，则同时采集企业和示范社的征信记录和法人代表或牵头人的个人征信记录；没有办理贷款，则采集企业、合作社法人代表、主要成员的个人征信记录。

第六条 采集民间信用。通过走访、暗访等形式，采集经营主体本身或经营主体的主要牵头人、负责人以及农场主、农业专业大户户主在生产生活周围，左邻右舍，业务合作伙伴，生产资料供货方等群体中的信用、人缘、口碑等情况。

第七条 采集、提供信息的单位对其采集、提供的信息内容的真实性负责。

第八条 建立经营主体诚信台账，对经营主体的诚信信息实现动态管理。

第三章 信用信息有效时限

第九条 经营主体信用身份信息，记录期限至企业终止为止。

第十条 信用信息资料保存期为3年，从信息记录产生之日起计算。但法律、法规或规章要求对企业的限制和记录期限有其他要求的，依照其他要求的期限记录。

第十一条 新型农业经营主体认为自己信息与事实不符的，可以提出变更或者撤销记录的申请，在接到申请后的5个工作日内，将申请事项转至提供信息的部门和农业管理机构，该部门和农业管理机构应当在15个工作日内提出处理意见。

第四章 信用评定

第十二条 经营主体信用信息按"定量指标"和"定性指标"进行评定。定量指标主要包括资产负债结构、盈利能力、种植产品或养殖产品在市场中的流动性等。定性指标主要包括风险评估、经营管理水平、担保或其他还款保障等。

第十三条　信用评定分数在90分以上（含90分）为诚信经营主体。

第五章　信用管理

第十四条　农业、市场监管、税务、金融、劳动保障等相关管理部门可查询信用信息，其他部门经授权后可查询。

第十五条　经营主体年度信用记分排行情况可作为有关主管部门对经营主体进行日常监督管理、周期性检查、表彰评优、合作和金融的重要参考依据。

第十六条　由各管理机构负责审查受到行政处罚经营主体的整改结果。

第十七条　对已构成行政违法行为的，不得以扣分代替行政处罚，由相关部门立案调查。

第六章　信用结果运用

第十八条　对评定为诚信新型农业经营主体的，县直各部门优先给予项目扶持，金融部门大力给予贷款扶持和利率优惠。

第十九条　对评定为不诚信新型农业经营主体的，县直各部门停止各项政策性项目资金的扶持，金融部门停止放贷扶持。

第七章　附　　则

第二十条　本办法由都市现代农业发展领导小组负责解释。

第二十一条　本办法自公布之日起施行。

附表3 息烽县新型农业经营主体诚信评价申请表

存档编号			年　月　日	
主体全称				
注册地址				
经营地址			邮政编码	
工商注册号		组织机构代码		
成立日期		法人或户主姓名		
生产类型		注册或备案资金		
主体网址		电话		
电子信箱		传真		
联系人	职　务		联系电话	
主营业务				
申报材料	1. 主体诚信评价信用信息申请表 2. 相关证照复印件 3. 经营情况佐证材料（含银行征信证明） 4. 遵守法律法规证明 5. 其他材料 （上述资料均需要加盖公章）			
经营主体承诺	我承诺，所提交的信用材料真实，复印件与原件内容一致，对因虚假所引发的一切后果负法律责任 　　　　　　　法人或户主签字（盖章）			
村（居）民委员会意见	盖章 　　　　　　　年　月　日			
乡（镇）、社区人民政府审核意见	盖章 　　　　　　　年　月　日			
县都市现代农业领导小组办公室审核意见	盖章 　　　　　　　年　月　日			

附表4　息烽县新型农业经营主体诚信评定表

评定指标		评定内容	分值	得分
征信记录	经营主体	（未办理贷款在按分值比列纳入法人征信记录和主要成员征信记录计算），按照信用级别进行打分	15	
	法人或户主	按照信用级别进行打分	10	
	主要成员	主要成员征信记录（家庭农场、农业专业大户，将分值纳入法人征信记录计算，主要成员多个取平均值，按照信用级别进行打分	10	
民间信用	经营主体	通过走访、暗访等形式，采集经营主体本身或主体的主要牵头人、负责人以及家庭农场主、种养大户主在生产生活周围，左邻右舍，业务合作伙伴，生产资料采购地等群体中的信用、人缘、口碑等情况	5	
	法人或户主		3	
	主要成员		2	
经营情况	经营主体	以资产负债结构、盈利能力、种植产品或养殖产品在市场中的流动性进行评价	20	
材料审查	合同履行情况	主要对材料进行审核，有无相应材料及真实性	10	
	无拖欠工资、税款、社保金记录		20	
	其他情况		5	
			100	

备注：1. 评定分数90分（含90分）以上为诚信

　　　2. 有违法违纪记录的一票否决

附件4 息烽县发展新型农业经营主体奖励资金管理办法（暂行）

第一章 总 则

第一条 为扶持发展新型农业经营主体，提高资金使用效率，加快都市现代农业建设，制定本暂行办法。

第二条 本办法所称奖励对象是农业产业化龙头企业、农民专业合作社示范社、示范性家庭农场、优秀专业大户等。

第三条 县财政每年安排500万元专项奖励基金支持都市现代农业发展。

第四条 县农业产业化领导小组办公室负责奖励资金的管理。

第五条 奖励资金的使用坚持公开透明、专款专用的原则。

第二章 奖励条件和标准

第六条 奖励条件

经国家、省、市、县评定并获得认证文件及证书的新型农业经营主体。

第七条 奖励标准

1. 新型农业经营主体奖励

（1）新申报通过认定的县级新型农业经营主体，年度考核合格，农业产业化龙头企业一次性奖励1万元，农民专业合作社示范社一次性奖励0.5万元，示范性家庭农场（优秀专业大户）一次性奖励0.2万元。

（2）新申报获得市级的农民合作社示范社一次性奖励1万元，省级农民合作社示范社一次性奖励2万元，国家级农民合作社示范社一次性奖励3万元。

（3）新申报并获得市级龙头企业一次性奖励2万元，省级龙头企业一次性奖励3万元，国家级龙头企业的企业一次性奖励4万元。

（4）新申报并获得市级星级家庭农场一次性奖励0.5万元，省级星级家庭农场一次性奖励1万元，国家级星级家庭农场一次性奖励1.5万元。

（5）新申报并获得市级优秀专业大户一次性奖励1万元，获得省级优秀专业大户一次性奖励1.5万元，获得国家级优秀专业大户一次性奖2万元。

（6）同时，符合两项及以上的，以最高标准项进行奖励。

2. 土地流转奖励

集中连片流转土地在100～200亩（含200亩）、200～500亩（含500亩）和500亩以上示范带动作用强的新型农业经营主体，按照标准化生产，流转的土地利用良好，无撂荒现象，农产品检测合格率达 100%，每年分别按照每亩 100 元、150 元和 200 元的标准给予奖励，原则每个新型农业经营主体奖励期为三年。

3. 三品一标奖励

（1）经县级以上认定的新型农业经营主体，全部使用有机肥，积极创建"三品一标"，大力发展无公害绿色有机农产品。按每亩 60 元的标准给予奖励。

（2）获得国家无公害农产品认证的，一次性奖励 0.2 万元；获得国家绿色食品认证或绿色食品生产资料认证的，一次性奖励 2 万元；获得国家有机食品认证的，一次性奖励 5 万元，获得国家农产品地理标志产品的，一次性奖励 3 万元。

（3）农产品"三品一标"产品获得认证后，在认证有效期满后经重新评定或续期的，只予表彰，不再奖励。

（4）同一新型农业经营主体 1 年内同一个产品获得 2 种或以上认证的，按照其中最高的奖励标准进行奖励。

（5）完成"三品一标"认证目标任务较好的单位给予 1 万元奖励，农产品品牌（"三品一标"名牌）发展比较突出的单位给予 2 万元奖励。

4. 农产品品牌奖励

（1）新获得国家、省评定的名牌农产品、驰名商标农产品，一次性奖励 5 万元；

（2）新获得全国性的农交会、农博会组委会评定的名牌农产品、著名商标农产品、国家农交会金奖的食用农产品，一次性奖励 1 万元；

（3）新获得市有关部门评定的名牌农产品、著名商标农产品的食用农产品，一次性奖励 0.5 万元；

（4）同时新获得国家级、省级、市级同类奖项的，按最高奖项给予奖励。

第八条　政策支持

每年考核合格的新型农业经营主体，优先保证涉农惠农扶持政策；优先安排申报中央及省、市、县项目扶持；优先提供金融信贷支持；优先享受农业科技推广等各项配套服务；优先享受政府农业保险补助。

第三章　奖励资金申报

第九条　申报程序

新型农业经营主体如实填写申报材料，所在乡（镇）农业中心组织实地勘查核实确认，所在乡（镇）人民政府审核并出具意见后，行文上报息烽县农业产业化领导小组办公室，经县财政、监察、农业、审计等部门联合会审后，报县人民政府审定批准。

第十条　申报材料

1. 项目所在乡（镇）人民政府的上报文件

2. 奖励资金申报表

3. 相关附件

（1）新型农业经营主体营业执照或者证明书。

（2）获得相关称号或商标的证书。

（3）其他相关证明材料。

第十一条 申报时间

新型农业经营主体每年 1 月 10 日前向所在乡（镇）进行申报初审，所在乡镇人民政府 2 月 10 日审核相关材料上报县农业产业化领导小组办公室。

第四章 管理与监督

第十二条 成立县级评审组，对所申报的奖励对象进行现场查验、评审。根据查验结果和评审意见，初步确定奖励对象。

第十三条 初步确定的奖励对象在申报前必须在县人民政府网站上进行公示，公示时间不少于 7 天，公示无异议后报县政府审批。

第十四条 对弄虚作假骗取奖励资金的行为，取消申报主体资格，已经县级评审的取消相关称号，对涉及弄虚作假骗取奖励资金的单位和个人按照有关规定严格追究责任。

第五章 附　　则

第十五条 本办法由县农业产业化领导小组办公室负责解释。

第十六条 本办法从印发之日起施行。

附表 5 新型农业经营主体奖励资金申报表

申报单位名称		机构代码证	
企业执照证号 （或单位法人证号）		申报奖励类别 及金额	
法人代表		联系电话	
业务联系人		联系电话	
单位经营地址			

单位概况	
申报材料	1. 新型农业经营主体营业执照或者证明书原件与复印件 2. 获得相关称号或商标的证书等原件与复印件 3. 其他相关证明材料
申报 单位意见	本单位对申报表的准确性、真实性负责 申报单位（盖章）：　　　　　　　　　　　　负责人（签字） 　　　　　　　　　　　　　　　　　　　　　年　月　日

乡（镇） 初审意见	农业中心意见： 审查人（签字）： （盖章）： 　　　　　年　月　日	乡（镇）人民政府意见： 审查人（签字）： （盖章）： 　　　　　年　月　日
县级复查 意见	县农业产业化领导小组办公室意见： （签字）：　　　（盖章）： 　　　　　年　月　日	县人民政府意见： （签字）：　　　（盖章）： 　　　　　年　月　日

备注	

附件5　息烽县有效整治耕地撂荒促进都市现代农业发展工作方案

为切实防止农村耕地撂荒，制定本工作方案。

（一）总体思路

以科学发展观为指导，深入贯彻党的十八大、中央和省委、市委农村工作会议精神，守住发展与生态"两条底线"，认真执行《中华人民共和国土地管理法》《中华人民共和国土地承包法》《中华人民共和国农村土地承包经营纠纷调解仲裁法》《中华人民共和国农村土地承包经营权证管理办法》《农村土地承包经营权流转管理办法》等法律法规，规范农村土地承包经营管理，坚决纠正和逐步解决农村承包耕地管理中出现的弃耕撂荒、毁损耕地等现象和问题，依法保护农民合法权益，稳定承包关系，促进都市现代农业发展。

（二）工作目标

加强农村耕地承包管理，规范耕地承包流转，提高耕地利用率，撂荒现象得到根本遏制。在农业产业核心园区、主要公路沿线和特色产业区无撂荒耕地；每个乡（镇）撂荒耕地面积不超过50亩，且单片撂荒地不超过5亩。

（三）工作措施

1. 加强政策宣传，增强农民履行义务的自觉性

加大对农村土地法律法规的宣传力度，通过组织乡（镇）干部、驻村干部下基层宣讲，充分利用广播、电视、报纸等媒介宣传，让广大农民真正认识到国家的土地承包政策在赋予农民生产经营的自主权，同时承担保护耕地、改良耕地、开发利用耕地、防止浪费耕地、破坏耕地的义务，增强其保护耕地的自觉性和主动性。

2. 严格执行补贴政策

按照"谁种补谁"的原则进行补贴，根据《息烽县发展新型农业经营主体奖励资金管理办法（暂行）》，对土地流转上规模、经营较好的农业经营主体进行资金奖励。并建立耕地撂荒档案登记制度，对耕地撂荒的农户从出现耕地撂荒当年起取消良种、种粮、农业生产资料综合直补、"三良工程"补贴；对新型农业经营主体出现耕地撂荒的，取消各项政策性补贴和项目支持。

3. 加大土地流转管理服务工作力度

采取引进企业、扶持大户及专业合作社等途径，尽量流转可能出现撂荒的耕地，实现规模化、组织化生产。各乡（镇）和各村委会要积极做好土地流转服务工作。

（1）对因外出经商、长期外出务工或家中缺少劳动力等无力耕种但又不愿放弃土

地承包经营权的农户，要鼓励和引导农户在不改变撂荒耕地农业用途的前提下，采取转包、出租、入股等方式依法流转土地承包经营权，确保耕地不撂荒；

（2）对因外出经商或务工又不愿意流转土地而撂荒的耕地，发包方要根据有关法律法规切实加强管理，符合收回条件的，村集体要及时收回，并采取措施恢复耕种。

（四）明确职责，强化督促检查

（1）将耕地撂荒整治工作纳入县、乡、村三级目标考核，层层签订责任书，明确工作责任和奖惩措施。各乡（镇）是耕地撂荒整治工作的责任主体，要采取切实有效措施防止耕地撂荒。

（2）各村民委员会是农村集体土地的所有权人，是防止耕地撂荒的执行者，要在县直相关部门及乡（镇）的指导下，切实履行耕地管理责任。

（3）县农业局、县国土资源局、县政府法制办、县司法局等部门要从加强耕地撂荒整治工作的法律政策指导，加快农村土地承包经营权确权颁证步伐，从惠农政策配套执行、产业发展等方面加大对乡村两级的指导服务和监督管理力度，确保既能有效防止耕地撂荒，又不出现违法违规行为。

（4）县督办督查局要将耕地撂荒整治工作纳入重点督查内容，定期或不定期组织相关部门对各乡（镇）土地撂荒情况进行检查。对三大产业园核心区和公路沿线出现撂荒、对集中连片撂荒耕地面积达到5亩以上（含5亩）或撂荒总面积达50亩（含50亩）以上的给予全县通报批评，对实现零撂荒耕地的乡（镇）给予全县通报表扬。

（5）严肃工作纪律。要采取多种形式强化政策宣传，统一思想认识，严肃工作纪律，加强工作指导和监督，充分调动乡（镇）工作人员、村组干部的积极性。纪检监察、审计、农业、财政等部门要加强监督，防止出现漏报、虚报面积套取资金等弄虚作假作为。各相关部门要统筹兼顾，科学安排，扎实推进，确保耕地撂荒整治工作顺利完成。对工作中发现的各类违规违纪问题，严肃查处，从严问责；对涉嫌违法犯罪的，移交司法机关依法处理。

（五）工作步骤

1. 宣传发动（2015年3~4月）

充分认识整治耕地撂荒、保护耕地的重要性，根据整治方案，通过悬挂宣传标语、印发宣传资料、村务公开栏等形式大力宣传整治耕地的政策。

2. 摸底调查（2015年5~12月）

积极对承包证上的耕地进行一次全面的摸底，通过摸底调查进一步摸清耕地撂荒状况，并将调查摸底情况上报领导小组办公室。

3. 集中整治（2016年1~12月）

针对摸底调查情况，结合《息烽县有效整治耕地撂荒促进都市现代农业发展工作方案》，各乡（镇）制定符合治理耕地撂荒的具体方案，积极推进工作。

4. 巩固提升（2017年1~12月）

通过集中整治，耕地撂荒得到遏制。各乡（镇）要制定整治耕地撂荒管理的长效机制，巩固整治成果，提高耕地使用效率，为都市现代农业发展奠定坚实基础。

（六）组织保障

为切实有效开展耕地撂荒整治工作，成立以县人民政府分管副县长为组长、各乡（镇）、相关部门分管领导为成员的耕地撂荒整治工作领导小组，领导小组下设办公室在县农业局，负责耕地撂荒整治工作的督促、检查和考核工作。

息烽县初级新型职业农民教育培训管理办法

根据国家加大对新型职业农民培育有关政策，结合本县实际，制定《息烽县初级新型职业农民教育培训管理办法》。

第一条 新型职业农民培育是一项集培训、考核、认定、扶持的系统过程。

第二条 培育对象的选择：新型职业农民是指以农业生产为职业、具有较高的专业技能、收入主要来自农业且达到一定水平的现代农业从业者，主要分为生产经营型、专业技能型和社会服务型三类。生产经营型主要包括专业大户、家庭农场主、农民合作社骨干等；专业技能型包括长期、稳定在农业企业、农民合作社、家庭农场等新型农业经营主体中从事劳动作业的农业劳动力；社会服务型包括长期从事农业产前、产中、产后服务的农机服务人员、统防统治植保员、村级动物防疫员、农村信息员、农村经纪人、土地仲裁调解员、测土配方施肥员等农业社会化服务人员。

按产业农民需求分类别分层次进行，即在县境内从事种植业、养殖业从业人员、产业化合作组织成员，开展技术培训。对种养殖大户、龙头企业人员、社会化服务组织人员进行重点培养；对行业带头人、创新创业型骨干农民开展系统培育。

第三条 新型职业农民培育目标年龄在18~55周岁内的以在本县从事粮食、蔬菜、畜牧、果树、水产等产业生产经营并有一定规模和发展意向的劳动者。在本县从事粮食生产、蔬菜、果树种植、肉鸡养殖一年以上，从事果树产业规模经营在两年以上的大户以及有意向从事农业发展的有一定文化基础的有为人士确定为初级新型职业农民培育目标，以专业大户、家庭农场主、农民合作社骨干为重点培育对象，以构建新型职业农民培育制度体系为核心，以培育新型职业农民队伍为主线，创新体制机制，提高培训效果，提升能力水平，努力形成中央地方齐抓共管、各部门协同推进的新型职业农民教育培训新格局。我县每年按照省市科教部门下达的培训任务足额完成。

第四条 坚持按照国家颁布的新型职业农民培育内容规范培育。

第五条 培育时间：生产经营型培训时间不少于90个学时，累计培育时间不低于15天；社会服务型和职业技能型不少于42个课时，累计培育时间不低于7天。

第六条 新型职业农民培育教材：使用国家颁布的新型职业农民培育规范中各个模块中涉及的内容进行教材编写和购买。

第七条 成立讲师团，各个培训机构按照承担的培训任务，分别组织种植、养殖、蔬菜、农机等专家组成新型职业农民培育讲师团，建立师资库开展教育培训，并对受训农民发展产业服务，坚持技术指导跟踪服务，同时从贵大、农科院、市农委等单位聘请专家，组成专家小组，帮助新型职业农民进行产业发展规划论证，解答生产中疑难问题，解决在生产经营中遇到的实际难题。

第八条 编写《新型职业农民必读》或者利用上级部门颁发的其他新型职业农民读本作为农民的通用公共明白纸。

第九条 建立实训基地，各个培训单位必须建立与承担新型职业农民教育培训专业相适应的试验示范基地，开展农科教结合，引进新品种、新技术、新机具试验、示范、推广，提高科技成果转化率，通过做给农民看、带着农民干提高新型职业农民生产经营水平。

第十条 开展职业技能鉴定专业技能型、社会服务型的新型职业农民培训后，要通过相关专业的职业技能鉴定，达到相应的专业水平；按照职业教育规律、农业产业特点和培养新型职业农民的要求，科学设置符合农民特点和学习规律的专业课程体系，丰富教学实践活动，探索规范以能力培养为核心、以实践操作为引领的教学方式方法。着力解决新型职业农民教育培训过程中专业教育与产业教育的融合性问题，全面提高培育质量。

第十一条 培训的开展，各个培训机构要按照"培训、实训、交流、回访、提升"五个环节对承担的培训任务开展工作，确保培训时间和培训质量，对培训过程中出现的优秀学员和典型事例及时进行总结，并在农业部门指导下进行推广。

第十二条 探索建立培育制度。适应现代农业发展需求，探索建立适合我县县情的新型职业农民培育制度体系。实行教育培训、认定管理和政策扶持"三位一体"培育，强化生产经营型、专业技能型、社会服务型新型职业农民"三类协同"培训，并根据农民培训情况、生产经营规模和水平，以县级为主组织认定，对符合条件者颁发初级新型职业农民资格证书。

第十三条 建立健全农民教育培训体系。充分发挥县级农业广播电视学校（农民科技教育培训中心）的作用，统筹利用好农技推广服务机构、科研院所等公益性培训资源，积极开发农民合作社、农业企业、农业园区等社会化教育培训资源，健全完善"一主多元"的新型职业农民教育培训体系。

第十四条 确定培训机构。县农业部门要遵循公开、公正、公平原则，推荐确定培训机构和实训基地，并进行备案管理。实训基地要加强与国家现代农业示范区、高产创建示范片、农业科技创新与集成示范基地、农民合作社人才培养实训基地、农业企业基地结合。

全县承担任务的培训机构不得超过3个，培训任务最终分解到培训机构。

第十五条 培训补助标准。生产经营型职业农民，按人均3 000元标准进行补助；专业技能型和社会服务型职业农民，按人均1 000元标准进行补助。可结合实际实行差别补助，同一培育对象三年内不得重复支持。补助资金重点培育生产经营型职业农民，适当兼顾专业技能型和社会服务型职业农民，其中用于生产经营型职业农民培育的资金比例不得低于70%。补助资金主要用于农民课堂培训及实训、参观交流、聘请师资、信息化手段利用等相关支出。

第十六条 创新培育模式。实行"分段式、重实训、参与式"培育模式，各个培训机构要根据农业生产周期和农时季节分段安排课程，强化分类指导，对生产经营型、专业技能型和社会服务型分类分产业开展培训，生产经营型职业农民培训结束后，要积极参加农广校组织的涉农专业中等职业教育，通过再教育学习和后续服务有机结合起来，真正做到具有较高文化素质和农业生产管理技能，达到培训一个成功一个。培训机构要做到"一班一案"，建立指导员制度。要注重实践技能操作，大力推行农民田间学校、送教下乡等培训模式，提高学员的参与性、互动性和实践性。

第十七条 本办法由息烽县新型农民培育工作领导小组办公室负责解释。

第十八条 本办法自印发之日起施行。

息烽县新型职业农民教育培训制度（试行）

为提高全县新型职业农民教育培训的针对性、实效性和科学化水平，根据《贵州省 2014 年新型职业农民培育工程项目实施方案》，结合我县实际，制定本制度。

（一）培训对象

年龄在 18～55 周岁，具备或相当于初中以上文化程度和一定的农业生产经营技能，收入主要来源于农业的专业大户、家庭农场主、合作社骨干、农业工人或农业雇员、农村信息员、农村经纪人、农机服务人员、统防统治植保员、村级动物防疫员、农资经营服务人员、土地仲裁调解员、测土配方施肥员等。

（二）培训目标

围绕农业主导产业，培育具有高度社会责任感和职业道德，良好综合素质和职业发展能力，较强农业生产经营和社会化服务能力，适应现代农业发展和新农村建设要求的应用型、复合型和高技能型的新型职业农业人才。

（三）培育模式

根据农业部"分段式、重实训、参与式"新型职业农民培训模式要求，实行新型职业农民"六环节"培育基本模式，即：理论授课、网络辅导、基地实训、认定管理、帮扶指导、政策扶持。同时，鼓励培训单位根据产业特点和实际情况，创新适合当地特点的培训模式。

（四）课程设置

围绕粮油、果菜种植和畜禽水产养殖等主导产业发展的关键技术、生产环节和经营管理等需求设置课程，分为公共基础课、专业技能课、能力拓展课和实训操作课。内容要突出可选择性和综合性，课程设置要广泛采取"案例教学＋模拟训练"、"学校授课＋基地实习"、"田间培训和生产指导"等手段，切实提高培训的针对性、实用性和规范性。

（五）四个课堂培训

培训单位采取"操作为主、理论为辅"的形式完成"四个课堂"培训。

1. 固定课堂，培育对象在"固定课堂"进行集中理论授课，系统学习农业专业知识，及时记录职业农民接受教育培训情况。

2. 空中课堂，充分利用现代化、信息化手段，开展远程、在线教育培训，利用 12316 "三农"服务热线，组织农业专家团队以"空中课堂"形式开展网络辅导和在线教学。

3. 流动课堂，依托省级现代农业高效示范园区、农业企业、农民田间学校基地实训，培养学员熟练掌握实际操作技能，提高培育对象的参与性、互动性和实践性。

4. 田间课堂，通过"流动课堂"对职业农民进行帮扶指导和后续跟踪服务。

（六）培训形式

统筹全县教育培训资源，充分发挥农业科技教育培训基地的主渠道、主阵地作用，形成多技术部门、多培训机构、多涉农企业广泛参与积极配合的教育培训体系。探索运用先进的培训模式，每年对生产经营型职业农民开展不少于 15 天的培训；对社会服务型和专业技能型职业农民开展不少于 7 天的培训。

1. 定期入村进基地开展培训。组织教师定期进村、到实习基地、专业合作社或田间地头开展技能培训。

2. 办好田间课堂。在农业生产关键环节，深入田间进行面对面、手把手的技术指导和理论讲解，解决生产中的实际问题。

3. 举办系统培训班。一是利用冬春农闲季节，开展全天候长班培训，提升学员的科技文化素质和经营管理水平；二是开展大、中专学历教育，吸收优秀学员参加系统的专业知识学习，学员学完全部课程，经考试合格，颁发学历证书。

4. 培训单位建立"一对一"定期上门指导制度和建立培训教师联村包户制度，开展"一帮一"活动，通过农业产前、产中、产后各个环节技术指导，使联系户成为示范户，联系村成为示范村，提高从业水平和就业能力。

（七）培训程序

1. 培训对象摸底调查，填写培育对象基本情况调查表，将培训对象信息录入培育对象数据信息库。

2. 各基地遴选好培育对象，填写新型职业农民信息申报表，经农业主管部门审核批准后，予以公示。

3. 各基地根据农业部和贵州省农业委员会下发的培训规范，结合本地实际制订培训计划，上报开班申请，经农业主管部门批复后方可开展培训。

4. 培训结束后，各基地要规范档案管理，以备检查验收。

（八）培训管理

1. 合理安排教学时间。教育培训基地要根据学员生产经营实际和农时季节特点组织教学，培训时间要符合农民生产生活节奏，农忙时多安排实践教学，农闲时多安排理论教学。

2. 及时提供课程信息。教育培训基地要根据各专业开设课程向学员及时提供课程信息和相关服务，包括课程目标、主要内容、教学要求以及任课教师等。

3. 加强学员实践管理。教育培训基地要及时组织学员参加专业实践，要对学员的专业实践过程有明确的任务要求，通过实践报告、日志、体会、问题解决等多方面反映实践成果。

4. 加强档案管理。在培训过程中建立和完善学员档案，纸质与电子相结合，实时更新管理。

5. 实行班级管理制度。对培训班实行班委会制度，并根据行业及学员分布情况组建学习小组。

6. 规范学员纪律。实行学员考勤制度、学员意见反馈制度和学习制度。

7. 动员考试考核合格学员积极申报认定新型职业农民。

（九）考试考核

教育培训考核以考核技能为主，兼顾考核理论知识水平和参训出勤情况，总分值100分。组成如下：

1. 实训操作考核：指导教师根据学员的实践技能和生产经营成果等进行综合测评，成绩采用百分制，占总成绩的60%。

2. 理论知识考核：授课教师根据学员的理论考试成绩和作业完成等情况进行综合测评，成绩采用百分制，占总成绩的30%。

3. 参训出勤情况占总成绩的10%。

（十）结业与颁证

学员在有效期内完成规定的课程学习，考试考核成绩合格，教育培训机构颁发结业证书。

息烽县新型职业农民培育遴选标准

新型职业农民是指以农业生产为职业、具有较高的专业技能、收入主要来自农业且达到一定水平的现代农业从业者。

（一）培育对象基本条件

1. 年龄在16至55岁之间；

2. 应具备或相当于初中以上文化程度；

3. 收入主要来源于农业；

4. 农业职业特征鲜明，从业具有代表性，主要可分为：

①生产经营型主要包括专业大户、家庭农场主、农民专业合作社骨干等；专业大户：种植业20亩以上，养殖业—猪10头、牛5头、鸡10 000羽、渔10 000斤以上。家庭农场主：种植业50亩以上，养殖业—猪100头、牛50头、鸡100 000羽、渔50 000斤以上。农民专业合作社骨干：种植业10亩以上，养殖业—猪10头、牛5头、鸡10 000羽、渔10 000斤以上。

②专业技能型主要包括长期、稳定在农业企业、农民合作社、家庭农场等新型农业经营主体中从事劳动作业的农业劳动力。

③社会服务型主要包括长期从事农业产前、产中、产后服务的农机服务人员、统防统治植保员、村级动物防疫员、农村信息员、农村经纪人、土地仲裁调解员、测土配方施肥员等农业社会化服务人员。

5. 遵纪守法，从业稳定，创业兴业激情高，助人为乐；

6. 服从县乡村三级组织安排，主动配合教师完成培育工作。

7. 选拔对象时，应对有一定生产能力和产业规模的农村妇女、残疾农民等予以倾斜。

（二）遴选程序

由村民组推荐—培训单位遴选—村支两委确认—乡镇农业综合服务中心审核—培训单位上报管理单位确定—培训单位在村所在地公示后开展新型职业农民培育工作。

（三）工作要求

培训单位必须进村入户按照三类人才开展好分类调查核实，确保参加学员的真实性；每一项工作都必须要有痕迹印证材料并妥善保管备查。

息烽县农业局

2014 年 9 月 18 日

息烽县新型职业农民培育资格认定标准

（一）认定标准（试行）

1. 年龄在 16 至 55 岁之间；

2. 初级职业农民应具备或相当于初中以上文化程度，中级应具备高中或涉农中专以上文化程度，高级应具备涉农大专以上文化程度；

3. 初级职业农民收入应达到当地农民人均纯收入的 3～5 倍，中级达到 6～9 倍，高级达到 10 倍以上；

4. 经营规模大、主体地位明确、从业稳定性高，基本具备新型职业农民特征；

5. 遵纪守法，从业稳定，创业兴业激情高，助人为乐。

（二）基本类型

1. 生产经营型：主要包括专业大户、家庭农场主、农民专业合作社骨干等；

2. 专业技能型：主要包括长期、稳定在农业企业、农民合作社、家庭农场等新型农业经营主体中从事劳动作业的农业劳动力；

3. 社会服务型：主要包括长期从事农业产前、产中、产后服务的农机服务人员、统防统治植保员、村级动物防疫员、农村信息员、农村经纪人、土地仲裁调解员、测土配方施肥员等农业社会化服务人员。

（三）资格认定程序

学员完成培训时间、内容、课程（实操、理论）后经考试考核合格后，培训单位颁发培训结业证书，并记入相应的学分，并分产业和行业推荐学员参加资格认定；由县级以上农业行政主管部门组织有资质的组织和人员，开展职业农民资格认定工作，对持有职业农民培训结业证书（或相应涉农大中专学历）、专业技能证书，并符合职业农民标准的，经考核合格者，由县级以上农业行政主管部门颁发高、中、初级《新型职业农民》资格证书。

（四）工作要求

1. 培训单位采取"操作为主、理论为辅"的形式完成"四个课堂"培训，对受训农民进行考试考核，并记入相应的学分。

2. 培训单位建立"一对一"定期上门指导制度，通过农业产前、产中、产后各个环节技术指导，提高从业水平和就业能力。

3. 由培训单位将认定的职业农民名单，向社会公布。对认定后的职业农民要加强管理和知识更新。

息烽县农业局

2014 年 9 月 18 日

息烽县新型农民职业培育指导帮扶制度

根据中央关于"大力培育新型职业农民"的工作部署，围绕农业部对新型职业农民培育工作的要求，培育一批有文化、懂技术、会经营的新型职业农民。结合我县工作实际，制定《息烽县新型农民职业培育指导帮扶制度》如下。

（一）实行指导员工作制

1. 县级培训机构必须建立和完善新型职业农民培育指导教师库，组建涉及种植、养殖、农机化、经营管理、政策法规等方面指导教师团队，进行帮扶指导。

2. 培训机构选择指导教师条件：具有中级职称以上，从事农业工作 5 年以上，知识面广、技能突出、经验丰富、明理诚信、能说会干、管理有方、责任心强的技术骨干。

3. 入选指导教师团队的技术骨干，必须服从培训机构管理，并与培训机构签订《息烽县农业技术服务协议书》，明确各自的责任、权义、利益。

4. 技术骨干与职业农民结对子，进行了对接交流，了解结对帮扶学员产业发展情况与技术服务需求，建立"一对一"定期上门指导，做到随叫、随到，随时、随地服务，帮助职业农民在发展产业中不断发展壮大。

5. 统一挂牌上岗，平均每个指导老师服务 5～15 个的新型农业经营主体，通过开展"面对面、零距离"服务，提升服务对象的生产经营水平，增强创业、创新能力。

6. 技术骨干在开展培训指导服务工作中，必须作好帮助职业农民发展产业的工作记录，建好工作档案，撰写工作总结和职业农民培育典型材料计 2 篇以上。

（二）实行派驻工作制

1. 培训机构必须摸清现有专业大户、家庭农场、农民专业合作社、农业产业化龙头企业、农业社会化服务组织等新型农业经营主体发展情况，有档案记录。

2. 培训机构结合专业大户、家庭农场、农民专业合作社、农业产业化龙头企业、农业社会化服务组织等新型农业经营主体需求，有计划、有组织地派驻指导教师团队的技术骨干进行单方面或多方位的技能指导。

3. 派驻的技术骨干要结合新型农业经营主体发展现状，帮助其拟制发展计划，明确发展方向、经营管理模式及理念，努力形成团结一致的产业发展之路。

4. 派驻的技术骨干在新型农业经营主体的组织上，要做给农民看、带着农民干，随时、随地，尽责、尽力地为服务对象提供从政策、技术到市场等全方位的服务，真正起到"学能成、成则用、用有为"的培育目标。

（三）实行重点指导帮扶

1. 生产经营型主体，重点开展创业兴业培育，提高经营水平，扩大经营规模，提升产业效益。

2. 专业技能型主体，重点开展职业技能培育，通过农业产前、产中、产后各个环节技术指导，提高从业水平和就业能力。

3. 社会服务型主体，重点开展服务能力提升培育，通过农业岗位职业技能系统培训，提高对农业科技成果吸纳、承接和转化应用能力。

在指导帮扶工作中，要坚持做到"四有"、"五落实"，即：有组织领导、有阶段计划、有实施方案、有检查督导；落实时间、落实地点、落实人员、落实主题、落实资金，以此推动指导帮扶工作的规范化和制度化运作。

2014 年 12 月 3 日

息烽县农业技术服务协议书

甲方：

乙方：

为了发展农村商品生产，提高新型农业经营主体生产发展的技术水平，提高经济效益，按照《息烽县新型农民职业培育指导帮扶制度》要求，经甲乙双方充分协商，特签订本合同，以便双方共同遵守。

一、应甲方邀请，乙方到 乡镇 村 村民组传授 生产的技术，合同期限为： 年 月 日起至 年 月 日止。

二、甲方的职责、权益及主要任务

1. 服从主管部门的领导和指导，完成好其安排的新型农民职业培育指导帮扶工作任务。

2. 负责明确培育的新型农业经营主体，与乙方共同制定新型农业经营主体生产发展指导方案，并组织实施。

3. 负责开展新型农业经营主体培训，规范建立档案，采集相关信息、收发填写各项相关必要材料，撰写工作总结和典型材料。

4. 负责为乙方提供必要生产物资和生活费用保障。

三、乙方的职责、权益及主要任务

1. 服从甲方的安排，随时、随地，尽责、尽力地为服务对象提供从政策、技术到市场等全方位的服务。

2. 负责及时指导新型农业经营主体应用新技术、新品种、新农资、新机具，解决生产实践中的难题，进村入户时间每月不少于 4 天。

3. 结合新型农业经营主体需求，通过开展"面对面、零距离"服务，提升服务对象的生产经营水平，增强创业、创新能力。

4. 负责服务 5~15 个的新型农业经营主体，以此推动指导帮扶工作的规范化和制度化运作。

四、至合同期满，乙方保证甲方达到"学能成、成则用、用有为"的培育目标。

五、在合同执行期间，甲方每月付给乙方报酬200元，合同期届满统一结算。乙方的食宿费用由甲方负责负担30%。

六、合同期届满，如乙方的传授指导没有达到合同规定的技术要求，除退回甲方付给的报酬，赔偿甲方的一切损失外，还应向甲方偿付违约金100元。如乙方中止执行合同，除应赔偿甲方的一切费用支出外，应向甲方偿付违约金100元。如甲方不按合同规定的时间付给乙方报酬，迟付一日，应按迟付金额的10%偿付给乙方违约金。如甲方中止执行合同，应付给乙方合同期内的全部报酬。

七、合同生效后，任何一方不得任意变更或解除合同，合同中如有未尽事宜，须经甲乙双方共同协商，作出补充规定，补充规定与本合同具有同等效力。

八、如遇人力不可抗拒的灾害造成合同无法履行时，由双方协商解决。

本合同正本一式叁份，甲乙双方各执一份，送主管部门留存一份。

甲方（签章）：　　　　　　　　乙方（签章）：
　　　　　　　　　　　　　　　201　年　月　日